3ds Max 2020
建模技法案例课堂

杨　光　杨佳欣　主编

清華大学出版社
北　京

内容简介

本书以实际应用为写作目的，围绕3ds Max软件展开介绍，内容遵循由浅入深、从理论到实践的原则进行讲解。全书共10章，依次介绍了3ds Max基本知识、基础建模技术、复杂建模技术、多边形建模技术、材质与贴图的应用、灯光的应用、摄影机与渲染器等内容。最后通过单品模型、卫生间场景模型以及卧室场景模型等实操案例进行讲解，以帮助读者更好地吸收知识，并达到学以致用的目的。

本书适合作为各类院校相关专业学生的教材或辅导用书，也适合作为社会各类3ds Max软件培训班的首选教材。

图书在版编目（CIP）数据

3ds Max 2020 建模技法案例课堂 / 杨光，杨佳欣主编. —北京：清华大学出版社，2023.5
ISBN 978-7-302-63012-8

Ⅰ.①3… Ⅱ.①杨… ②杨… Ⅲ.①三维动画软件－高等职业教育－教材 Ⅳ.①TP391.414

中国国家版本馆CIP数据核字（2023）第038706号

责任编辑： 李玉茹
封面设计： 杨玉兰
责任校对： 吕丽娟
责任印制： 杨　艳

出版发行： 清华大学出版社
网　　址：http://www.tup.com.cn，http://www.wqbook.com
地　　址：北京清华大学学研大厦A座　　邮　　编：100084
社 总 机：010-83470000　　邮　　购：010-62786544
投稿与读者服务：010-62776969，c-service@tup.tsinghua.edu.cn
质 量 反 馈：010-62772015，zhiliang@tup.tsinghua.edu.cn
课 件 下 载：http://www.tup.com.cn，010-62791865

印 装 者： 三河市君旺印务有限公司
经　　销： 全国新华书店
开　　本： 185mm×260mm　　**印　　张：** 15.5　　**字　　数：** 377千字
版　　次： 2023年5月第1版　　**印　　次：** 2023年5月第1次印刷
定　　价： 79.00元

产品编号：096438-01

前 言

3ds Max是一款用于设计可视化平台、游戏和动画的三维建模和渲染软件，广泛应用于影视动画、建筑设计、广告、游戏、科研等领域。该软件操作方便、容易上手，深受广大设计爱好者的青睐。为了给用户提供更多的建模技术支持与帮助，编者团队精心创作了本书。

本书在介绍理论知识的同时，安排了大量的课堂练习，同时还穿插了“操作技巧”和“知识拓展”板块，旨在让读者全面了解各知识点在实际工作中的应用。在第1~7章的结尾处安排了“强化训练”板块，目的是巩固各章所学内容，从而提高操作技能。

内容概要

本书知识结构安排合理，以理论与实操相结合的形式，从易教、易学的角度出发，帮助读者快速掌握3ds Max软件的使用方法。

章　节	主要内容	计划学习课时
第1章	主要介绍3ds Max应用领域、3ds Max的工作界面、绘图环境的设置、图形文件的基本操作、对象的基本操作	
第2章	主要介绍样条线、标准基本体和扩展基本体等基本模型的创建方法与技巧	
第3章	主要介绍复合对象的创建、修改器建模、可编辑网格和NURBS建模等方法	
第4章	主要介绍多边形建模技术的相关知识与应用	
第5章	主要介绍常用材质和贴图的类型	
第6章	主要介绍3ds Max内置光源类型、基本参数的设置、阴影类型以及VRay光源类型等知识	
第7章	主要介绍摄影机基础知识、摄影机分类、渲染基础知识、V-Ray渲染器的参数与设置	
第8章	主要介绍茶壶模型、闹钟模型、沙发椅模型的创建方法	
第9章	主要介绍卫生间场景模型的制作，以综合案例的形式巩固前面所学知识	
第10章	主要介绍卧室场景模型的制作，以综合案例的形式巩固前面所学知识	

配套资源

1）案例素材及源文件

本书的案例素材及源文件均可在文泉云盘扫码同步下载，以最大程度方便读者进行实践。

2）配套学习视频

本书涉及的疑难操作均配有高清视频讲解，并以二维码的形式提供给读者，读者只须扫描书中二维码即可下载观看。

3）PPT教学课件

本书配套有PPT教学课件，方便教师授课所用。

适用读者群体

- **三维模型制作爱好者。**
- **高等院校相关专业的学生。**
- **想要学习三维建模知识的职场小白。**
- **想要拥有一技之长的社会人士。**
- **社会培训机构的师生。**

本书由杨光、杨佳欣主编，在编写过程中力求严谨细致，但由于时间与精力有限，疏漏之处在所难免，望广大读者批评指正。

编　者

扫 码 获 取 配 套 资 源

目录

3ds Max 轻松入门

3ds Max

基础建模技术

3ds Max

第3章
复杂建模技术
3ds Max

第4章 多边形建模技术

3ds Max

第5章 材质与贴图的应用

3ds Max

第7章 摄影机与渲染器

3ds Max

第8章 制作单品模型

3ds Max

第9章 制作卫生间场景模型

3ds Max

第10章 制作卧室场景模型

第1章 3ds Max 轻松入门

内容导读

3ds Max是当前最受欢迎的设计软件之一，广泛应用于广告、影视、工业设计、建筑设计、三维动画、三维建模、多媒体制作、游戏、辅助教学以及工程可视化设计等领域。本章主要对3ds Max的应用领域、界面布局、图形文件的基本操作、对象的基本操作等知识进行讲解。通过对本章的学习，用户可以初步了解3ds Max并掌握基础操作知识。

要点难点

- 了解3ds Max
- 熟悉3ds Max的工作界面
- 熟悉绘图环境的设置
- 掌握图形文件的基本操作
- 掌握对象的基本操作

1.1 认识3ds Max

3ds Max全称为3D Studio Max，是Discreet公司（后被Autodesk公司合并）开发的基于PC系统的三维动画渲染和制作软件。3ds Max的建模功能强大，在角色动画方面具备很强的优势。另外，丰富的插件也是3ds Max的一大亮点，是比较容易上手的软件。3ds Max和其他相关软件配合流畅，做出来的效果非常逼真，被广泛应用于建筑室内外设计、游戏开发、影视动画、产品设计等领域。

1. 建筑室内外设计

3ds Max建筑设计被广泛应用在各个领域，内容和表现形式也呈现出多样化，主要表现建筑的地理位置、外观、内部装修、园林景观、配套设施和其中的人物、动物，以及自然现象如风雨雷电、日出日落、阴晴圆缺等，将建筑和环境动态地展现在人们面前。

2. 游戏开发

随着设计与娱乐行业对交互内容的强烈需求，3ds Max改变了原有的静帧或者动画的方式，由此逐渐催生了虚拟现实这个行业。3ds Max能为游戏元素创建动画、动作，使这些游戏元素“活”起来，从而能够为玩家带来生气勃勃的视觉效果。

3. 影视动画

影视动画是目前媒体中所能见到的最流行的画面形式之一。随着影视动画的普及，3ds Max在动画电影中得到广泛应用。3ds Max数字技术不可思议地扩展了电影的表现空间和表现能力，创造出人们闻所未闻、见所未见的视听奇观及虚拟现实。《阿凡达》《诸神之战》等热门电影都引进了先进的3D技术。

4. 产品设计

传统的产品设计注重产品的功能设计，而现在随着消费者对产品的审美要求的提升，产品设计的造型设计越来越受到重视。3ds Max为模型赋予不同的材质，再加上强大的灯光和渲染功能，可以使对象的质感更加逼真。

1.2 熟悉3ds Max的工作界面

3ds Max安装完成后，双击其桌面快捷方式即可启动该软件，操作界面如图1-1所示。从图1-1可以看出，软件界面主要包含菜单栏、功能区、工具栏、工作视口、命令面板、状态栏和提示栏（动画面板、窗口控制板、辅助信息栏）等部分。

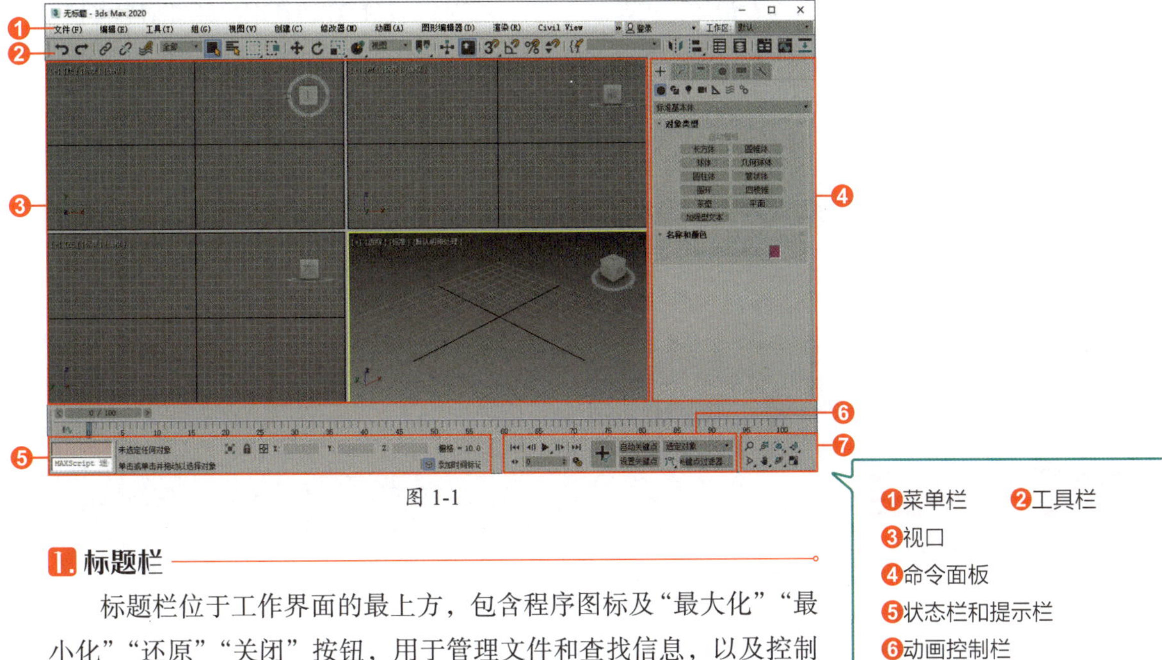

1
2
3
4
5
6
7

图 1-1

❶菜单栏 ❷工具栏
❸视口
❹命令面板
❺状态栏和提示栏
❻动画控制栏
❼视图导航区

1. 标题栏

标题栏位于工作界面的最上方，包含程序图标及“最大化”“最小化”“还原”“关闭”按钮，用于管理文件和查找信息，以及控制窗口的最小化、最大化、关闭。

2. 菜单栏

菜单栏位于标题栏的下方，几乎提供了3ds Max的所有命令。其形状和Windows菜单相似，如图1-2所示。菜单栏中共包含17个菜单，具体介绍如下。

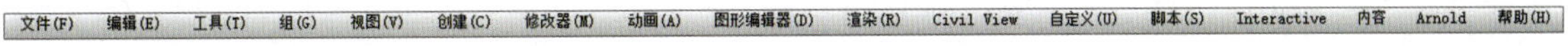

文件(F) 编辑(E) 工具(T) 组(G) 视图(V) 创建(C) 修改器(M) 动画(A) 图形编辑器(D) 渲染(R) Civil View 自定义(U) 脚本(S) Interactive 内容 Arnold 帮助(H)

图 1-2

- **文件：** 用于对文件进行打开、保存、导入与导出操作，以及摘要信息、文件属性等命令的应用。
- **编辑：** 用于对对象进行复制、删除、选定、临时保存等操作。
- **工具：** 包括常用的各种制作工具。
- **组：** 用于将多个物体组为一个组，或分解一个组为多个物体。
- **视图：** 用于对视图进行操作，但对对象不起作用。
- **创建：** 用于创建物体、灯光、相机等。
- **修改器：** 包括编辑修改物体或动画的命令。
- **动画：** 用来控制动画。
- **图形编辑器：** 用于创建和编辑视图。
- **渲染：** 通过某种算法，体现场景的灯光、材质和贴图等效果。
- **自定义：** 方便用户按照自己的爱好设置工作界面。3ds Max的工具栏和菜单栏、命令面板可以被放置在任意的位置。内容：选择“3ds Max资源库”选项，打开网页链接，里面有Autodesk旗下的多种设计软件。

- **帮助：** 关于软件的帮助文件，包括在线帮助、插件信息等。

3. 工具栏

工具栏（见图1-3）位于菜单栏的下方，此处集合了3ds Max中比较常用的工具。该工具栏中常用工具的含义如表1-1所示。

图 1-3

知识拓展

当打开某一个菜单时，若菜单中有些命令名称旁边有“…”号，即表示单击该命令将弹出一个对话框。若菜单中的命令名称右侧有一个小三角形，即表示该命令后还有其他的命令，单击它可以弹出一个级联菜单。若菜单中命令名称的一侧显示为字母，该字母即为该命令的快捷键，有些时候需与键盘上的功能键配合使用。

表 1-1

图标	名称	含义
	选择并链接	用于将不同的物体（或对象）进行链接
	断开当前选择链接	用于将链接的物体断开
	绑定到空间扭曲	单击此按钮可以将所选择的对象绑定到空间扭曲对象上，使其受到空间扭曲对象的影响
	选择对象	使用此按钮只能对场景中的物体进行选择，而无法对物体进行操作
	按名称选择	单击此按钮后弹出操作界面，在其中输入名称可以很容易地找到相应的物体，方便操作
	矩形选择	矩形选择是一种选择类型，通过按住鼠标左键拖动来进行选择
	窗口/交叉	用于设置选择对象时的选择类型方式
	选择并移动	单击此工具后，可以对选择的物体进行移动操作
	选择并旋转	使用此按钮，可以对选择的对象进行旋转操作
	选择并均匀缩放	使用此按钮，可以对选择的对象进行等比例的缩放操作
	选择并放置	使用此按钮，可以将对象准确地定位到另一个对象的曲面上，随时可以使用，不仅限于在创建对象时
	使用轴点中心	选择多个对象时可以通过此命令按钮来设定轴中心点坐标的类型
	选择并操纵	使用此按钮，可以选择和改变对象的尺寸大小
	捕捉开关	使用此按钮，可以使用户在操作时进行捕捉创建或修改
	角度捕捉切换	使用此按钮，确定多数功能的增量旋转，设置的增量围绕指定轴旋转
	百分比捕捉切换	使用此按钮，可以按百分比进行捕捉创建或修改
	微调器捕捉切换	使用此按钮，可以设置3ds Max中所有微调器的单个单击动作所能增加或减少的值
	编辑命名选择集	单击此按钮，将弹出一个非模态对话框。通过该对话框可以直接从视口创建命名选择集或选择要添加到选择集的对象
	镜像	使用此按钮，可以对选择的对象进行镜像操作，如复制、关联复制等
	对齐	单击此按钮，可以将选择的对象与目标对象对齐

续表

图 标	名 称	含 义
	切换场景资源管理器	单击此按钮，可以在弹出的界面中提供3ds Max中各种场景内容属性的相关信息以及编辑方式
	切换层资源管理器	对场景中的对象可以使用此工具分类，即将对象放在不同的层中进行操作，以便用户管理
	切换功能区	Graphite建模工具
	图解视图	用于设置场景中元素的显示方式等
	材质编辑器	可以将对象赋予材质并进行编辑
	渲染设置	单击此按钮，可以在弹出的界面中调节渲染参数
	渲染帧窗口	单击此按钮后可以对渲染进行设置
	渲染产品	制作完毕后可以使用该命令按钮渲染输出，查看效果
	在线渲染	单击此按钮，可将渲染步骤放置到云上，不占用计算机的CPU

4. 视口

3ds Max工作界面的最大区域被分割成四个相等的矩形，一般称为视口（Viewports）或者视图（Views）。

1）视口的组成

视口是3ds Max的主要工作区域，每个视口的左上角都有一个标签。启动3ds Max后默认的四个视口的标签是Top（顶视口）、Front（前视口）、Left（左视口）和Perspective（透视视口），如图1-4所示。

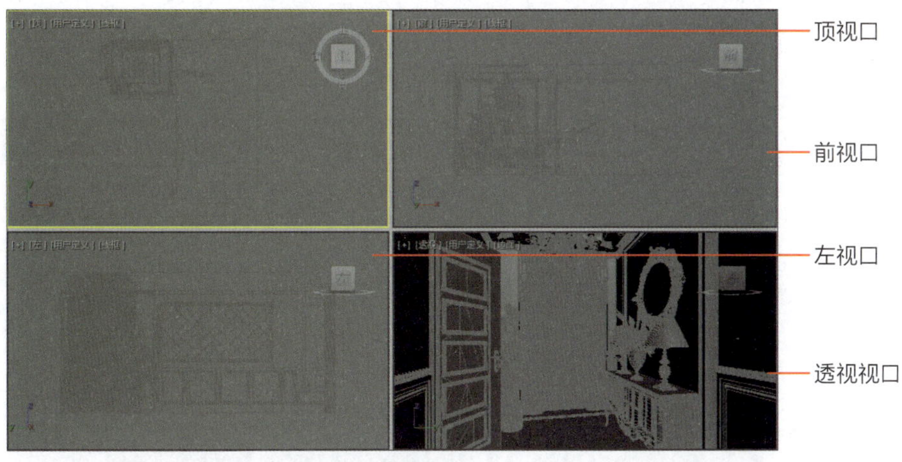

图 1-4

每个视口都包含垂直和水平线，这些线组成了3ds Max的主栅格。主栅格包含黑色垂直线和黑色水平线，这两条线在三维空间的中心相交，交点的坐标是X=0、Y=0和Z=0。其余栅格都为灰色显示。

顶视口、前视口和左视口显示的场景没有透视效果，这就意味着在这些视口中同一方向的栅格线总是平行的，不能相交。透视视口类似于人的眼睛和摄像机观察时看到的效果，视口中的栅格线是可以相交的。

2）视口的改变

默认情况下，3ds Max的工作界面中有4个视口，当我们按改变窗口的快捷键时，所对应的窗口就会变为所想改变的视口。快捷键所对应的视口如表1-2所示。

表 1-2

快捷键	视口（视图）	快捷键	视口（视图）
T	顶视图	B	底视图
L	左视图	R	右视图
U	用户视图	F	前视图
K	后视图	C	摄影机视图
Shift+$	灯光视图	W	满屏视图

知识拓展

激活视图后视图边框呈黄色，可以在其中进行创建或编辑模型操作。单击鼠标右键或者在视图的空白处单击鼠标左键都可以正确激活视图，需要注意的是使用鼠标左键激活视图时，有可能会因为失误而选择物体，从而错误执行另一个命令。

或者在每个视图的左上方那行英文上右击，将会弹出一个快捷菜单，利用快捷菜单也可以更改视图和视图显示方式等。记住快捷键是提高工作效率的有效手段。

5. 命令面板

命令面板位于工作窗口的右侧，包括创建命令面板、修改命令面板、层次命令面板、运动命令面板、显示命令面板和实用程序命令面板，通过这些命令面板可访问绝大部分的建模和动画命令，如图1-5所示。

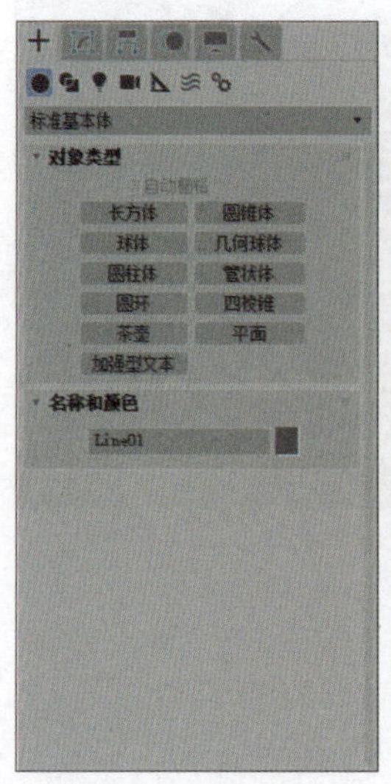

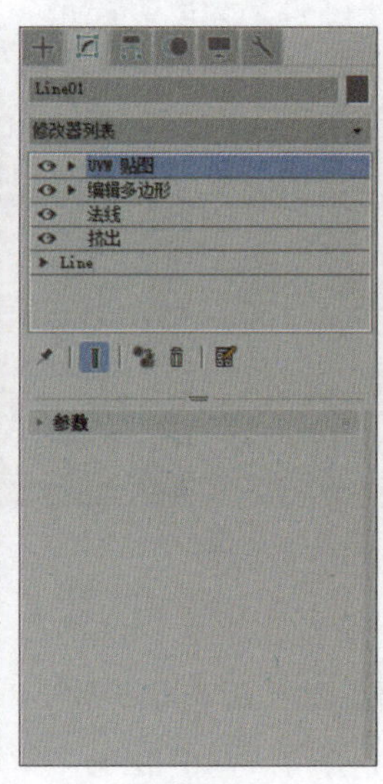

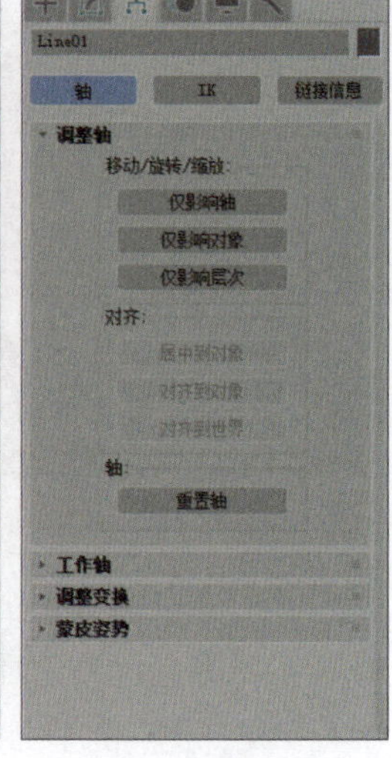

图 1-5

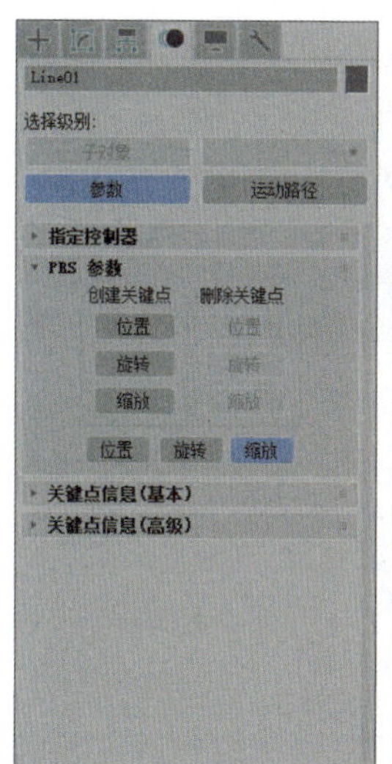

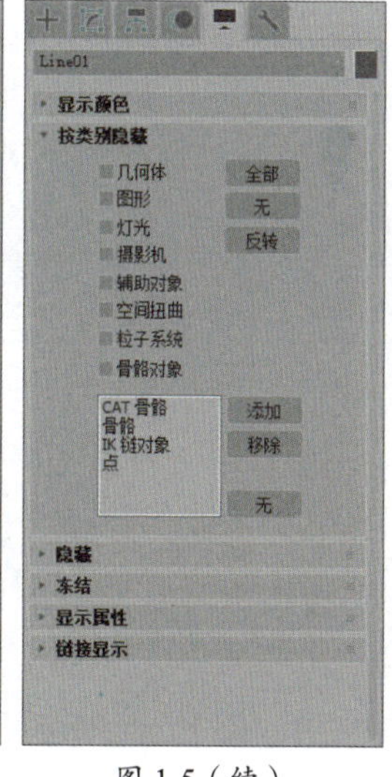

图 1-5（续）

1）创建命令面板

“创建命令面板”用于创建对象，这是在3ds Max中构建新场景的第一步。创建命令面板将所创建对象分为7个类别，包括几何图形、图形、灯光、摄像机、辅助对象、空间扭曲、系统。

2）修改命令面板

通过“修改命令面板”，可以在场景中放置一些基本对象，包括3D几何体、2D形态、灯光、摄像机、空间扭曲及辅助对象。创建对象的同时系统会为每一个对象指定一组创建参数，这些参数可根据对象类型定义其几何特征和其他属性。

3）层次命令面板

通过“层次命令面板”可以访问用来调整对象间链接的工具。通过将一个对象与另一个对象链接，可以创建父子关系，应用到父对象的同时将变换传递给子对象。通过将多个对象同时链接到父对象和子对象，可以创建复杂的层次关系。

4）运动命令面板

“运动命令面板”用于设置各个对象的运动方式和轨迹，以及高级动画设置。

5）显示命令面板

通过“显示命令面板”可以访问场景中控制对象显示方式的工具，可以隐藏和取消隐藏、冻结和解冻对象改变其显示特性、加速视口显示及简化建模步骤。

6）实用程序命令面板

通过“实用程序命令面板”可以访问3ds Max的各种小型程序，并可以编辑各个插件。它是3ds Max系统与用户对话的桥梁。

6. 动画控制栏

动画控制栏在工作界面的底部，主要用于在制作动画时，进行动画记录、动画帧选择、控制动画的播放和控制动画时间等，如图1-6所示。

图 1-6

由图1-6可知，动画控制栏由“自动关键点”按钮、“设置关键点”按钮、“选定对象”下拉列表框、“关键点过滤器”选项、控制动画显示区和“时间配置”按钮等六大部分组成。下面介绍各部分的含义。

学习笔记

- **自动关键点：** 启用该按钮后，时间帧将显示为红色，在不同的时间上移动或编辑图形即可设置动画。
- **设置关键点：** 用于在合适的时间创建关键帧。
- **关键点过滤器：** 在“设置关键点过滤器”对话框中，可以对关键帧进行过滤。只有当某个复选框被选中后，有关该选项的参数才可以被定义为关键帧。
- **控制动画显示区：** 用于控制动画的显示，其中包含转到开头、关键点模式切换、上一帧、播放动画、下一帧、转到结尾、设置关键帧位置等按钮及选项。在该区域单击指定按钮及选项，即可执行相应的操作。
- **时间配置：** 单击该按钮，即可打开时间配置对话框，从中可以设置动画的时间显示类型、帧速度、播放模式、动画运行时间（含开始帧与结束帧的设置）和关键点字符等。

7. 状态栏和提示栏

状态栏和提示栏在动画控制栏的左侧，主要用于提示当前选择的对象数目以及使用的命令、坐标位置和当前栅格的单位，如图1-7所示。

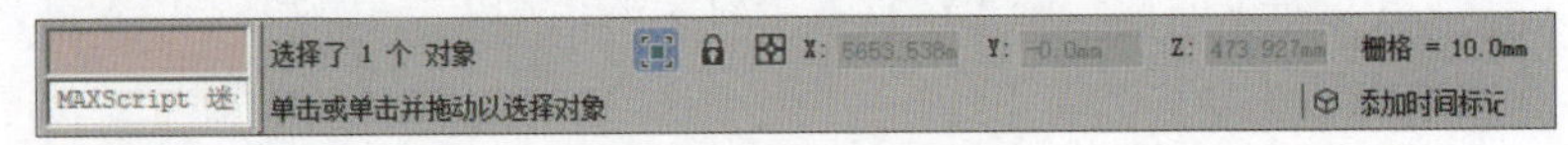

图 1-7

8. 视图导航栏

视图导航栏主要用于控制视图的大小和方位，通过导航栏内相应的按钮，即可更改视图中对象的显示状态。视图导航栏会根据当前视图的类型进行相应的更改，如图1-8所示。

图 1-8

视图导航栏由缩放、缩放所有视图、缩放区域、最大化显示选定对象、所有视图最大化显示选定对象、视野、平移视图、环绕子对象、最大化视口切换等9个按钮组成，各按钮的含义如表1-3所示。

表 1-3

图　标	名　称	用　途
	缩放	当在“透视视口”或“正交”视口中进行拖动时，使用“缩放”可调整视口放大值
	缩放所有视图	在四个视图的任意一个窗口中按住鼠标左键拖动，四个视图同时缩放
	缩放区域	在视图中框选局部区域，将它放大显示
	最大化显示选定对象	在编辑时可能会有很多对象，当用户要对单个对象进行观察操作时，可以使此命令最大化显示
	所有视图最大化显示选定对象	选择对象后单击，可以看到四个视图同时放大显示的效果
	视野	调整视口中可见场景数量和透视张量
	平移视图	沿着平行于视口的方向移动摄像机
	环绕子对象	使用视口中心作为旋转的中心。如果对象靠近视口边缘，则可能会旋转出视口
	最大化视口切换	可在其正常大小和全屏大小之间进行切换

课堂练习　自定义工作界面

3ds Max默认界面的颜色是黑灰色，用户可以根据自己的喜好设置界面颜色，也可以直接将界面设置为浅色。具体操作步骤如下。

步骤 01 启动3ds Max应用程序，默认的工作界面如图1-9所示。

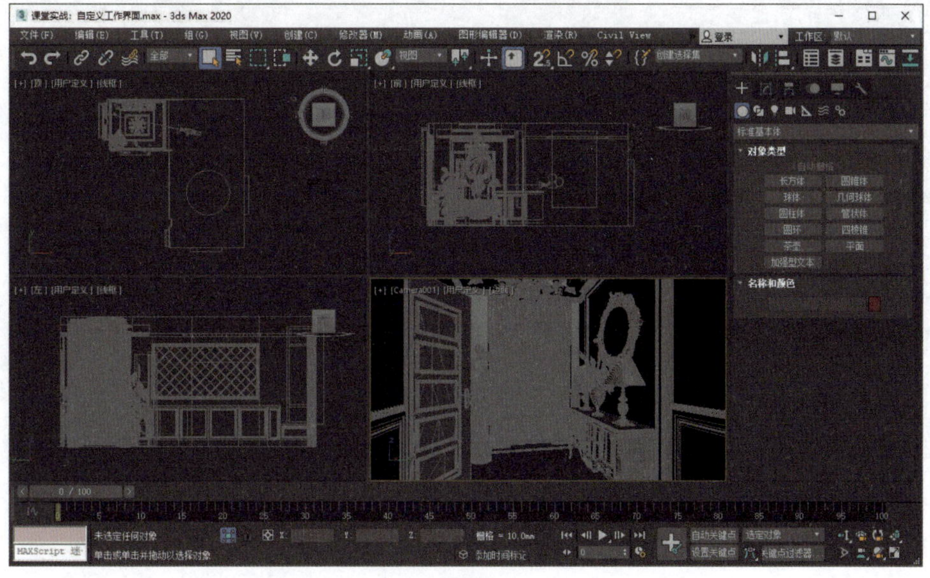

图 1-9

步骤 02 执行“自定义”|“自定义用户界面”命令，打开“自定义用户界面”对话框，切换到“颜色”选项卡，如图1-10所示。

步骤 03 单击下方的“加载”按钮，打开“加载颜色文件”对话框，从3ds Max的安装路径X:\3ds Max\fr-FR\UI文件夹下找到名为ame-light的clrx文件，如图1-11所示。

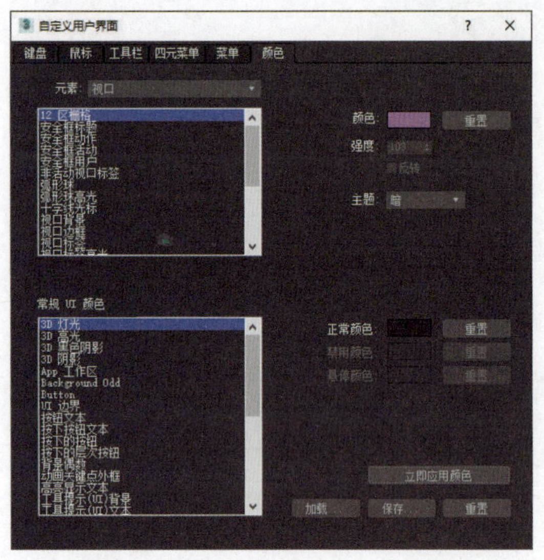

图 1-10

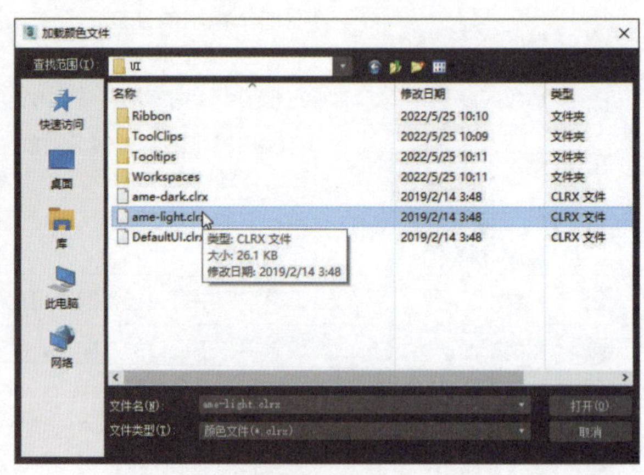

图 1-11

步骤 04 单击“打开”按钮，即可看到3ds Max的工作界面变成了浅灰色，关闭“自定义用户界面”对话框，如图1-12所示。

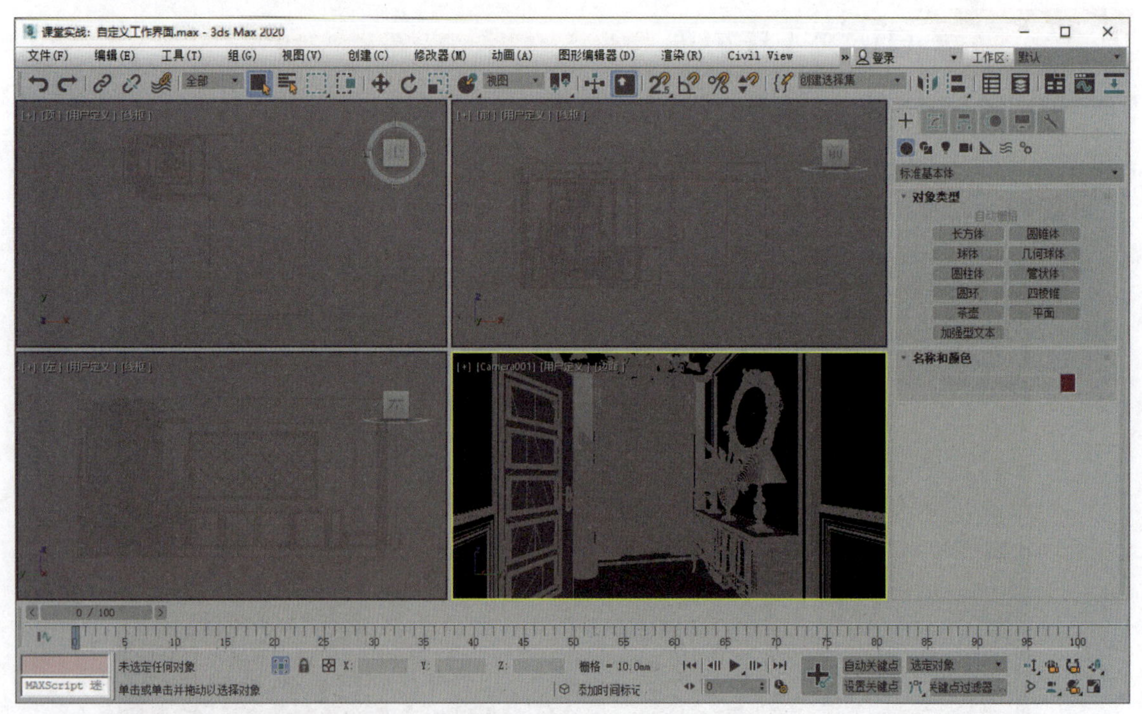

图 1-12

步骤 05 执行“视图”|“视口配置”命令，打开“视口配置”对话框，切换到“布局”选项卡，从中选择合适的布局类型，如图1-13所示。

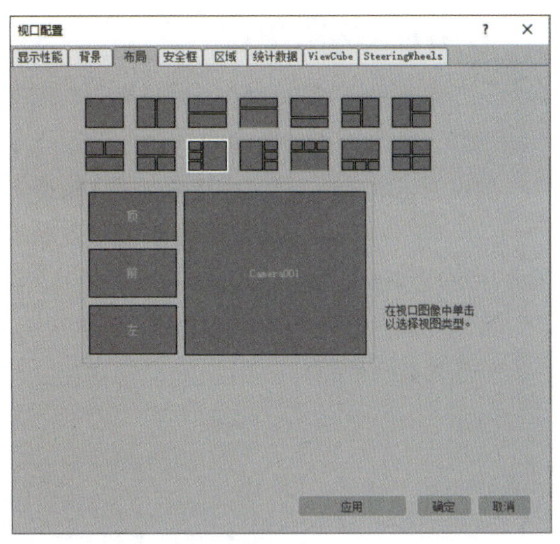

图 1-13

步骤 06 单击“确定”按钮关闭对话框，会看到视口布局方式发生了变化，如图1-14所示。

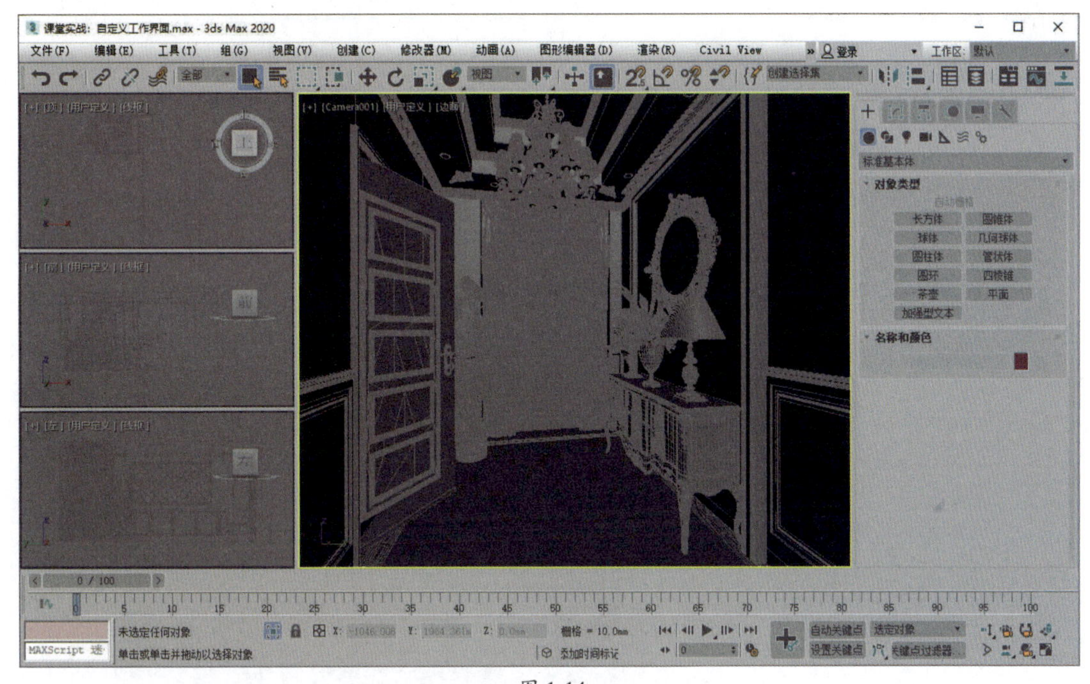

图 1-14

1.3 设置绘图环境

在创建模型之前，需要对3ds Max进行“单位”和“自动保存”等设置。通过以上基础设置可以方便用户创建模型，提高工作效率。

1.3.1 绘图单位

单位是连接3ds Max三维世界与物理世界的关键。在插入外部模型时，如果插入的模型和软件中设置的单位不同，可能会出现插入的模型显示过小，所以在创建和插入模型之前需要进行单位设置。

“单位设置”对话框用于设置单位显示的方式，通过它可以在通用单位和标准单位（英尺和英寸，还是公制）间进行选择，如图1-15所示。另外，也可以创建自定义单位，这些自定义单位可以在创建任何对象时使用。

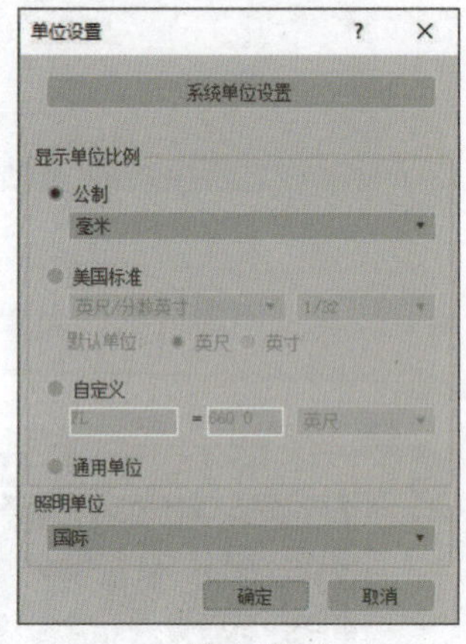

图 1-15

1.3.2 自动保存和备份

在插入或创建的图形较大时，计算机的屏幕显示速度会越来越慢，为了提高计算机性能，可以更改备份间隔保存时间。在“首选项设置”对话框中可以对该功能进行设置，如图1-16所示。

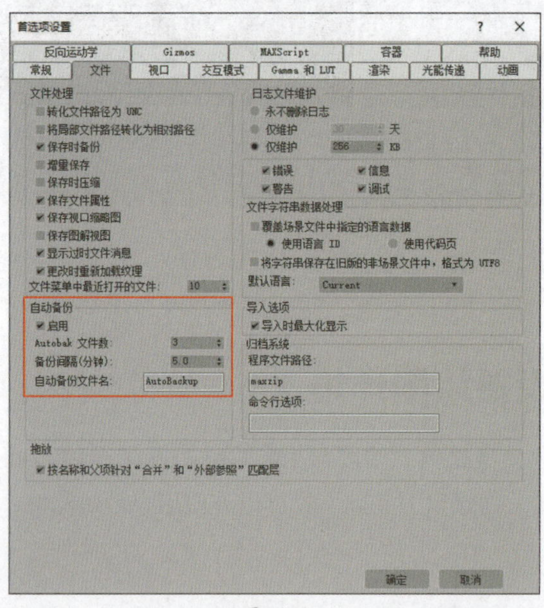

图 1-16

可以通过以下方式打开“首选项设置”对话框。

- 执行“自定义”|“首选项”命令。
- 在工作界面的左上方单击“菜单浏览器”按钮，在弹出的菜单列表中，单击右下方的“选项”按钮。

1.3.3 设置快捷键

利用快捷键创建模型可以大大提高工作效率，节省寻找菜单命令或者工具的时间。为了避免快捷键和外部软件的冲突，可以通过“自定义用户界面”对话框来设置快捷键，如图1-17所示。

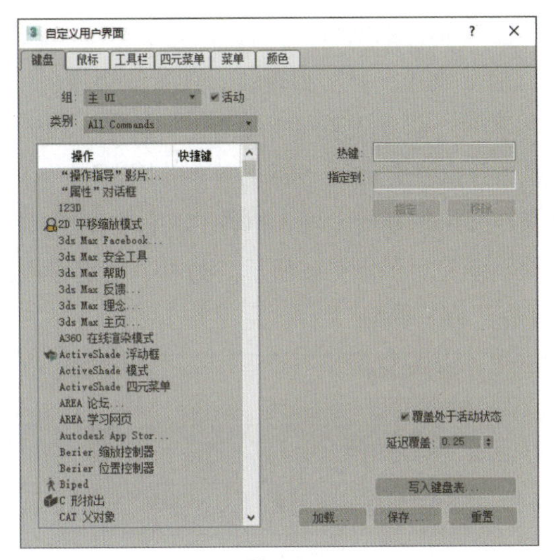

图 1-17

通过以下方式可以打开“自定义用户界面”对话框。

- 执行“自定义”|“自定义用户界面”命令。
- 在工具栏中的“键盘快捷键覆盖切换”按钮上右击。

1.4 图形文件的基本操作

3ds Max提供了关于场景文件的操作命令，如新建、重置、归档等，这些命令用于对图形文件进行打开、关闭、保存、导入及导出等操作。

1.4.1 新建文件

使用“新建”命令可以新建一个场景文件。执行“文件”|“新建”命令，在其右侧区域中将出现4种新建方式，如图1-18所示。下面将对各选项的含义进行介绍。

- **新建全部：** 使用该命令可以清除当前场景的内容，保留系统设置，如视口配置、捕捉设置、材质编辑器、背景图像等。

- **从模板新建：** 用新场景刷新3ds Max，根据需要确定是否保留旧场景。

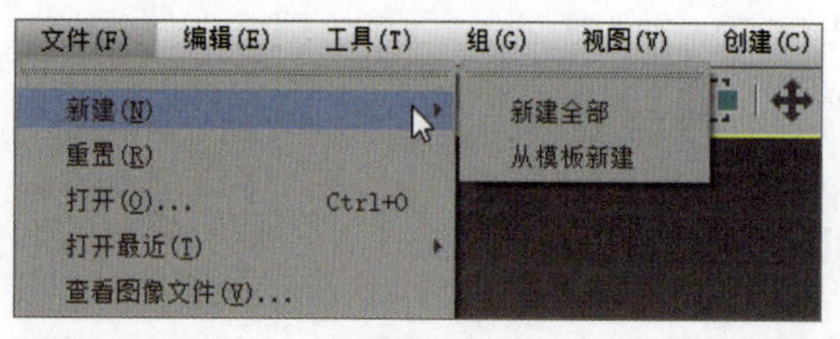

图 1-18

1.4.2 重置文件

使用“重置”命令可以清除所有数据并重置3ds Max的设置（包括视口配置、捕捉设置、材质编辑器、背景图像等），还可以还原默认设置，并移除当前会话期间所做的任何自定义设置。使用“重置”命令与退出并重新启动3ds Max的效果相同。

对于已操作并未保存的文件，执行“文件”|“重置”命令时，系统会弹出提示消息，如图1-19所示。另外，还可以根据需要选择“保存”“不保存”或“取消”。

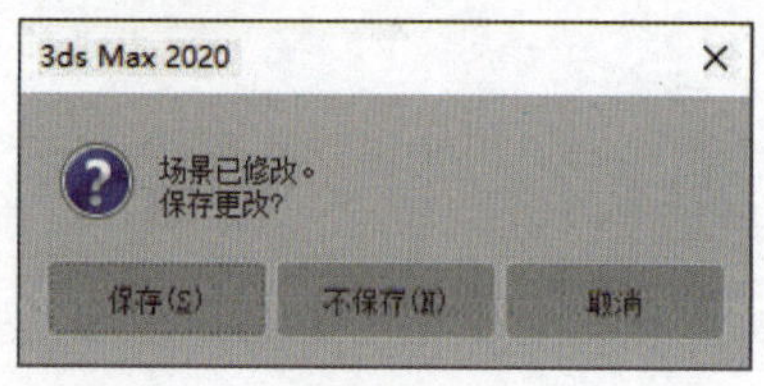

图 1-19

知识拓展

下面将对常见的文件类型进行介绍。

（1）MAX文件是完整的场景文件。

（2）CHR文件是用“保存类型”为“3ds Max角色”功能保存的角色文件。

（3）DRF文件是VIZ Render中的场景文件。VIZ Render是包含在AutoCAD软件中的一款渲染工具。该文件类型类似于Autodesk VIZ先前版本中的MAX文件。

1.4.3 归档文件

使用“归档”命令可以自动查找场景中参照的文件，并在可执行文件的文件夹中创建压缩文件，在存档处理期间将显示日志窗口。

执行“文件”|“归档”命令，系统会打开“文件归档”对话框，如图1-20所示。另外，还可以在该对话框中设置归档路径及名称。

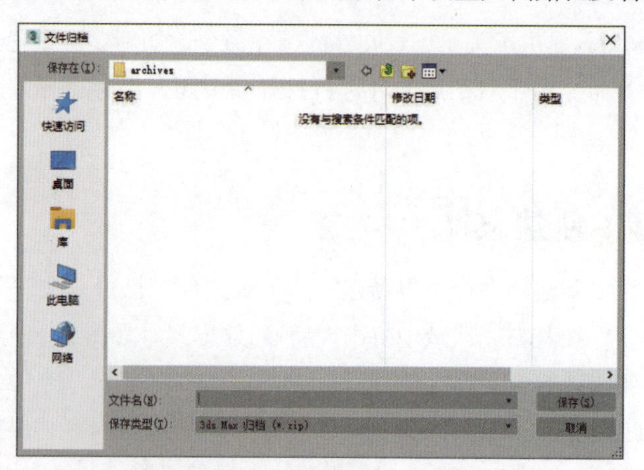

图 1-20

课堂练习 合并模型到当前场景

利用“合并”功能可以将独立的模型文件导入当前场景，具体操作步骤介绍如下。

步骤 01 打开准备好的素材场景，如图1-21所示。

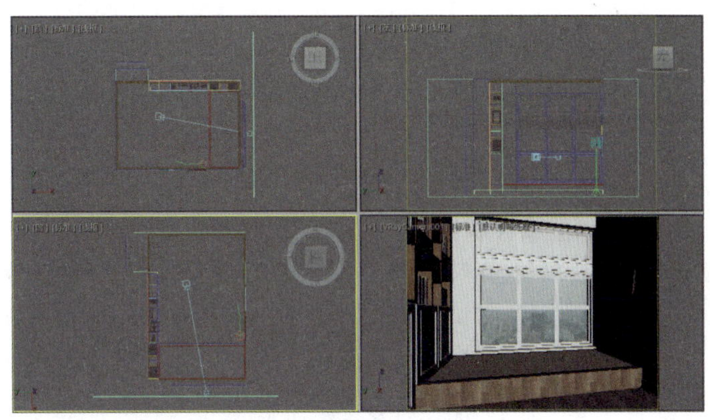

图 1-21

步骤 02 执行“文件”|“导入”|“合并”命令（见图1-22），弹出“合并文件”对话框，选择要合并进当前场景的模型文件（见图1-23），单击“打开”按钮。

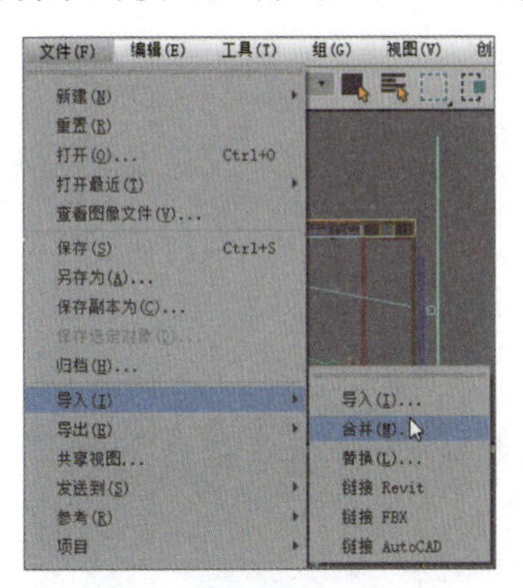

图 1-22

图 1-23

步骤 03 弹出“合并”对话框，选择要合并到当前场景的模型对象，如图1-24所示。

步骤 04 单击“确定”按钮即可将模型对象合并到当前场景，移动模型到合适的位置，即可完成本案例的操作，如图1-25所示。

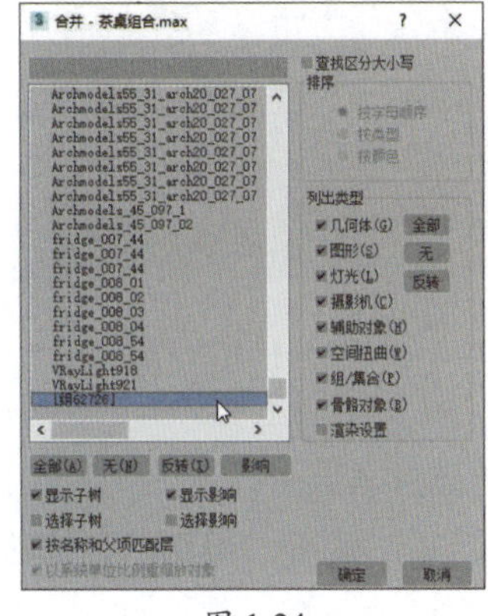

图 1-24

图 1-25

1.5 对象的基本操作

在场景的创建过程中经常需要对对象进行基本操作，包括选择、变换、镜像、阵列、对齐、克隆、捕捉、隐藏/冻结、成组等。

1.5.1 选择操作

要对对象进行操作，首先要选择对象。快速并准确地选择对象，是熟练运用3ds Max的关键。

学习笔记

1. 选择按钮

选择对象的工具主要有“选择对象”按钮和“按名称选择”按钮。前者可以直接框选或单击选择一个或多个对象，后者则可以通过对象名称进行选择。

1）“选择对象”按钮

单击此按钮后，可以用鼠标单击选择一个对象或框选多个对象，被选中的对象以高亮显示。若想一次选中多个对象，可以在按住Ctrl键的同时单击对象。

2）“按名称选择”按钮

单击此按钮可以打开“从场景选择”对话框，如图1-26所示。可以在下方对象列表中双击对象名称进行选择，也可以在输入框中输入对象名称进行选择。

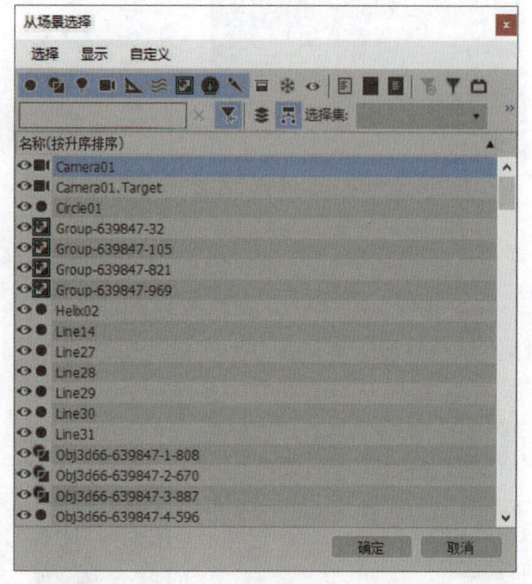

图 1-26

2. 选择区域

选择区域的形状包括矩形选区、圆形选区、围栏选区、套索选区、绘制选择区域、窗口和交叉。执行“编辑”|“选择区域”命令，在其级联菜单中可以选择需要的选择方式，如图1-27所示。

3. 过滤选择

“选择过滤器”将对象分为全部、几何体、图形、灯光、摄影机、辅助对象、扭曲等12个类型，如图1-28所示。利用“选择过滤器”可以对对象的选择进行范围限定，屏蔽其他对象而只显示限定类型的对象以便于选择。当场景比较复杂，且需要对某一类对象进行操作时，可以使用“选择过滤器”。

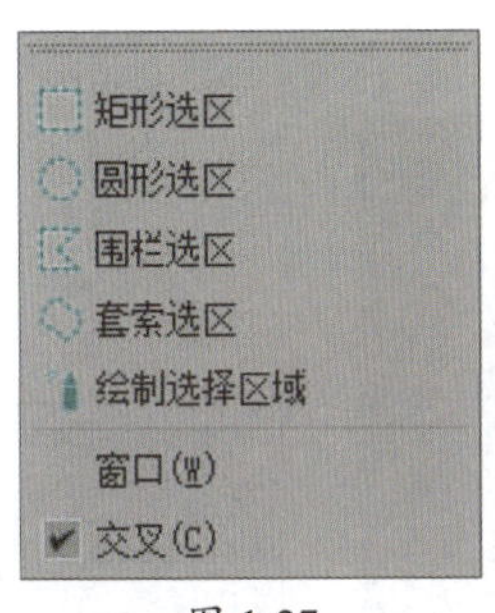

图 1-27

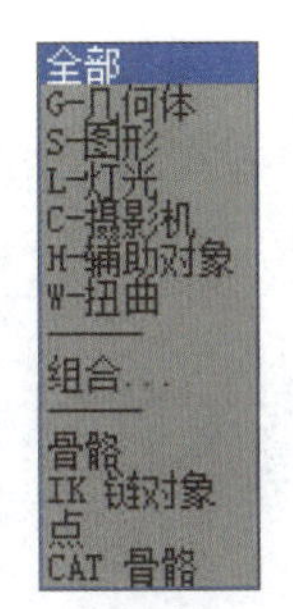

图 1-28

1.5.2 变换操作

变换对象是指将对象重新定位，包括改变对象的位置、旋转角度或者变换对象的比例等。可以选择对象，然后使用主工具栏中的各种变换按钮来进行变换操作。移动、旋转和缩放属于对象的基本变换。

1. 移动对象

移动是最常使用的变换工具，使用该工具可以改变对象的位置。在主工具栏中单击“选择并移动”按钮，即可激活移动工具。单击物体对象后，视口中会出现一个三维坐标系，如图1-29所示。当一个坐标轴被选中时它会显示为高亮黄色，通过它可以在三个轴向上对物体进行移动；把鼠标指针放在两个坐标轴的中间，可将在两个坐标轴形成的平面上随意移动对象。

右击“选择并移动”按钮，弹出“移动变换输入”对话框（也称面板），如图1-30所示。在该对话框的“偏移:世界”选项组中输入数值，可以控制对象在三个坐标轴上的精确移动。

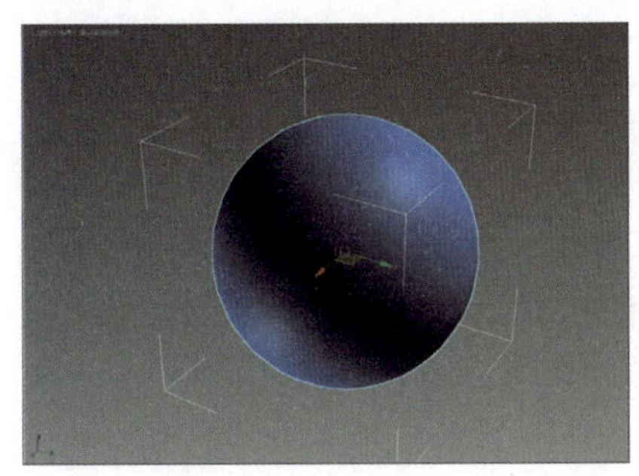

图 1-29

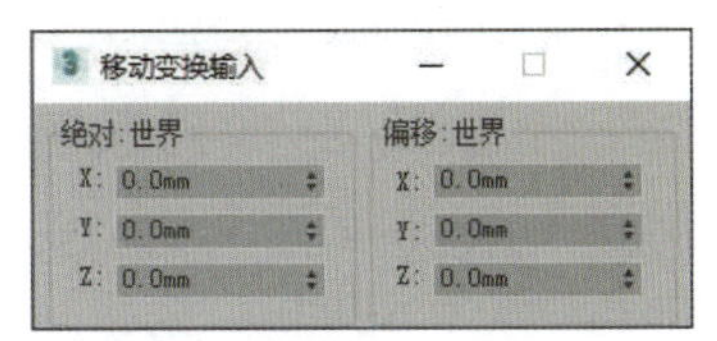

图 1-30

2. 旋转对象

需要调整对象的视角时，可以单击主工具栏中的“选择并旋转”按钮，当前被选中的对象可以沿三个坐标轴进行旋转，如图1-31所示。

右击“选择并旋转”按钮，弹出“旋转变换输入”对话框，如图1-32所示。在该对话框的“偏移:世界”选项组中输入数值，可以控制对象在三个坐标轴上的精确旋转。

学习笔记

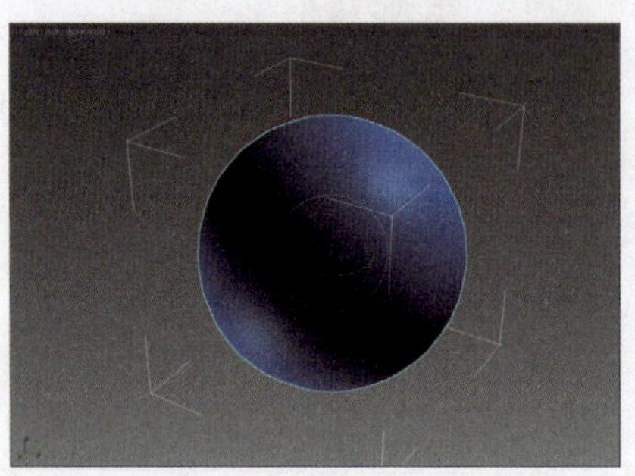

图 1-31

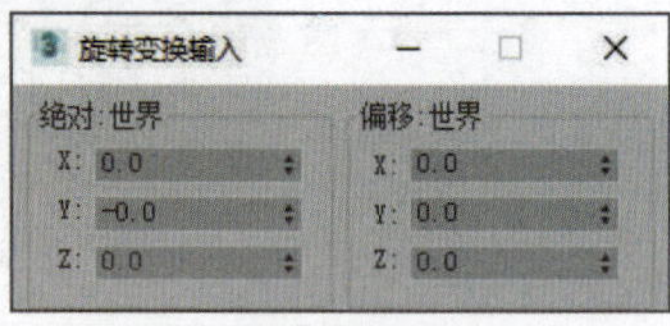

图 1-32

3. 缩放对象

若要调整场景中对象的比例大小，可以单击主工具栏中的“选择并均匀缩放”按钮，即可对对象进行等比例缩放，如图1-33所示。

右击“选择并缩放”按钮，弹出“缩放变换输入”对话框，如图1-34所示。在该对话框的“偏移:世界”选项组中输入百分比数值，可以控制对象进行精确缩放。

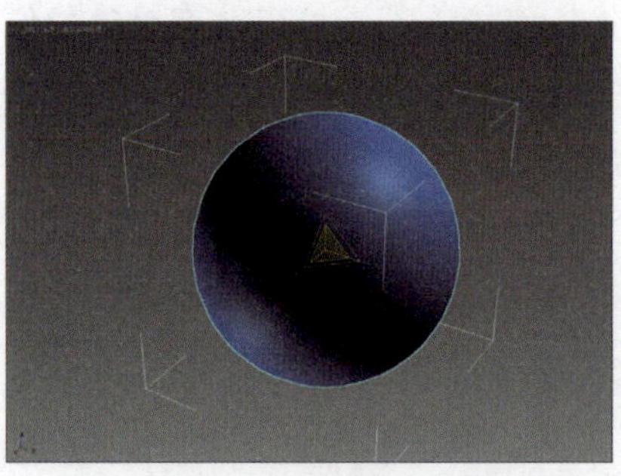

图 1-33

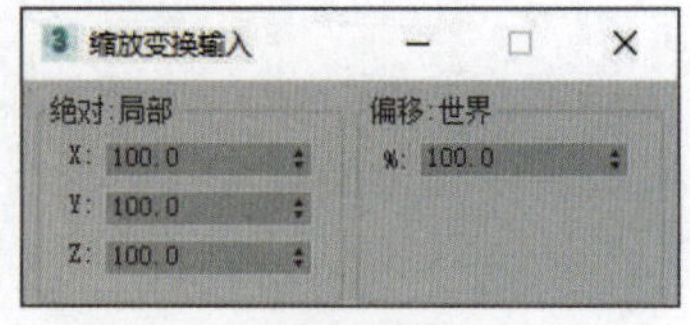

图 1-34

1.5.3 镜像操作

在视口中选择任一对象，在主工具栏中单击“镜像”按钮，将打开“镜像”对话框（见图1-35）。从中设置镜像参数，然后单击“确定”按钮即可完成镜像操作。

“镜像轴”选项组表示镜像轴选择为X、Y、Z、XY、YZ或ZX，选择其一可指定镜像的方向。这些选项等同于“轴约束”工具栏中的选项按钮。其中，“偏移”微调框用于指定镜像对象轴点距原始对象轴点的距离。

“克隆当前选择”选项组用于确定由“镜像”功能创建的副本的类型。默认设置为“不克隆”。

- **不克隆**：在不制作副本的情况下，镜像选定对象。
- **复制**：将选定对象的副本镜像到指定位置。
- **实例**：将选定对象的实例镜像到指定位置。
- **参考**：将选定对象的参考镜像到指定位置。

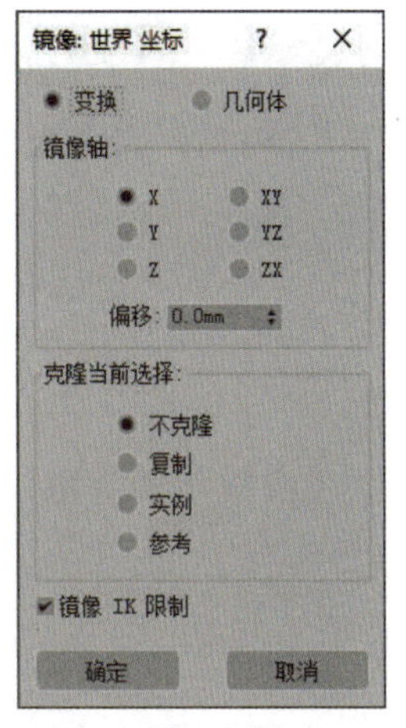

图 1-35

当围绕一个轴镜像几何体时，会导致镜像IK约束（与几何体一起镜像）。如果不希望IK约束受“镜像”命令的影响，可取消选中“镜像IK限制”复选框。

选择模型，单击“镜像”按钮，打开“镜像”对话框，设置镜像轴，复制当前对象，并设置偏移距离，设置完成后，单击“确定”按钮，即可完成模型的镜像操作，如图1-36、图1-37所示。

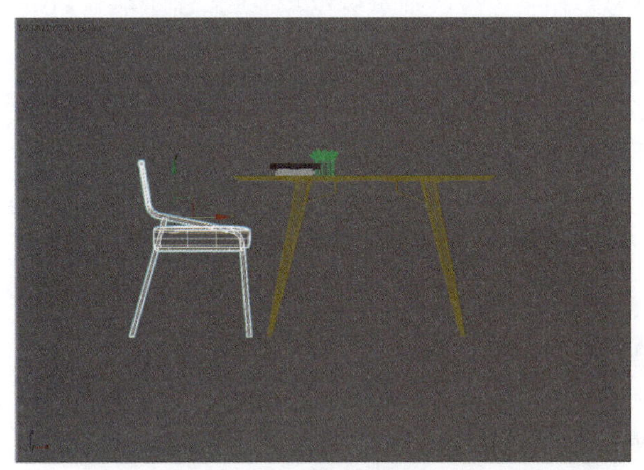

图 1-36

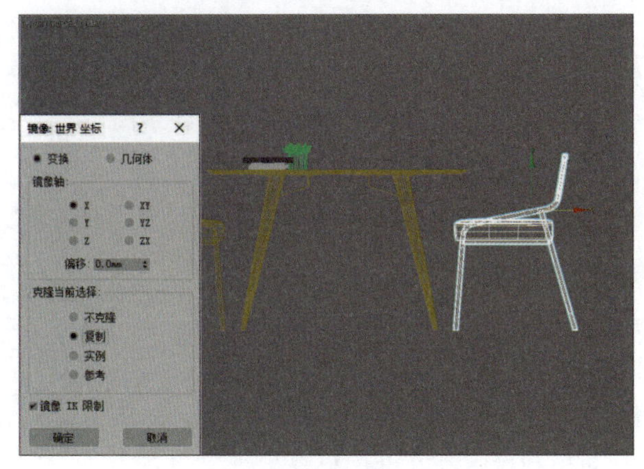

图 1-37

1.5.4 阵列操作

“阵列”命令可以以当前选择对象为参考，进行一系列复制操作。在视图中选择一个对象，然后执行“工具”|“阵列”命令，弹出“阵列”对话框，如图1-38所示。在该对话框中可指定阵列尺寸、偏移量、对象类型以及变换数量等。

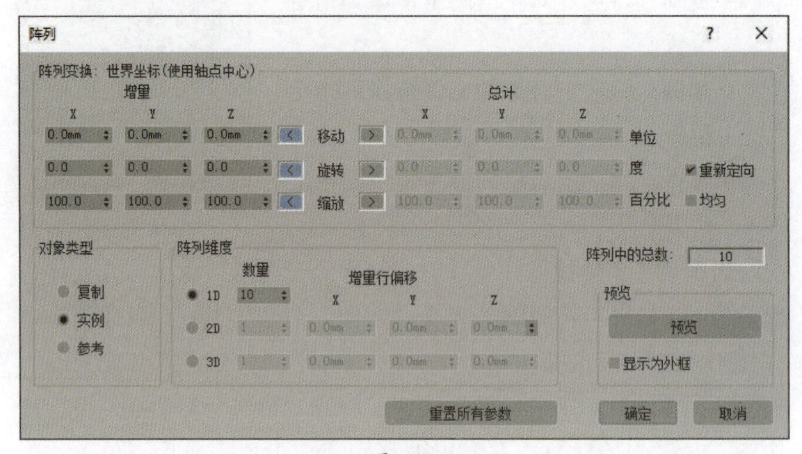

图 1-38

- **增量：**用于设置阵列对象在各个坐标轴上的移动距离、旋转角度以及缩放程度。
- **总计：**用于设置阵列对象在各个坐标轴上的移动距离、旋转角度和缩放程度的总量。
- **重新定向：**选中该复选框，阵列对象围绕世界坐标轴旋转时也将围绕自身坐标轴旋转。
- **对象类型：**用于设置阵列复制对象的副本类型。
- **阵列维度：**用于设置阵列复制的维数。

1.5.5 对齐操作

“对齐”命令可以用来精确地将一个对象和另一个对象按照指定的坐标轴进行对齐操作。在视图中选择要对齐的对象，然后在工具栏中单击“对齐”按钮，将弹出“对齐当前选择”对话框，如图1-39所示。在该对话框中可对对齐位置、方向进行设置。

- **对齐位置：**用于设置位置对齐方式。
- **当前对象/目标对象：**分别用于当前对象和目标对象的设置。

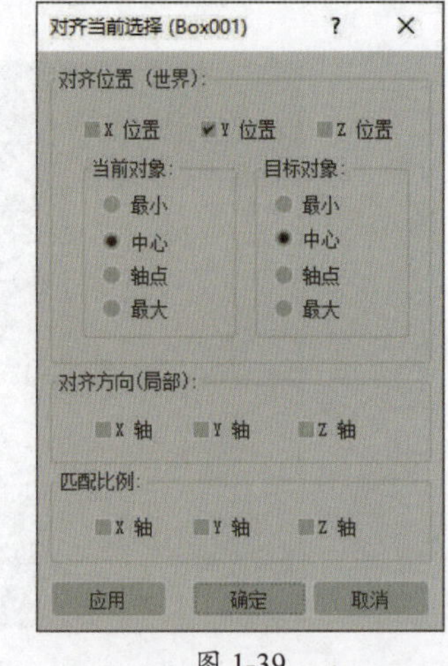

图 1-39

- **对齐方向：**用于指定在特定方向对齐所依据的轴向，右侧括号中显示的是当前使用的坐标系统。
- **匹配比例：**用于将目标对象的缩放比例沿指定的坐标轴向施加到当前对象上。

1.5.6 克隆操作

3ds Max提供了多种复制方式，用户可以快速创建一个或多个选定对象的多个版本。复制对象的通用术语为克隆，本小节主要介绍克隆对象的方法。

- 选择对象后，执行“编辑”|“克隆”命令，弹出如图1-40所示的对话框。
- 选择对象后，按Ctrl+V组合键。
- 按住Shift键的同时使用移动、旋转或缩放工具，弹出如图1-41所示的对话框。

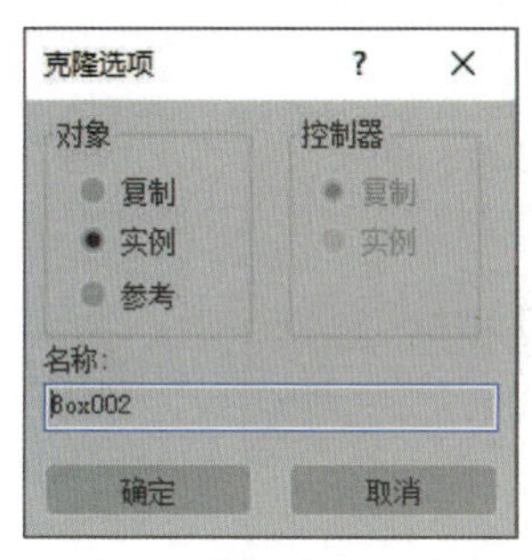

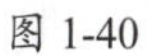
图 1-40

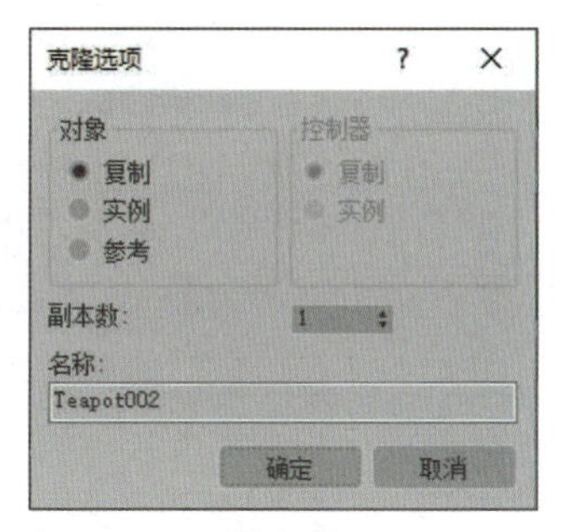

图 1-41

知识拓展

使用“克隆”命令和使用“变换”命令打开的“克隆选项”对话框基本相同，只是使用“变换”命令打开的“克隆选项”对话框多出一个“副本数”微调框，用于设置复制对象的数量。

克隆方式包括复制、实例、参考三种，各选项含义介绍如下。

- **复制：**创建一个与原始对象完全无关的克隆对象。修改一个对象时，不会对另一个对象产生影响。
- **实例：**创建与原始对象完全可交互的克隆对象。修改实例对象时，原始对象也会发生相同的改变。
- **参考：**克隆对象时，创建与原始对象有关的克隆对象（称为参考对象）。克隆对象之前更改对该对象应用的修改器的参数时，将会更改这两个对象。但是，新修改器可以应用参考对象之一。因此，它只会影响应用该修改器的对象。

“副本数”微调框用于设置复制对象的数量。

1.5.7 捕捉操作

捕捉操作能够捕捉处于活动状态位置的3D空间的控制范围，而且有很多捕捉类型可用，可以用于激活不同的捕捉类型。与捕捉操作相关的工具按钮包括捕捉开关、角度捕捉、百分比捕捉、微调器捕捉切换。

1. 捕捉开关

这3个按钮代表了3种捕捉模式，提供捕捉处于活动状态位置的3D空间的控制范围。

2. 角度捕捉切换

“角度捕捉切换”按钮用于确定多数功能的增量旋转，包括标准“旋转”变换（默认情况下，旋转角度以5°递增）。旋转对象或对象组时，对象以设置的增量围绕指定轴旋转。

3. 百分比捕捉

“百分比捕捉”按钮可以通过指定的百分比增加对象的缩放。当按下“百分比捕捉”按钮后，可以捕捉栅格、切换、中点、轴点、面中心和其他选项。

右击主工具栏中的空白区域，在弹出的快捷菜单中选择“捕捉”命令可以开启捕捉工具栏，如图1-42所示。另外，还可以使用“捕捉”选项卡中的复选框启用捕捉设置的任何组合。

学习笔记

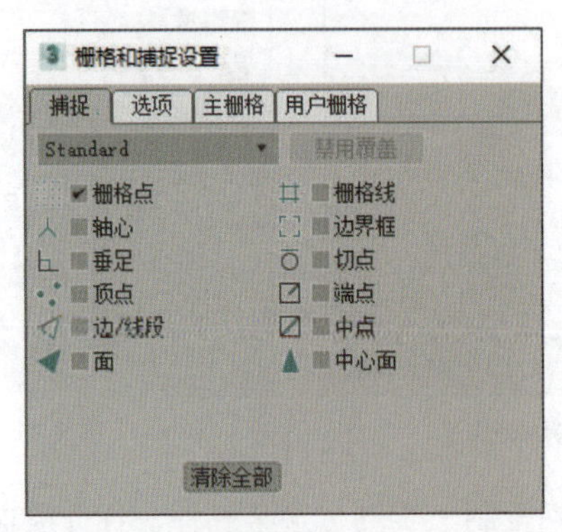

图 1-42

1.5.8 隐藏/冻结操作

在视图中选择所要操作的对象并右击，在弹出的快捷菜单中将包括隐藏选定对象、隐藏未选定对象、全部取消隐藏、冻结当前选择等选项。下面将对常用选项进行介绍。

1. 隐藏与取消隐藏

在建模过程中为了便于操作，常常将部分物体暂时隐藏，以提高界面的操作速度。

在视口中选择需要隐藏的对象并右击，在弹出的快捷菜单（见图1-43）中选择“隐藏选定对象”或“隐藏未选定对象”命令，将实现隐藏操作。

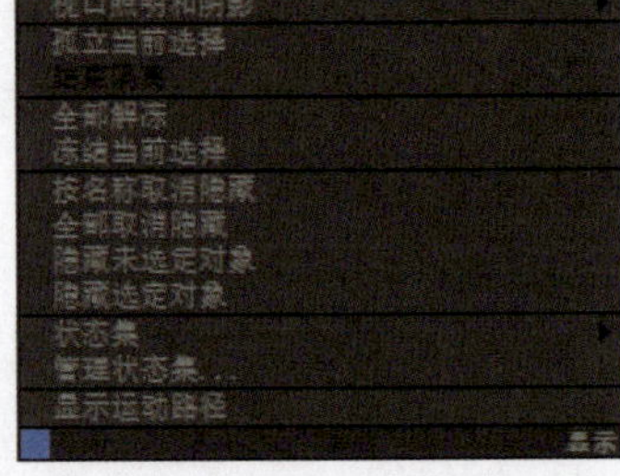

图 1-43

当不需要隐藏对象时，在视口

中右击，在弹出的快捷菜单中选择“全部取消隐藏”或“按名称取消隐藏”命令，场景的对象将不再被隐藏。

2. 冻结与解冻

在建模过程中为了便于操作，避免场景中对对象的误操作，常常将部分物体暂时冻结，在需要的时候再将其解冻。

在视口中选择需要冻结的对象并右击，在弹出的快捷菜单中选择“冻结当前选择”命令，将实现冻结操作，冻结效果如图1-44所示。当不需要冻结对象时，在视口中右击，在弹出的快捷菜单中选择“全部解冻”命令，场景的对象将不再被冻结，解冻效果如图1-45所示。

图 1-44

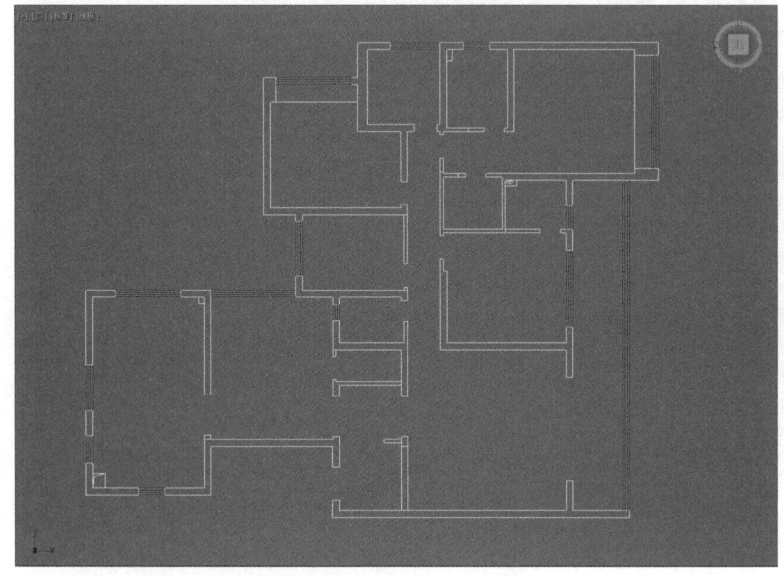

图 1-45

1.5.9 成组操作

控制成组操作的命令集中在“组”菜单（见图1-46）中，它包含了将场景中的对象成组和解组的所有功能，包括组、解组、打开、按递归方式打开、关闭、附加、分离、炸开、集合。

图 1-46

- **组：** 可将对象或组的选择集组合成为一个组。
- **解组：** 可将当前组分离为其组件对象或组。
- **打开：** 可暂时对组进行解组，并访问组内的对象。
- **关闭：** 可重新组合打开的组。
- **附加：** 选定对象成为现有组的一部分。
- **分离：** 从对象的组中分离选定对象。
- **炸开：** 解组组中的所有对象。“炸开”与“解组”命令不同，后者只解组一个层级。
- **集合：** 在其级联菜单中提供了用于管理集合的命令。

课堂练习 复制并摆放果盘

下面将利用对象的基本操作功能对水果模型进行复制、移动、旋转等操作，布置一个果盘造型。

步骤 01 打开准备好的场景文件，可以看到果盘中只有一个果子，如图1-47所示。

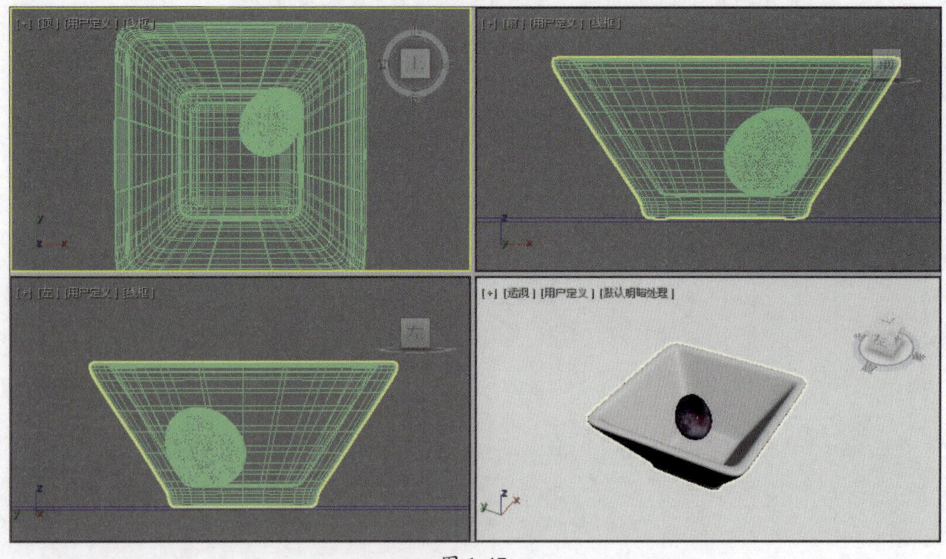
图 1-47

步骤 02 激活“移动”工具，在顶视图中单击选择果子模型，按住Shift键移动对象，在打开的“克隆选项”对话框中的“对象”选项组中选择“复制”单选按钮，如图1-48所示。

步骤 03 单击“确定”按钮即可复制对象，如图1-49所示。

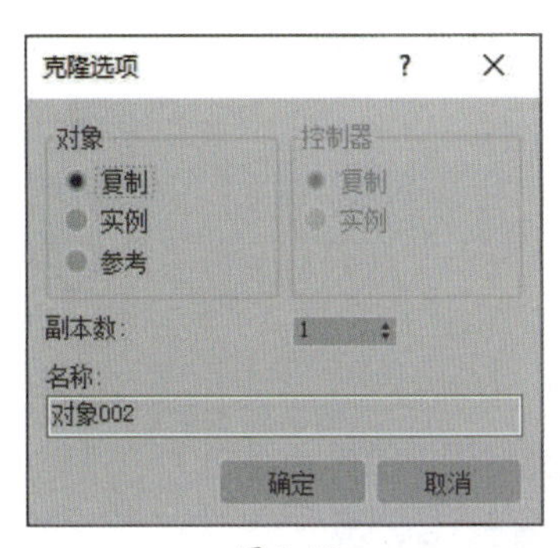

图 1-48

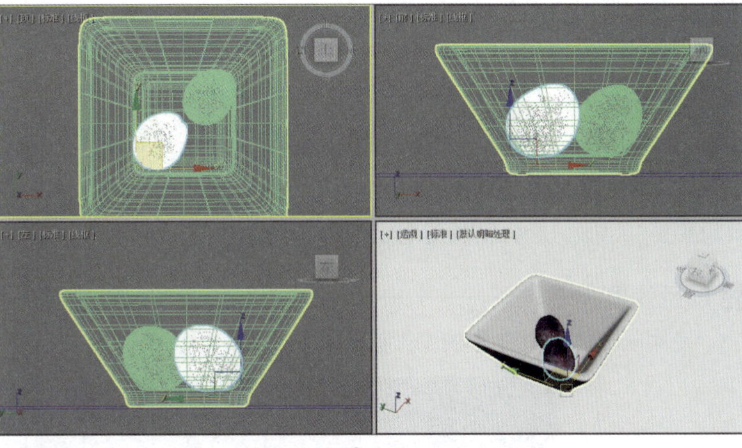

图 1-49

步骤 04 激活“旋转”工具，旋转对象，再激活“移动”工具，调整对象的位置，如图1-50所示。

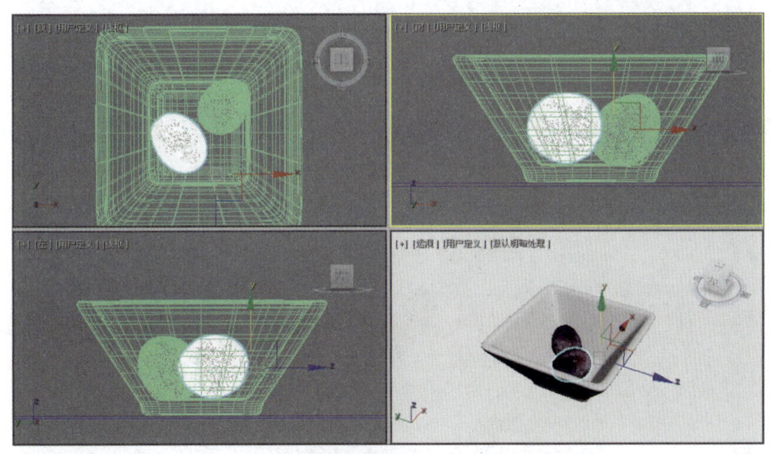

图 1-50

步骤 05 照此方法继续复制果子模型，再进行旋转、移动操作，最终场景效果如图1-51所示。

图 1-51

强化训练

1. 项目名称

制作书架模型

2. 项目分析

对象的选择、移动、旋转、克隆等操作都是基于场景中的对象进行的，可以是模型对象，也可以是光源等对象。通过创建一个标准基本体，再进行克隆、变换等操作就可以制作出一些简单的家具模型。

3. 项目效果

使用长方体工具制作的书架模型如图1-52所示。

图 1-52

4. 操作提示

①创建两个长方体，居中对齐，作为书架的骨架。

②创建长方体并调整旋转角度，镜像复制对象再调整位置。

③进行多次复制操作。

第2章

基础建模技术

内容导读

三维建模是三维设计的第一步，是三维设计的核心和基础。没有一个好的模型，一切好的效果都难以呈现。3ds Max具有多种建模手段，这里主要讲述的是其内置的样条线和几何体建模，即样条线、标准基本体、扩展基本体的创建。

通过对本章内容的学习，读者可以了解基本的建模方法与技巧，为后面章节的知识学习做好进一步的铺垫。

要点难点

- 掌握样条线的创建
- 掌握标准基本体的创建
- 掌握扩展基本体的创建

2.1 样条线

3ds Max中提供了12种样条线，如线、矩形、圆、椭圆、弧、圆环等，如图2-1所示。利用样条线可以创建三维建模实体，所以掌握样条线的创建是非常必要的。

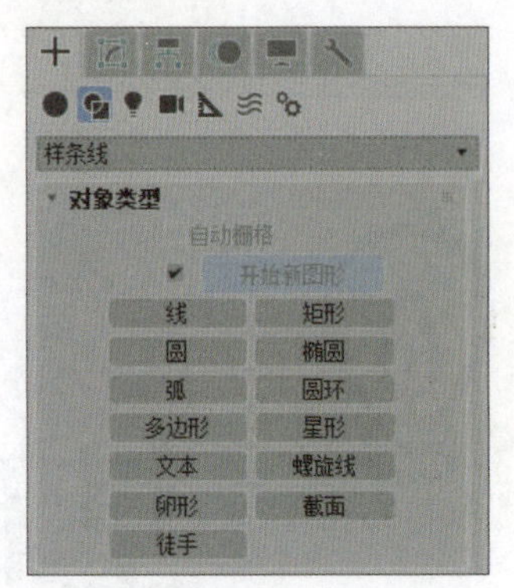

图 2-1

学习笔记

2.1.1 线

线在样条线中比较特殊，没有可编辑的参数，只能利用顶点、线段和样条线子层级进行编辑。按下鼠标左键时若立即松开便形成折角（见图2-2），若继续拖动一段距离后再松开便形成圆滑的弯角（见图2-3）。

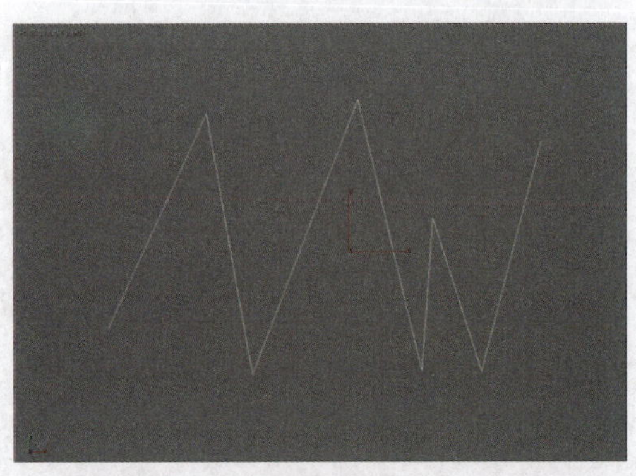

图 2-2

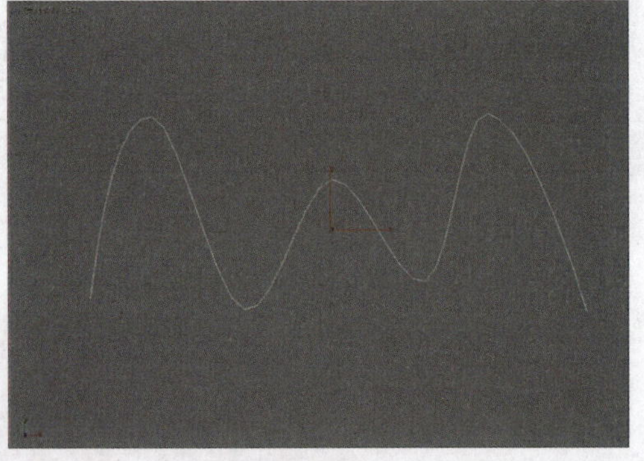

图 2-3

在“几何体”卷展栏（见图2-4）中，由“角点”所定义的点形成的线是严格的折线，由“平滑”所定义的节点形成的线可以是圆滑相接的曲线，由Bezier（贝塞尔）所定义的节点形成的线是依照Bezier算法得出的曲线。可以通过移动一点的切线控制柄来调节经过该点的曲线形状。

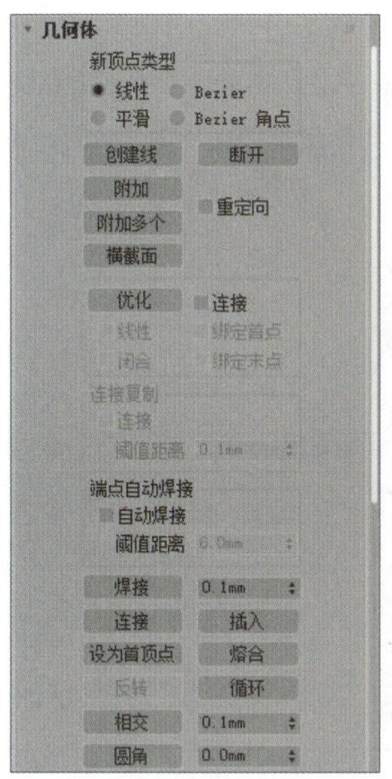

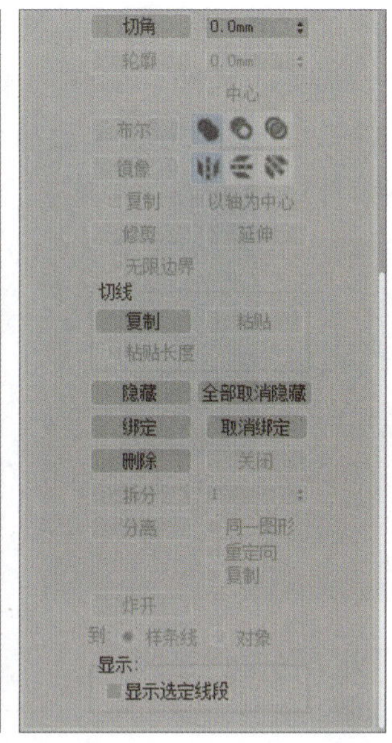

图 2-4

下面介绍“几何体”展卷栏中常用选项的含义。

- **创建线：** 在此样条线的基础上再加线。
- **断开：** 将一个顶点断开成两个。
- **附加：** 将两条线转换为一条线。
- **优化：** 可以在线条上任意加点。
- **焊接：** 将断开的点焊接起来。“连接”和“焊接”的作用是一样的，只不过“连接”必须是重合的两点。
- **插入：** 不但可以插入点，还可以插入线。
- **熔合：** 表示将两个点重合，但还是两个点。
- **圆角：** 给直角一个圆滑度。
- **切角：** 将直角切成一条直线。
- **隐藏：** 把选中的点隐藏起来，但还是存在的。“取消隐藏”是把隐藏的点都显示出来。
- **删除：** 表示删除不需要的点。

2.1.2　其他样条线

掌握线的创建操作后，其他样条线的创建就简单了很多。

1. 矩形

矩形常用于创建简单家具的拉伸原形，关键参数有“可渲染”“步数”“长度”“宽度”“角半径”。其中常用选项的含义介绍如下。

- **长度：** 用于设置矩形的长度。
- **宽度：** 用于设置矩形的宽度。
- **角半径：** 用于设置圆角矩形圆角半径的大小。

单击“矩形”按钮，在顶视图中移动鼠标指针即可创建矩形样条线，如图2-5所示。打开修改命令面板，在“参数”卷展栏（见图2-6）中可以设置样条线的参数。

使用3ds Max创建对象时，在不同的视口创建的物体的轴是不一样的，这样在对物体进行操作时会产生细小的区别。

图 2-5

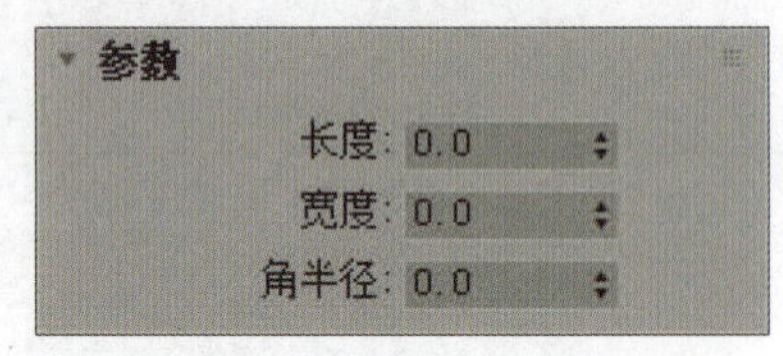

图 2-6

2. 圆 / 椭圆

在“图形”命令面板中单击“圆”按钮。在任意视图单击并拖动鼠标即可创建圆，如图2-7所示。

创建椭圆样条线和圆形样条线的方法类似，通过“参数”卷展栏可以设置半轴的长度和宽度，如图2-8所示。

图 2-7

图 2-8

3. 圆环

圆环需要设置内框和外框线。在“图形”命令面板中单击“圆环”按钮，在“顶”视图拖动鼠标创建圆环外框线，释放鼠标左键并拖动鼠标，即可创建圆环内框线，如图2-9所示。单击鼠标左键完成创建圆环操作。在“参数”卷展栏中可以设置半径1和半径2的大小，如图2-10所示。

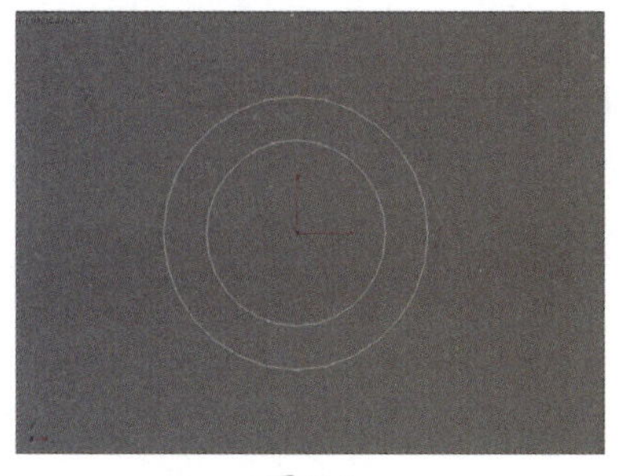

图 2-9

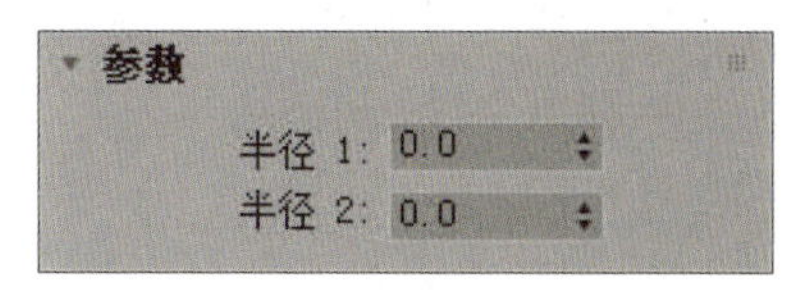

图 2-10

4. 多边形 / 星形

多边形和星形属于多线段的样条线图形，通过边数和点数可以设置样条线的形状，如图2-11、图2-12所示。

图 2-11

图 2-12

学习笔记

在“参数”卷展栏中有许多设置多边形的选项，如图2-13所示。下面具体介绍各主要选项的含义。

- **半径：** 用于设置多边形半径的大小。
- **“内接”和“外接”：** 内接是指多边形的中心点到角点之间的距离为内切圆的半径；外接是指多边形的中心点到角点之间的距离为外接圆的半径。
- **边数：** 用于设置多边形边数。数值范围为3～100，默认边数为6。
- **角半径：** 用于设置圆角半径的大小。
- **圆形：** 选中该复选框，多边形即可变成圆形。

由图2-14可知，通过半径1、半径2、点、扭曲等选项设置星形。下面具体介绍各选项的含义。

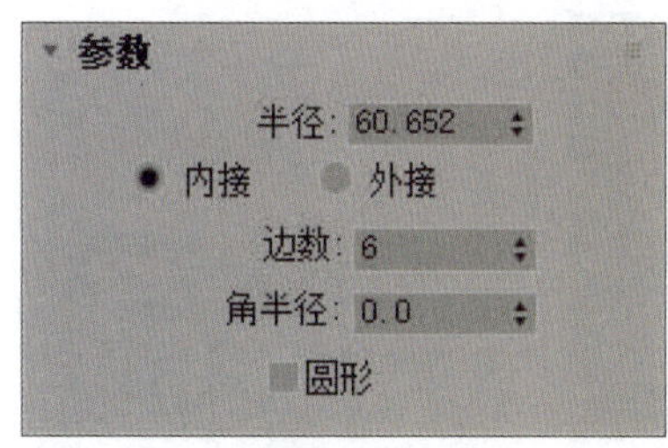

图 2-13

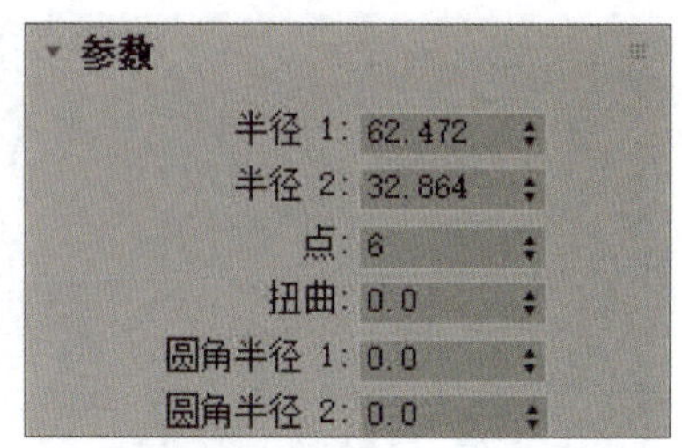

图 2-14

- **半径1和半径2**：设置星形的内、外半径。
- **点**：用于设置星形的顶点数目。默认情况下，创建星形的点数目为6，数值范围为3 ~ 100。
- **扭曲**：用于设置星形的扭曲程度。
- **圆角半径1和圆角半径2**：用于设置星形内、外圆环上的圆角半径大小。

知识拓展

在创建星形半径2时，向内拖动，可将第一个半径作为星形的顶点，或者向外拖动，将第二个半径作为星形的顶点。

5. 文本

在设计过程中，许多方面都需要创建文本，比如店面名称、商品的品牌等。在“图形”命令面板中单击“文本”按钮，在视图中单击即可创建一个默认的文本，文本内容为“MAX 文本”，如图2-15所示。在其“参数”卷展栏（见图2-16）中可以对文本的字体、大小、特性等进行设置。

图 2-15

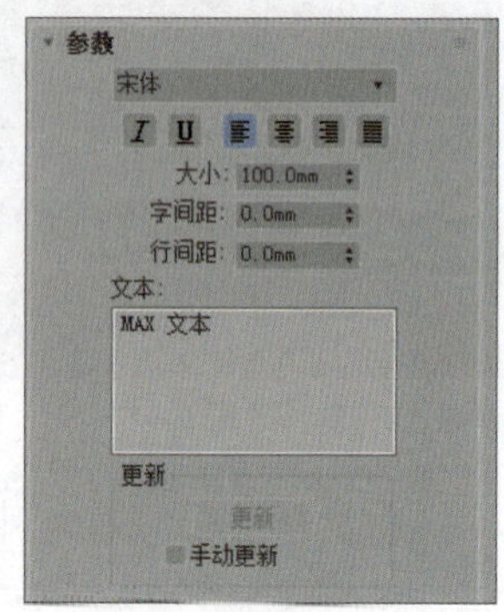

图 2-16

知识拓展

在创建较为复杂的场景时，为模型起一个标志性的名称，会为接下来的操作带来很大的便利。

6. 弧

利用“弧”样条线可以创建圆弧和扇形，创建的弧形状可以通过修改器生成带有平滑圆角的图形。

在“图形”命令面板中单击“弧”按钮，在绘图区单击并拖动鼠标创建线段，释放左键后上下拖动鼠标或者左右拖动鼠标可显示弧线，再次按下鼠标左键确认，完成弧的创建，如图2-17所示。

在命令面板下方的“创建方法”卷展栏中，可以设置样条线的创建方式，在“参数”卷展栏中可以设置弧样条线的参数，如图2-18所示。

图 2-17

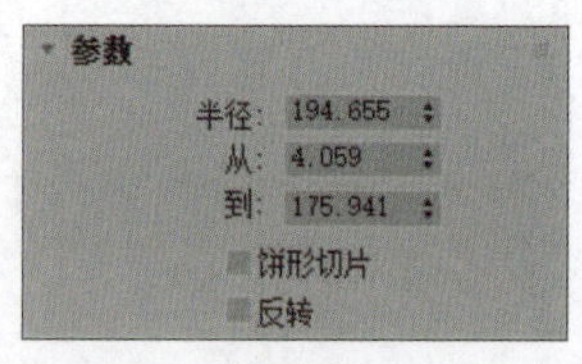

图 2-18

下面具体介绍各选项的含义。

- **端点–端点–中央：** 设置“弧”样条线以“端点-端点-中央”的方式进行创建。
- **中央–端点–端点：** 设置“弧”样条线以“中央-端点-端点”的方式进行创建。
- **半径：** 用于设置弧形的半径。
- **从：** 用于设置弧形样条线的起始角度。
- **到：** 用于设置弧形样条线的终止角度。
- **饼形切片：** 选中该复选框，创建的弧形样条线会更改成封闭的扇形。
- **反转：** 选中该复选框，即可反转弧形，生成弧形所属圆周另一半的弧形。

学习笔记

7. 螺旋线

利用螺旋线图形工具可以创建弹簧及旋转楼梯扶手等不规则的圆弧形状，如图2-19所示。螺旋线可以通过半径1、半径2、高度、圈数、偏移、顺时针和逆时针等选项进行设置，其“参数”卷展栏如图2-20所示。

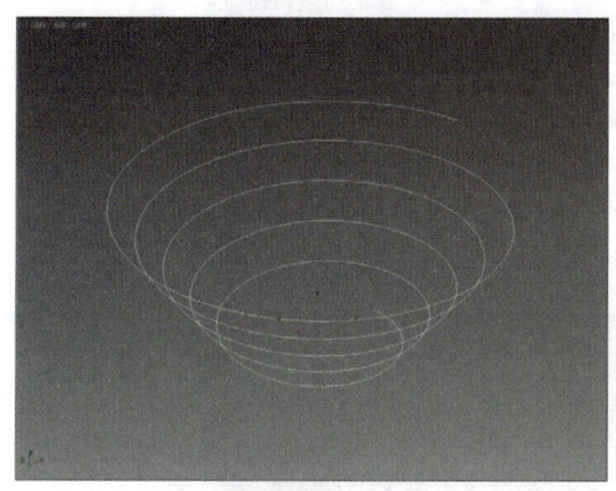
图 2-19

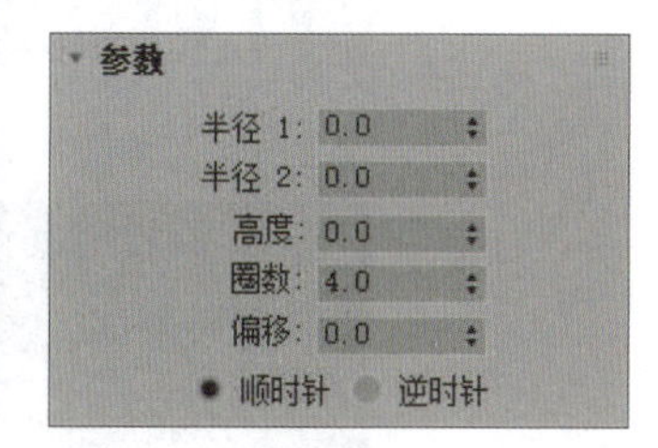

图 2-20

下面具体介绍各选项的含义。

- **“半径1”** 和 **“半径2”：** 用于设置螺旋线的半径。
- **高度：** 用于设置螺旋线在起始圆环和结束圆环之间的高度。
- **圈数：** 用于设置螺旋线的圈数。
- **偏移：** 用于设置螺旋线的偏移距离。
- **“顺时针”** 和 **“逆时针”：** 用于设置螺旋线的旋转方向。

2.2 标准基本体

复杂的模型都是由许多标准体组合而成，所以学习如何创建标准基本体是非常关键的。标准基本体是最简单的三维物体，在视图中拖动鼠标即可创建标准基本体。

可以通过以下方式调用创建标准基本体命令。

- 执行“创建”|“标准”|“基本体”命令。
- 在命令面板中单击“创建”按钮+，然后在其下方单击“几何体”按钮●，打开“几何体”命令面板，并在该命令面板中的“对象类型”卷展栏中单击相应的标准基本体按钮。

2.2.1 长方体

长方体是基础建模应用最广泛的标准基本体之一。现实中与长方体接近的物体很多，可以使用长方体创建出很多模型，如方桌、墙体等，同时还可以将长方体用作多边形建模的基础物体。

利用“长方体”命令可以创建出长方体或立方体，如图2-21和图2-22所示。

学习笔记

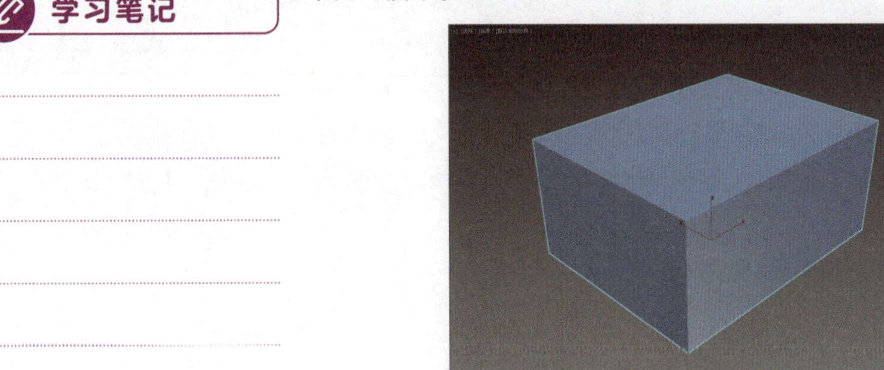

图 2-21

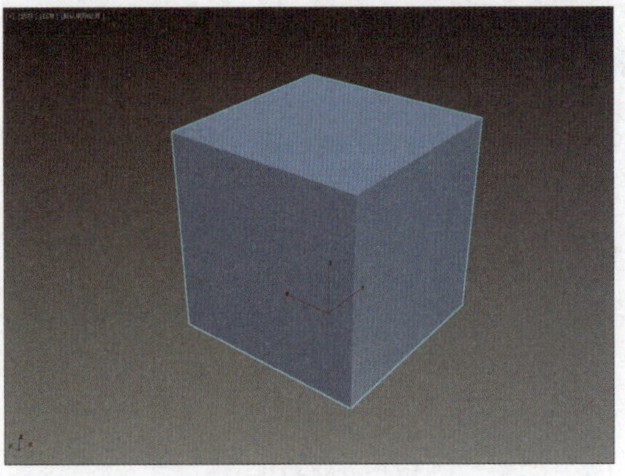

图 2-22

可以通过“参数”卷展栏设置长方体的长度、宽度、高度等参数，如图2-23所示。下面介绍各参数选项的含义。

- **立方体：**选择该单选按钮，可以创建立方体。
- **长方体：**选择该单选按钮，可以创建长方体。
- **长度、宽度、高度：**用于设置长方体的长度、宽度、高度。拖动鼠标创建长方体时，微调框中的数值会随之更改。

- **长度分段、宽度分段、高度分段：**用于设置各轴上的分段数量。
- **生成贴图坐标：**为创建的长方体生成贴图材质坐标。默认为启用。
- **真实世界贴图大小：**贴图大小由绝对尺寸决定，与对象相对尺寸无关。

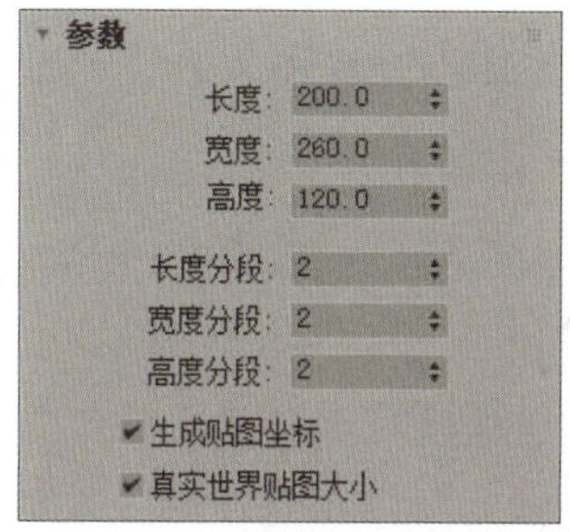

图 2-23

2.2.2 球体

无论是建筑建模还是工业建模时，球形结构也是必不可少的一种结构。在3ds Max中可以创建完整的球体，也可以创建半球或球体的其他部分，如图2-24所示。单击“球体”按钮，在命令面板下方将打开球体“参数”卷展栏，如图2-25所示。

知识拓展

在创建长方体时，按住Ctrl键并拖动鼠标，可以将创建的长方体的地面宽度和长度保持一致，再调整高度即可创建具有正方形底面的长方体。

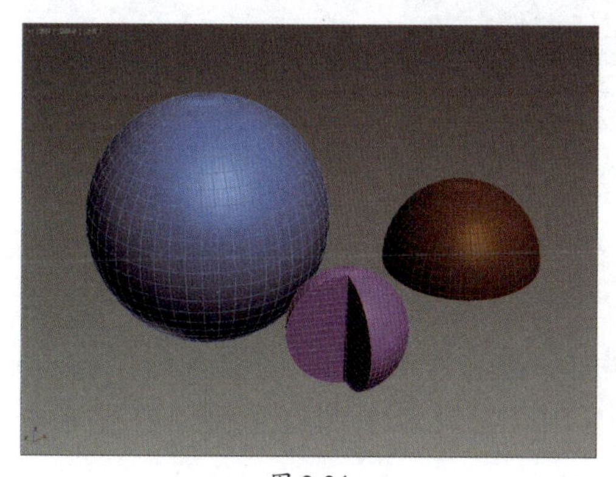

图 2-24

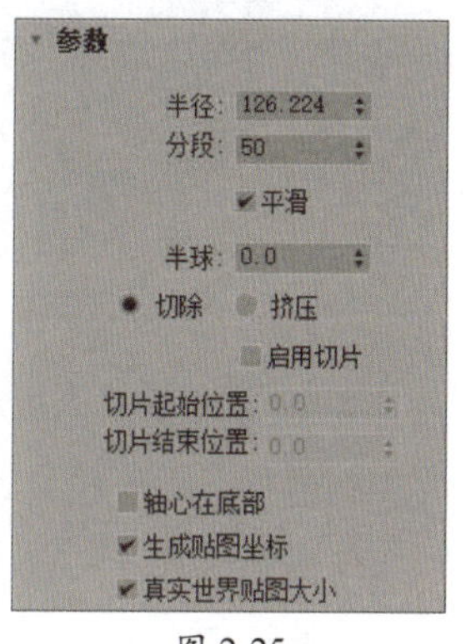

图 2-25

下面具体介绍“参数”卷展栏中各选项的含义。

- **半径：**用于设置球体半径的大小。
- **分段：**用于设置球体的分段数目。设置分段会形成网格线，分段数值越大，网格密度越大。
- **平滑：**将创建的球体表面进行平滑处理。
- **半球：**用于创建部分球体。定义半球数值，可以定义减去创建球体的百分比数值，有效数值为0.0 ~ 1.0。
- **切除：**通过在半球断开时将球体中的顶点和面去除来减少它们的数量。默认为启用。
- **挤压：**保持球体的顶点数和面数不变，将几何体向球体的顶部挤压为半球体的体积。

- **启用切片：**选中该复选框，可以启用切片功能，从某角度和另一角度创建球体。
- **“切片起始位置”**和**“切片结束位置”：**选中“启用切片”复选框，即可激活“切片起始位置”和“切片结束位置”微调框，并可以设置切片的起始角度和停止角度。
- **轴心在底部：**将轴心设置为球体的底部。默认为未启用状态（即取消选中该复选框）。

2.2.3 圆柱体

圆柱体在现实中很常见，比如玻璃杯和桌腿等。和创建球体类似，用户可以创建完整的圆柱体或者圆柱体的一部分，如图2-26所示。在几何体命令面板中单击圆柱体按钮后，在命令面板的下方会弹出圆柱体的“参数”卷展栏，如图2-27所示。

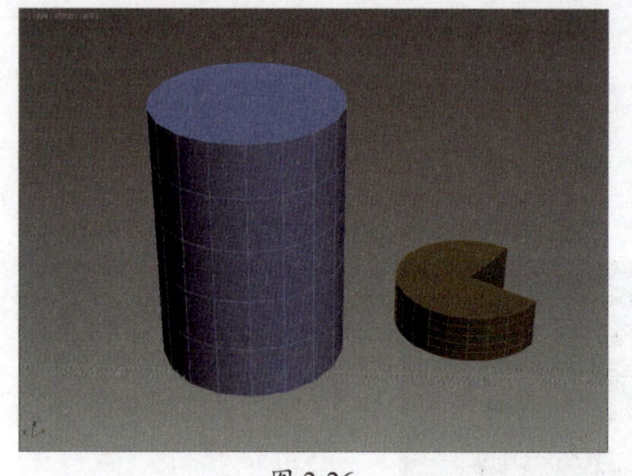

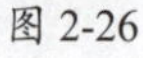
图 2-26

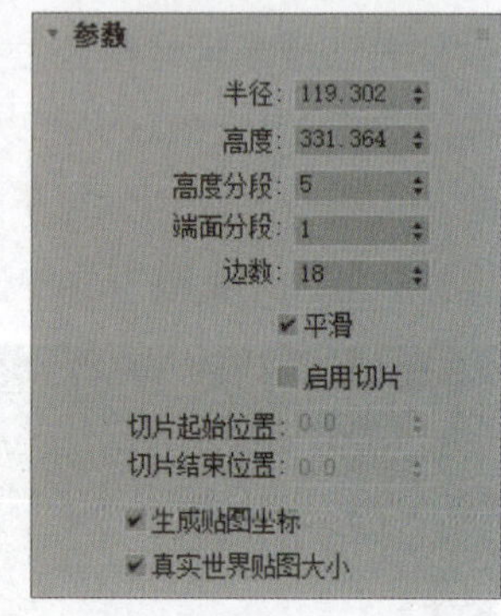

图 2-27

下面具体介绍“参数”卷展栏中各主要选项的含义。

- **半径：**用于设置圆柱体的半径大小。
- **高度：**用于设置圆柱体的高度值。在数值为负数时，将在构造平面下创建圆柱体。
- **高度分段：**用于设置圆柱体高度上的分段数值。
- **端面分段：**用于设置圆柱体顶面和底面中心的同心分段数量。
- **边数：**用于设置圆柱体周围的边数。

2.2.4 圆环

圆环可以用于创建环形或具有圆形横截面的环状物体。创建圆环的方法和其他标准基本体有许多相同点，用户可以创建完整的圆环，也可以创建圆环的一部分，如图2-28所示。在命令面板中单击“圆环”命令后，在命令面板的下方将弹出“参数”卷展栏，如图2-29所示。

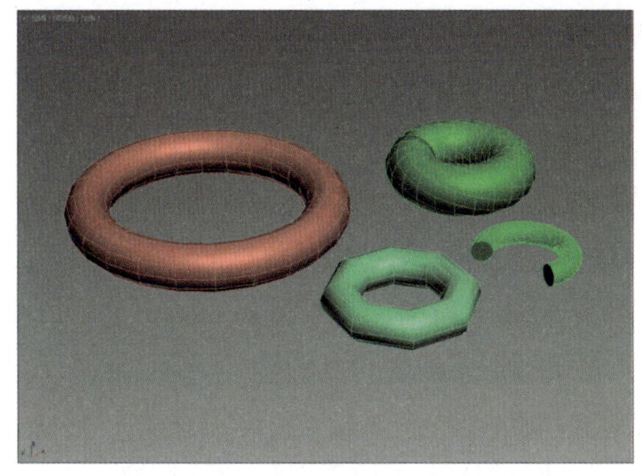

图 2-28

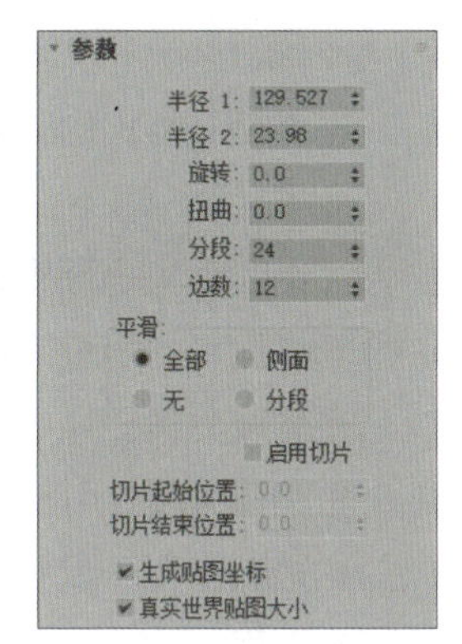

图 2-29

下面具体介绍“参数”卷展栏中各主要选项的含义。

- **半径1：** 用于设置圆环轴半径的大小。
- **半径2：** 用于设置截面半径大小，定义圆环的粗细程度。
- **旋转：** 将圆环顶点围绕通过环形中心的圆形旋转。
- **扭曲：** 用于决定每个截面扭曲的角度。产生扭曲的表面，数值设置不当，就会产生只扭曲第一段的情况，此时只需要将扭曲值设置为360.0，或者选中“启用切片”复选框。
- **分段：** 用于设置圆环的分数划分数目。数值越大，圆环越光滑。
- **边数：** 用于设置圆环上下方向上的边数。
- **平滑：** 在“平滑”选项组中包含全部、侧面、无和分段四个选项。全部：对整个圆环进行平滑处理。侧面：平滑圆环侧面。无：不进行平滑操作。分段：平滑圆环的每个分段，沿着环形生成类似环的分段。

2.2.5 圆锥体

圆锥体的创建大多用于创建天台、吊坠等。利用“参数”卷展栏中的选项，可以将圆锥体定义成许多形状，如图2-30所示。在“几何体”命令面板中单击“圆锥体”按钮，命令面板的下方将弹出圆锥体的“参数”卷展栏，如图2-31所示。

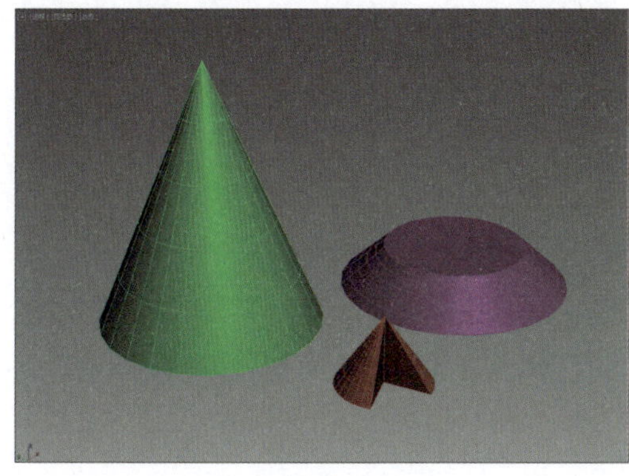

图 2-30

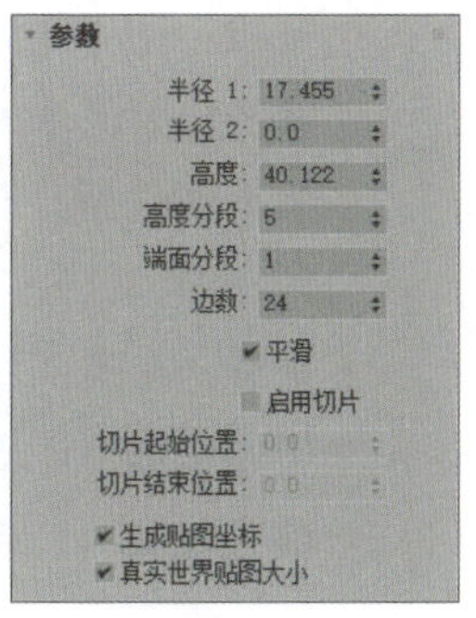

图 2-31

下面具体介绍“参数”卷展栏中各主要选项的含义。

- **半径1**：用于设置圆锥体的底面半径大小。
- **半径2**：用于设置圆锥体的顶面半径。当值为0时，圆锥体将更改为尖顶圆锥体；当值大于0时，将更改为平顶圆锥体。
- **高度**：用于设置圆锥体主轴的高度值。
- **高度分段**：用于设置圆锥体的高度分段数值。
- **端面分段**：用于设置围绕圆锥体顶面和地面的中心同心分段数。
- **边数**：用于设置圆锥体的边数。
- **平滑**：选中该复选框，圆锥体将进行平滑处理，在渲染中形成平滑的外观。
- **启用切片**：选中该复选框，将激活“切片起始位置”和“切片结束位置”微调框，从中可以设置切片的角度。

2.2.6 几何球体

几何球体是由三角形面拼接而成，其创建方法和球体的创建方法一致。在命令面板中单击“几何球体”按钮后，在任意视图拖动鼠标即可创建几何球体，如图2-32所示。单击“几何球体”按钮后，将弹出“参数”卷展栏，如图2-33所示。

图 2-32

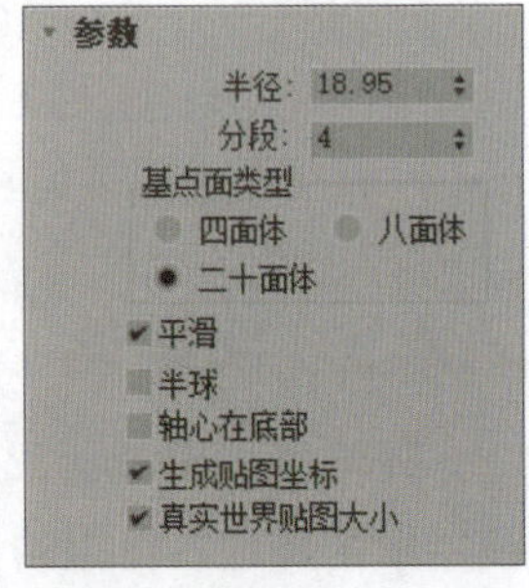

图 2-33

下面具体介绍“参数”卷展栏中各主要选项的含义。

- **半径**：用于设置几何球体的半径大小。
- **分段**：用于设置几何球体的分段。设置分段数值后，将创建网格。数值越大，网格密度越大，几何球体越光滑。
- **基本面类型**：基本面类型分为四面体、八面体、二十面体三种选项，这些选项分别代表相应的几何球体的面值。
- **平滑**：选中该复选框，渲染时平滑显示几何球体。
- **半球**：选中该复选框，将几何球体设置为半球状。
- **轴心在底部**：选中该复选框，几何球体的中心将设置为底部。

2.2.7 管状体

管状体的外形与圆柱体相似，不过管状体是空心的，主要应用于管道之类模型的制作，如图2-34所示。在“几何体”命令面板中单击“管状体”按钮，在命令面板的下方将弹出“参数”卷展栏，如图2-35所示。

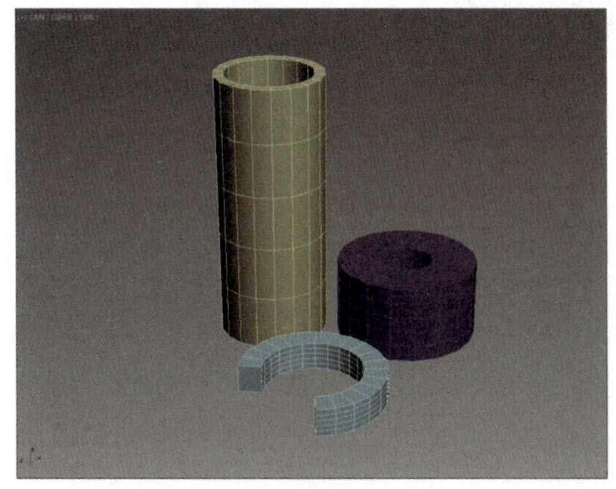

图 2-34

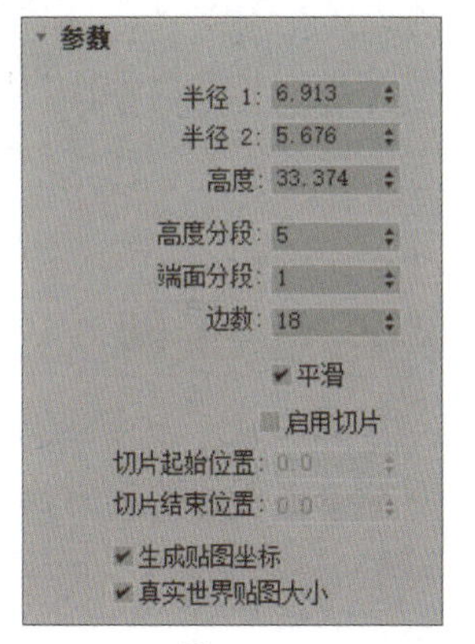

图 2-35

下面具体介绍管状体“参数”卷展栏中各主要选项的含义。

- **“半径1”和“半径2”：** 用于设置管状体的底面圆环的内径和外径的大小。
- **高度：** 用于设置管状体的高度。
- **高度分段：** 用于设置管状体高度分段的精度。
- **端面分段：** 用于设置管状体端面分段的精度。
- **边数：** 用于设置管状体的边数。数值越大，渲染的管状体越平滑。
- **平滑：** 选中该复选框，将对管状体进行平滑处理。
- **启用切片：** 选中该复选框，将激活“切片起始位置”和“切片结束位置”微调框，从中可以设置切片的角度。

2.2.8 茶壶

茶壶是标准基本体中唯一完整的三维模型实体。单击并拖动鼠标即可创建茶壶的三维实体，如图2-36所示。在命令面板中单击“茶壶”按钮后，命令面板下方会显示“参数”卷展栏，如图2-37所示。

下面具体介绍“参数”卷展栏中各选项的含义。

- **半径：** 用于设置茶壶的半径大小。
- **分段：** 用于设置茶壶及单独部件的分段数。
- **茶壶部件：** 在“茶壶部件”选项组中包含壶体、壶把、壶嘴、壶盖4个茶壶部件，选中相应的部件，则在视图区将不显示该部件。

图 2-36

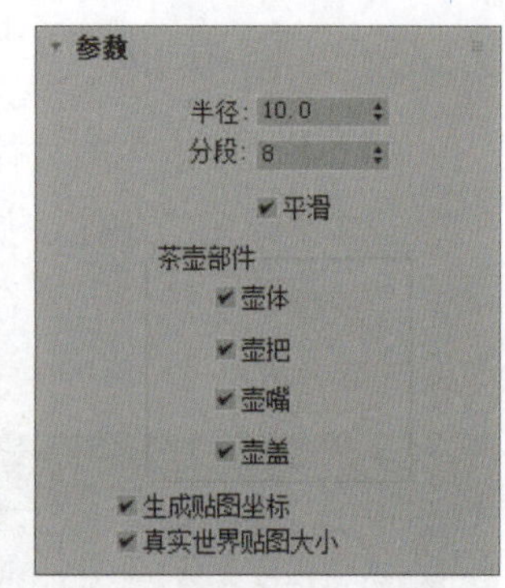

图 2-37

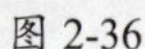

2.2.9 平面

平面是一种没有厚度的长方体，在渲染时可以无限放大，如图2-38所示。平面常用来创建大型场景的地面或墙体。此外，用户可以为平面模型添加噪波等修改器，以创建陡峭的地形或波涛起伏的海面。

学习笔记

在“几何体”命令面板中单击“平面”按钮，命令面板的下方将显示“参数”卷展栏，如图2-39所示。

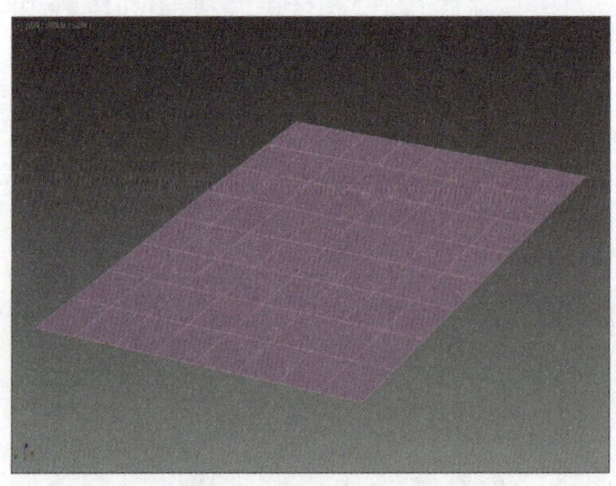

图 2-38

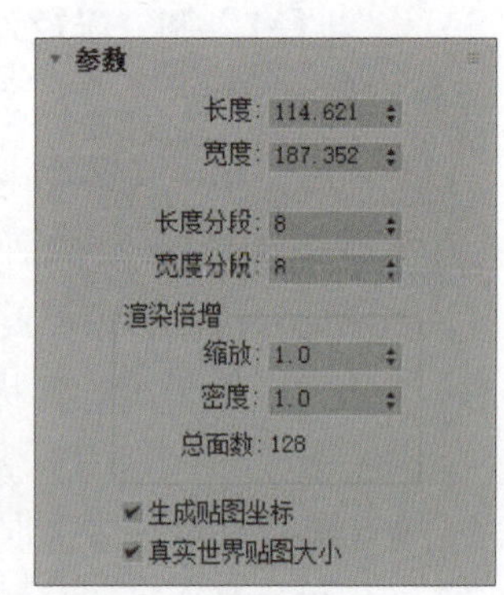

图 2-39

下面具体介绍“参数”卷展栏中各主要选项的含义。

- **长度：** 用于设置平面的长度。
- **宽度：** 用于设置平面的宽度。
- **长度分段：** 用于设置长度的分段数量。
- **宽度分段：** 用于设置宽度的分段数量。
- **渲染倍增：** “渲染倍增”选项组包含缩放、密度、总面数3个选项。缩放：指定平面几何体的长度和宽度在渲染时的倍增数，从平面几何体中心向外缩放。密度：指定平面几何体的长度和宽度分段数在渲染时的倍增数值。总面数：显示创建平面物体中的总面数。

课堂练习 制作箱子模型

本案例将利用长方体制作一个箱子模型，具体操作步骤介绍如下。

步骤 01 在“标准基本体”命令面板中单击“长方体”按钮，在前视图创建一个长方体（见图2-40），并设置参数（见图2-41）。

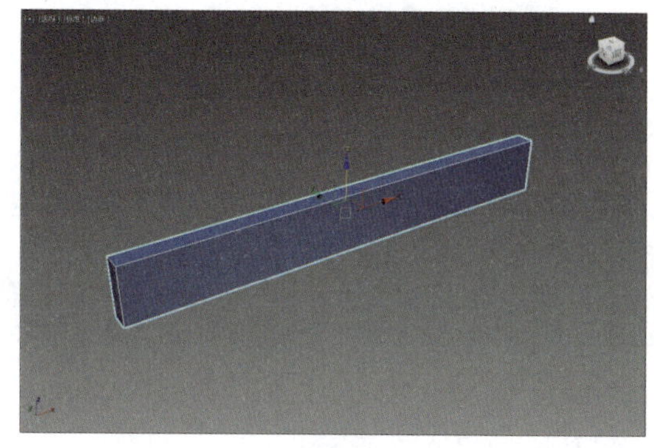

图 2-40

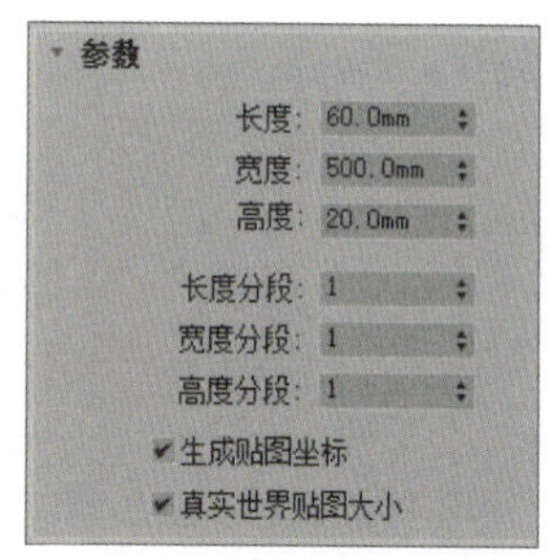

图 2-41

步骤 02 选择对象，按Ctrl+V组合键，弹出“克隆选项”对话框，在“对象”选项组中选择“实例”单选按钮，如图2-42所示，单击“确定”按钮即可克隆对象。

步骤 03 右击“移动”按钮，打开“移动变换输入”面板，在“偏移:世界”选项组中的Y微调框中输入500，如图2-43所示。

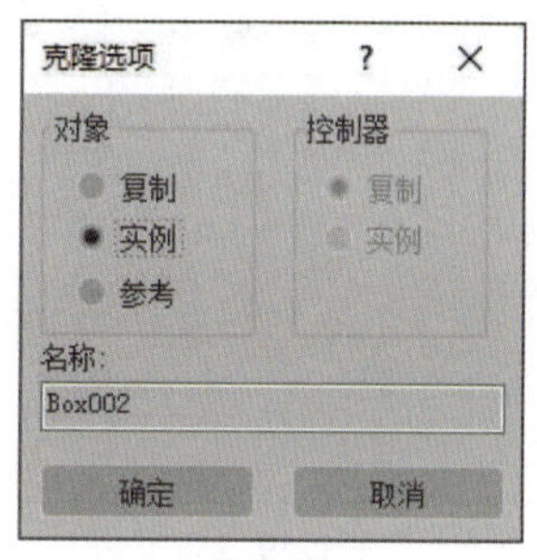

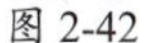

图 2-42

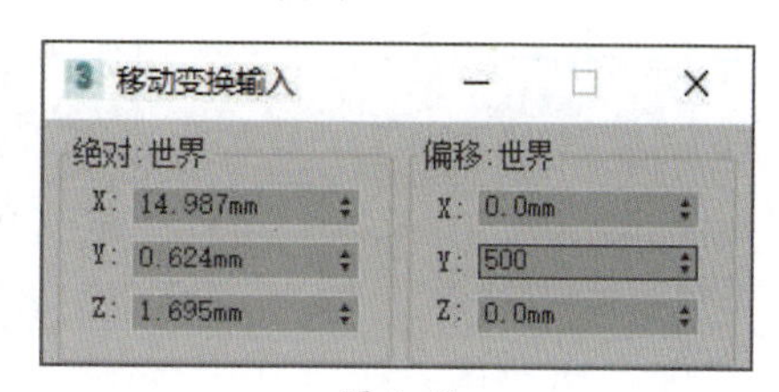

图 2-43

步骤 04 按Enter键即可移动长方体，如图2-44所示。

步骤 05 按Ctrl+V组合键，弹出“克隆选项”对话框，在“对象”选项组中选择“复制”单选按钮，如图2-45所示，单击“确定”按钮即可克隆对象。

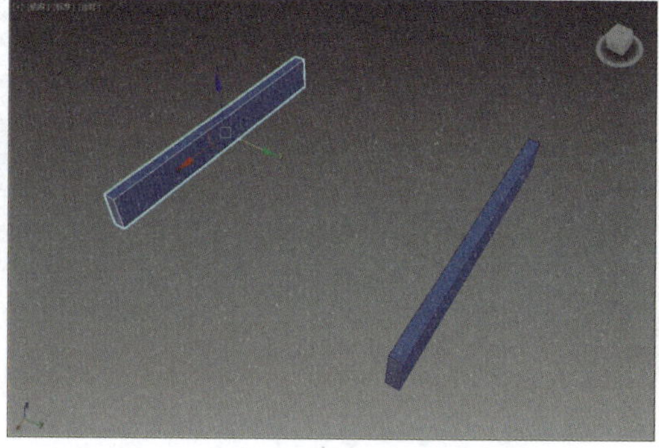

图 2-44

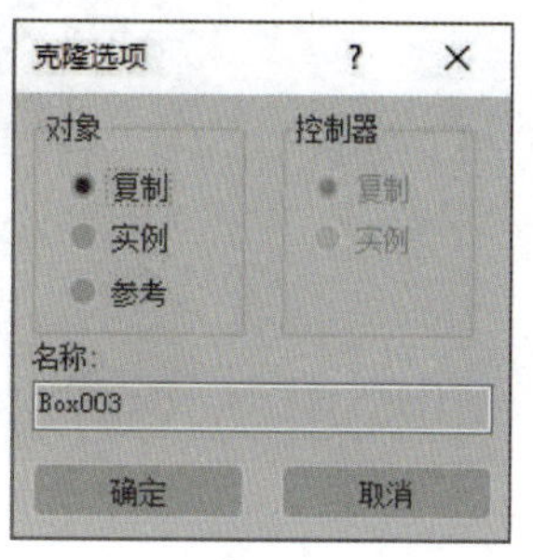

图 2-45

步骤 06 右击“旋转”按钮，打开“旋转变换输入”面板，在“偏移:世界”选项组中的Z微调框中输入90，如图2-46所示。

步骤 07 按Enter键即可旋转对象，如图2-47所示。

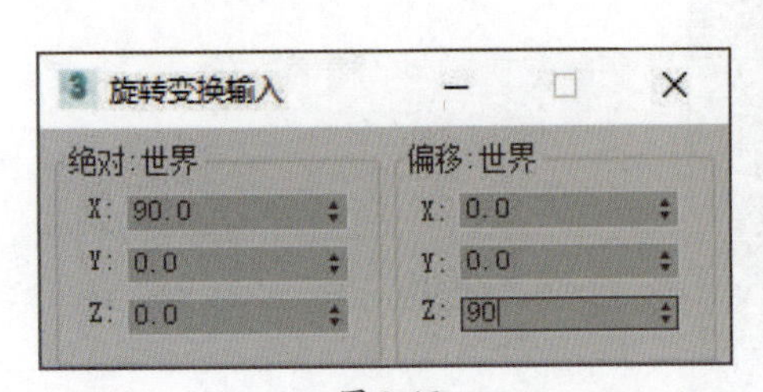

图 2-46

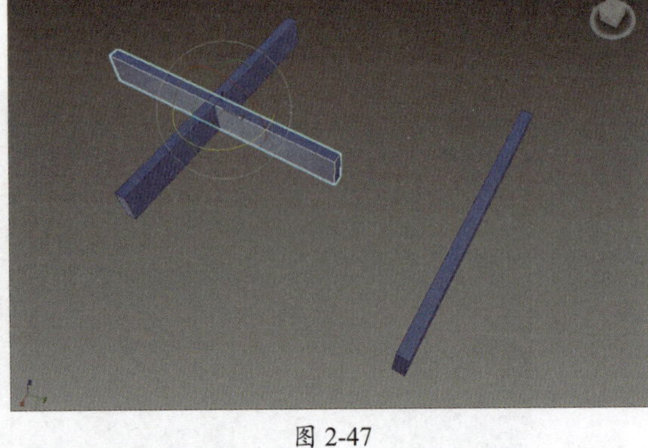

图 2-47

步骤 08 在“修改”面板中调整长方体的尺寸，如图2-48所示。

步骤 09 右击“捕捉开关”按钮，打开“栅格和捕捉设置”面板，在“捕捉”选项卡中选中“顶点”复选框，如图2-49所示。

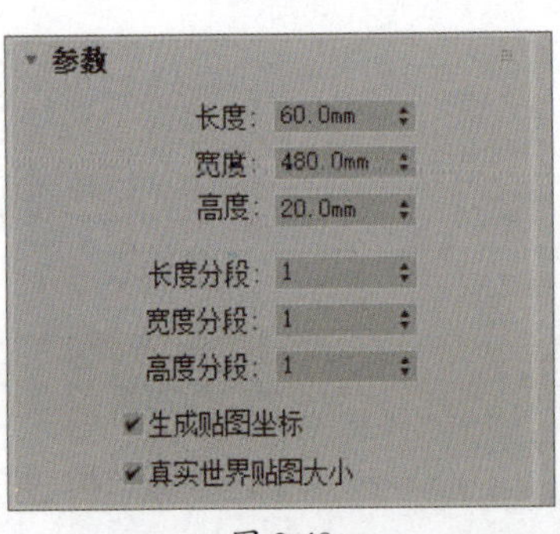

图 2-48

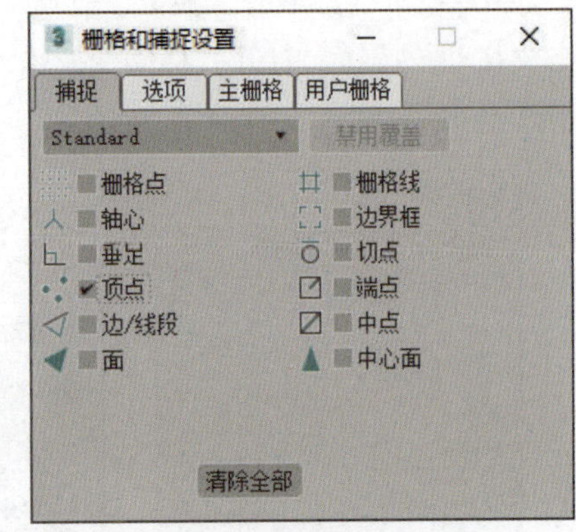

图 2-49

步骤 10 开启“捕捉开关”，捕捉模型的角点进行移动对齐，如图2-50所示。

步骤 11 以“实例”方式克隆对象，捕捉并移动对象，如图2-51所示。

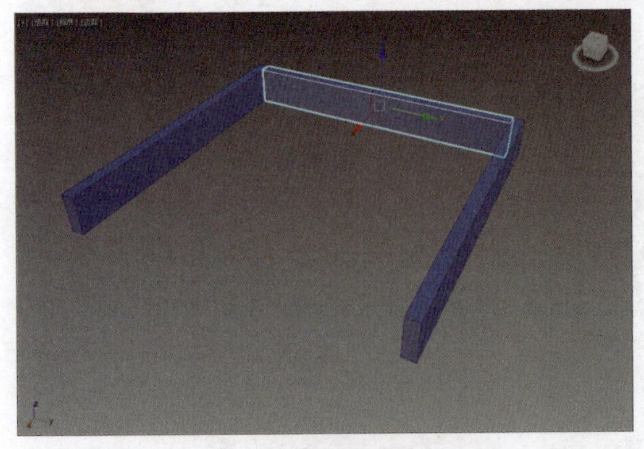

图 2-50

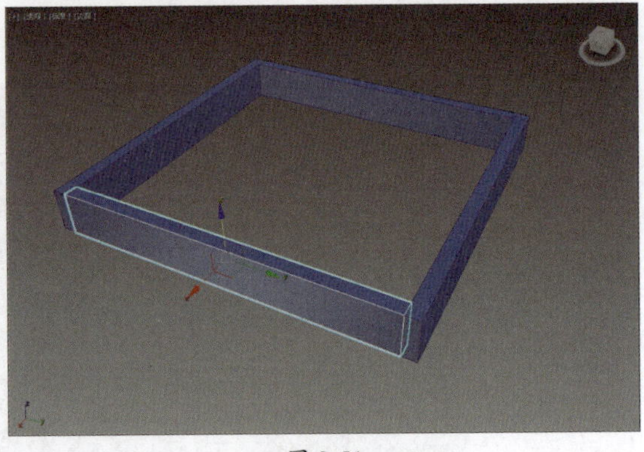

图 2-51

步骤 12 选择全部长方体，按Ctrl+V组合键，沿Z轴向下移动400，如图2-52所示。

步骤 13 选择一个长方体，进行“克隆”复制，调整高度为340，旋转90°，调整位置，如图2-53所示。

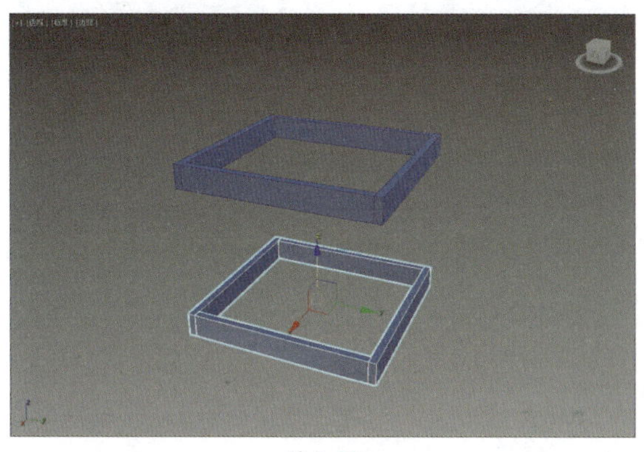

图 2-52

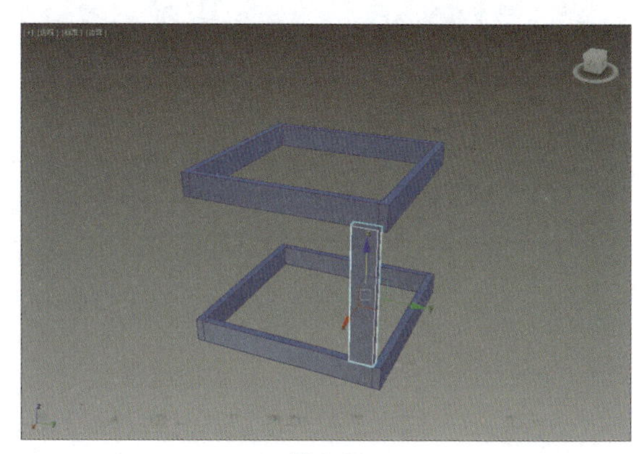

图 2-53

步骤 14 复制对象并捕捉对齐，如图2-54所示。

步骤 15 创建一个尺寸为10×460×60的长方体，对齐到模型顶部作为顶板，如图2-55所示。

图 2-54

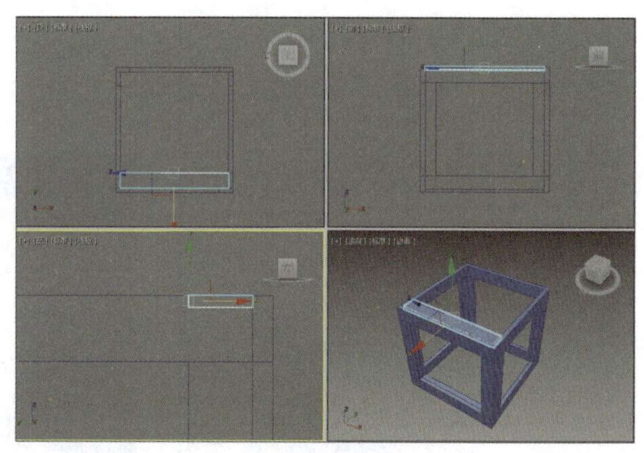

图 2-55

步骤 16 按住Shift键复制对象，如图2-56所示。

步骤 17 将顶板复制到底部，创建尺寸为60×420×10的长方体作为侧板，并复制对象，如图2-57所示。

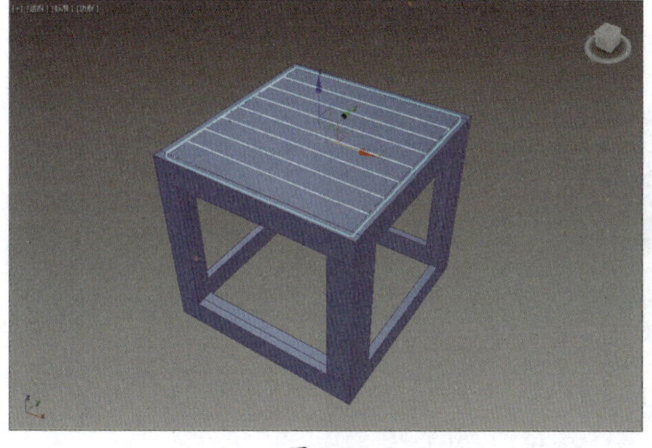

图 2-56

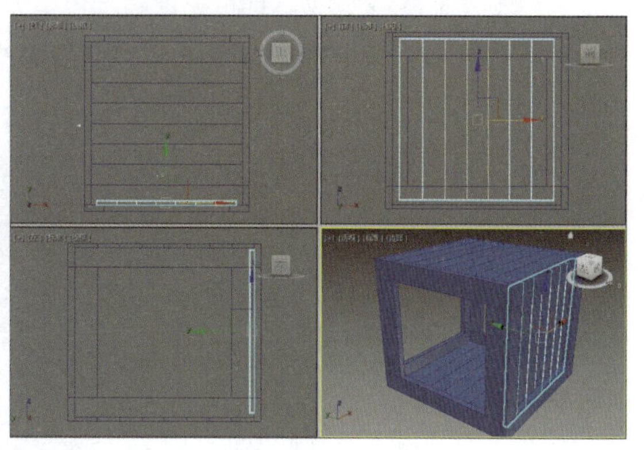

图 2-57

步骤 18 再次复制侧板对象到另外三个面，如图2-58所示。

步骤 19 复制一个侧板，调整长度为520，将其旋转50°，并调整位置，如图2-59所示。

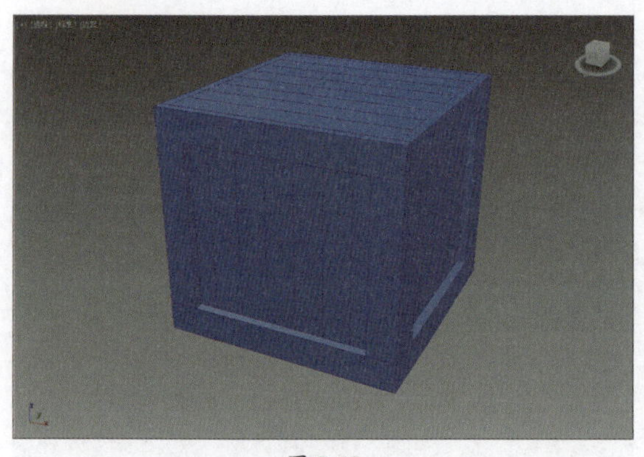

图 2-58

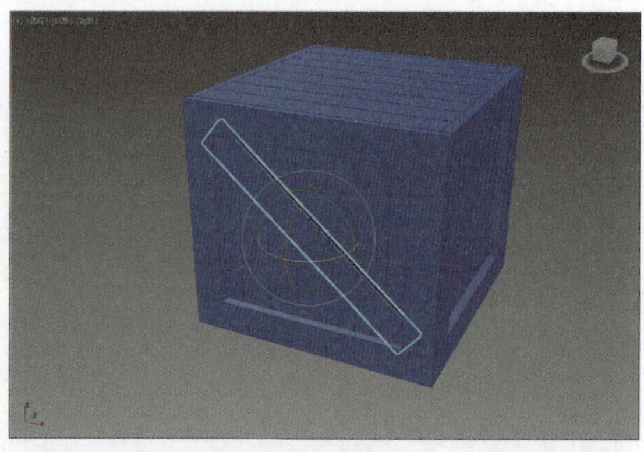

图 2-59

步骤 20 单击“镜像”按钮，打开“镜像”对话框，选择X轴为镜像轴，克隆方式为“实例”，如图2-60所示。

步骤 21 单击“确定”按钮即可镜像复制对象，如图2-61所示。

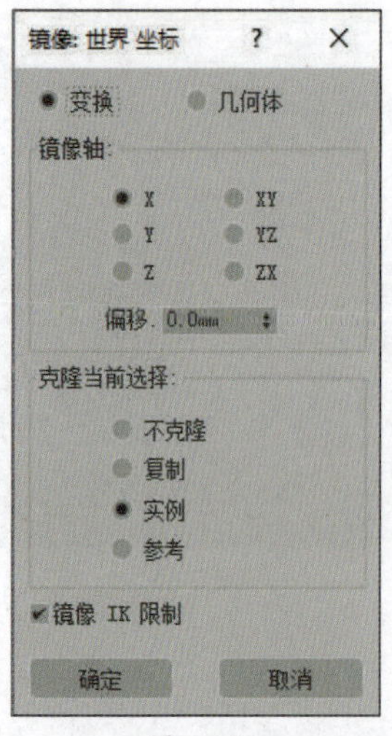

图 2-60

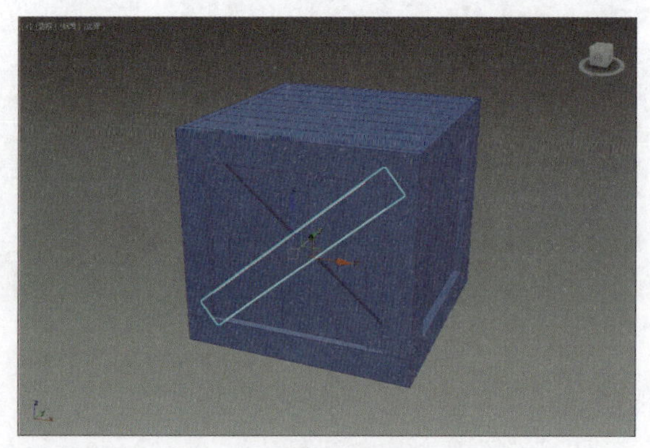

图 2-61

步骤 22 复制交叉模型，即可完成箱子模型的制作，如图2-62所示。

图 2-62

课堂练习 制作简约茶几模型

本案例中将利用样条线与基本标准体创建一个简约茶几模型，具体操作步骤介绍如下。

步骤01 在“样条线”命令面板中单击“圆”按钮，在顶视图创建半径为300 mm的圆座位茶几边框，如图2-63所示。

步骤02 打开“渲染”卷展栏，分别选中“在渲染中启用”和“在视口中启用”复选框，选择“矩形”单选按钮，设置长度和宽度都为10，如图2-64所示。

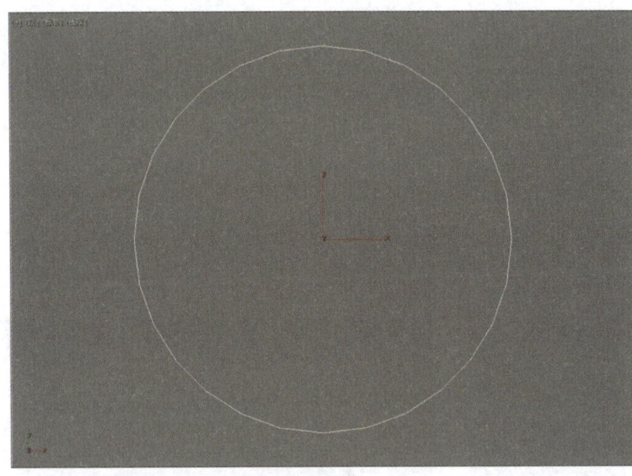

图 2-63

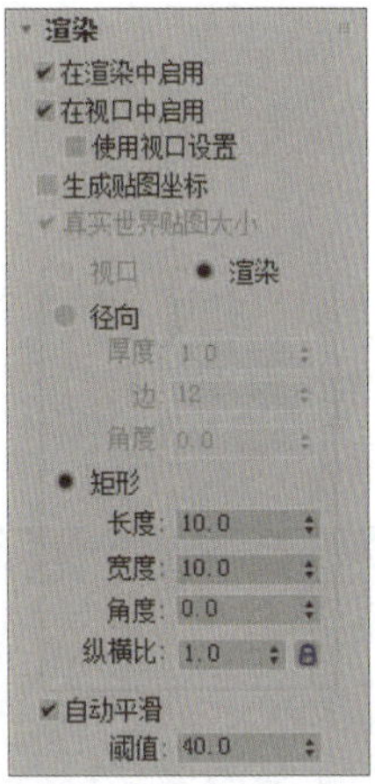

渲染
在渲染中启用
在视口中启用
使用视口设置
生成贴图坐标
真实世界贴图大小
视口 渲染
径向
厚度：1.0
边：12
角度：0.0
矩形
长度：10.0
宽度：10.0
角度：0.0
纵横比：1.0
自动平滑
阈值：40.0

图 2-64

步骤03 设置渲染参数后的效果如图2-65所示。

步骤04 右击“捕捉开关”按钮，打开“栅格和捕捉设置”对话框，选中“轴心”复选框，在“标准基本体”面板中单击“圆柱体”按钮，捕捉轴心，创建半径为295 mm、高度为10 mm、边数为28的圆柱体座位桌面，调整位置，如图2-66所示。

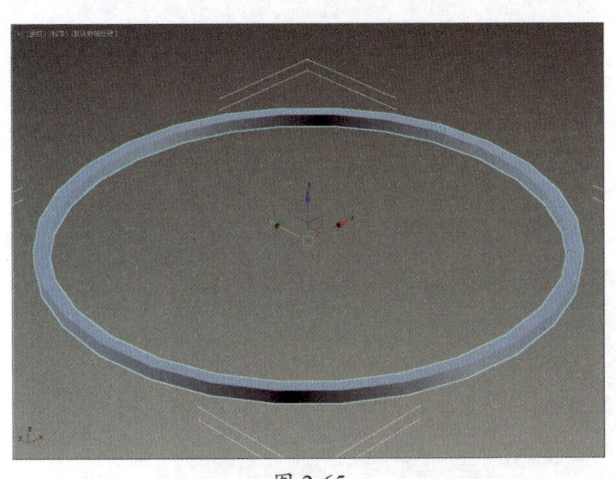

图 2-65

图 2-66

步骤05 单击“长方体”按钮，创建尺寸为10 mm × 10 mm × 450 mm的长方体，调整对象位置，如图2-67所示。

步骤06 切换到顶视图，最大化视口，利用旋转工具选择长方体，在工具栏中单击“使用变换坐标中心”按钮，使旋转图标位于圆心位置，如图2-68所示。

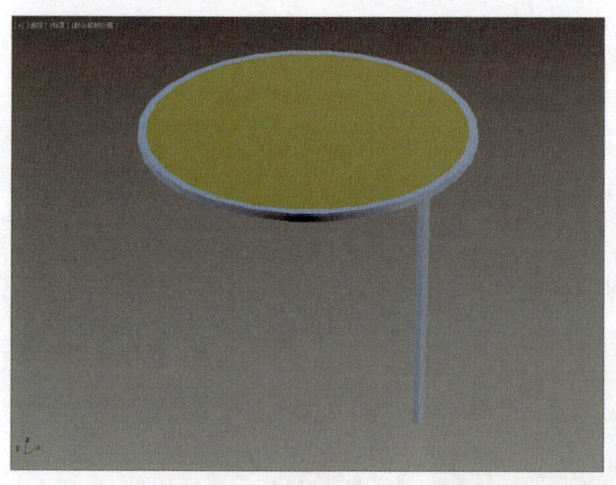

图 2-67

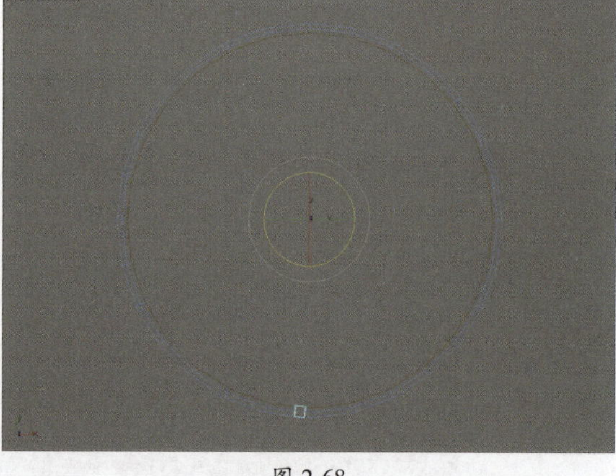

图 2-68

步骤 07 按住Shift键旋转对象，实例复制出两个长方体，制作出茶几的支柱，如图2-69所示。

步骤 08 激活移动工具，按住Shift键将圆向下进行复制，作为茶几底座，制作出一个茶几模型，如图2-70所示。

图 2-69

图 2-70

步骤 09 选择茶几模型，在主工具栏中单击“镜像”按钮，打开“镜像”对话框，选择镜像轴为Y，在“克隆当前选择”选项组中选中“复制”单选按钮，如图2-71所示。

步骤 10 单击“确定”按钮完成镜像复制，将复制的模型对象移出来，如图2-72所示。

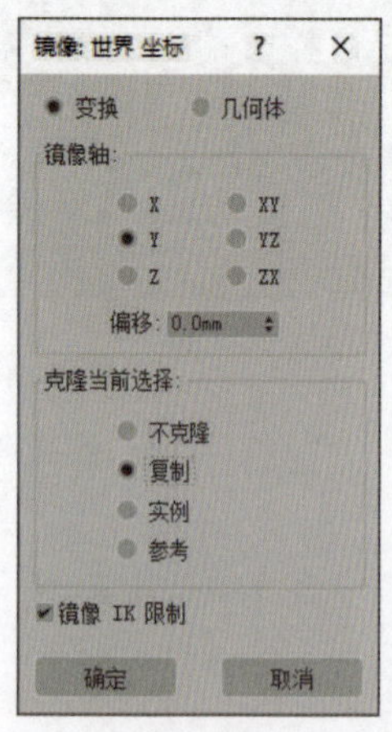

图 2-71

图 2-72

步骤 11 选择圆形，修改半径为200 mm；选择圆柱体并修改半径为195 mm；选择支柱并设置高度为300 mm，调整模型位置，如图2-73所示。

步骤 12 删除小茶几的底座，单击“圆弧”按钮，创建一个半径为200 mm的圆弧，设置起点和端点，如图2-74所示。

图 2-73

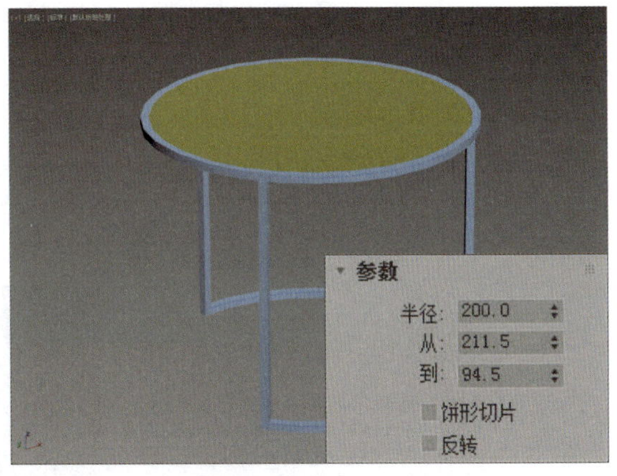

图 2-74

步骤 13 调整模型位置，完成本案例的制作，如图2-75所示。

图 2-75

课堂练习 制作现代吊灯模型

本案例将利用样条线、圆柱体、管状体等对象制作一个现代吊灯模型，操作步骤介绍如下。

步骤 01 在“标准基本体”命令面板中单击“圆柱体”按钮，创建一个半径为100 mm、高度为20 mm的圆柱体作为灯具底盘，再调整分段和边数，如图2-76、图2-77所示。

步骤 02 按Ctrl+V组合键，选择“复制”方式，在“参数”卷展栏中修改圆柱体的半径和高度，再调整对象位置，如图2-78、图2-79所示。

步骤 03 单击“管状体”按钮，创建一个管状体作为灯管，在“参数”卷展栏中调整参数，如图2-80、图2-81所示。

步骤 04 按Ctrl+V组合键，修改属性参数，如图2-82、图2-83所示。

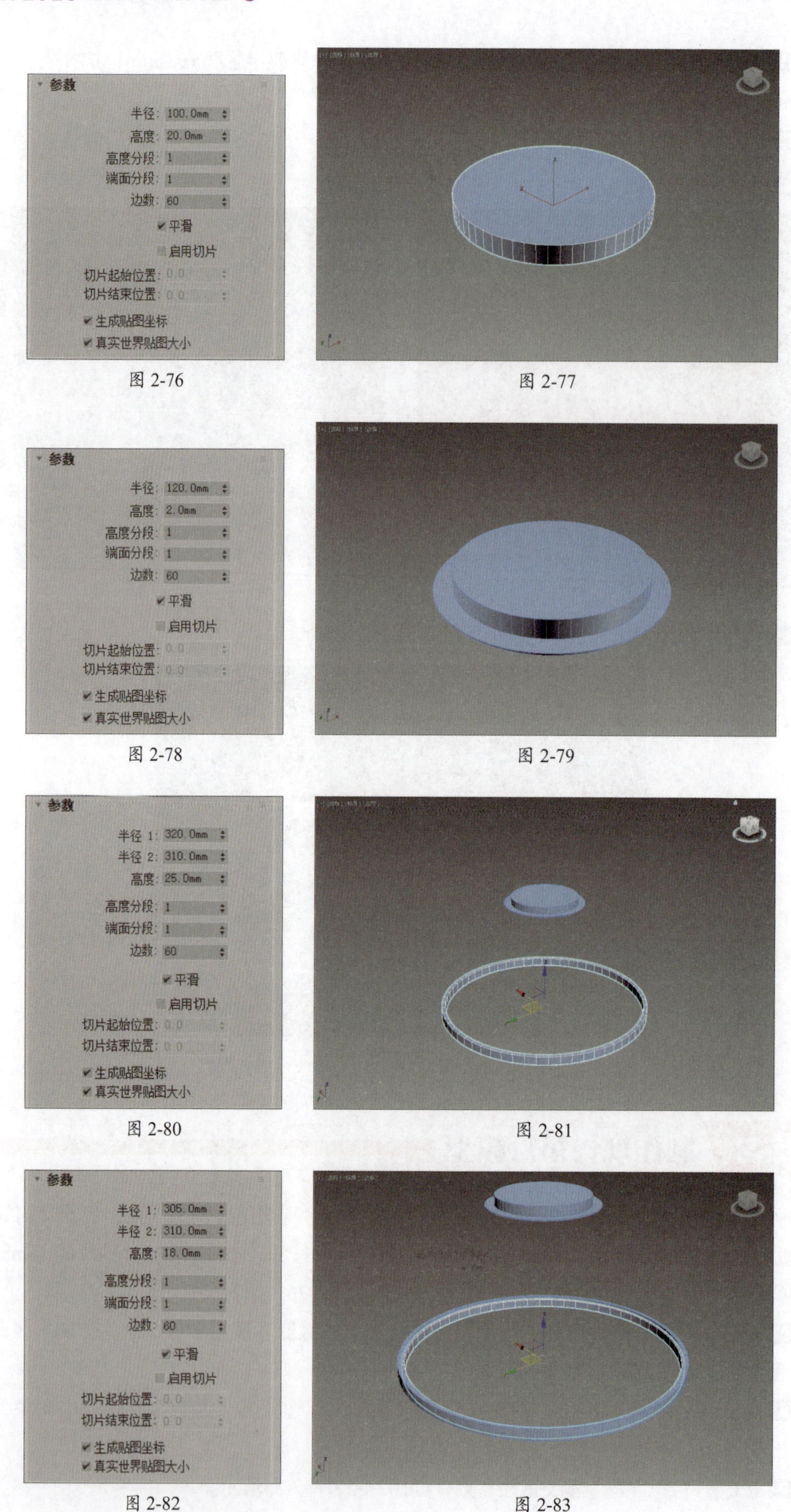

图 2-76　　图 2-77

图 2-78　　图 2-79

图 2-80　　图 2-81

图 2-82　　图 2-83

步骤 05 复制对象，并向下移动，调整管状体的半径，如图2-84所示。

步骤 06 激活“旋转”工具，分别在前视图和顶视图中旋转灯管对象，如图2-85所示。

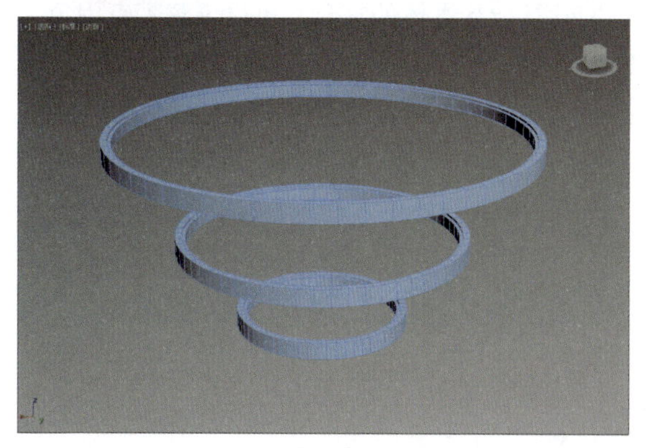

图 2-84

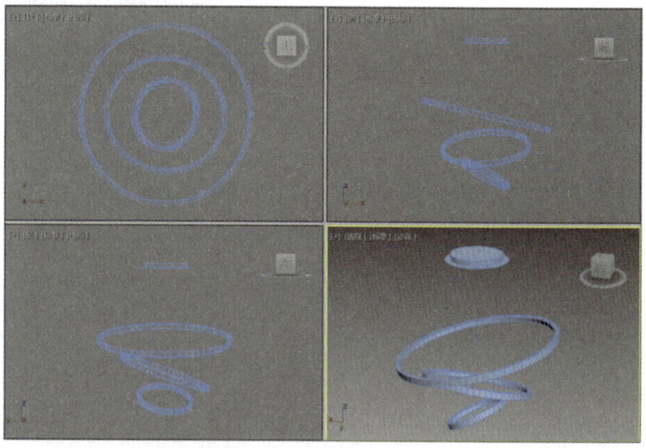

图 2-85

步骤 07 单击“线”按钮，在视图中绘制样条线以连接最大的灯管和底盘，如图2-86所示。

步骤 08 选择样条线，在“渲染”卷展栏中设置启用渲染效果，如图2-87所示。

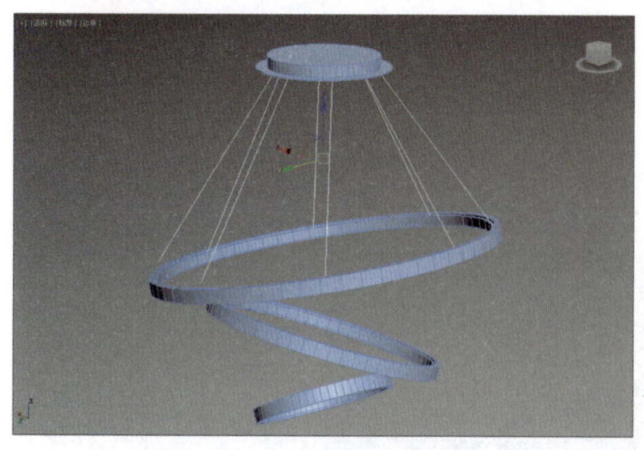

图 2-86

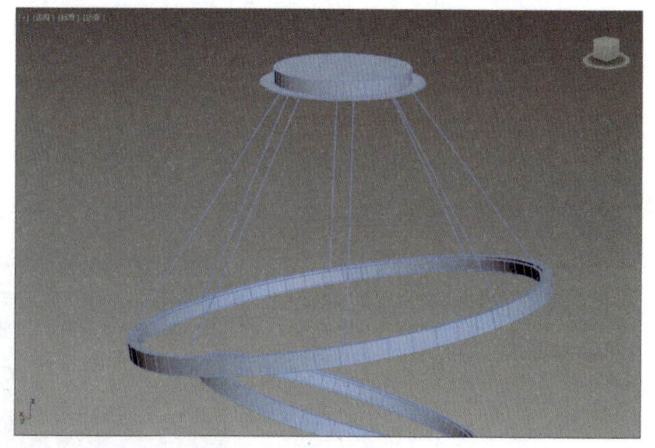

图 2-87

步骤 09 按照此方法绘制其他连接线，完成吊灯模型的制作，如图2-88所示。

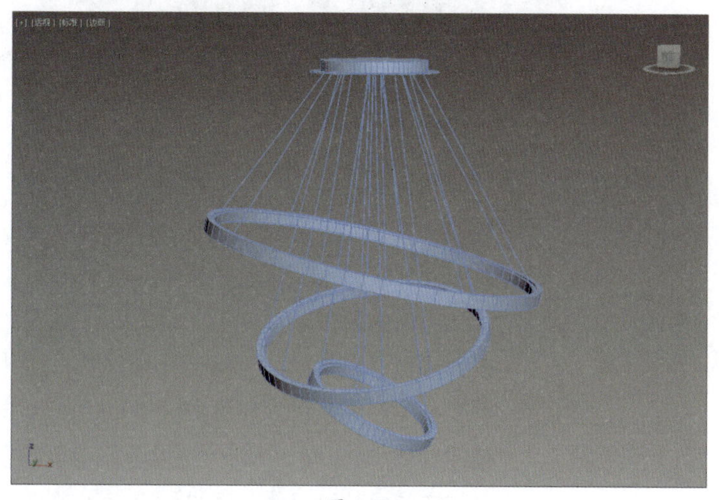

图 2-88

2.3 扩展基本体

扩展基本体是3ds Max复杂基本体的集合，可以创建带有倒角、圆角和特殊形状的物体。和标准基本体相比，它较为复杂一些。可以通过以下方式创建扩展基本体。

- 执行“创建”|“扩展基本体”命令。
- 在命令面板中单击“创建”按钮，单击“标准基本体”右侧的▾按钮，在弹出的下拉列表中选择“扩展基本体”选项，并在该下拉列表中选择相应的“扩展基本体”按钮。

2.3.1 异面体

异面体是由多个边面组合而成的三维实体图形，通过它可以调节异面体边面的状态，也可以调整实体面的数量来改变其形状，如图2-89所示。在“扩展基本体”命令面板中单击“异面体”按钮后，在命令面板下方将弹出创建异面体“参数”卷展栏，如图2-90所示。

知识拓展

在3ds Max中，无论是标准基本体模型还是扩展基本体模型，都可以创建参数，用户可以通过这些创建参数对几何体进行适当的变形处理。

图 2-89

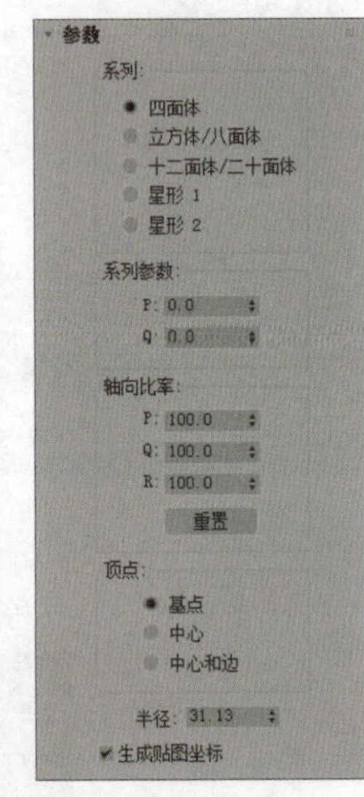

图 2-90

下面具体介绍“参数”卷展栏中各主要选项（组）的含义。

- **系列：** 该选项组包含四面体、立方体/八面体、十二面体/二十面体、星形1、星形2等5个选项。主要用来定义创建异面体的形状和边面的数量。
- **系列参数：** P和Q两个微调框用于控制异面体的顶点和轴线双重变换关系，两者之和不能大于1。
- **轴向比率：** P、Q、R三个参数分别为其中一个面的轴线，设置相应的参数可以使其面进行突出或者凹陷。
- **顶点：** 用来设置异面体的顶点。
- **半径：** 用来设置创建异面体的半径大小。

2.3.2 切角长方体

切角长方体在创建模型时应用得十分广泛，常被用于创建带有圆角的长方体结构，如图2-91所示。在“扩展基本体”命令面板中单击“切角长方体”按钮后，命令面板下方将弹出设置切角长方体的“参数”卷展栏，如图2-92所示。

图 2-91

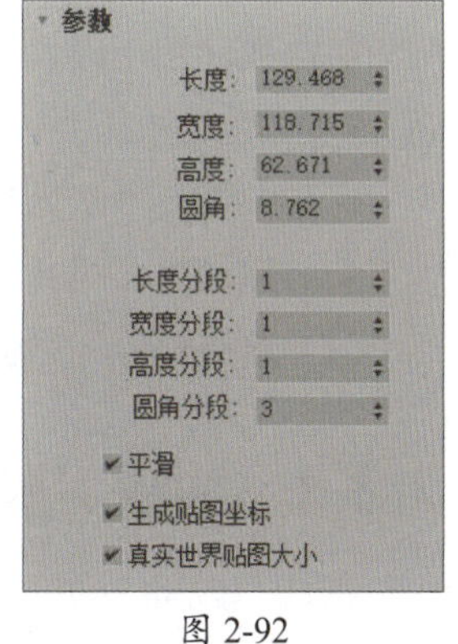

图 2-92

下面具体介绍 “参数”卷展栏中各主要选项的含义。

- **长度、宽度：** 用于设置切角长方体地面或顶面的长度和宽度。
- **高度：** 用于设置切角长方体的高度。
- **圆角：** 用于设置切角长方体的圆角半径。数值越大，圆角半径越明显。
- **长度分段、宽度分段、高度分段、圆角分段：** 用于设置切角长方体分别在长度、宽度、高度和圆角上的分段数目。

2.3.3 切角圆柱体

切角圆柱体是圆柱体的扩展物体，可以快速创建出带圆角效果的圆柱体，如图2-93所示。创建切角圆柱体和创建切角长方体的方法相同，但在“参数”卷展栏中设置圆柱体的各参数却有部分不相同，如图2-94所示。

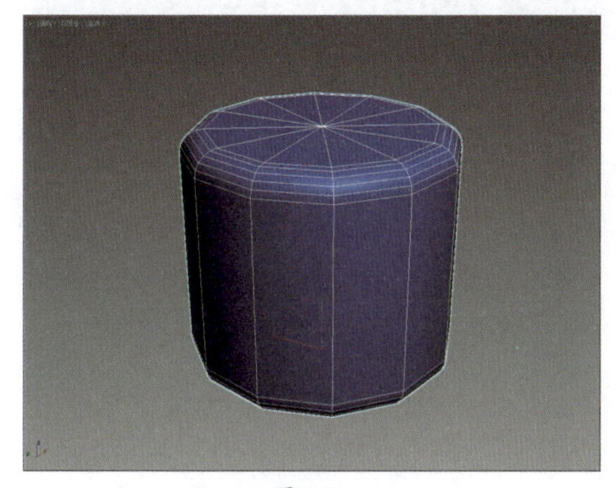

图 2-93

图 2-94

下面具体介绍“参数”卷展栏中各主要选项的含义。

- **半径**：用于设置切角圆柱体的底面或顶面的半径大小。
- **高度**：用于设置切角圆柱体的高度。
- **圆角**：用于设置切角圆柱体的圆角半径大小。
- **高度分段、圆角分段、端面分段**：用于设置切角圆柱体高度、圆角和端面的分段数目。
- **边数**：用于设置切角圆柱体边数。数值越大，圆柱体越平滑。
- **平滑**：选中“平滑”复选框，即可将创建的切角圆柱体在渲染中进行平滑处理。
- **启用切片**：选中该复选框，将激活“切片起始位置”和“切片结束位置”微调框，从中可以设置切片的角度。

2.3.4 油罐、胶囊、纺锤、软管

油罐、胶囊、纺锤是特殊效果的圆柱体，而软管对象则是一个能连接两个对象的弹性对象，因而能反映这两个对象的运动，如图2-95所示。

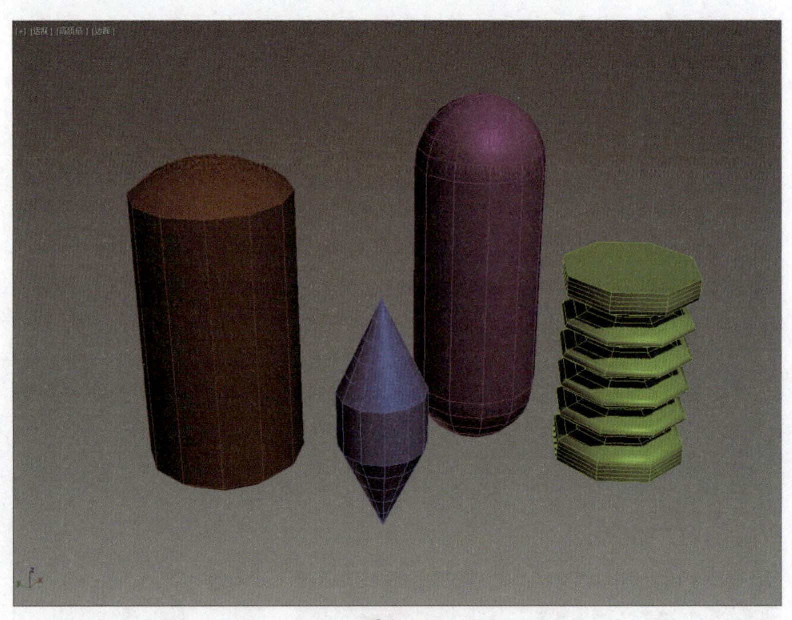

图 2-95

强化训练

1. 项目名称

创建摇椅模型

2. 项目分析

基本体是日常生活中较为常见的造型，如长方体、球体、切角圆柱体等，直接用于制作简单的家具造型也很方便，样条线的渲染功能非常适合制作铁艺等造型，二者结合可以制作出一些造型独特的模型。

3. 项目效果

使用样条线、球体、管状体、切角圆柱体等制作的摇椅模型如图2-96所示。

图 2-96

4. 操作提示

①创建圆环、切角圆柱体制作出摇椅坐垫造型。

②使用球体和样条线制作出摇椅靠背和底座造型。

第3章 复杂建模技术

内容导读

在3ds Max中，除了内置的几何体模型外，用户可以通过对二维图形进行挤压、放样等操作来制作三维模型，还可以利用基础模型、面片、网格等来创建三维物体。本章将对这些建模技术进行介绍。

通过对本章内容的学习，读者可以掌握各种建模的操作方法，从而高效地创建出自己想要的模型。

要点难点

- 熟悉可编辑网格的应用
- 掌握复合对象的创建
- 掌握常用修改器的应用
- 掌握NURBS对象的创建

3.1 创建复合对象

可以结合两个或多个对象创建一个新的参数化对象，这种对象被称为复合对象。可以不断地编辑、修改构成复合对象的参数。

在“创建”命令面板中选择“复合对象”选项，即可看到所有对象类型，包括变形、散布、一致、连接、水滴网格、图形合并、地形、放样、网格化、ProBoolean、ProCutter、布尔，如图3-1所示。

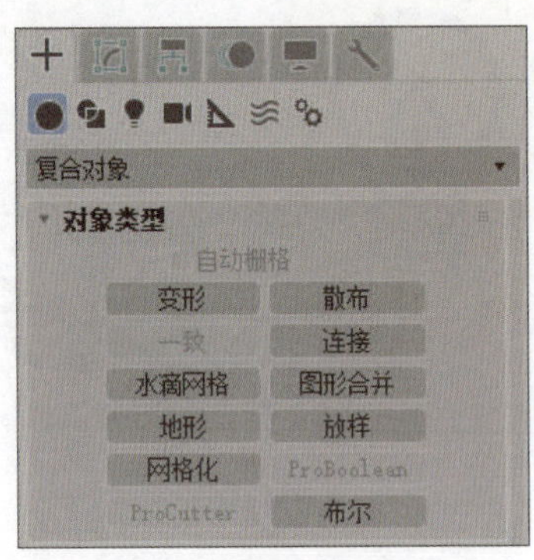

图 3-1

学习笔记

3.1.1 布尔

布尔是通过对两个以上的物体进行布尔运算，从而得到新的物体形态。布尔运算包括并集、差集、交集、合并等运算方式，利用不同的运算方式会形成不同的物体形状。

在视口中选取源对象，在命令面板中单击“布尔”按钮，右侧会打开“布尔参数”和“运算对象参数”卷展栏，如图3-2、图3-3所示。单击“添加运算对象”按钮，在“运算对象参数”卷展栏中选择运算方式，然后选取目标对象即可进行布尔运算。

图 3-2

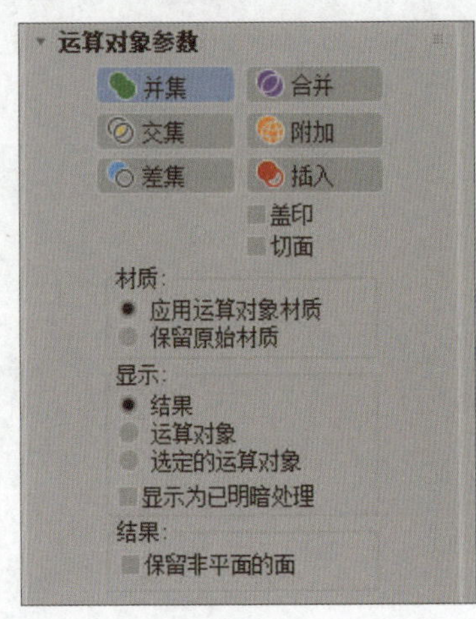

图 3-3

布尔运算类型包括并集、交集、差集、合并、附加、插入6种，其含义介绍如下。

- **并集：**结合两个对象的体积，几何体的相交部分或重叠部分会被丢弃。应用了“并集”操作的对象在视口中会以青色显示其轮廓，如图3-4、图3-5所示。

图 3-4

图 3-5

- **交集：**使两个原始对象共同的重叠体积相交，剩余的几何体会被丢弃，如图3-6、图3-7所示。

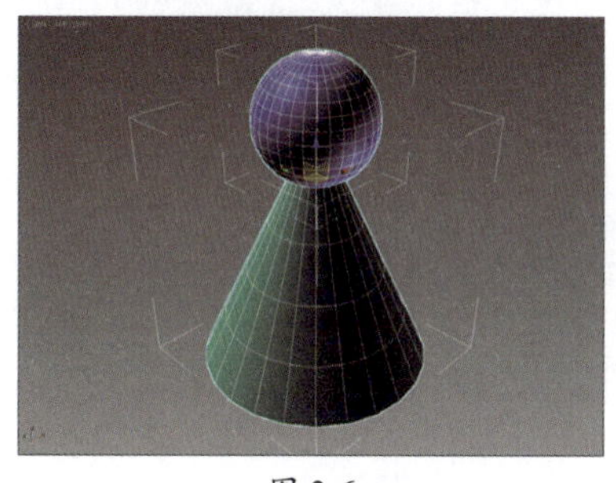

图 3-6

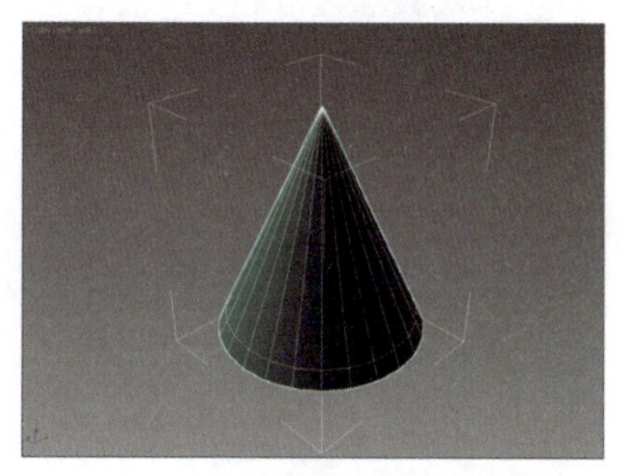

图 3-7

- **差集：**从基础对象移除相交的体积，如图3-8、图3-9所示。

图 3-8

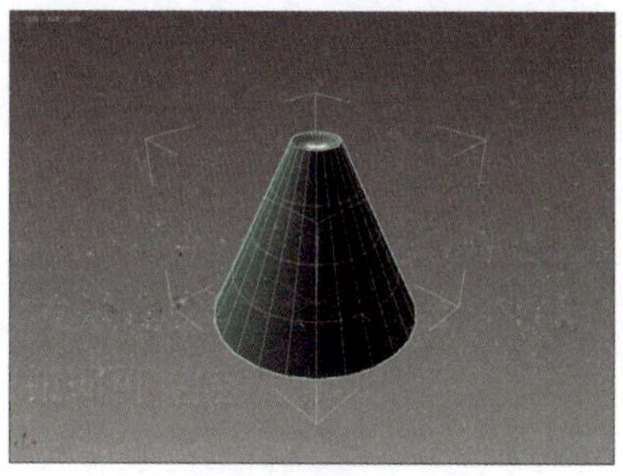

图 3-9

- **合并：**使两个网格相交并组合，而不移除任何原始多边形。
- **附加：**将多个对象合并成一个对象，而不影响各对象的拓扑。
- **插入：**从操作对象A减去操作对象B的边界图形，操作对象B的图形不受此操作的影响。

3.1.2 放样

放样是将二维图形作为横截面，沿着一定的路径生成三维模型，所以只可以对样条线进行放样。同一路径上可以在不同段给予不同的截面，从而实现很多复杂模型的构建。

选择横截面，在“复合对象”面板中单击“放样”按钮，在右侧的“创建方法”卷展栏中单击“获取路径”按钮，然后在视口中单击路径即可完成放样操作。如果先选择路径，则需要在“创建方法”卷展栏中单击“获取图形”按钮并拾取路径。其参数面板主要包括“曲面参数”“路径参数”“蒙皮参数”三个卷展栏，如图3-10所示。

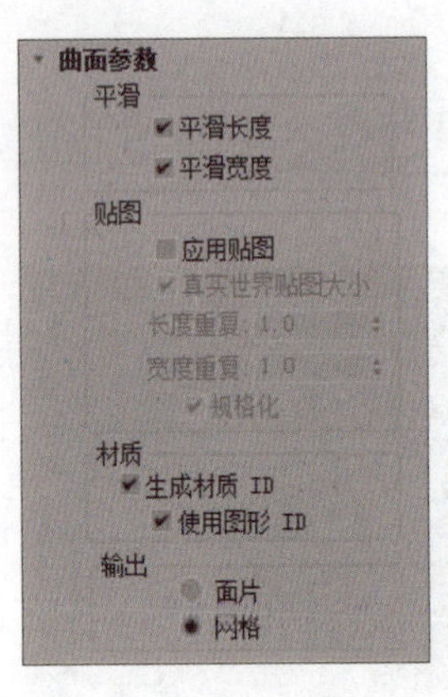

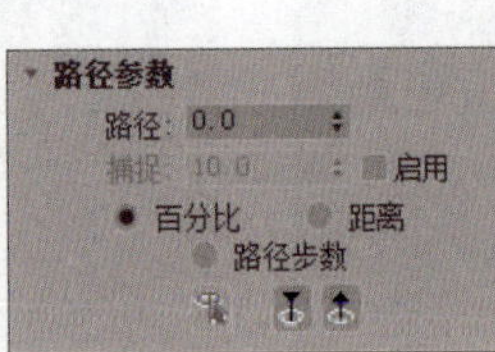

图 3-10

几个卷展栏中常用选项的含义介绍如下。

- **路径：** 通过输入值或单击微调按钮来设置路径的级别。
- **图形步数：** 设置横截面图形的每个顶点之间的步数。该值会影响围绕放样周界的边的数目。
- **路径步数：** 设置路径的每个主分段之间的步数。该值会影响沿放样长度方向的分段的数目。
- **优化图形：** 如果启用该选项，则对于横截面图形的直分段，忽略“图形步数”。

课堂练习 制作烟灰缸模型

本案例中将利用“布尔”命令制作一个烟灰缸模型，具体操作步骤介绍如下。

步骤01 在“扩展基本体”命令面板中单击“切角圆柱体”按钮，创建一个切角圆柱体，在“参数”卷展栏中调整参数，如图3-11、图3-12所示。

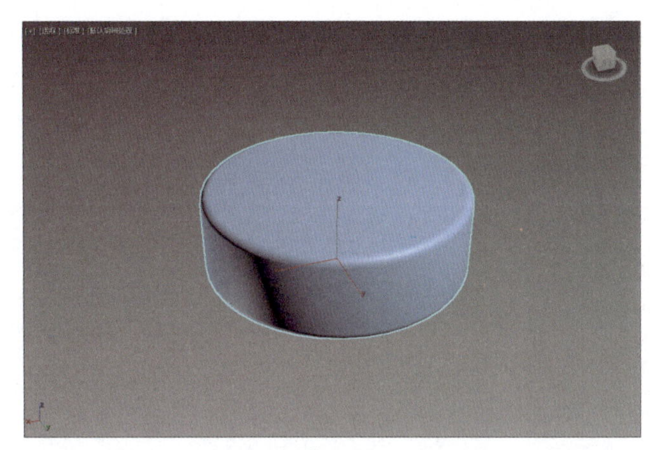

图 3-11

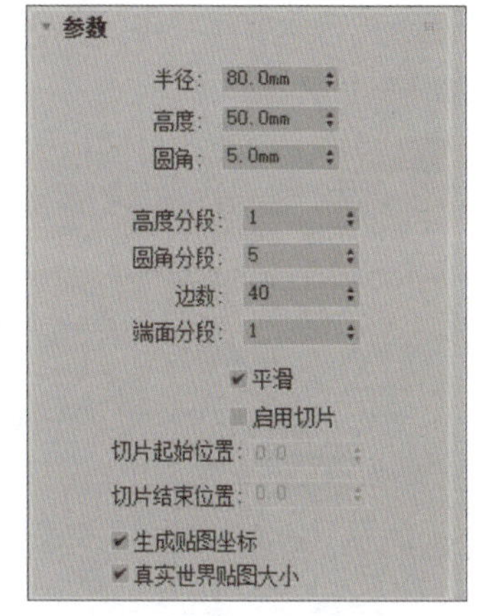

图 3-12

步骤 02 按Ctrl+V组合键，在“参数”卷展栏中修改对象参数，调整位置，如图3-13、图3-14所示。

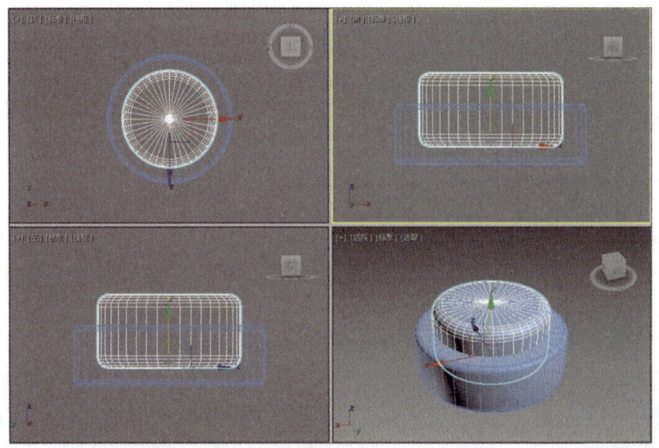

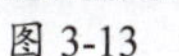

图 3-13

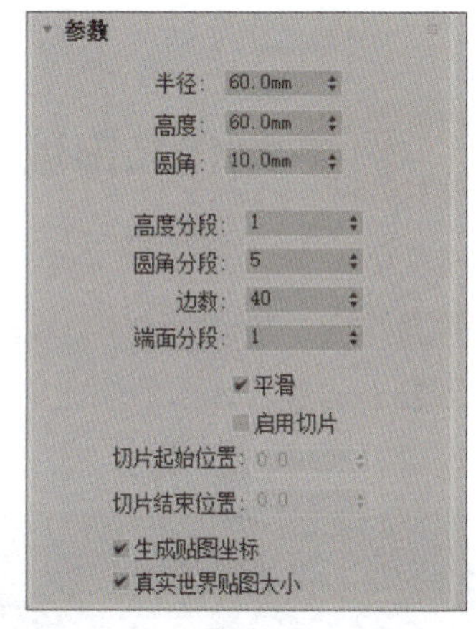

图 3-14

步骤 03 选择所创建的第一个切角长方体，在“复合对象”命令面板中单击“布尔”按钮，在下方展开的“运算对象参数”卷展栏中单击“差集”按钮，如图3-15所示。

步骤 04 在“布尔参数”卷展栏中单击“添加运算对象”按钮，在视口中单击拾取另一个切角长方体，对二者进行差集运算，制作出烟灰缸主体模型，如图3-16所示。

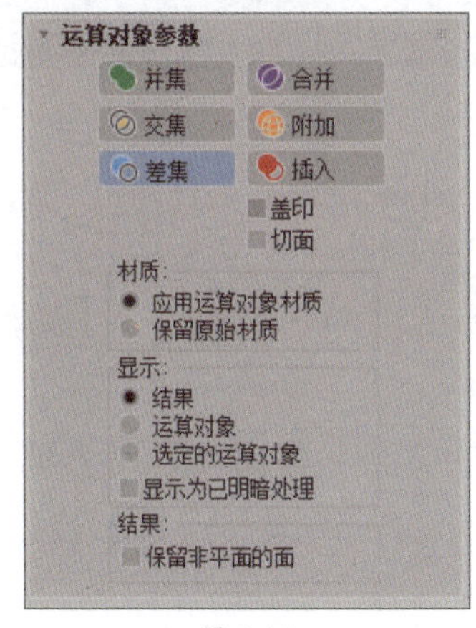

图 3-15

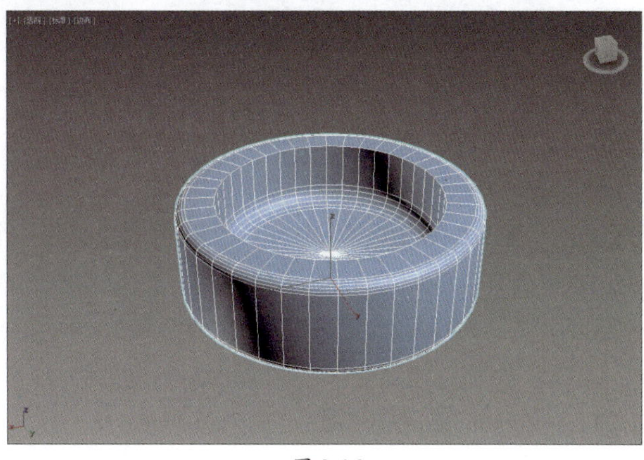

图 3-16

步骤05 在“标准几何体”命令面板中单击“圆柱体”按钮，创建两个半径为8、高度为300的圆柱体，如图3-17所示。

步骤06 按照上述操作对圆柱体和烟灰缸主体模型进行差集运算，制作出烟灰缸的凹槽，完成烟灰缸模型的制作，如图3-18所示。

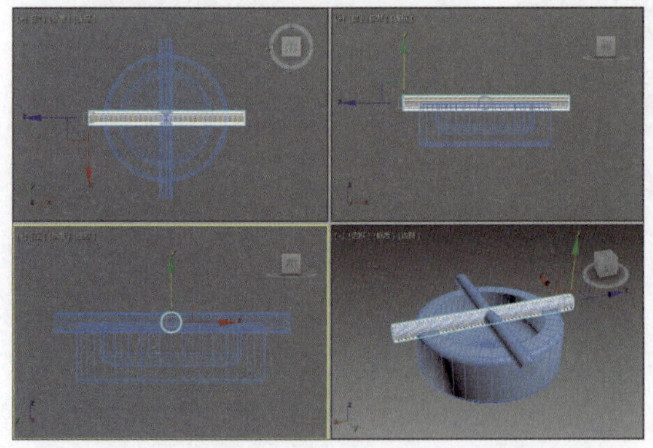

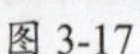

图 3-17

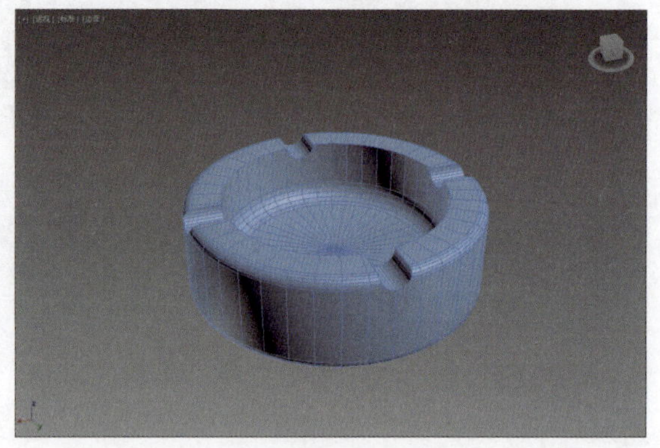

图 3-18

课堂练习 制作装饰镜模型

本案例中将利用“放样”命令制作一个装饰镜模型，具体操作步骤介绍如下。

步骤01 单击“矩形”按钮，在前视图绘制一个长度为15、宽度为30的矩形，如图3-19所示。

步骤02 右击并在弹出的快捷菜单中选择“转换为”|“转换为可编辑样条线”命令，将矩形转换为可编辑样条线，激活“顶点”子层级，选择上方两个顶点，如图3-20所示。

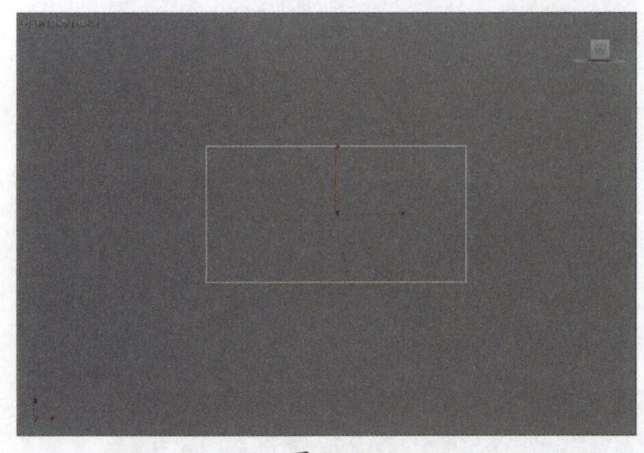

图 3-19

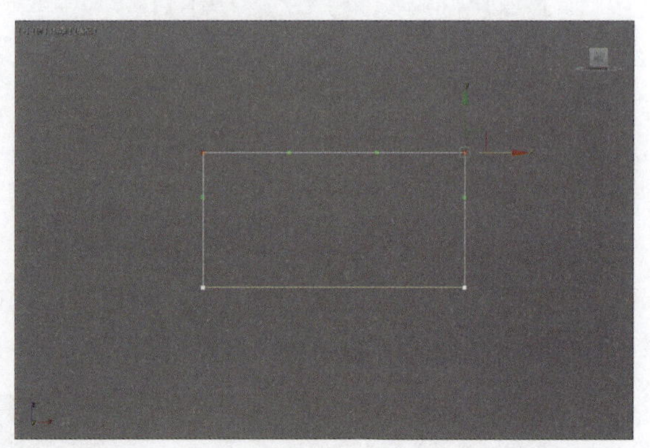

图 3-20

步骤03 在“几何体”卷展栏中单击“圆角”按钮后输入10，按Enter键即可创建圆角，如图3-21所示。

步骤04 退出堆栈，单击“圆”按钮，在顶视图中绘制一个半径为250 mm的圆，在“插值”卷展栏中设置“步数”为15，如图3-22所示。

步骤05 选择圆，在“复合对象”命令面板中单击“放样”命令，在下方“创建方法”卷展栏中单击“获取图形”按钮，在视图中拾取圆角矩形，如图3-23所示。

步骤06 单击即可创建镜框模型，如图3-24所示。

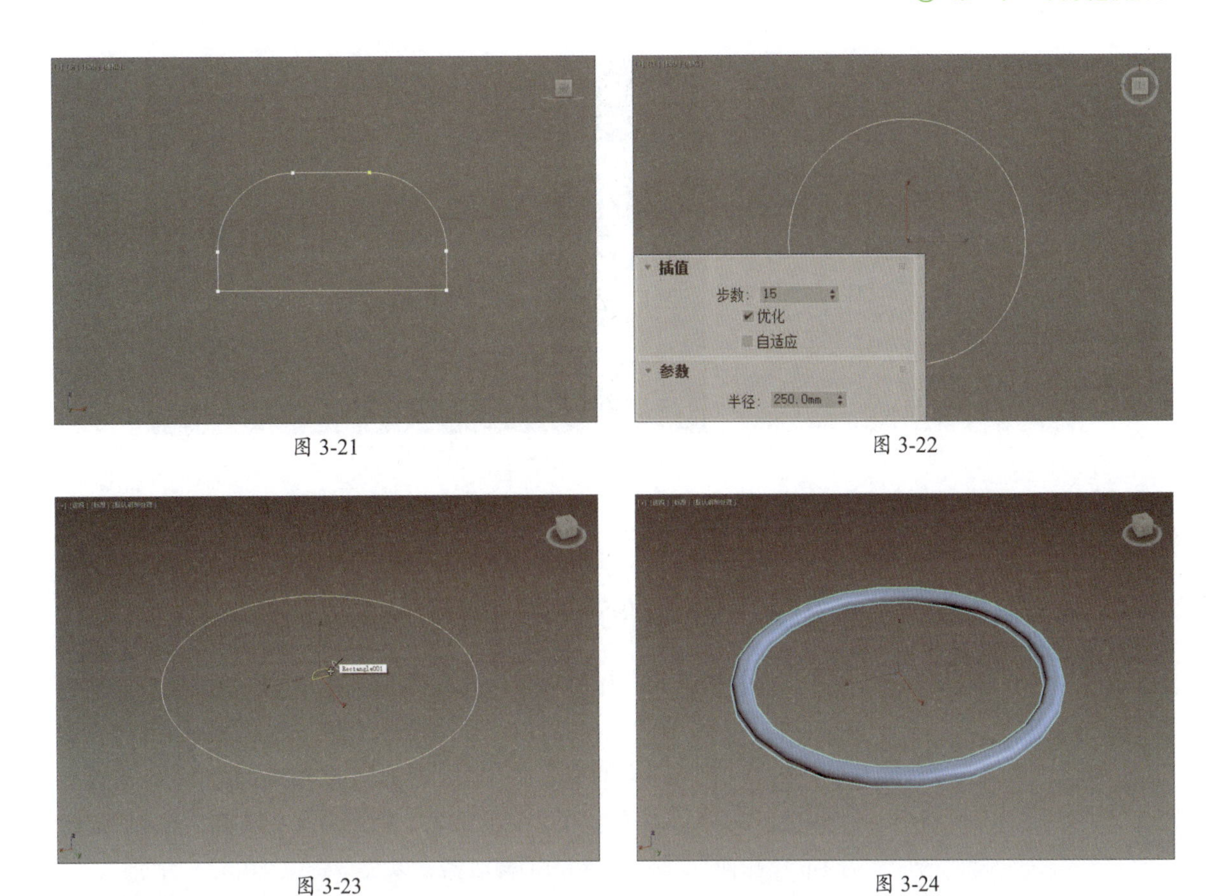

图 3-21　　图 3-22

图 3-23　　图 3-24

步骤 07 展开“蒙皮参数”卷展栏，选中“优化图形”复选框，设置“路径步数”，如图3-25所示。

步骤 08 设置后的模型效果如图3-26所示。

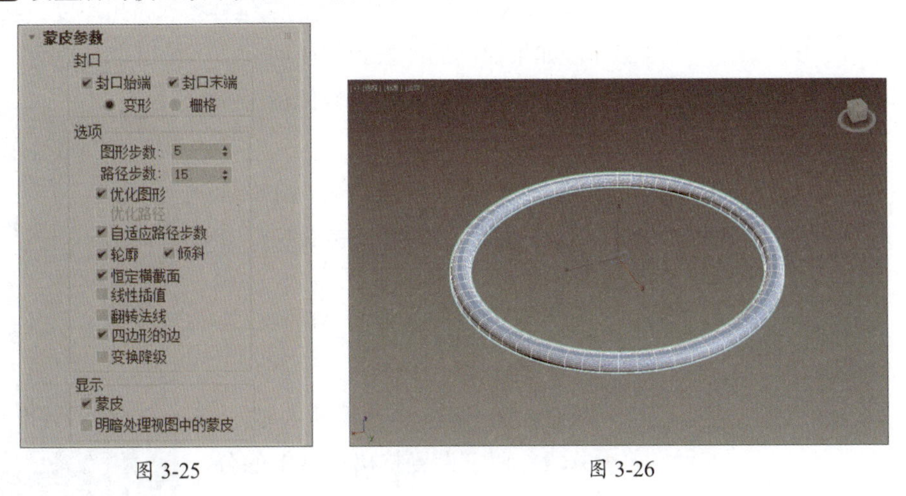

图 3-25　　图 3-26

步骤 09 单击“圆柱体”按钮，创建一个圆柱体，将其移动到镜框底部，完成装饰镜模型的制作，如图3-27、图3-28所示。

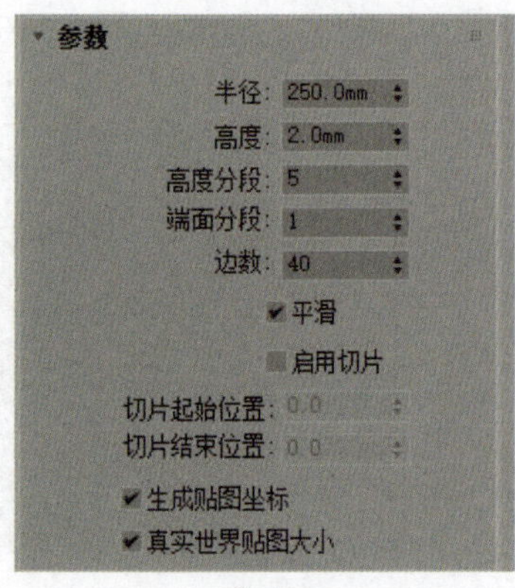

图 3-27

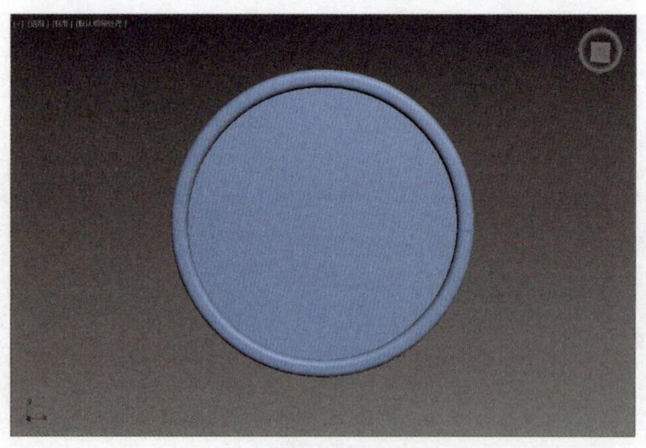

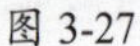

图 3-28

3.2 使用修改器建模

修改器是用于修改场景中几何体的工具，它们根据参数的设置来修改对象。同一对象可以添加多个修改器，后一个修改器接收前一个修改器传递来的参数，且添加修改器的次序对最后的结果影响很大。3ds Max中提供了多种修改器，常用的有“挤出”“车削”“弯曲”“扭曲”“晶格”和FFD修改器，以及“壳”“噪波”“细化”“网格平滑”修改器等。

3.2.1 “挤出”修改器

“挤出”修改器可以将绘制的二维样条线挤出厚度，从而产生三维实体。如果绘制的线段为封闭的，即可挤出带有地面面积的三维实体；如果绘制的线段不是封闭的，挤出的实体则是片状的。

在使用“挤出”修改器后，命令面板的下方将弹出“参数”卷展栏，如图3-29所示。

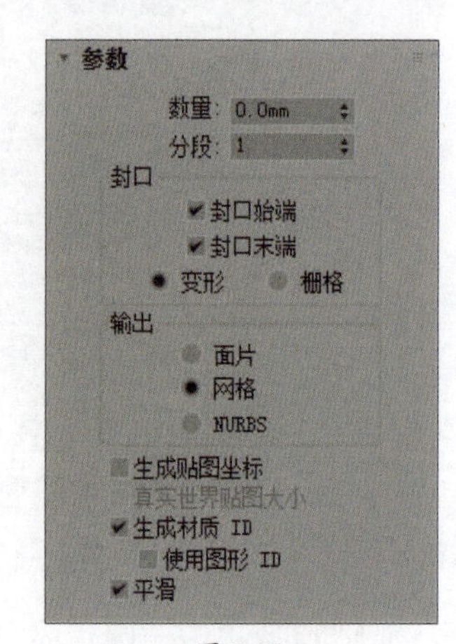

图 3-29

下面具体介绍“参数”卷展栏中各选项（组）的含义。

- **数量：** 用于设置挤出实体的厚度。
- **分段：** 用于设置挤出厚度上的分段数量。
- **封口：** 该选项组主要用于设置在挤出实体的顶面和底面上是否封盖实体。“封口始端”在顶端加面封盖物体。“封口末端”在底端加面封盖物体。
- **变形：** 用于变形动画的制作，保证点面数恒定不变。

- **栅格：** 用于对边界线进行重新排列处理，以最精简的点面数来获取优秀的模型。
- **输出：** 用于设置挤出的实体输出模型的类型。
- **生成贴图坐标：** 用于为挤出的三维实体生成贴图材质坐标。选中该复选框，将激活“真实世界贴图大小”复选框。
- **真实世界贴图大小：** 贴图大小由绝对坐标尺寸决定，与对象相对尺寸无关。
- **生成材质ID：** 用于自动生成材质ID。设置顶面材质ID为1、底面材质ID为2，侧面材质ID则为3。
- **使用图形ID：** 选中该复选框，将使用线形的材质ID。
- **平滑：** 用于将挤出的实体平滑显示。

3.2.2 “车削”修改器

学习笔记

“车削”修改器可以将绘制的二维样条线旋转一周生成旋转体，也可以设置旋转角度来更改实体旋转效果。

“车削”修改器通过旋转绘制的二维样条线创建三维实体，该修改器用于创建中心放射物体。在使用“车削”修改器后，命令面板的下方将显示“参数”卷展栏，如图3-30所示。

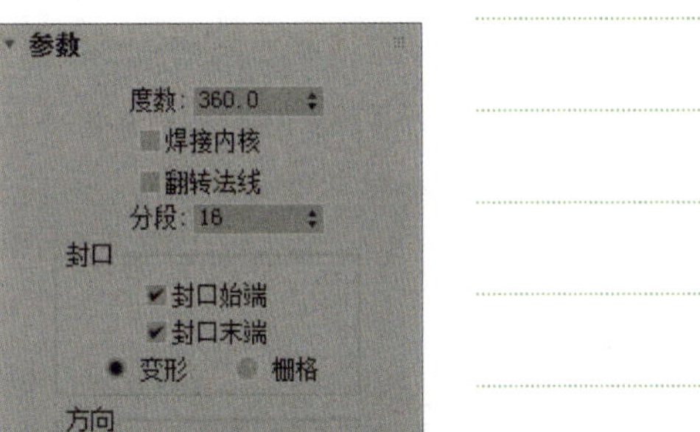

图 3-30

下面具体介绍“参数”卷展栏中各选项（组）的含义。

- **度数：** 用于设置车削实体的旋转度数。
- **焊接内核：** 用于将中心轴向上重合的点进行焊接精减，以得到结构相对简单的模型。
- **翻转法线：** 用于将模型表面的法线方向反向。
- **分段：** 用于设置车削线段后，旋转出的实体上的分段。值越高，实体表面越光滑。
- **封口：** 该选项组主要用于设置在挤出实体的顶面和底面上是否封盖实体。
- **方向：** 该选项组用于设置实体进行车削旋转的坐标轴。
- **对齐：** 此选项组用来控制曲线旋转时的对齐方式。
- **输出：** 用于设置挤出的实体输出模型的类型。
- **生成材质ID：** 用于自动生成材质ID。设置顶面材质ID为1、底面材质ID为2，侧面材质ID则为3。

- **使用图形ID**：选中该复选框，将使用线形的材质ID。
- **平滑**：用于将挤出的实体平滑显示。

3.2.3 “弯曲”修改器

“弯曲”修改器可以将物体进行弯曲变形，也可以设置弯曲角度和方向等，还可以将修改限在指定的范围内。该项修改器常被用于管道变形和人体弯曲等。

打开修改器列表框，单击“弯曲”选项，即可调用“弯曲”修改器。在调用“弯曲”修改器后，命令面板的下方将弹出修改弯曲值的“参数”卷展栏，如图3-31所示。

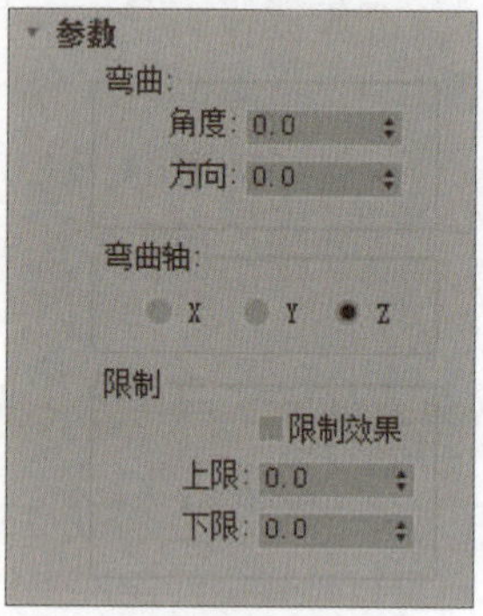

图 3-31

下面具体介绍“参数”卷展栏中各选项（组）的含义。

- **弯曲**：用于控制实体角度和方向值。
- **弯曲轴**：用于控制弯曲的坐标轴向。
- **限制**：用于限制实体弯曲的范围。选中“限制效果”复选框，将激活“限制”选项组，在“上限”和“下限”微调框中设置限制范围即可完成限制效果。

3.2.4 “扭曲”修改器

“扭曲”修改器可在对象的几何体中心进行旋转，使其产生扭曲的特殊效果。其参数面板与“弯曲”修改器类似，如图3-32所示。下面具体介绍“参数”卷展栏中各选项的含义。

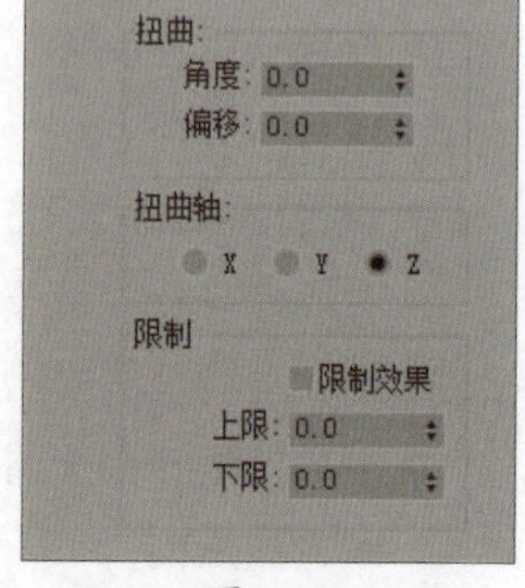

图 3-32

- **角度**：用于确定围绕垂直轴扭曲的量。
- **偏移**：用于使扭曲旋转在对象的任意末端聚团。
- X/Y/Z：用于指定执行扭曲所沿着的轴。
- **限制效果**：用于对扭曲效果应用限制约束。
- **上限**：用于设置扭曲效果的上限。
- **下限**：用于设置扭曲效果的下限。

3.2.5 “晶格”修改器

“晶格”修改器可以将创建的实体进行晶格处理，快速编辑创建的框架结构。在使用“晶格”修改器后，命令面板的下方将弹出“参数”卷展栏，如图3-33所示。

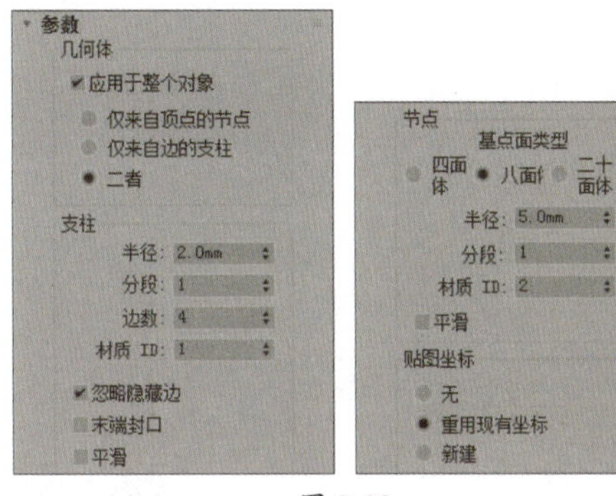

图 3-33

学习笔记

下面具体介绍“参数”卷展栏中各常用选项的含义。

- **应用于整个对象：** 选中该复选框，然后选择晶格显示的物体类型。在该复选框下包含“仅来自顶点的节点”“仅来自边的支柱”“二者”三个单选按钮，它们分别表示晶格显示是以顶点、支柱以及顶点和支柱显示。
- **半径：** 用于设置物体框架的半径大小。
- **分段：** 用于设置框架结构上物体的分段数值。
- **边数：** 用于设置框架结构上物体的边。
- **材质ID：** 用于设置框架的材质ID号，通过此设置可以实现物体不同位置赋予不同的材质。
- **平滑：** 用于使晶格实体后的框架平滑显示。
- **基点面类型：** 用于设置节点面的类型。其中包括四面体、八面体和二十面体。
- **半径：** 用于设置节点的半径大小。

3.2.6 FFD修改器

FFD修改器是对网格对象进行变形修改的最主要的修改器之一，其特点是通过控制点的移动带动网格对象表面产生平滑一致的变形。在使用FFD修改器后，命令面板的下方将显示“参数”卷展栏，如图3-34所示。

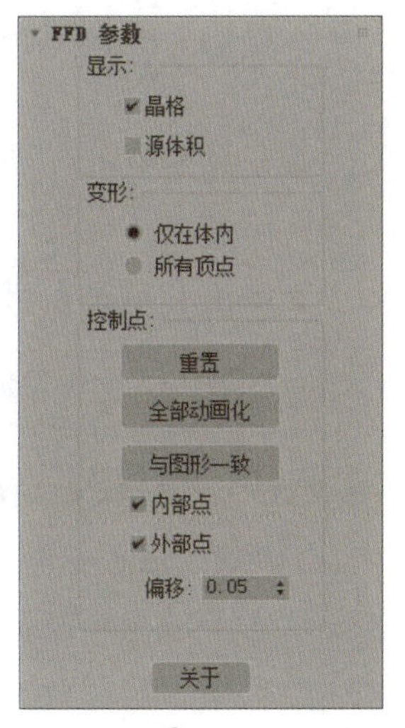

图 3-34

下面具体介绍“参数”卷展栏中各常用选项的含义。

- **晶格：** 用于设置只显示控制点形成的矩阵。
- **源体积：** 用于设置显示初始矩阵。

- **仅在体内**：用于设置只影响处在最小单元格内的面。
- **所有顶点**：用于设置影响对象的全部节点。
- **重置**：用于设置回到初始状态。
- **与图形一致**：用于设置转换为图形。
- **内部点/外部点**：用于设置仅控制受“与图形一致”影响的对象内部点。
- **偏移**：用于设置偏移量。

3.2.7 “壳”修改器

“壳”修改器可以使模型产生厚度效果，可以产生向内的厚度或向外的厚度。其“参数”卷展栏如图3-35所示。

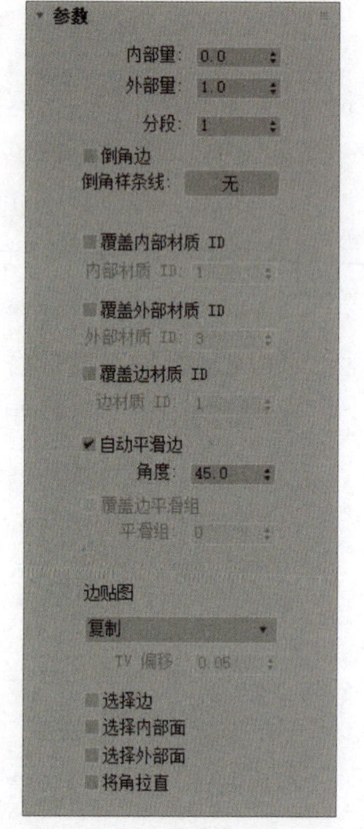

图 3-35

下面具体介绍“参数”卷展栏中各常用选项的含义。

- **内部量/外部量**：用于设置以3ds Max通用单位表示的距离，按此距离从原始位置将内部曲面向内移动以及将外部曲面向外移动。
- **分段**：用于设置每一边的细分值。
- **倒角边**：启用该选项，并指定“倒角样条线”，3ds Max会使用样条线定义边的剖面和分辨率。
- **倒角样条线**：选择此选项，然后选择打开样条线定义边的形状和分辨率。
- **覆盖内部材质ID**：启用此选项，使用“内部材质ID”参数，为所有的内部曲面多边形指定材质ID。
- **自动平滑边**：使用“角度”参数，应用自动、基于角平滑到边面。
- **角度**：用于在边面之间指定最大角，该边面由“自动平滑边”平滑。

3.2.8 “噪波”修改器

“噪波”修改器可以使对象表面的顶点进行随机变动，从而让表面变得起伏不规则，常用于制作复杂的地形、地面和水面效果。在使用“噪波”修改器之后，命令面板下方将弹出“参数”卷展栏，如图3-36所示。

下面具体介绍“参数”卷展栏中各常用选项的含义。

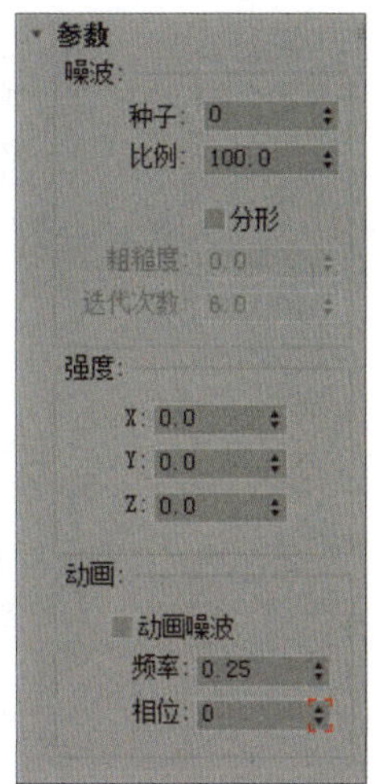

图 3-36

- **种子：**用于从设置的数中生成一个随机起始点。在创建地形时尤为有用，因为每种设置都可以生成不同的配置。
- **比例：**用于设置噪波影响（不是强度）的大小。较大的值产生更为平滑的噪波，较小的值产生锯齿现象更为严重的噪波。
- **分形：**用于根据当前设置产生分形效果。
- **粗糙度：**用于决定分形变化的程度。
- **迭代次数：**用于控制分形功能所使用的迭代（或是八度音阶）的数目。
- **强度：**用于控制噪波效果的大小。
- **动画噪波：**用于调节“噪波”和“强度”参数的组合效果。
- **频率：**用于设置正弦波的周期。
- **相位：**移动基本波形的开始和结束点。

学习笔记

3.2.9 “细化”修改器

“细化”修改器可以对当前选择的曲面进行细分。它在渲染曲面时特别有用，并为其他修改器创建附加的网格分辨率。如果子对象选择拒绝了堆栈，那么整个对象会被细化。其“参数”卷展栏如图3-37所示。

图 3-37

下面具体介绍“参数”卷展栏中各常用选项的含义。

- **面：**将选择作为三角形面集来处理。
- **多边形：**拆分多边形面。
- **边：**用于设置从面或多边形的中心到每条边的中点进行细分。
- **面中心：**用于设置从面或多边形的中心到角顶点进行细分。
- **张力：**用于决定新面在经过边细分后是平面、凹面还是凸面。
- **迭代次数：**用于设置应用细分的次数。

3.2.10 “网格平滑”修改器

“网格平滑”修改器主要用于模型表面锐利面，以增加网格面产生平滑效果。它允许细分几何体，同时可以使角和边变得平滑。在使用“网格平滑”修改器之后，将会打开“细分方法”“细分量”“局部控制”“参数”“设置”等卷展栏，如图3-38所示。

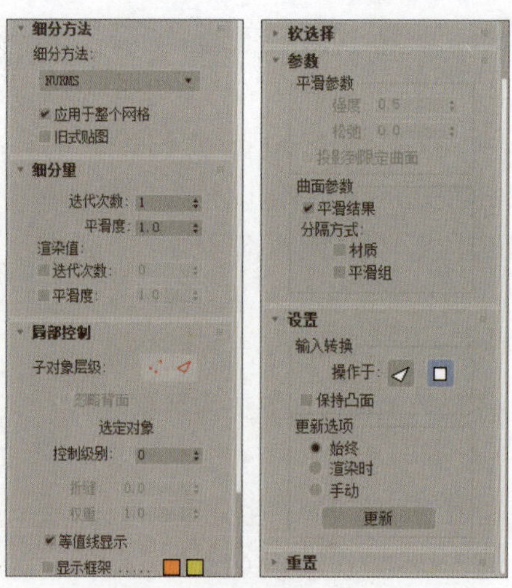

图 3-38

> **知识拓展**
> “涡轮平滑”修改器是“网格平滑”修改器的升级版，其平滑效果更加细腻，占用内存较少，但稳定性不如“网格平滑”修改器。如果使用“涡轮平滑”修改器后出现穿洞或拉扯现象，可以将其换成“网格平滑”修改器。

下面介绍几个卷展栏中常用选项的含义。

1）“细分方法”卷展栏

- **细分方法：** 选择空间确定“网格平滑”操作的输出。
- **应用于整个网络：** 启用该选项时，在堆栈中向上传递的所有子对象选择被忽略，且“网格平滑”应用于整个对象。

2）“细分量”卷展栏

- **迭代次数：** 用于设置网格细分的次数。
- **平滑度：** 用于确定对尖锐的锐角添加面以平滑它。
- **渲染值：** 用于在渲染时选择不同数量的迭代次数和平滑度应用于对象。

3）“局部控制”卷展栏

- **子对象层级：** 用于设置启用或禁用“边”或“顶点”层级。
- **忽略背面：** 启用该选项时，会仅选择其发现使其在视口中可见的那些子对象。
- **控制级别：** 用于设置在一次或多次迭代后查看控制网格，并在该级别编辑子对象点和边。
- **折缝：** 用于设置创建曲面不连续，从而获得褶皱或唇状结构等硬边。
- **权重：** 用于设置选定顶点或边的权重。

4）“参数”卷展栏

- **强度：** 使用0.0~1.0的范围设置所添加面的大小。
- **松弛：** 应用正的松弛效果以平滑所有顶点。
- **平滑结果：** 用于设置对所有曲面应用相同的平滑组。
- **材质：** 用于防止在不共享材质ID的曲面之间的边创建新曲面。
- **平滑组：** 用于防止在不共享至少一个平滑组的曲面之间的边上创建新曲面。

课堂练习 制作花瓶模型

本案例中将利用“车削”修改器创建一个花瓶模型，具体操作步骤介绍如下。

步骤 01 单击“线”按钮，在前视图中创建一个样条线轮廓，如图3-39所示。

步骤 02 在修改面板中打开堆栈，进入“顶点”子层级，选中如图3-40所示的顶点。

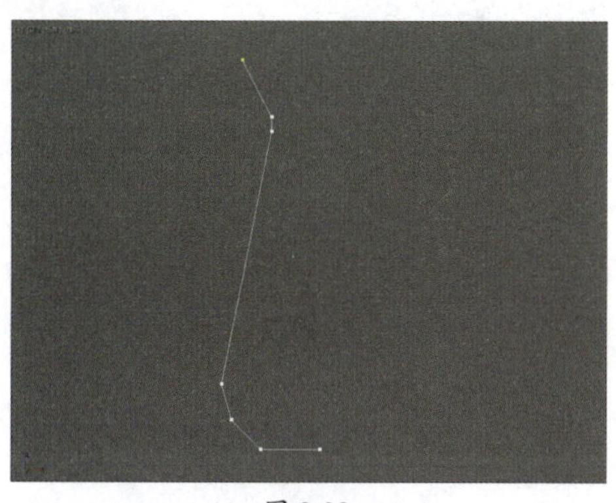

图 3-39

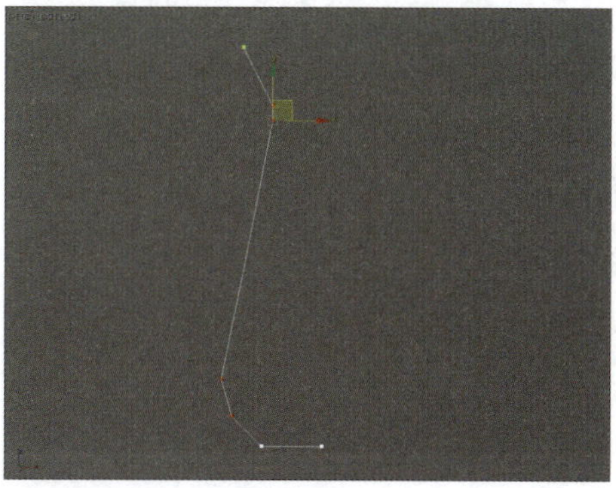

图 3-40

步骤 03 右击并将其转换为Bezier角点，再调整控制柄，如图3-41所示。

步骤 04 进入“样条线”子层级，在“几何体”卷展栏中设置“轮廓”值为2 mm，为样条线添加轮廓，如图3-42所示。

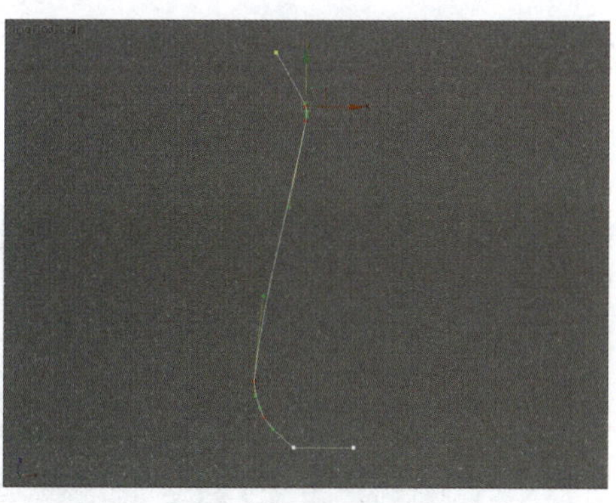

图 3-41

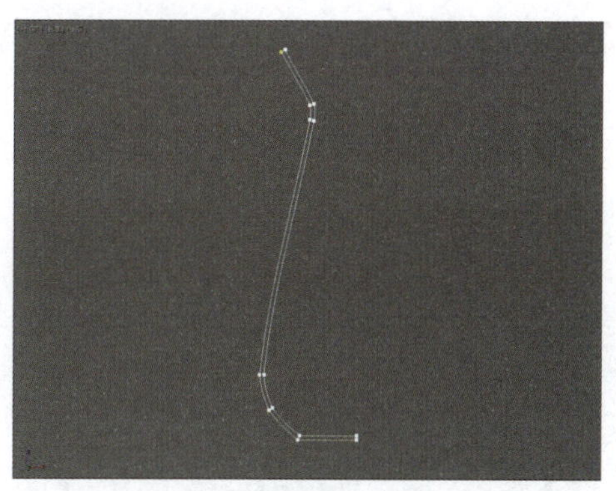

图 3-42

步骤 05 进入“顶点”子层级，选择如图3-43所示的顶点。

步骤 06 在“几何体”卷展栏中单击“圆角”按钮，调整顶点圆角效果，如图3-44所示。

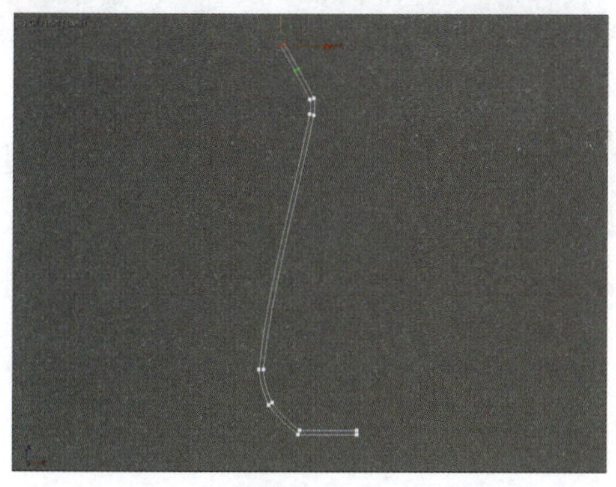

图 3-43

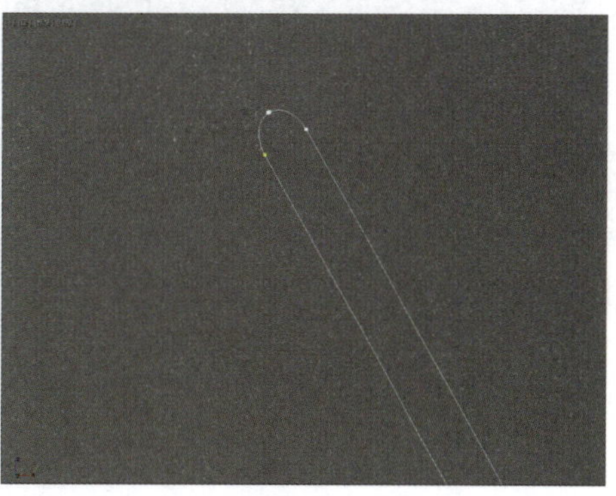

图 3-44

步骤07 为样条线添加“车削”修改器，初始效果如图3-45所示。

步骤08 在“参数”卷展栏中单击“最大”按钮，再设置“分段”数为8，完成花瓶模型的制作，如图3-46所示。

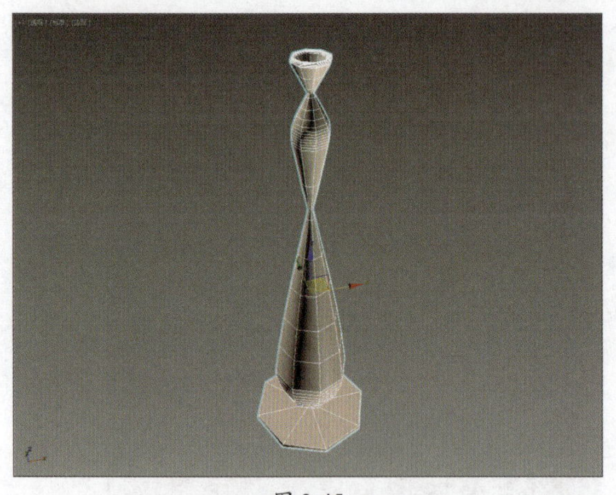

图 3-45

图 3-46

课堂练习 制作垃圾桶模型

本案例中将利用本章所学知识创建一个垃圾桶模型，具体操作步骤介绍如下。

步骤01 单击“矩形”按钮，创建尺寸为350 mm × 250 mm，角半径为15 mm的圆角矩形，如图3-47所示。

步骤02 按住Shift键向上复制矩形，如图3-48所示。

图 3-47

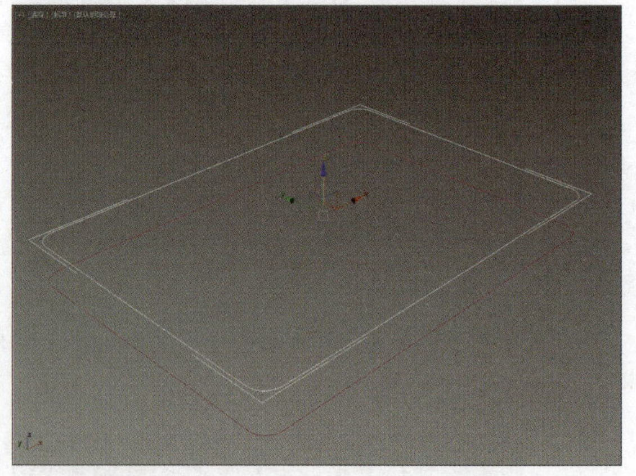

图 3-48

步骤03 将上方的矩形转换为可编辑样条线，进入“样条线”子层级，在“几何体”卷展栏中设置“轮廓”值为-5，按Enter键，为样条线制作出轮廓效果，如图3-49所示。

步骤04 为样条线添加“挤出”修改器，设置挤出值为600 mm，制作出垃圾桶的桶身，如图3-50所示。

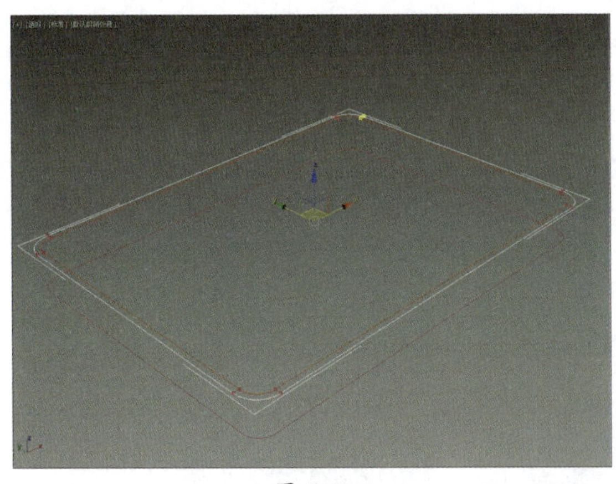

图 3-49

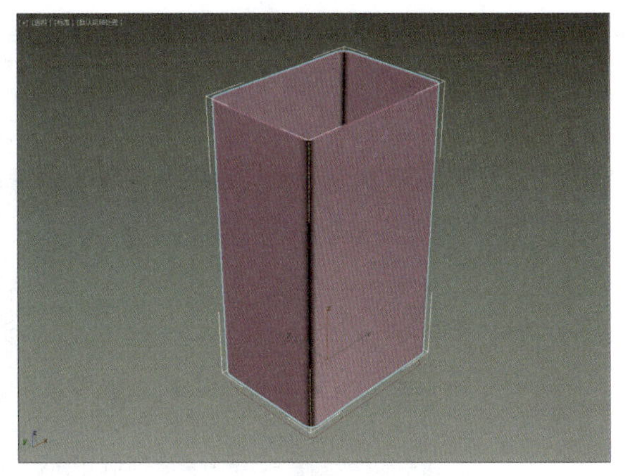

图 3-50

步骤 05 复制下方的矩形到垃圾桶顶部，如图3-51所示。

步骤 06 为底部的矩形添加“挤出”修改器，设置挤出值为15 mm，将其对齐到桶身模型，如图3-52所示。

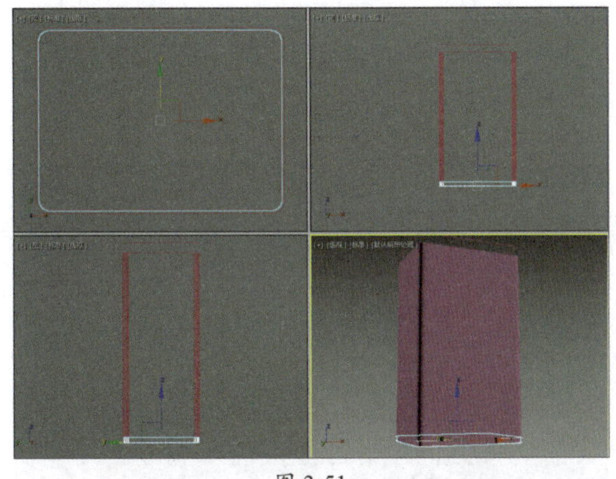

图 3-51

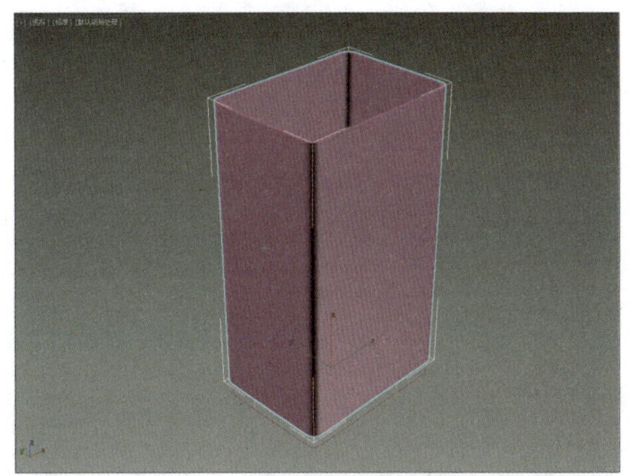

图 3-52

步骤 07 将顶部的矩形转换为可编辑样条线，进入“样条线”子层级，在“几何体”卷展栏中设置“轮廓”值为-10，按Enter键即可为样条线制作出轮廓，如图3-53所示。

步骤 08 为其添加“挤出”修改器，设置挤出值为30 mm，如图3-54所示。

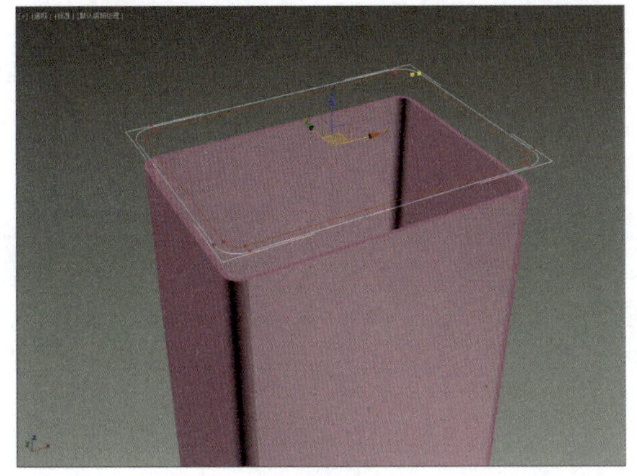

图 3-53

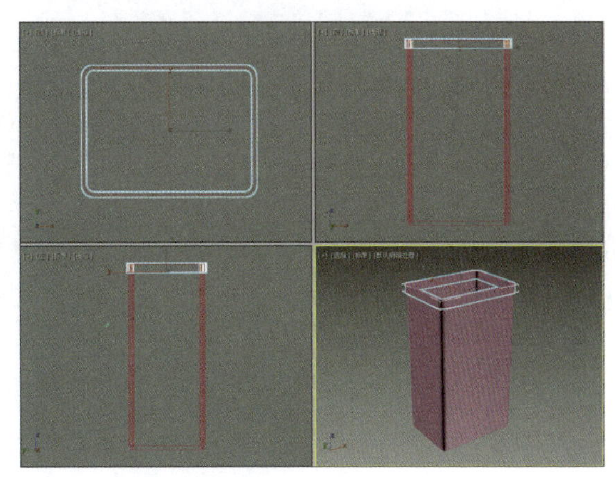

图 3-54

步骤 09 单击“平面”按钮，在顶视图中创建一个尺寸为350 mm × 250 mm的平面，并设置长度分段为30、宽度分段为50，如图3-55所示。

步骤 10 为其添加“晶格”修改器，并设置支柱和节点的参数，如图3-56所示。

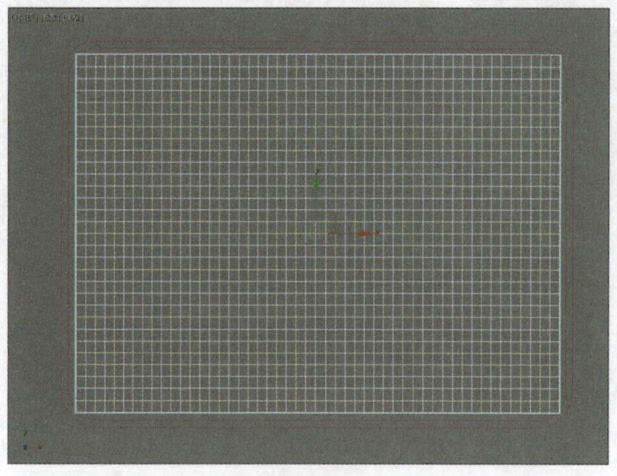

图 3-55

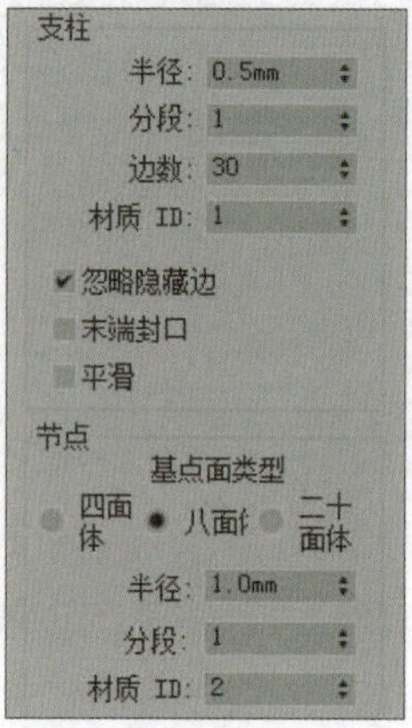

支柱
半径：0.5mm
分段：1
边数：30
材质 ID：1
忽略隐藏边
末端封口
平滑
节点
基点面类型
四面体 八面体 二十面体
半径：1.0mm
分段：1
材质 ID：2

图 3-56

步骤 11 制作出一个网格模型，再调整其位置，如图3-57所示。

步骤 12 在前视图创建一个圆角矩形，设置尺寸为220 mm × 100 mm，角半径为20 mm，如图3-58所示。

图 3-57

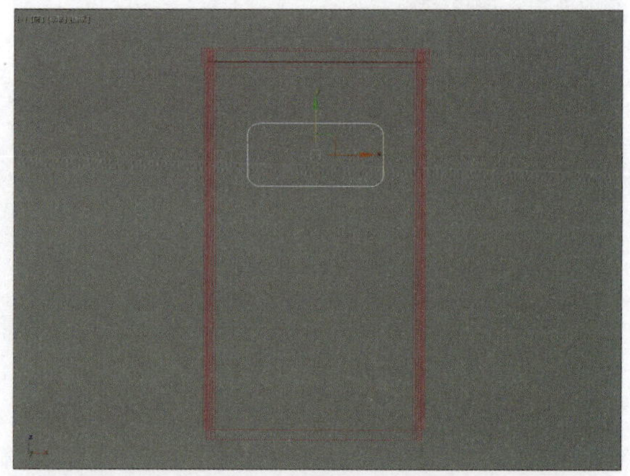

图 3-58

步骤 13 为其添加“挤出”修改器，设置挤出值为50 mm，将其移动到垃圾桶桶身处，如图3-59所示。

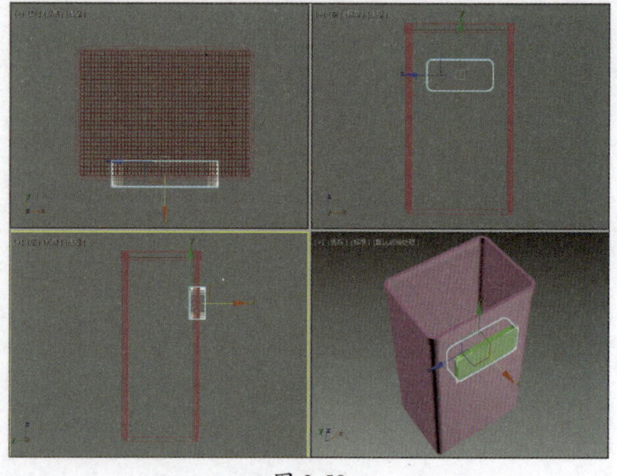

图 3-59

步骤 14 选择桶身模型，在“复合对象”面板中单击“布尔”按钮，在“运算对象参数”卷展栏中单击“差集”按钮，在“布尔参数”卷展栏中单击“添加运算对象”按钮，然后在视图中单击刚才创建的圆角长方体，将其从桶身模型中减去，完成垃圾桶模型的创建。调整模型颜色，可以更清楚地看到垃圾桶的造型，如图3-60所示。

图 3-60

3.3 可编辑网格

可编辑网格是一种可变形对象，适用于创建简单、少边的对象或用于网格平滑和HSDS建模的控制网格。用户可以将NURBS或面片曲面转换为可编辑网格。

3.3.1 转换为可编辑网格

“编辑网格”修改器在三种子对象层级上像操纵普通对象一样，它提供由三角面组成的网格对象的操纵控制：顶点、边和面。用户可以将3ds Max中大多数对象转换为可编辑网格，但是对于开口样条线对象，只有顶点可用，因为在转换为网格时开放样条线没有面和边。用户可以通过以下方式将对象转换为可编辑网格。

- 选择对象并右击，在弹出的快捷菜单中选择“转换为”|“转换为可编辑网格”命令，如图3-61所示。
- 在修改堆栈中右击对象名，在弹出的快捷菜单中选择“可编辑网格”命令，如图3-62所示。
- 选择对象并在修改器列表中为其添加“编辑网格”修改器。

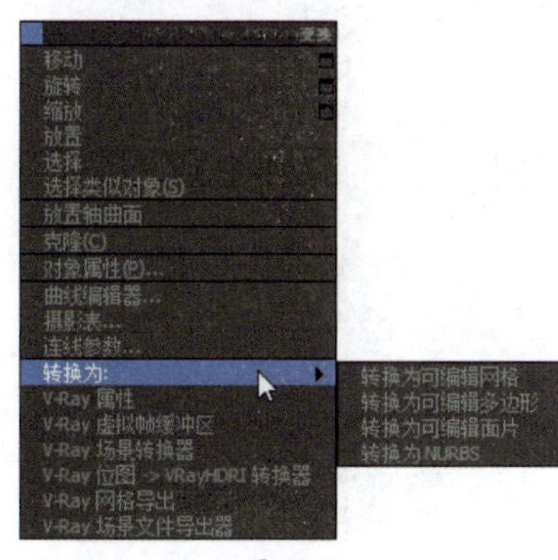

图 3-61

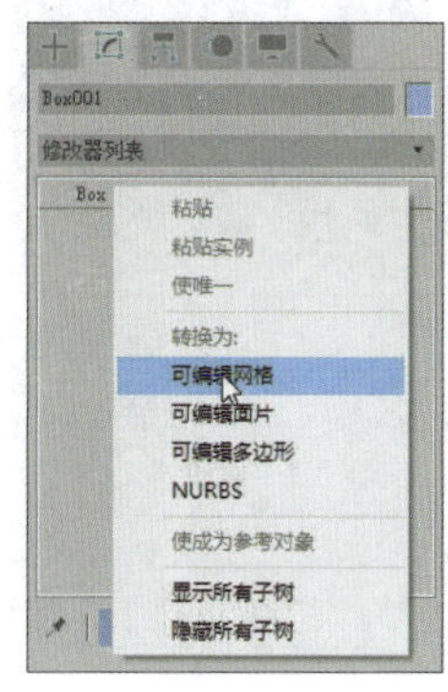

图 3-62

3.3.2 可编辑网格参数面板

将模型转化为可编辑网格后，可以看到其子层级分别为顶点、边、面、多边形和元素五种。网格对象的参数面板共有四个卷展栏，分别是“选择”卷展栏、“软选择”卷展栏、“编辑几何体”卷展栏以及“曲面属性”卷展栏，如图3-63所示。

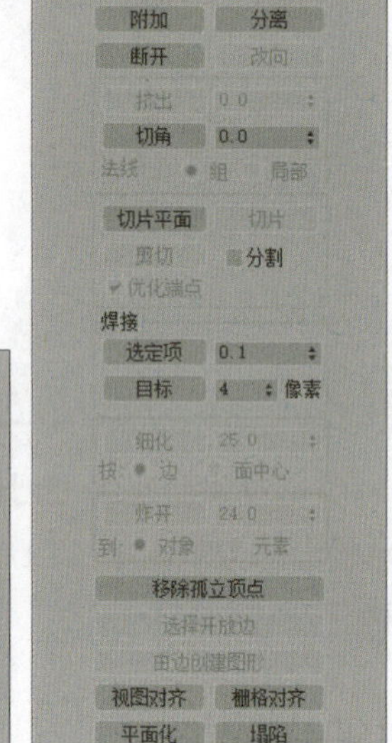

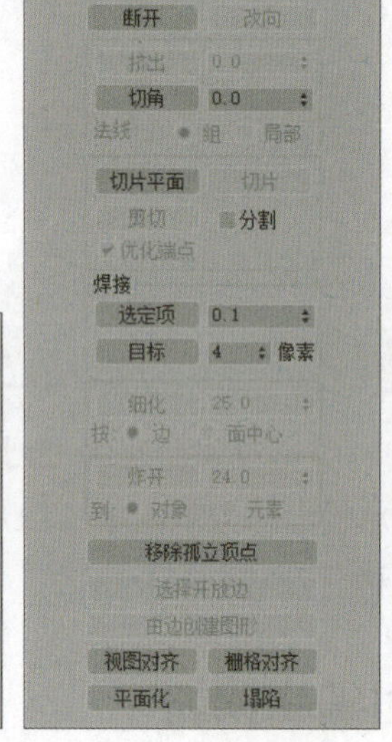
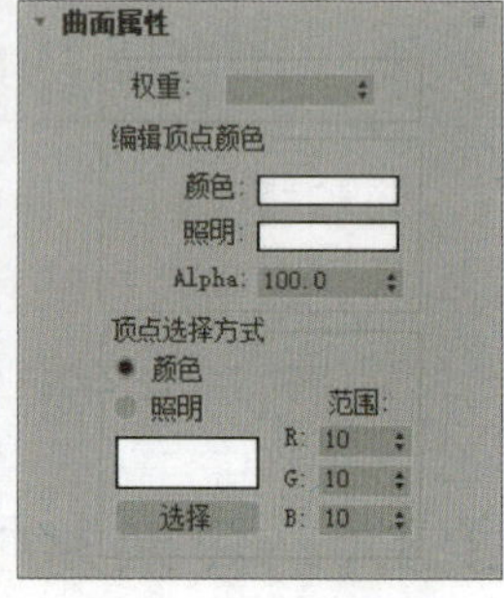

图 3-63

课堂练习 制作杯子模型

本案例将结合可编辑网格和“壳”修改器、“网格平滑”修改器等制作一个杯子模型，具体操作介绍如下。

步骤 01 在“标准几何体”命令面板中单击“圆锥体”按钮，创建一个圆锥体，并在“参数”卷展栏中调整参数，如图3-64、图3-65所示。

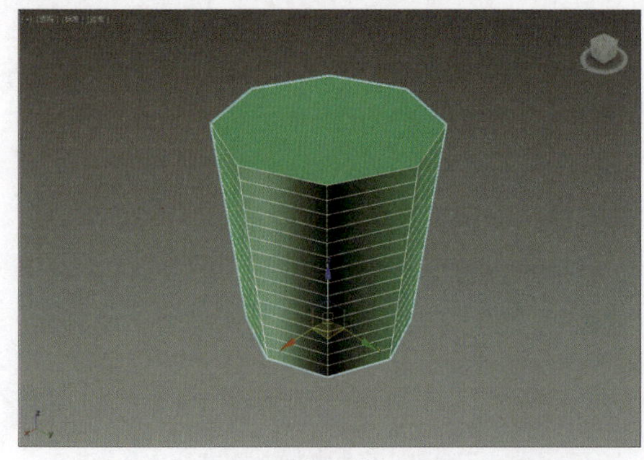

图 3-64

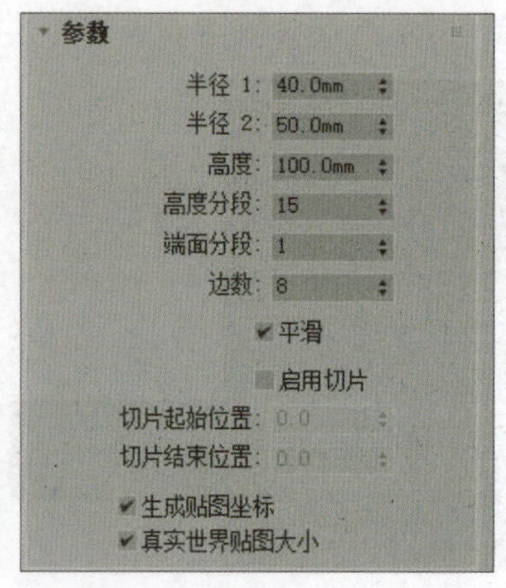

图 3-65

步骤 02 在模型上右击，在弹出的快捷菜单中选择“转换为”|“转换为可编辑网格”命令，将对象进行转换，再激活“多边形”子层级，选择顶部的面，如图3-66所示。

步骤 03 按Delete键删除所选面，如图3-67所示。

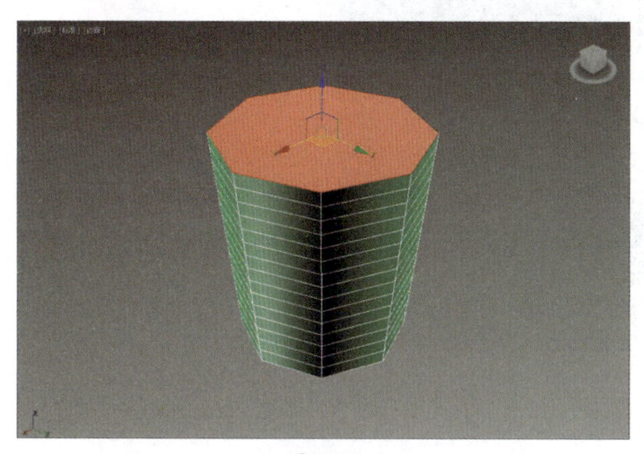

图 3-66

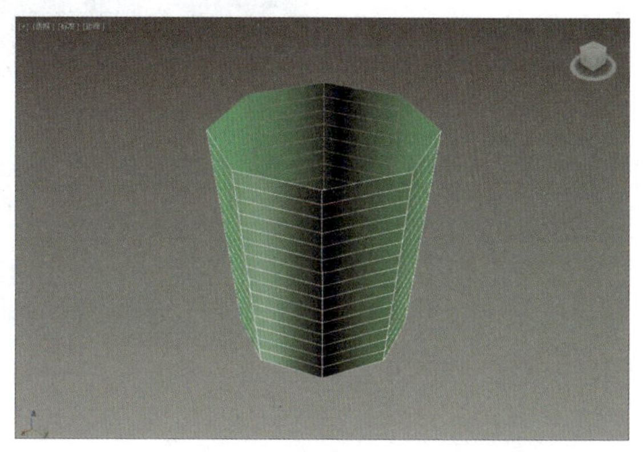

图 3-67

步骤 04 为可编辑网格添加“壳”修改器，在“参数”卷展栏中设置“内部量”和“外部量”参数，如图3-68所示。

步骤 05 设置后的模型效果如图3-69所示。

图 3-68

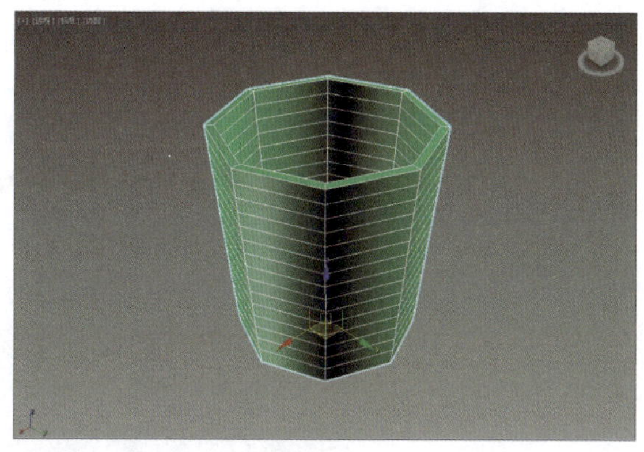

图 3-69

步骤 06 为模型添加“细化”修改器，保持默认参数，效果如图3-70所示。

步骤 07 为模型添加“网格平滑”修改器，在“细分量”卷展栏中设置“迭代次数”和“平滑度”参数，如图3-71所示。

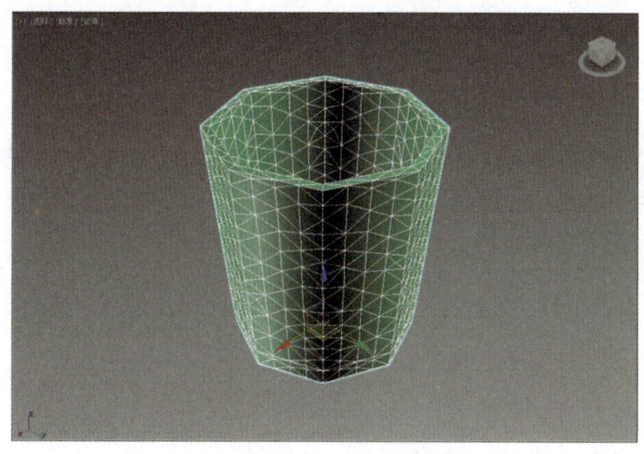

图 3-70

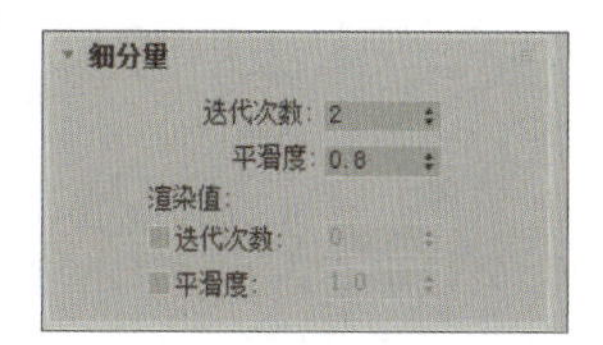

图 3-71

步骤 08 制作好的杯子模型如图3-72所示。

图 3-72

3.4 NURBS建模

NURBS建模是3ds Max中建模的方式之一，包括NURBS 曲面和曲线。NURBS 表示非均匀有理数B样条线，是设计和建模曲面的行业标准，特别适合于为含有复杂曲线的曲面建模。

3.4.1 认识NURBS对象

NURBS对象包含曲线和曲面两种，如图3-73、图3-74所示。NURBS建模也就是创建NURBS曲线和NURBS曲面的过程，使用它可以使以前实体建模难以达到的圆滑曲面的构建变得简单方便。

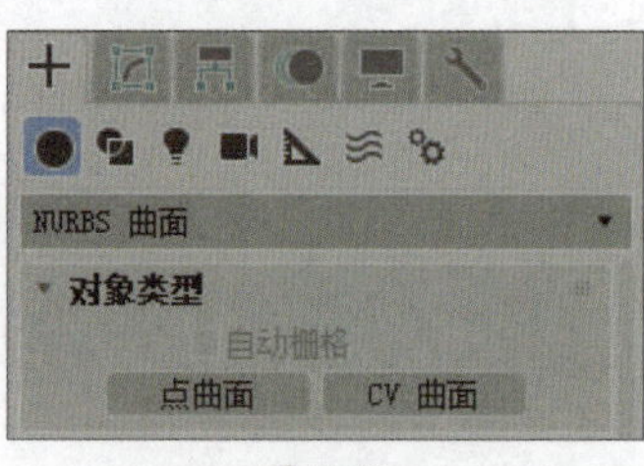

图 3-73

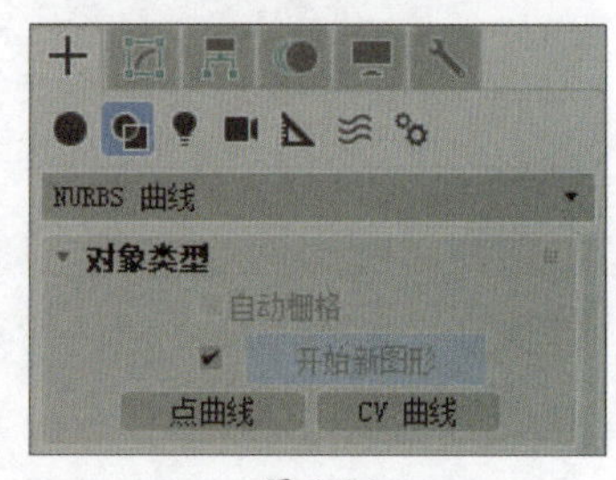

图 3-74

1）NURBS曲面

NURBS曲面包含点曲面和CV曲面两种，其含义介绍如下。

- **点曲面：** 由点来控制模型的形状，每个点始终位于曲面的表面上。
- **CV曲面：** 由控制顶点来控制模型的形状，CV形成围绕曲面的控制晶格，而不是位于曲面上。

2）NURBS曲线

NURBS曲线包含点曲线和CV曲线两种，其含义介绍如下。

- **点曲线：** 由点来控制曲线的形状，每个点始终位于曲线上。
- **CV曲线：** 由控制顶点来控制曲线的形状，这些控制顶点不必位于曲线上。

3.4.2 编辑NURBS对象

在NURBS对象的参数面板中共有七个卷展栏，分别是“常规”卷展栏、“显示线参数”卷展栏、“曲面近似”卷展栏、“曲线近似”卷展栏、“创建点”卷展栏、“创建曲线”卷展栏、“创建曲面”卷展栏，如图3-75所示。

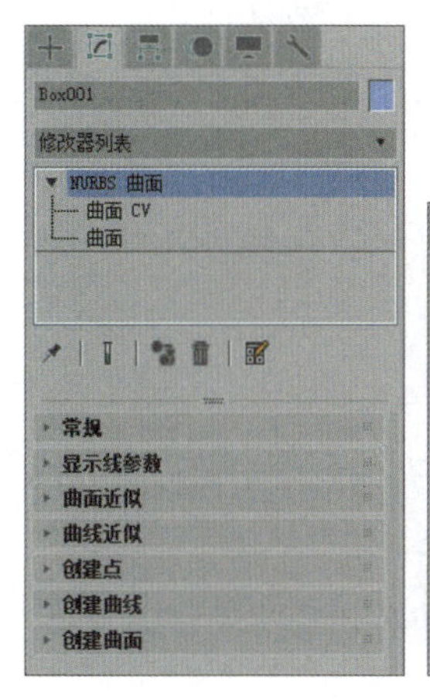

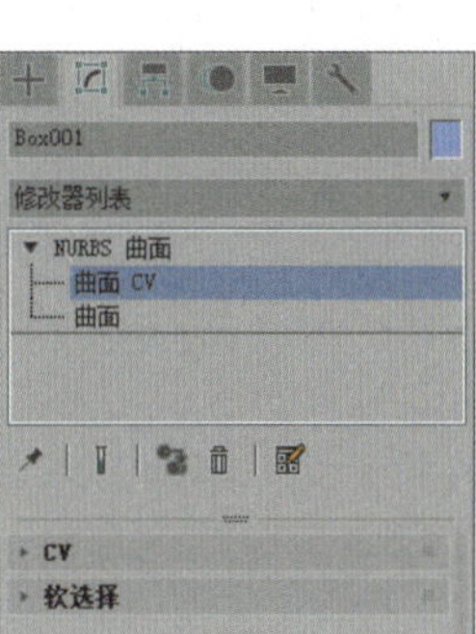

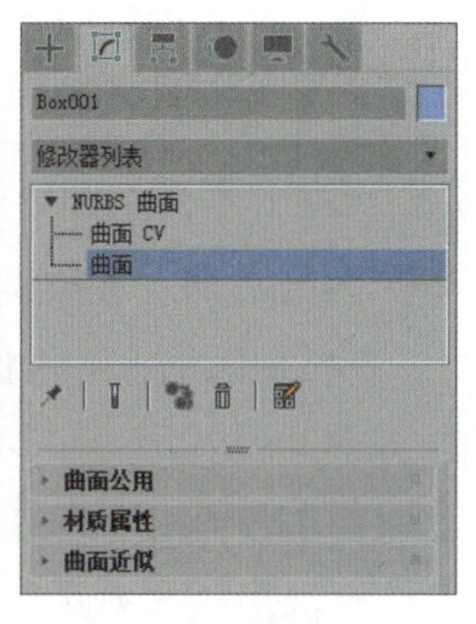

图 3-75

1. “常规”卷展栏

“常规”卷展栏中包含附加、导入以及NURBS工具箱等，如图3-76所示。单击“NURBS创建工具箱”按钮，即可打开NURBS工具箱，如图3-77所示。

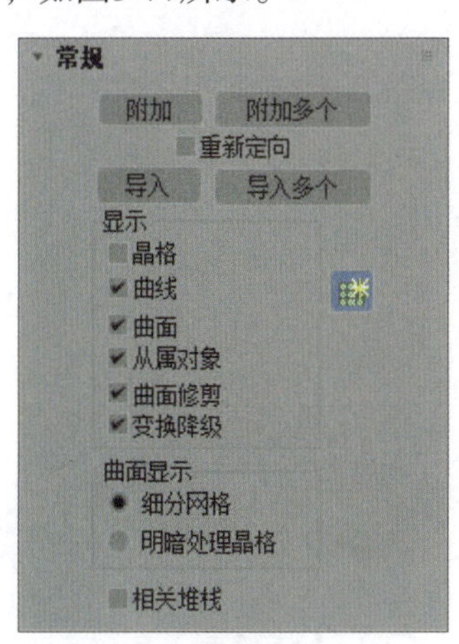

图 3-76

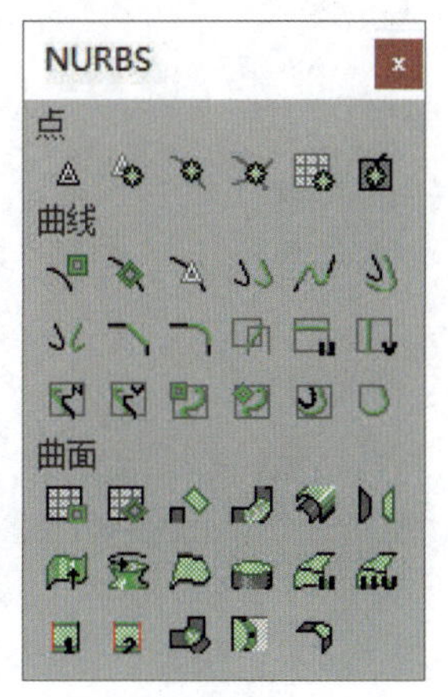

图 3-77

2. “曲面近似”卷展栏

为了渲染和显示视口，可以使用“曲面近似”卷展栏，控制NURBS模型中的曲面子层级的近似值求解方式，如图3-78所示。其中常用选项的含义介绍如下。

- **曲面边：** 启用该选项后，设置影响由修剪曲线定义的曲面边的细分。
- **置换曲面：** 只有在选择“渲染器”单选按钮的时候才启用。
- **细分预设：** 用于选择低、中、高质量层级的预设曲面近似值。
- **细分方法：** 如果已经选择视口，该组中的控件会影响NURBS曲面在视口中的显示。如果选择“渲染器”单选按钮，这些控件还会影响渲染器显示曲面的方式。
- **规则：** 根据U向步数、V向步数在整个曲面内生成固定的细化。
- **参数化：** 根据U向步数、V向步数生成自适应细化。
- **空间：** 生成由三角形面组成的统一细化。
- **曲率：** 根据曲面的曲率生成可变的细化。
- **空间和曲率：** 通过所有三个值使空间方法和曲率方法完美结合。

3. “曲线近似”卷展栏

在模型级别上，近似空间影响模型中的所有曲线子对象。参数面板如图3-79所示，各参数的含义介绍如下。

- **步数：** 用于近似每个曲线段的最大线段数。
- **优化：** 选中此复选框可以优化曲线。
- **自适应：** 基于曲率自适应分割曲线。

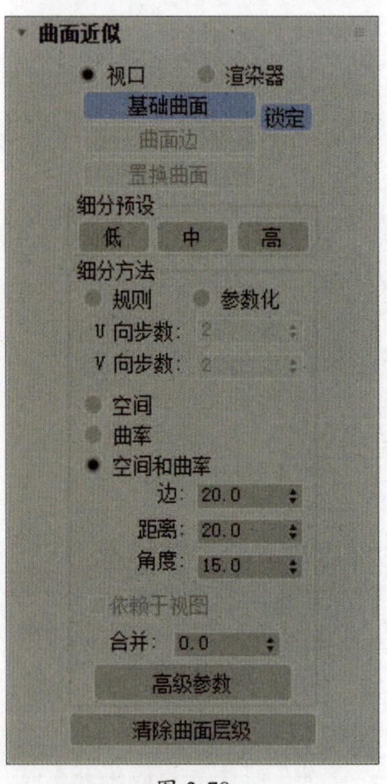

图 3-78

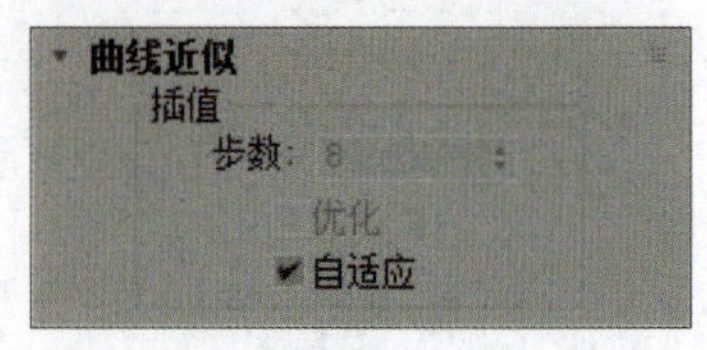

图 3-79

4. 创建点/创建曲线/创建曲面

这三个卷展栏中的工具与NURBS工具箱中的工具相对应，主要用来创建点、曲线、曲面对象，如图3-80~图3-82所示。

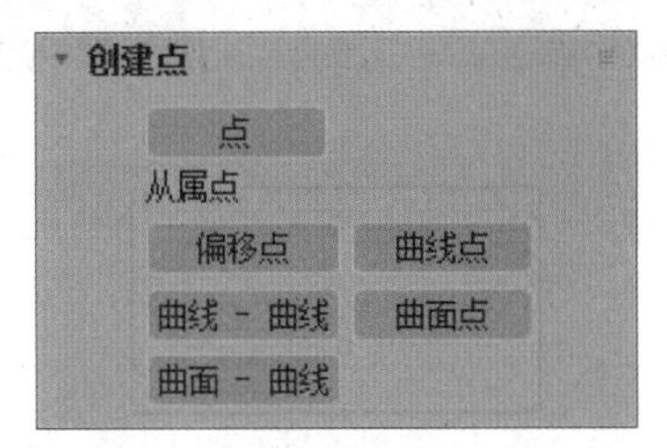

图 3-80

图 3-81

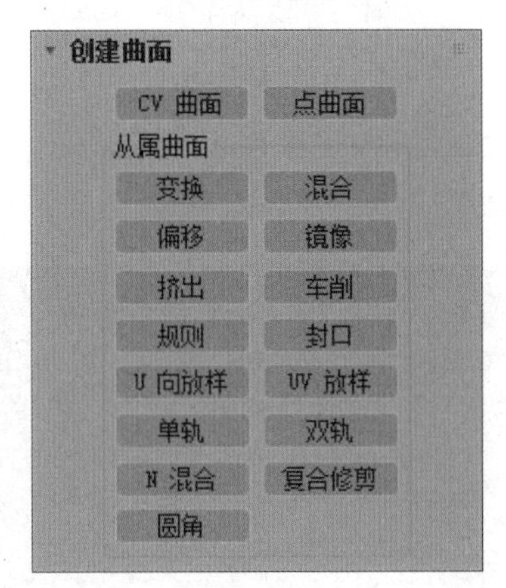

图 3-82

强化训练

1. 项目名称

制作笔筒模型

2. 项目分析

铁艺网状的物品如笔筒、废纸篓等都是生活中较为常见的物品，模型看起来虽然简单，但其制作涉及可编辑网格、“扭曲”修改器、“晶格”修改器等。通过模型的制作练习，可以更好地熟悉这几种建模功能的应用。

3. 项目效果

制作的笔筒模型如图3-83所示。

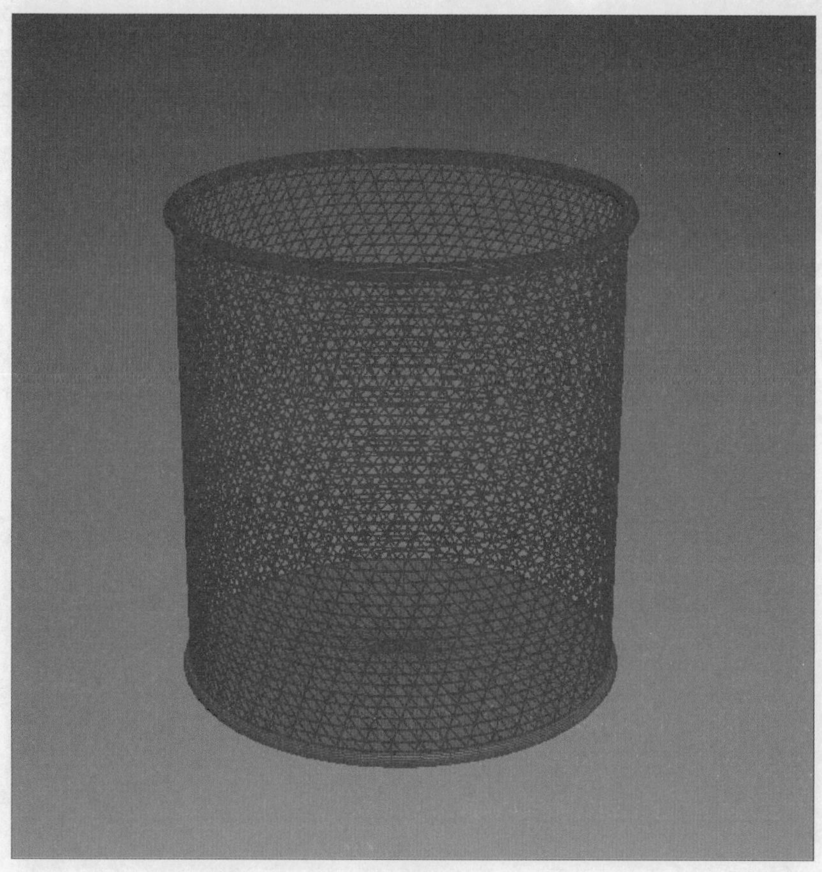

图 3-83

4. 操作提示

①创建切角圆柱体作为笔筒底座。

②创建圆柱体作为笔筒筒身，转换为可编辑网格并进行编辑。

③依次添加“细化”修改器、“扭曲”修改器、“晶格”修改器，制作出网状。

④创建圆环作为边口。

第4章 多边形建模技术

内容导读

多边形建模又称为Polygon建模，是目前所有三维软件中最为流行的方法。使用多边形建模方法创建的模型表面由一个个多边形组成。这种建模方法常用于室内设计模型、人物角色模型和工业设计模型等。本章主要介绍多边形物体的编辑技巧，以及常用模型的创建。

要点难点

- 了解多边形对象的转换方法
- 了解多边形建模的思路与技巧
- 掌握多边形建模重要工具的用法

4.1 什么是多边形建模

多边形建模是一种最为常见的建模方式。其原理是首先将一个模型对象转化为可编辑多边形，然后对顶点、边、多边形、边界、元素等进行编辑，使其模型逐渐产生相应的变化，从而达到建模的目的。

4.1.1 多边形建模概述

多边形建模是3ds Max中最为强大的建模方式，其中包括繁多的工具和较为传统的建模流程思路，因此更便于理解和使用。

4.1.2 转换为可编辑多边形

多边形建模方法在编辑上更加灵活，对硬件的要求也很低，其建模思路与网格建模的思路很接近，其不同点在于网格建模只能编辑三角面，而多边形建模对面数没有任何要求。

在编辑多边形对象之前首先要明确多边形对象不是创建出来的，而是塌陷（转换）出来的。将物体塌陷为多边形的方法有以下三种：

- 选择物体并右击，在弹出的快捷菜单中选择“转换为:” | “转换为可编辑多边形”命令，如图4-1所示。

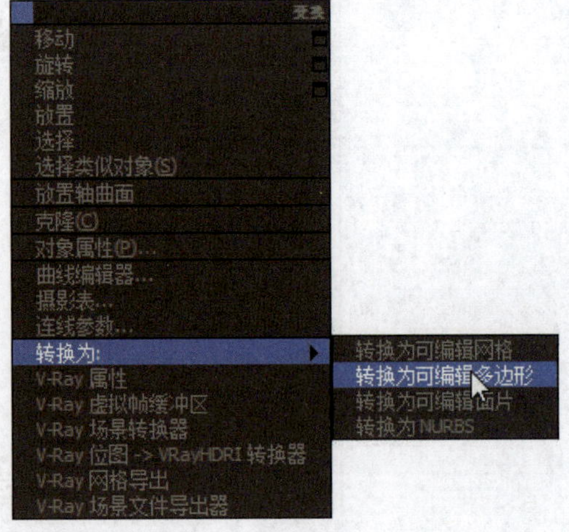

图 4-1

- 选择物体，在“建模”工具栏中单击“多边形建模”按钮，在弹出的菜单中选择“转换为:可编辑多边形”命令，如图4-2所示。
- 选择物体，从修改面板中添加“编辑多边形”修改器，如图4-3所示。

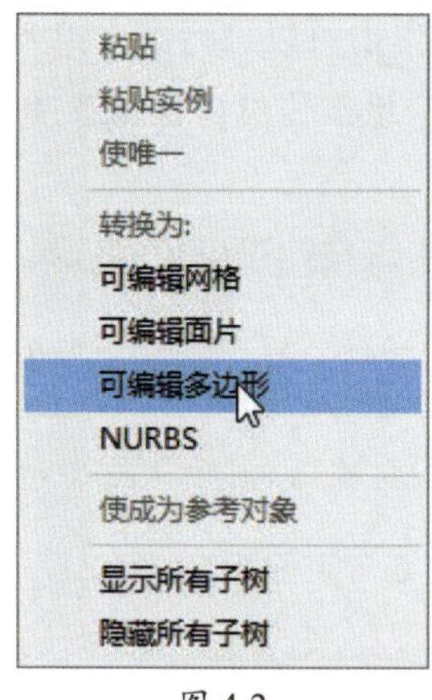

图 4-2

图 4-3

4.2 可编辑多边形参数

将物体转换为可编辑多边形对象后，就可以对可编辑多边形对象的顶点、边、边界、多边形和元素分别进行编辑。多边形参数设置面板包括多个卷展栏，分别是“选择”卷展栏、“软选择”卷展栏、“编辑几何体”卷展栏、“细分曲面”卷展栏、“细分置换”卷展栏等。这里主要介绍“选择”“软选择”“编辑几何体”三个卷展栏。

4.2.1 “选择”卷展栏

“选择”卷展栏提供了各种工具，用于访问不同的子对象层级和显示设置，以及创建与修改选定内容。此外，“选择”卷展栏还显示了与选定实体有关的信息，如图4-4所示。卷展栏中各选项的含义介绍如下。

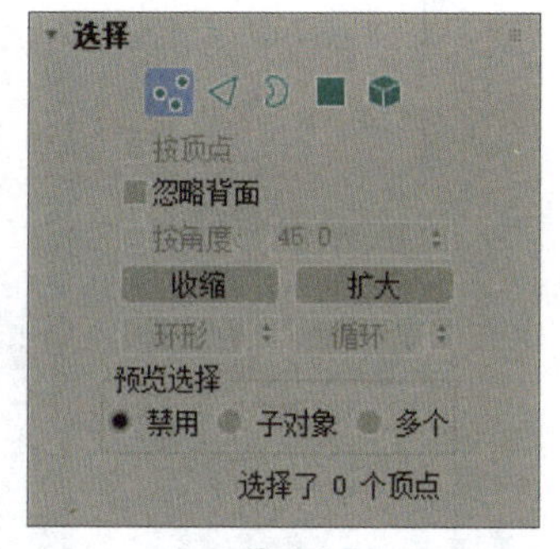

图 4-4

- **5种级别**（用图标显示）：包括顶点、边、边界、多边形和元素。
- **按顶点**：启用该选项后，只有选择所用的顶点才能选择子对象。
- **忽略背面**：选中该选项后，只能选中法线指向当前视图的子对象。
- **按角度**：启用该选项后，可以根据面的转折度数来选择子对象。
- **“收缩”按钮**：单击该按钮可以在当前选择范围中向内减少一圈。
- **“扩大”按钮**：与“收缩”按钮相反，单击该按钮可以在当前选择范围中向外增加一圈，多次单击可以进行多次扩大。

- **“环形”按钮：** 选中子对象后单击该按钮可以自动选择平行于当前的对象。
- **“循环”按钮：** 选中子对象后单击该按钮可以自动选择同一圈的对象。
- **预览选择：** 选择对象之前，通过这里的选项可以预览光标滑过位置的子对象，有“禁用”“子对象”“多个”三个选项。

4.2.2 “软选择”卷展栏

学习笔记

“软选择”是以选中的子对象为中心向四周扩散，以放射状方式来选择子对象，在对选择的子对象进行变换时，子对象会以平滑的方式进行过渡。另外，可以通过控制“衰减”“收缩”“膨胀”的数值来控制所选子对象区域的大小及子对象控制力的强弱，如图4-5所示。选中“使用软选择”复选框，其选择强度就会发生变化，颜色越接近红色代表越强烈，越接近蓝色则代表强度变弱，如图4-6所示。

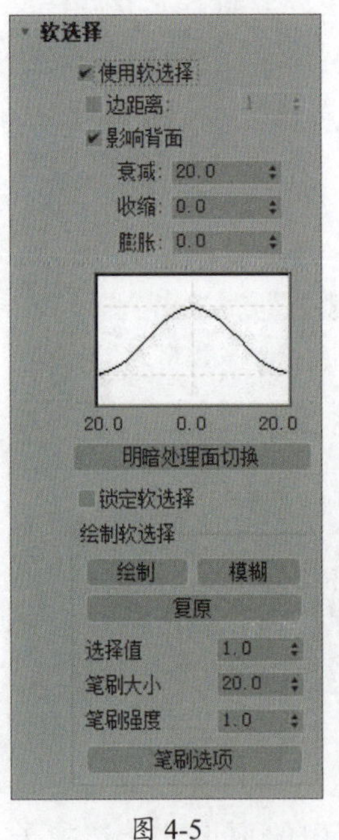

图 4-5

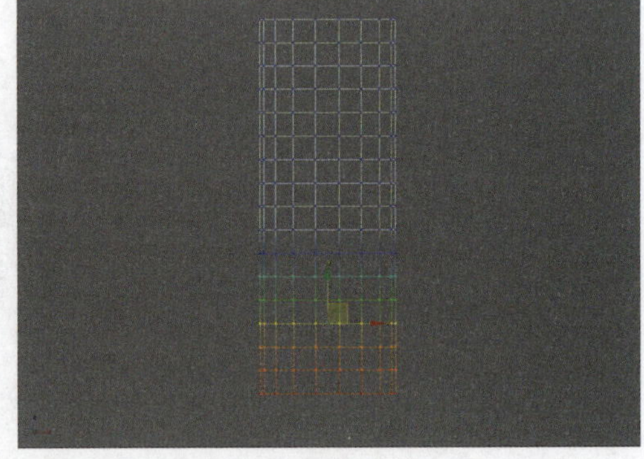

图 4-6

4.2.3 “编辑几何体”卷展栏

“编辑几何体”卷展栏提供了用于在定层级或子对象层级更改多边形对象几何体的全局控件，在所有对象层级都可以使用，如图4-7所示。

卷展栏中各选项的含义介绍如下。

- **重复上一个：** 单击该按钮可以重复使用上一次使用的命令。
- **约束：** 使用现有的几何体来约束子对象的变换效果。

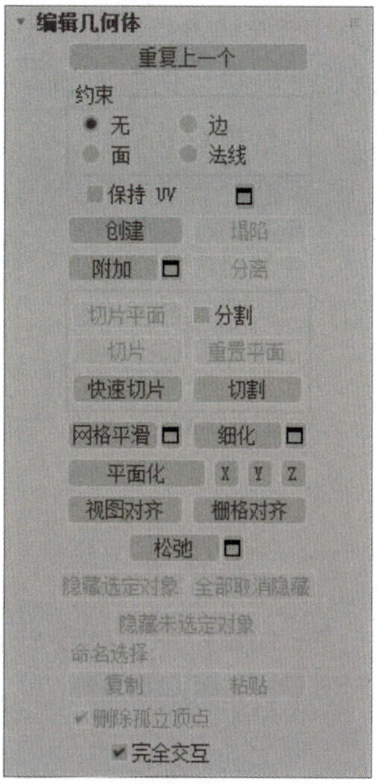

- **保持UV：** 启用该选项后，可以在编辑子对象的同时不影响该对象的UV贴图。
- **创建：** 用于创建新的几何体。
- **塌陷：** 这个工具类似于“焊接”工具，但是不需要设置阈值就可以直接塌陷在一起。
- **附加：** 使用该工具可以将场景中的其他对象附加到选定的可编辑多边形中。
- **分离：** 将选定的子对象作为单独的对象或元素分离出来。
- **切片平面：** 使用该工具可以沿某一平面分开网格对象。
- **切片：** 可以在切片平面位置处执行切割操作。

图 4-7

- **重置平面：** 将执行过“切片”的平面恢复到之前的状态。
- **快速切片：** 可以将对象进行快速切片，切片线沿着对象表面，所以可以更加准确地进行切片。
- **切割：** 可以在一个或多个多边形上创建出新的边。
- **网格平滑：** 使选定的对象产生平滑效果。
- **细化：** 增加局部网格的密度，从而方便处理对象的细节。
- **平面化：** 强制所有选定的子对象成为共面。
- **视图对齐：** 使对象中的所有顶点与活动视图所在的平面对齐。
- **栅格对齐：** 使选定对象中的所有顶点与活动视图所在的平面对齐。
- **松弛：** 使当前选定的对象产生松弛现象。

4.3 可编辑多边形子层级参数

在多边形建模中，可以针对某一个级别的对象进行调整，如顶点、边、多边形、边界、元素。当选择某一级别时，相应的参数面板也会出现该级别的卷展栏。

4.3.1 编辑顶点

进入可编辑多边形的“顶点”子层级后，在“修改”面板中将会增加一个“编辑顶点”卷展栏，如图4-8所示。“编辑顶点”卷展栏中的工具全都用于编辑顶点。

卷展栏中各选项的含义介绍如下。

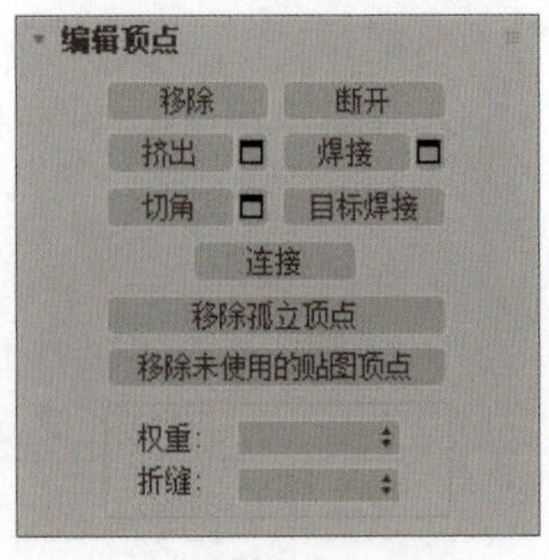

图 4-8

- **移除：** 使用该选项可以将顶点进行移除处理。
- **断开：** 选择顶点，并单击该选项后可以将一个顶点断开，变成好几个顶点。
- **挤出：** 选择顶点，并单击该选项可以将顶点向外进行挤出，使其产生锥形的效果。
- **焊接：** 两个或多个顶点在一定的距离范围内，焊接为一个顶点。
- **切角：** 使用该选项可以将顶点切角为三角形的面。
- **目标焊接：** 选择一个顶点后，使用该工具可以将其焊接到相邻的目标顶点。
- **连接：** 在选中的对角顶点之间创建新的边。
- **权重：** 设置选定顶点的权重，供NURBS细分选项和“网格平滑”修改器使用。

操作技巧

移除顶点与删除顶点是不同的。移除顶点后，顶点相邻的多边形依然存在，只是可能会发生变形；删除顶点后，会同时删除连接该顶点的所有多边形。

4.3.2 编辑边

边是连接两个顶点的直线。选择“边”子层级后，即可打开“编辑边”卷展栏，该卷展栏包括所有关于边的操作，如图4-9所示。卷展栏中各选项的含义介绍如下。

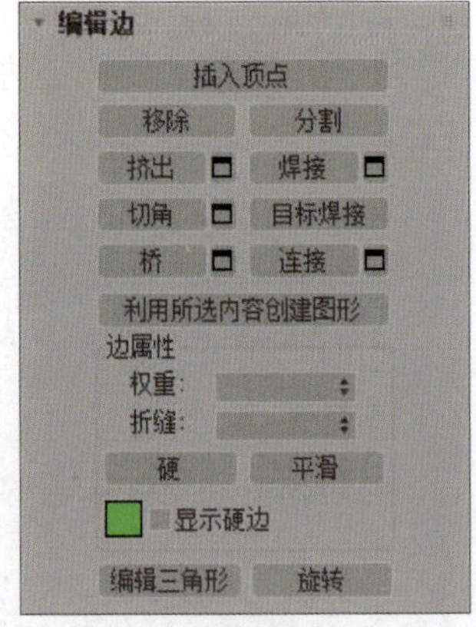

图 4-9

- **插入顶点：** 可以手动在选择的边上任意添加顶点。
- **移除：** 选择边以后，单击该按钮可以移除边，但是与按Delete键删除的效果是不同的。
- **分割：** 沿着选定边分割网格。对网格中心的单条边应用时，不会起任何作用。
- **挤出：** 直接使用这个工具可以在视图中挤出边。挤出是最常使用的工具，需要熟练掌握。
- **焊接：** 该工具可以在一定的范围内将选择的边进行自动焊接。
- **切角：** 可以将选择的边进行切角处理产生平行的多条边。切角是最常使用的工具，需要熟练掌握。

- **目标焊接：** 选择一条边并单击该按钮会出现一条线，然后单击另外一条边即可进行焊接。
- **桥：** 使用该工具可以连接对象的边，但只能连接边界边，也就是只在一侧有多边形的边。
- **连接：** 可以选择平行的多条边，并使用该工具产生垂直的边。连接是最常使用的工具，需要熟练掌握。
- **利用所选内容创建图形：** 可以将选定的边创建为样条线图形。
- **编辑三角形：** 用于修改绘制内边或对角线时多边形细分为三角形的方式。
- **旋转：** 用于通过单击对角线修改多边形细分为三角形的方式。

学习笔记

4.3.3 编辑边界

边界是网格的线性部分，通常可以描述为孔洞的边缘。选择“边界”子层级后，即可打开“编辑边界”卷展栏，如图4-10所示。

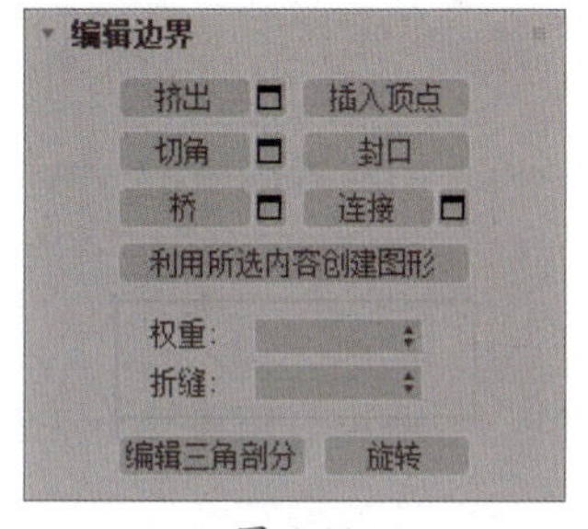

图 4-10

“编辑边界”卷展栏中多数选项的含义与上节中相同，下面介绍不同的选项。

封口：使用该按钮可以将模型上的缺口部分进行封口。

4.3.4 编辑多边形/元素

多边形是通过曲面连接的三条或多条边的封闭序列，它提供了可渲染的可编辑多边形对象曲面。“多边形”与“元素”子层级是兼容的，用户可在二者之间切换，并且将保留所有现在的选择。在“编辑元素”卷展栏中包含常见的多边形和元素命令，而在“编辑多边形”卷展栏中包含“编辑元素”卷展栏中的这些命令以及多边形特有的多个命令，如图4-11、图4-12所示。

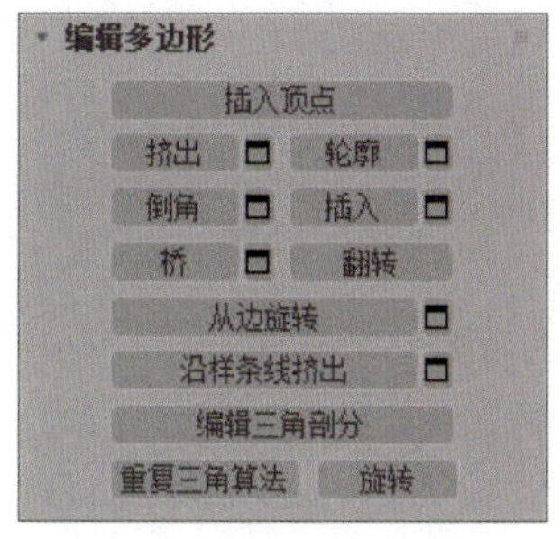

图 4-11

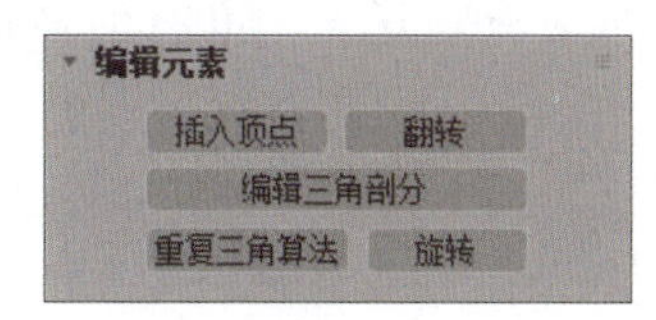

图 4-12

下面介绍卷展栏中常用选项的含义。

- **插入顶点：** 可以手动在选择的多边形上任意添加顶点。
- **挤出：** 使用挤出工具可以将选择的多边形进行挤出效果处理。组、局部法线、按多边形三种方式，效果各不相同。
- **轮廓：** 用于增加或减小每组连续的选定多边形的外边。
- **倒角：** 与挤出比较类似，但是比挤出更为复杂，可以挤出多边形，也可以向内或外缩放多边形。
- **插入：** 使用该按钮可以制作出插入一个新多边形的效果。插入是最常使用的工具，需要熟练掌握。
- **桥：** 选择模型正反两面相对的两个多边形，然后单击该按钮即可制作出镂空的效果。
- **翻转：** 反转选定多边形的法线方向，从而使其面向用户的正面。
- **从边旋转：** 选择多边形后，使用该按钮可以沿着垂直方向拖动任何边，旋转选定多边形。
- **沿样条线挤出：** 沿样条线挤出当前选定的多边形。
- **编辑三角剖分：** 通过绘制内边修改多边形细分为三角形的方式。
- **重复三角算法：** 在当前选定的一个或多个多边形上执行最佳三角剖分。
- **旋转：** 使用该工具可以修改多边形细分为三角形的方式。

课堂练习 制作床头柜模型

本案例中将利用可编辑多边形的知识创建床头柜模型，具体操作步骤介绍如下。

步骤01 单击“长方体”按钮，创建一个尺寸为450 mm × 350 mm × 280 mm的长方体，如图4-13所示。

步骤02 将其转换为可编辑多边形，在修改面板中打开堆栈，进入“多边形”子层级，选择如图4-14所示的面。

步骤03 在“编辑多边形”卷展栏中单击“插入”按钮，设置插入数量为5，设置视口样式为“默认明暗处理+边面”，效果如图4-15所示。

步骤04 单击“插入”按钮，设置插入数量为13，如图4-16所示。

步骤05 切换到左视图，将多边形沿X轴向左移动10 mm，如图4-17所示。

步骤06 单击“插入”按钮，设置插入值为2 mm，制作出缝隙宽度，如图4-18所示。

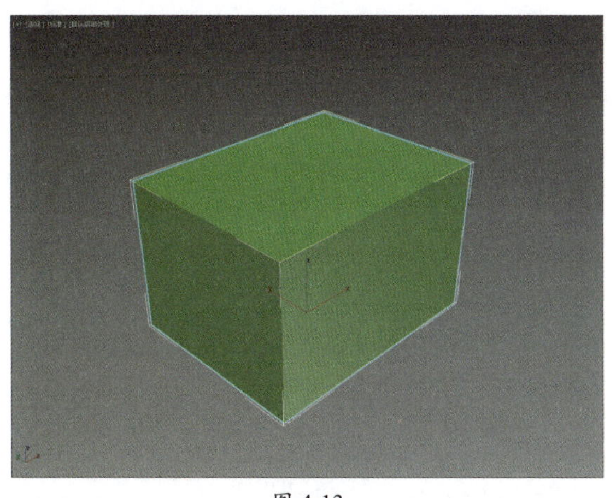

图 4-13

图 4-14

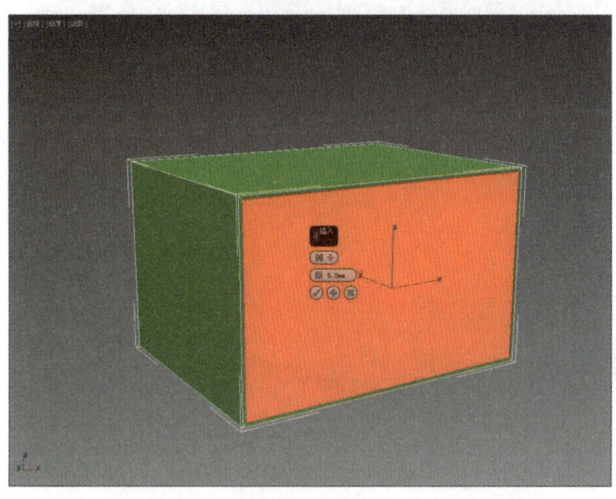

图 4-15

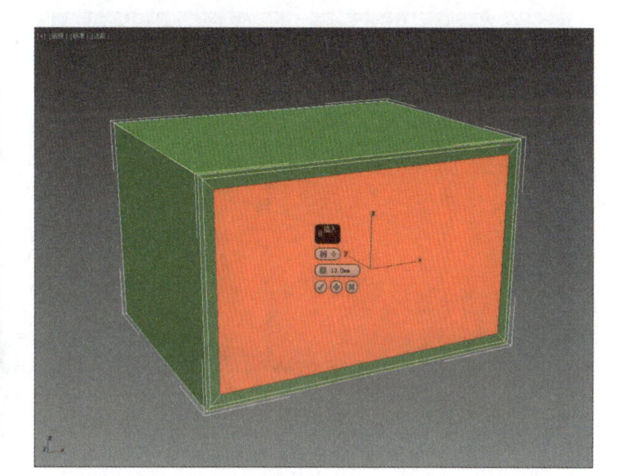

图 4-16

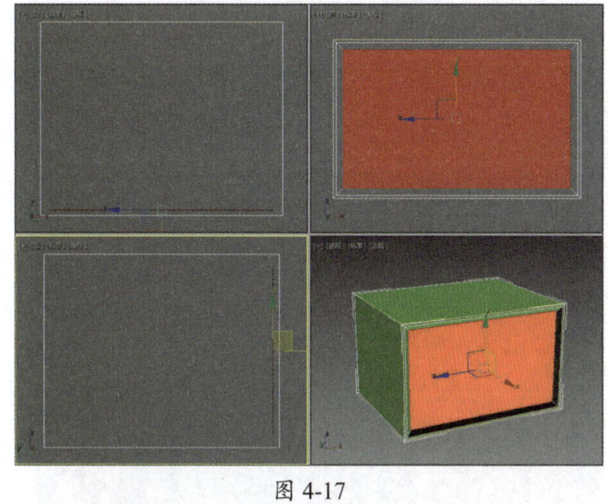

图 4-17

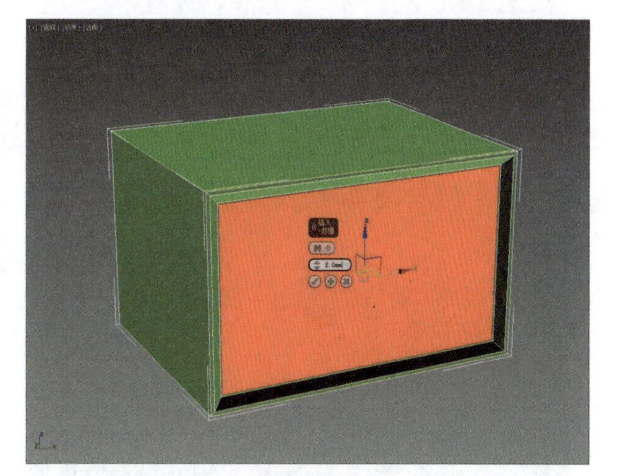

图 4-18

步骤 07 进入“边”子层级，选择如图4-19所示的两条边。

步骤 08 单击“连接”按钮，设置连接数量为2，如图4-20所示。

步骤 09 选择刚创建的上方边线，在状态控制栏中设置Z轴高度为141，再选择下方边线，设置Z轴高度为139，如此制作出抽屉缝隙，如图4-21所示。

步骤 10 进入“多边形”子层级，选择如图4-22所示的多边形。

图 4-19

图 4-20

图 4-21

图 4-22

步骤 11 单击“挤出”按钮，设置挤出数量为-20，制作出缝隙深度，制作出床头柜柜体，如图4-23所示。

步骤 12 单击“圆柱体”按钮，在前视图中创建一个半径为7.5 mm、高度为17 mm的圆柱体，设置高度分段为1、边数为40，调整其位置，如图4-24所示。

图 4-23

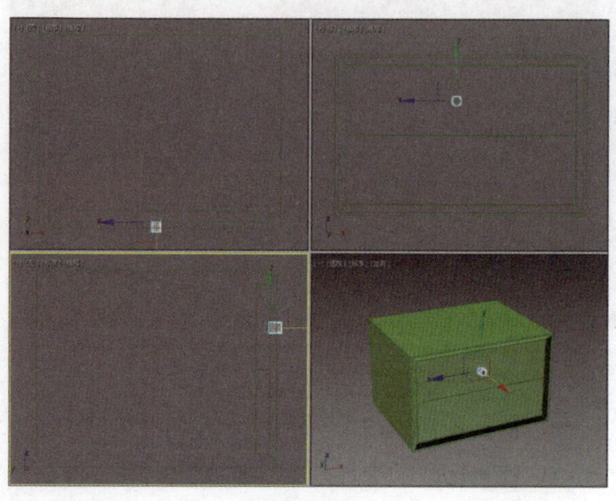

图 4-24

步骤 13 将其转换为可编辑多边形，进入“顶点”子层级，选择如图4-25所示的顶点。

步骤 14 激活缩放工具，在前视图中缩放对象，制作出拉手模型，如图4-26所示。

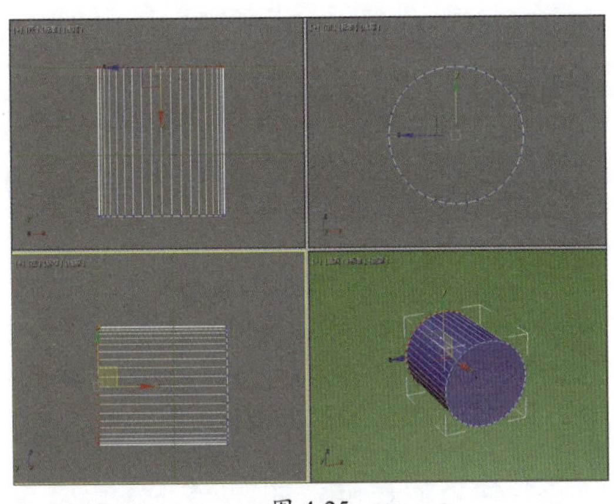

图 4-25

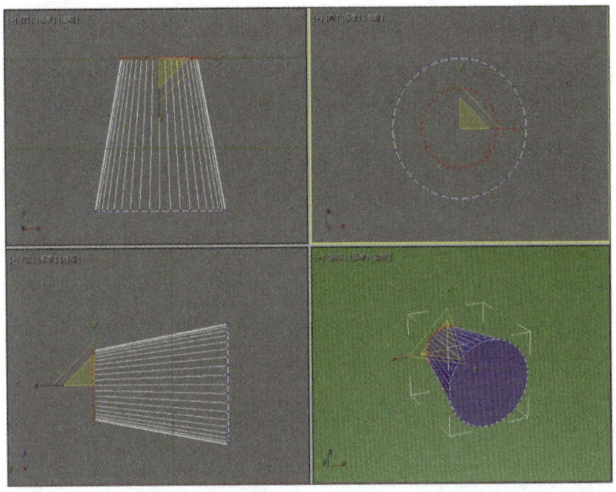

图 4-26

步骤 15 向下复制拉手模型，如图4-27所示。

步骤 16 制作床头柜的柱脚。单击“长方体”按钮，创建一个尺寸为300 mm × 25 mm × 35 mm的长方体，移动到柜体正下方，如图4-28所示。

图 4-27

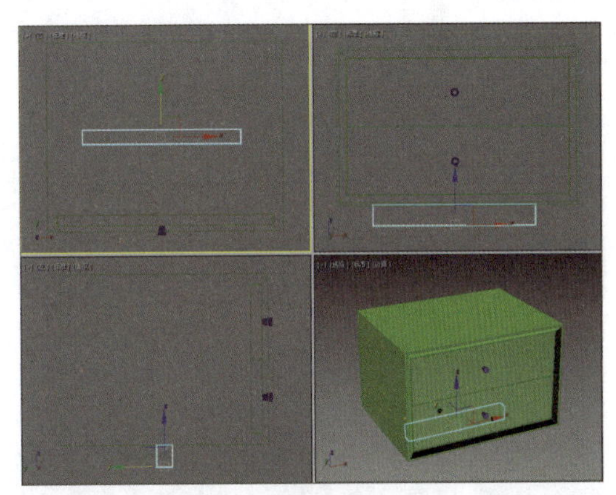

图 4-28

步骤 17 在顶视图中创建一个尺寸为35 mm × 45 mm的矩形，如图4-29所示。

步骤 18 将其转换为可编辑样条线，进入“顶点”子层级，选择右侧的两个顶点，如图4-30所示。

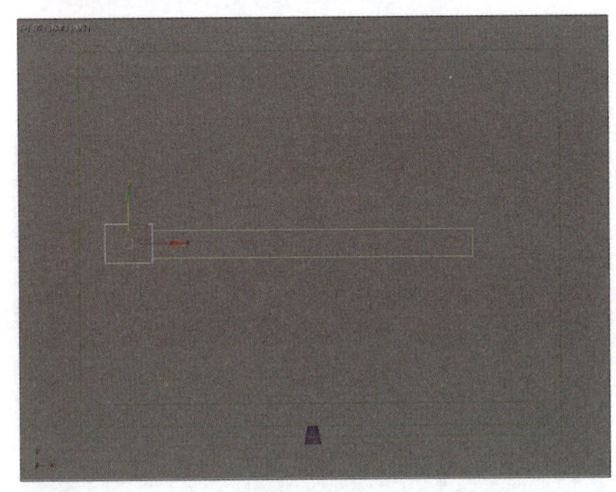

图 4-29

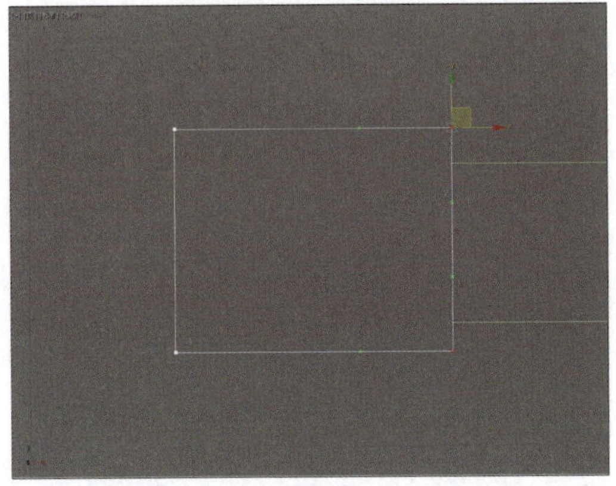

图 4-30

步骤 19 在“几何体”卷展栏中设置“圆角”值为2，按Enter键，为矩形制作圆角，如图4-31所示。

步骤 20 选择左侧的两个顶点，制作出半径为10 mm的圆角，如图4-32所示。

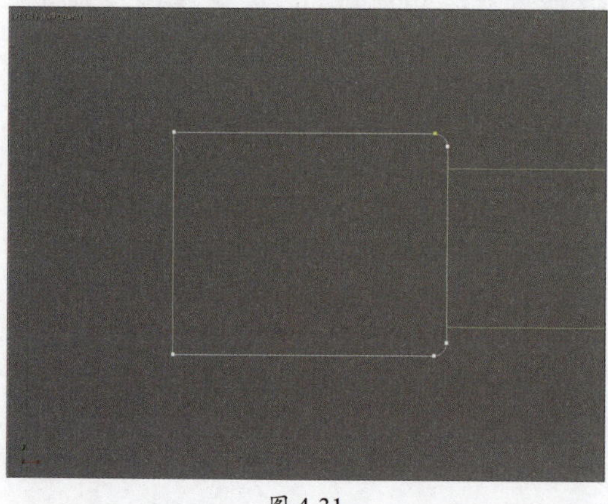

图 4-31

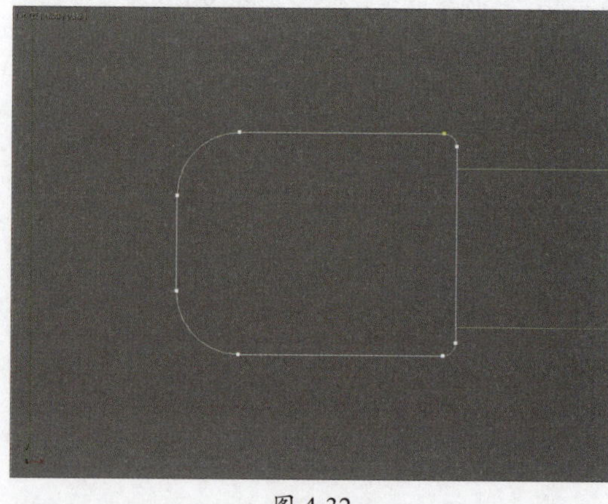

图 4-32

步骤 21 为样条线添加“挤出”修改器，设置挤出值为-285，制作出柱脚造型，如图4-33所示。

步骤 22 将其转换为可编辑多边形，进入“顶点”子层级，在前视图中调整底部内部的顶点，如图4-34所示。

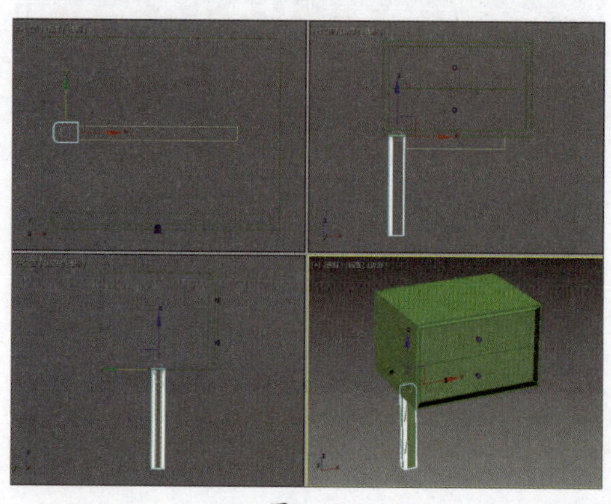

图 4-33

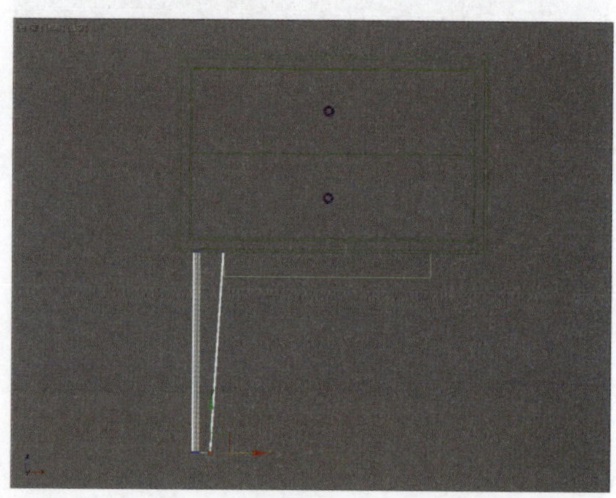

图 4-34

步骤 23 调整底部顶点，如图4-35所示。

步骤 24 退出修改器堆栈，调整柱脚位置，单击“镜像”按钮，镜像复制柱脚模型，如图4-36所示。

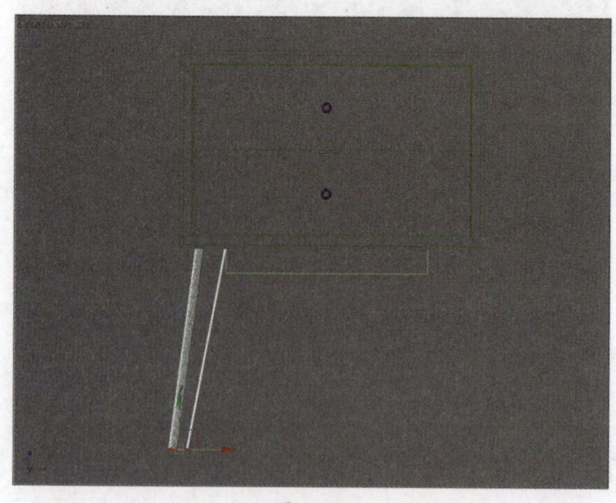

图 4-35

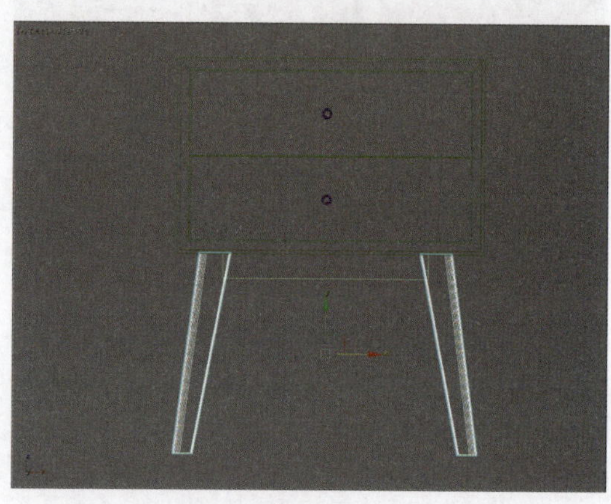

图 4-36

步骤 25 选择柱脚和长方体，切换到顶视图，右击“旋转工具”按钮，设置Z轴旋转35°，如图4-37所示。

步骤 26 单击“镜像”按钮，镜像复制柱脚和长方体，至此完成床头柜模型的创建，如图4-38所示。

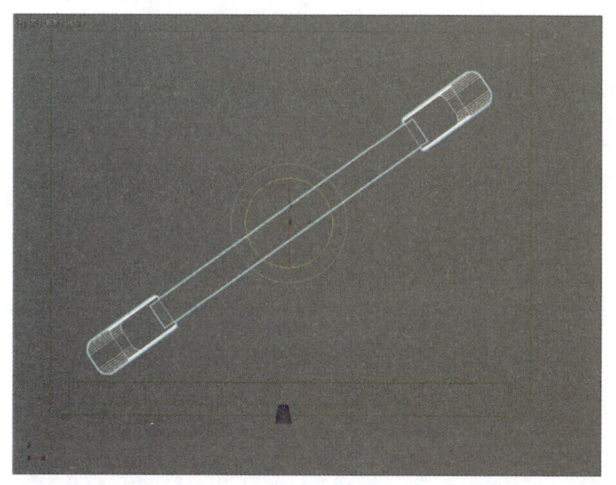

图 4-37

图 4-38

课堂练习 制作轻奢茶几模型

下面通过多边形建模功能制作一个轻奢风格的茶几模型，具体操作步骤介绍如下。

步骤 01 单击“圆柱体”按钮，创建一个圆柱体作为茶几台面，在“参数”卷展栏中调整半径、高度等参数，如图4-39、图4-40所示。

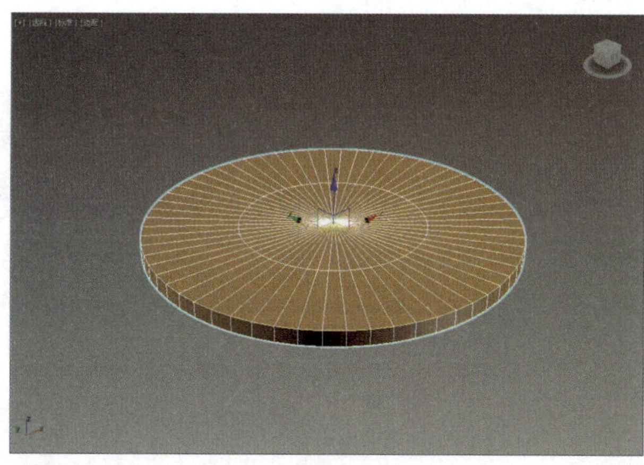

图 4-39

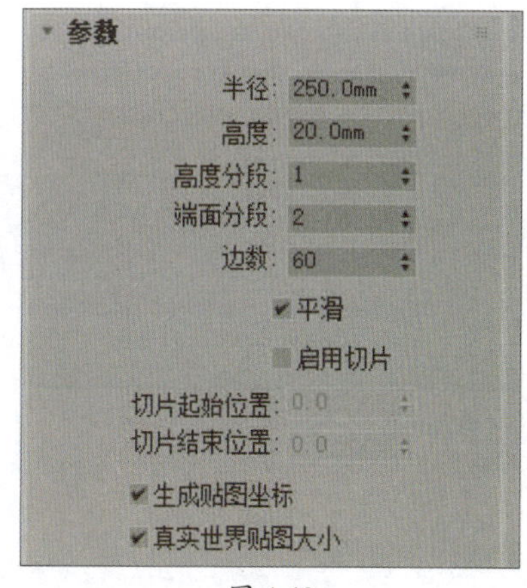

图 4-40

步骤 02 右击并在弹出的快捷菜单中选择“转换为”|“转换为可编辑多边形”命令，将对象转换为多边形，进入“顶点”子层级，选中“忽略背面”复选框，如图4-41所示。

步骤 03 激活“选择”工具，框选底部内圈的面，如图4-42所示。

步骤 04 激活“缩放”工具，在顶视图中收缩顶点，如图4-43所示。

步骤 05 切换到底视图，激活“选择”工具，选择如图4-44所示的顶点。

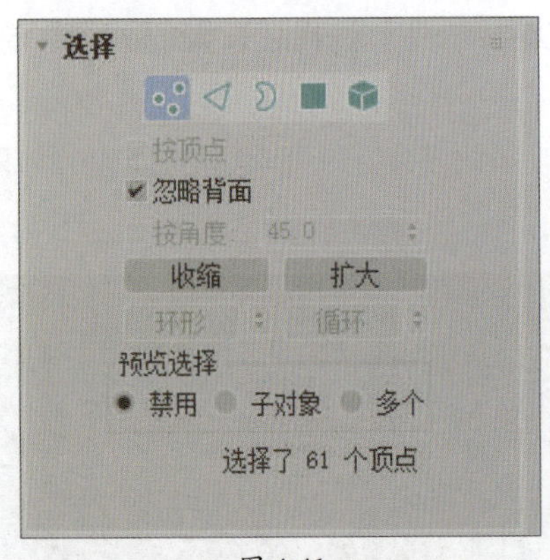

图 4-41

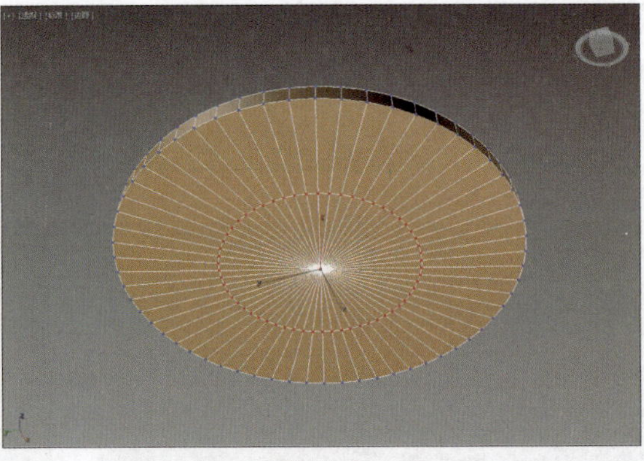

图 4-42

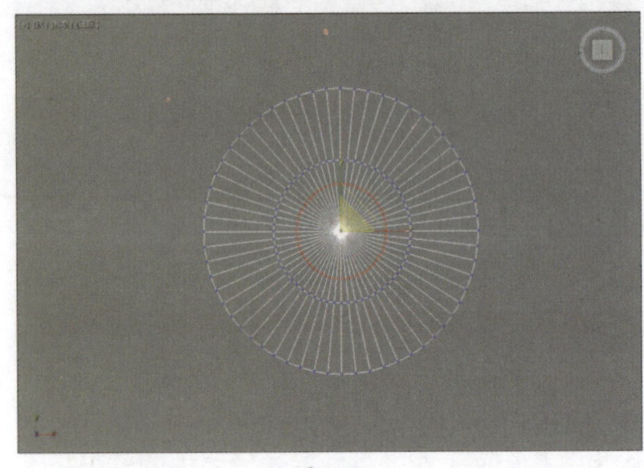

图 4-43

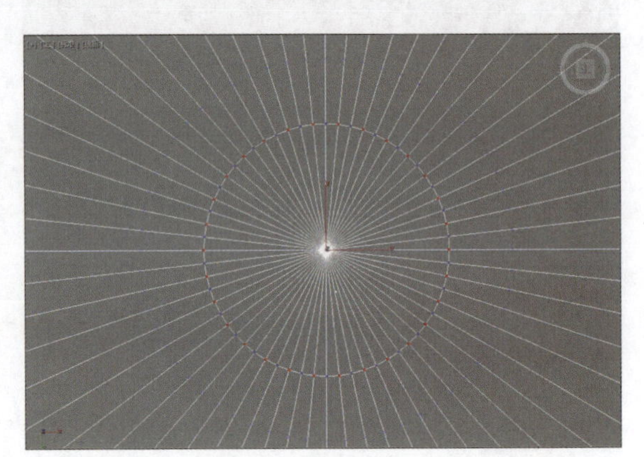

图 4-44

步骤 06 激活“缩放”工具，在底视图中缩放顶点，如图4-45所示。

步骤 07 进入“多边形”子层级，激活“选择”工具，选择底层内部的面，如图4-46所示。

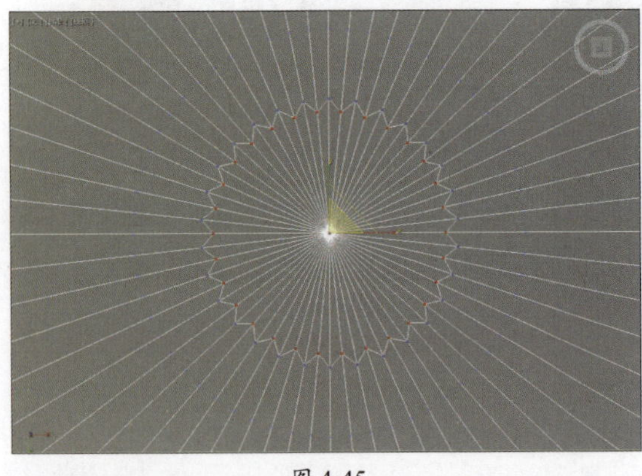

图 4-45

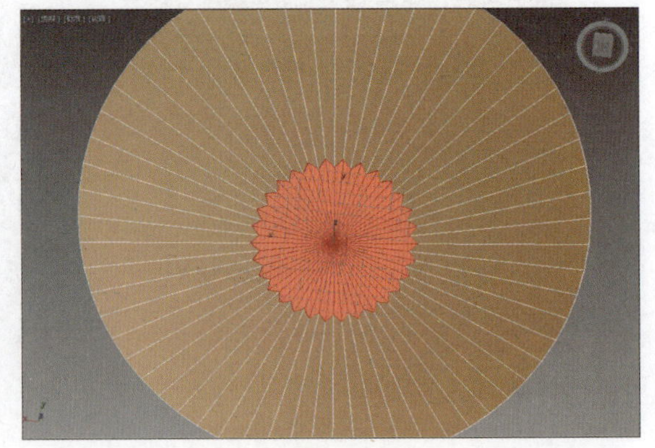

图 4-46

步骤 08 在“编辑几何体”卷展栏中单击“挤出”按钮，设置挤出高度为350 mm，制作出茶几立柱，如图4-47所示。单击“确定”按钮关闭设置栏。

步骤 09 激活“缩放”工具，缩放立柱底部的面，如图4-48所示。

步骤 10 进入“边”子层级，双击选择茶几台面底部的一圈边线，如图4-49所示。

步骤 11 单击“编辑边”卷展栏中的“切角”按钮，设置“边切角量”和“连接边分段”参数，如图4-50所示。

图 4-47

图 4-48

图 4-49

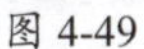

图 4-50

步骤 12 进入“多边形”子层级，选择台面上的面，如图4-51所示。

步骤 13 在“编辑多边形”卷展栏中单击“插入”按钮，设置插入数量为2，如图4-52所示。

图 4-51

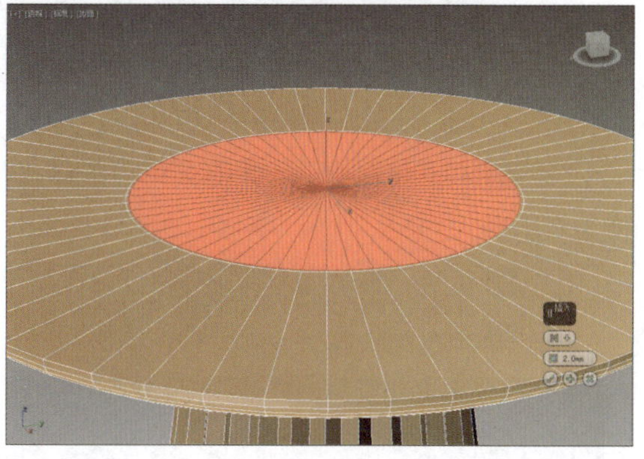

图 4-52

步骤 14 选择桌面上如图4-53所示的一圈面。

步骤 15 单击“挤出”按钮，设置挤出高度为-10，单击“确定”按钮关闭设置面板即可完成茶几模型的制作，如图4-54所示。

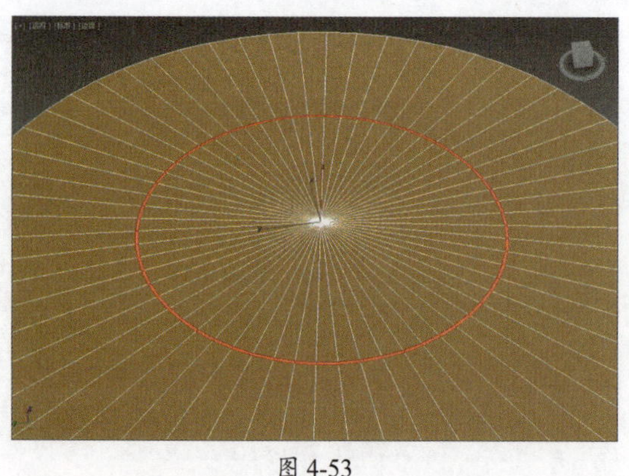
图 4-53

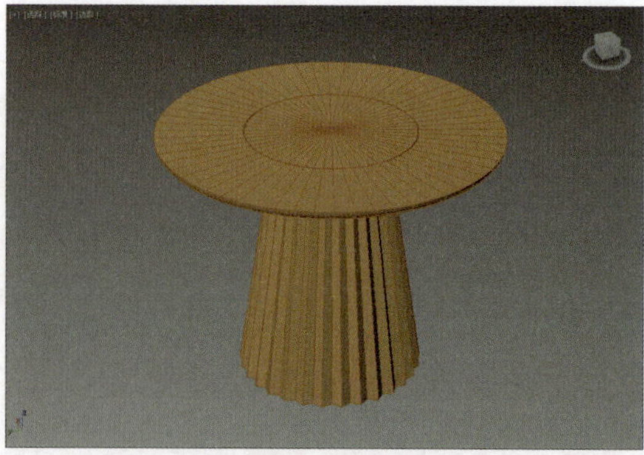
图 4-54

课堂练习 制作艺术吊灯模型

本案例中将利用多边形编辑功能制作一个北欧风吊灯模型，具体操作步骤介绍如下。

步骤01 单击“圆柱体”按钮，创建一个圆柱体，并在“参数”卷展栏中调整参数，如图4-55、图4-56所示。

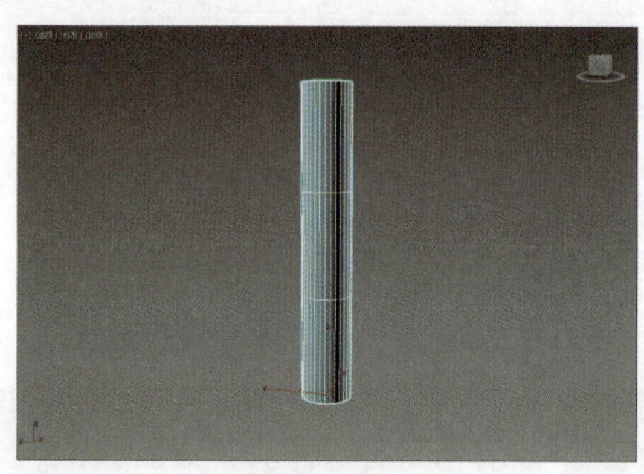
图 4-55

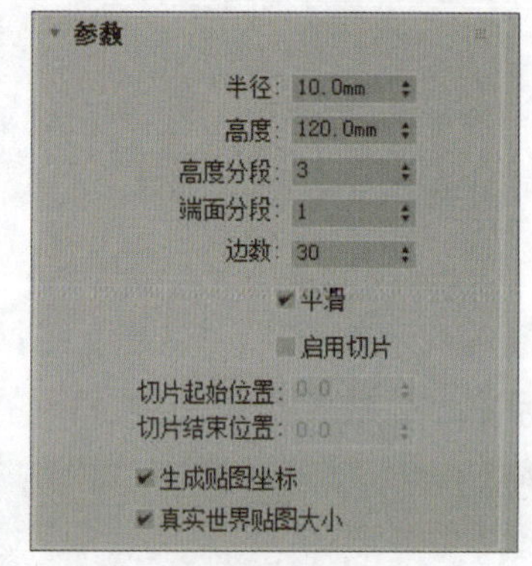

图 4-56

步骤02 右击并在弹出的快捷菜单中选择“转换为”|“转换为可编辑多边形”命令，将对象转换为多边形。

步骤03 激活“移动”工具，进入“顶点”子层级，调整中间的两圈顶点位置，如图4-57所示。

步骤04 进入“多边形”子层级，选择如图4-58所示的一圈面。

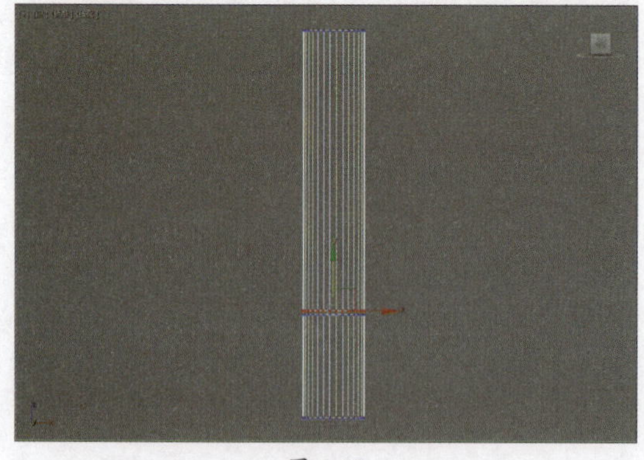
图 4-57

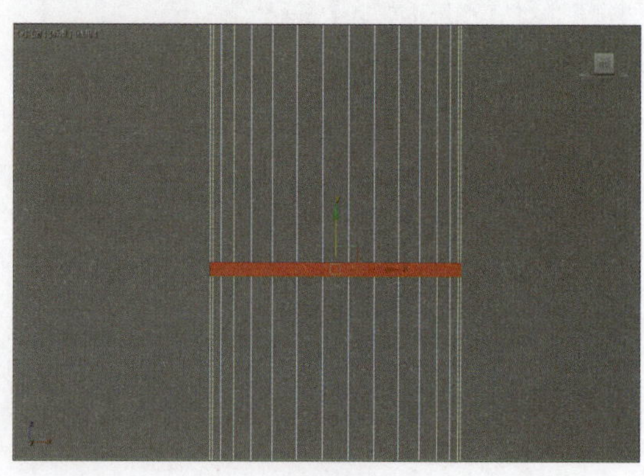
图 4-58

步骤 05 在“编辑多边形”卷展栏中单击“挤出”按钮，选择“局部法线”基础方式，调整挤出高度为-2，如图4-59所示。

步骤 06 进入“边”子层级，选择如图4-60所示的边线。

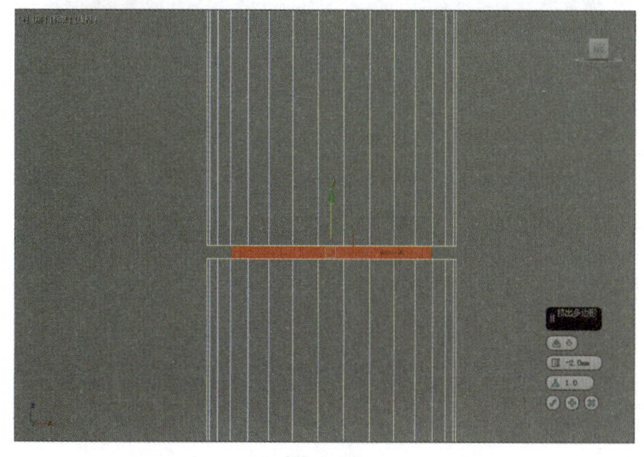

图 4-59

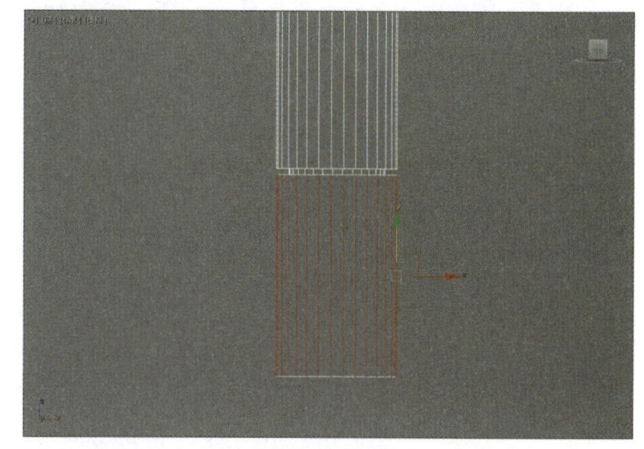

图 4-60

步骤 07 单击“连接”按钮，设置连接边数为10，如图4-61所示。

步骤 08 进入“顶点”子层级，选择底部的一圈顶点，如图4-62所示。

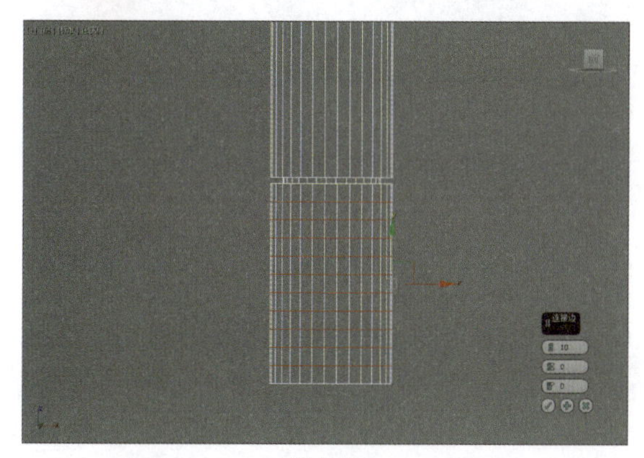

图 4-61

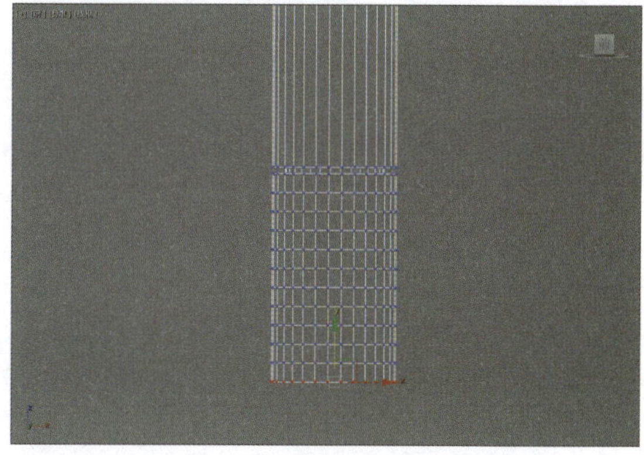

图 4-62

步骤 09 在“软选择”卷展栏中选中“使用软选择”复选框，设置“衰减”参数为40，如图4-63所示。

步骤 10 激活“缩放”工具，在顶视图中缩放顶点，如图4-64所示。

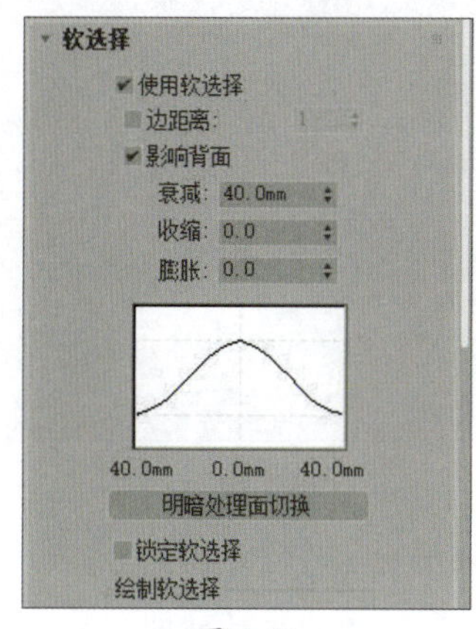

图 4-63

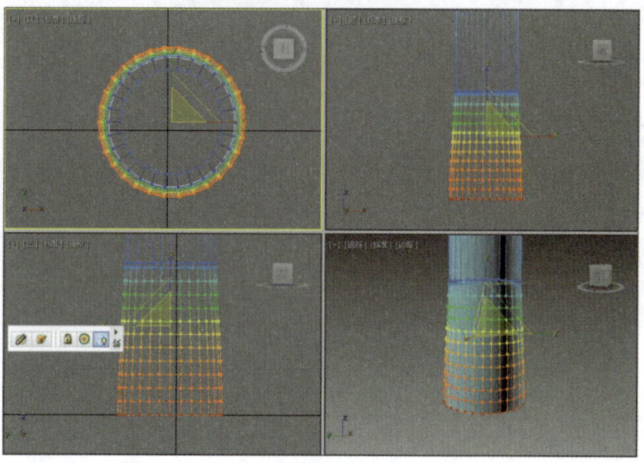

图 4-64

步骤 11 设置“衰减”参数为30，再次在顶视图中缩放顶点，如图4-65所示。

步骤 12 分别设置“衰减”参数为20和10，再次在顶视图中缩放顶点，如图4-66所示。

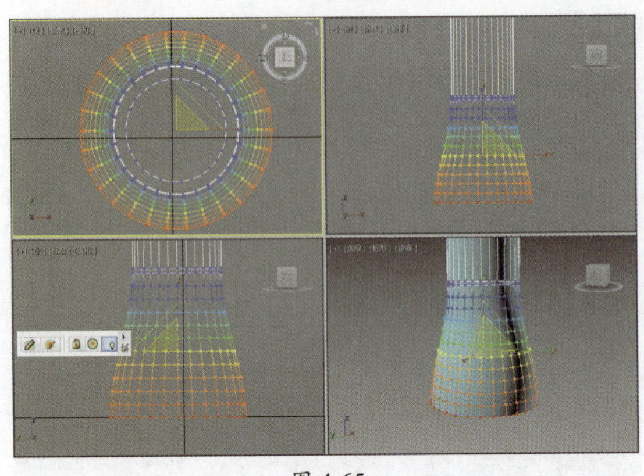

图 4-65

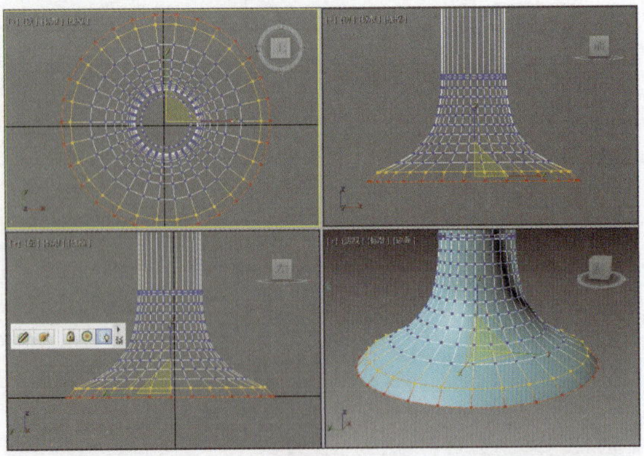

图 4-66

步骤 13 取消选中“使用软选择”复选框，再缩放顶点，如图4-67所示。

步骤 14 进入“多边形”子层级，选择底部的面，如图4-68所示。

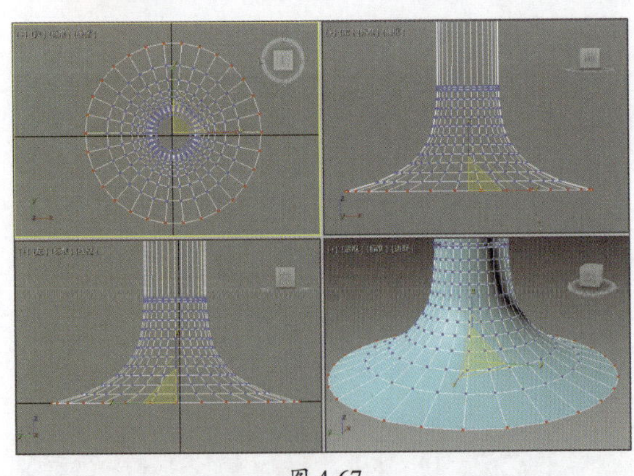

图 4-67

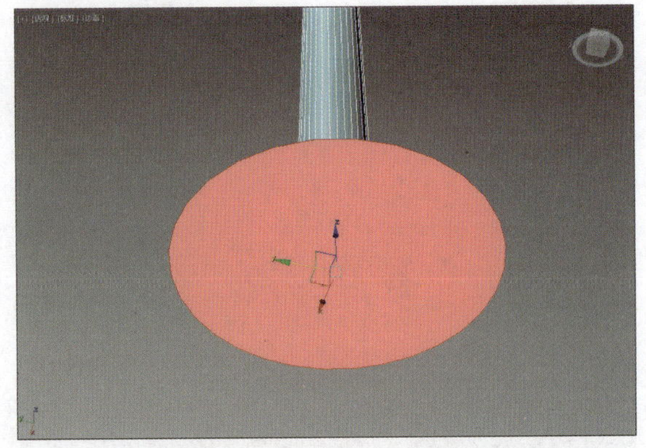

图 4-68

步骤 15 单击“插入”按钮，设置“插入”数量为0.6，如图4-69所示。

步骤 16 选择外圈的面，如图4-70所示。

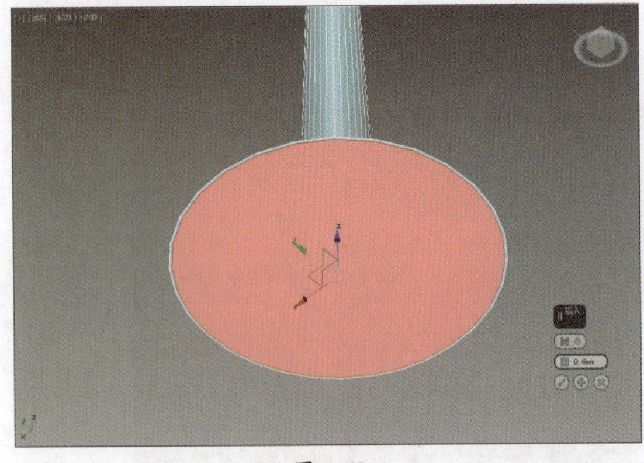

图 4-69

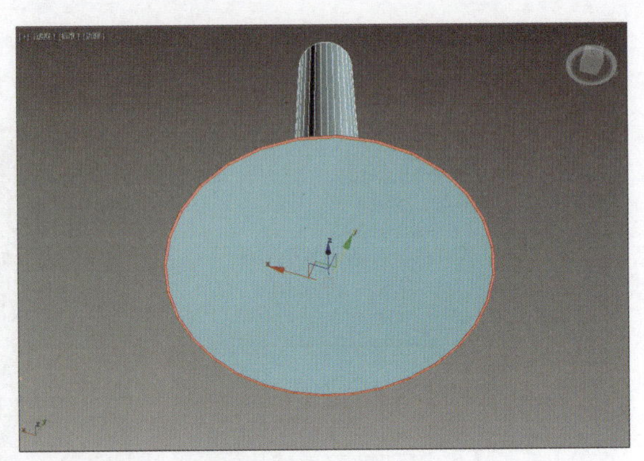

图 4-70

步骤 17 单击“挤出”按钮，设置挤出高度为150 mm，如图4-71所示。

步骤 18 进入“顶点”子层级，选择底部的两圈顶点，在顶视图中进行缩放处理，如图4-72所示。

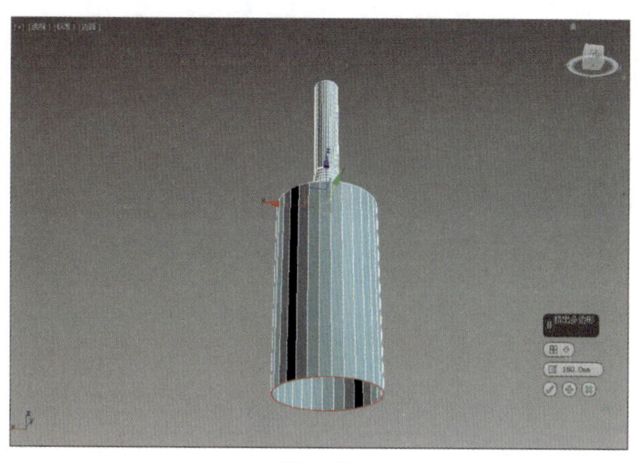

图 4-71

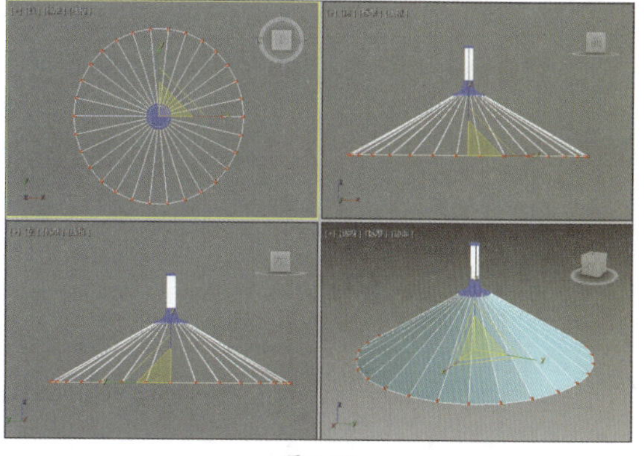

图 4-72

步骤19 进入“边”子层级，选择伞部的边线，单击“连接”按钮，设置连接数量为6，如图4-73所示。

步骤20 进入“顶点”子层级，在前视图中选择一层顶点调整位置，然后在顶视图中进行缩放，调整出如图4-74所示的灯具造型。

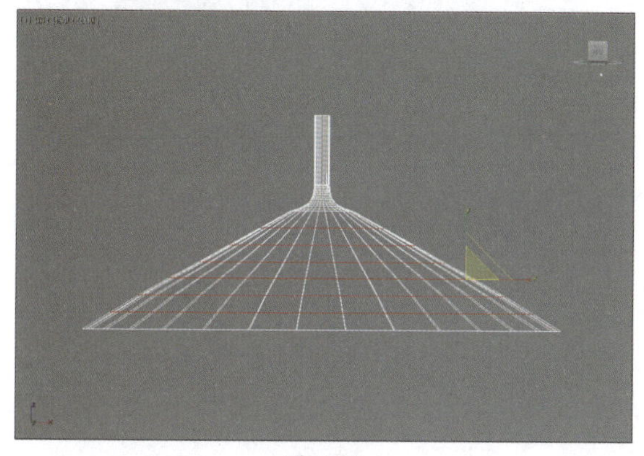

图 4-73

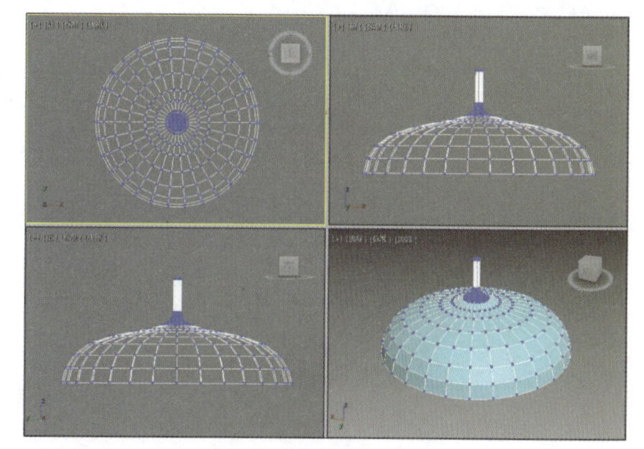

图 4-74

步骤21 进入“边”子层级，选择顶部的一圈边线，如图4-75所示。

步骤22 单击“切角”按钮，设置切角量为3、分段数为5，如图4-76所示。

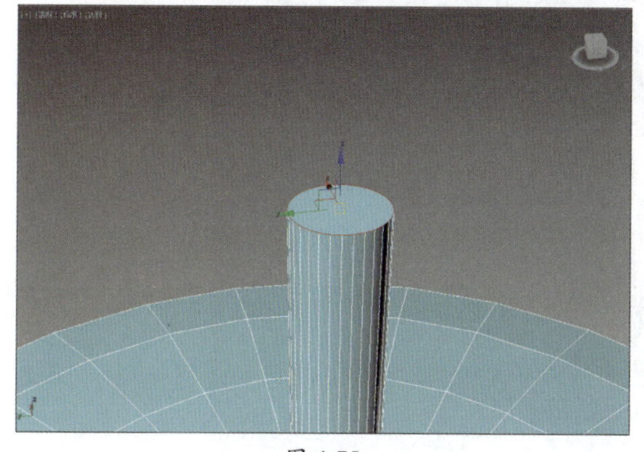

图 4-75

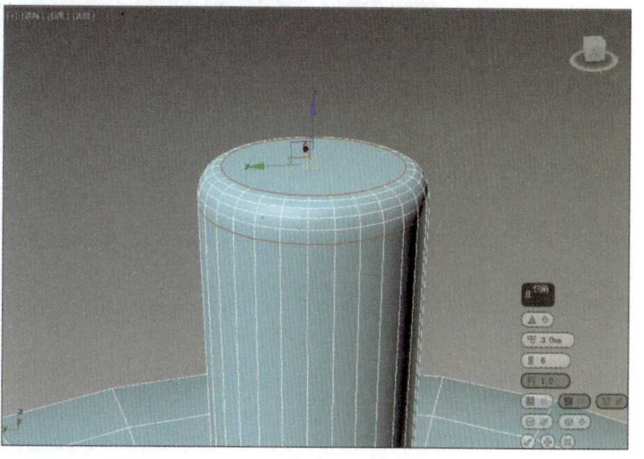

图 4-76

步骤23 进入“多边形”子层级，选择顶部的面，如图4-77所示。

步骤24 单击“插入”按钮，设置插入数量为5，如图4-78所示。

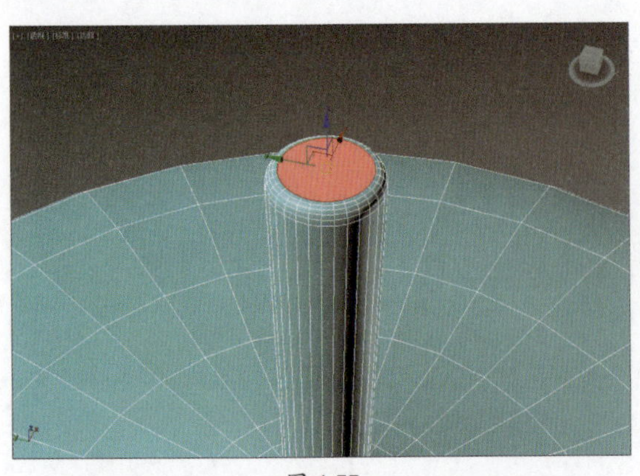

图 4-77

图 4-78

步骤 25 单击“挤出”按钮，设置挤出高度为-2，如图4-79所示。

步骤 26 退出修改堆栈，为模型添加“网格平滑”修改器，在“参数”卷展栏中设置“迭代次数”为2，效果如图4-80所示。

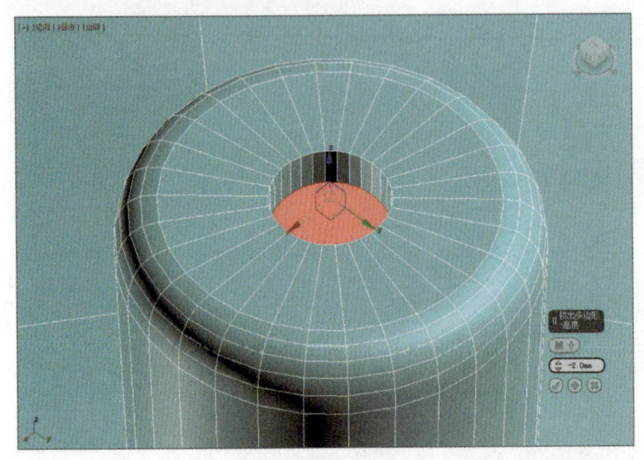

图 4-79

图 4-80

步骤 27 创建一个半径为2 mm、高度为600 mm的圆柱体作为灯线，即可完成吊灯模型的制作，如图4-81所示。

图 4-81

强化训练

1. 项目名称

制作沙发模型

2. 项目分析

沙发是客厅里的必备物品，其造型和色彩多样，是点缀客厅空间的重要元素。根据沙发材质的不同，沙发的外观或方正有型，或圆滑柔和。想要制作沙发模型，多边形编辑功能必不可少，可以制作出任何想要的造型。

3. 项目效果

制作的沙发模型如图4-82、图4-83所示。

图 4-82

图 4-83

4. 操作提示

①创建长方体和切角长方体作为沙发的底座、靠背、扶手。

②利用可编辑多边形制作沙发坐垫模型。

③绘制圆角矩形作为沙发腿，开启样条线渲染模式。

第5章 材质与贴图的应用

内容导读

材质是描述对象如何反射或透射灯光的属性，并模拟真实纹理。通过设置材质可以将三维模型的质地、颜色等效果与现实生活的物体质感相对应，达到逼真的效果。本章主要介绍3ds Max的材质与贴图，其中包括常用材质类型、常用贴图类型的使用方法等。

要点难点

- 了解常用材质类型
- 掌握常用贴图的应用
- 了解灯光类型及灯光基本参数
- 了解阴影类型
- 掌握灯光的应用

5.1 常用材质的类型

3ds Max中提供了很多材质类型，每一种材质都具有相应的功能，可以表现大多数真实世界中的材质。3ds Max内置材质库中默认的有标准材质、多维/子对象材质、混合材质等。此外，在加载了VRay渲染器后，又有多种VRay材质可用，如VRayMtl材质、VRay灯光材质等。本节将对常用的几种材质类型进行介绍。

5.1.1 标准材质

标准材质是默认的通用材质。在现实生活中，对象的外观取决于它的反射光线。在3ds Max中，标准材质主要用于模拟对象表面的反射属性，在不适用贴图的情况下，标准材质为对象提供了单一均匀的表面颜色效果。

1. 明暗器

明暗器主要用于标准材质，可以选择不同的着色类型，以影响材质的显示方式。在“明暗器基本参数”卷展栏中可进行相关设置，如图5-1所示。

图 5-1

下面将对左边下拉列表框中各选项的含义进行介绍。

- **各向异性：** 可以产生带有非圆、具有方向的高光曲面，适用于制作头发、玻璃或金属等材质。
- **Blinn：** 与Phong明暗器具有相同的功能，但它在数学上更精确，是标准材质的默认明暗器。
- **金属：** 可以产生有光泽的金属效果。
- **多层：** 通过层级两个各向异性高光，创建比各向异性更复杂的高光效果。
- **Phong：** 与Blinn类似，能产生带有发光效果的平滑曲面，但不处理高光。
- **半透明：** 类似于Blinn明暗器，还可以用于指定半透明度，光线将在穿过材质时散射，可以使用半透明来模拟被霜覆盖的和被侵蚀的玻璃。

2. 基本参数

在真实世界中，对象的表面通常反射许多颜色，标准材质也使用4色模型来模拟这种现象，主要包括环境光、漫反射、高光反射和过滤颜色。在“基本参数”卷展栏中可以设置这些参数，如图5-2所示。下面将对各主要选项的含义进行介绍。

- **环境光：** 环境光颜色是对象在阴影中的颜色。
- **漫反射：** 漫反射颜色是对象在直接光照条件下的颜色。
- **高光反射：** 高光反射颜色是发亮部分的颜色。
- **过滤：** 过滤颜色是光线透过对象所透射的颜色。

3. 扩展参数

在“扩展参数”卷展栏中提供了透明度和反射相关的参数，通过该卷展栏可以制作更具有真实效果的透明材质，如图5-3所示。

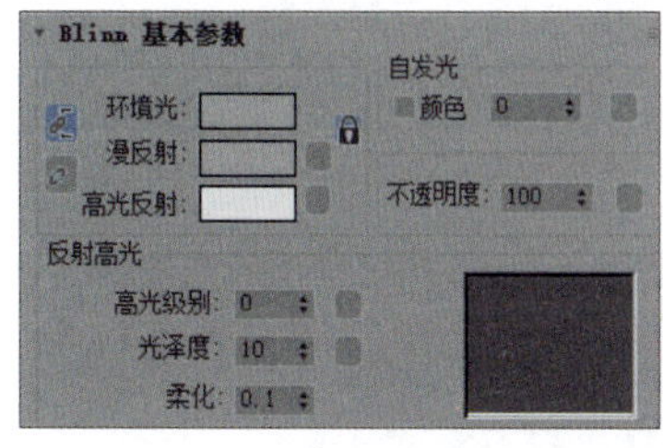

图 5-2

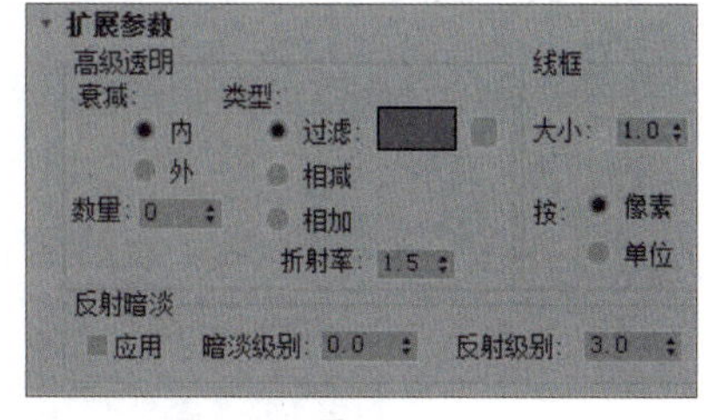

图 5-3

下面将对各选项（组）的含义进行介绍。

- **高级透明：** 该选项组中提供的控件影响透明材质的不透明度衰减等效果。
- **反射暗淡：** 该选项组提供的参数可使阴影中的反射贴图显得暗淡。
- **线框：** 该选项组中的参数用于控制线框的单位和大小。

4. 贴图通道

在“贴图”卷展栏中，可以访问材质的各个组件，部分组件还能使用贴图代替原有的颜色。

5.1.2 多维/子对象材质

“多维/子对象”材质是将多个材质组合到一个材质当中，将物体设置不同的ID后，使材质根据对应的ID号赋予到指定物体区域。“多维/子对象”材质常被用于包含许多贴图的复杂物体。在使用“多维/子对象”材质后，参数卷展栏如图5-4所示。

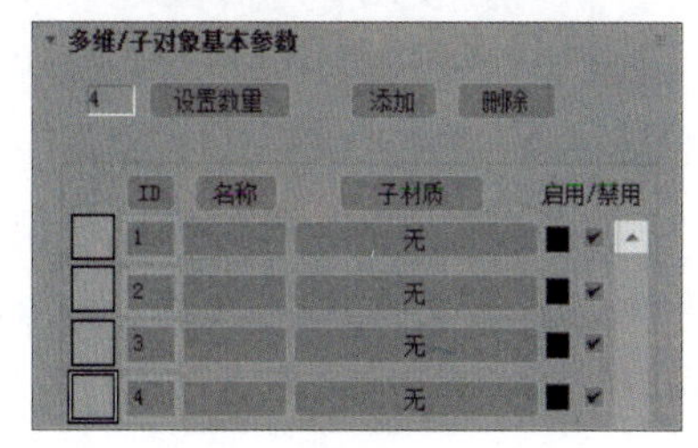

图 5-4

下面将对各主要选项的含义进行介绍。

- **设置数量：**用于设置子材质的参数。单击该按钮，即可打开“设置材质数量”对话框，从中可以设置材质数量。
- **添加：**单击该按钮，在子材质下方将默认添加一个标准材质。
- **删除：**单击该按钮，将从下向上逐一删除子材质。

5.1.3 混合材质

混合材质是指在曲面的单个面上将两种材质进行混合。可以通过设置“混合量”参数来控制材质的混合程度，它能够实现两种材质的无缝混合，常用于制作诸如花纹玻璃、烫金布料等材质表现。

如果该对象是可编辑网格，可以拖放材质到面的不同的选中部分，并随时构建一个多维/子对象材质。

将两种材质以百分比的形式混合在曲面的单个面上，通过不同的融合度，控制两种材质表现出的强度。另外，还可以指定一张图作为融合的蒙版，利用它本身的明暗度来决定两种材质融合的程度，设置混合发生的位置和效果。混合材质的参数面板如图5-5所示。

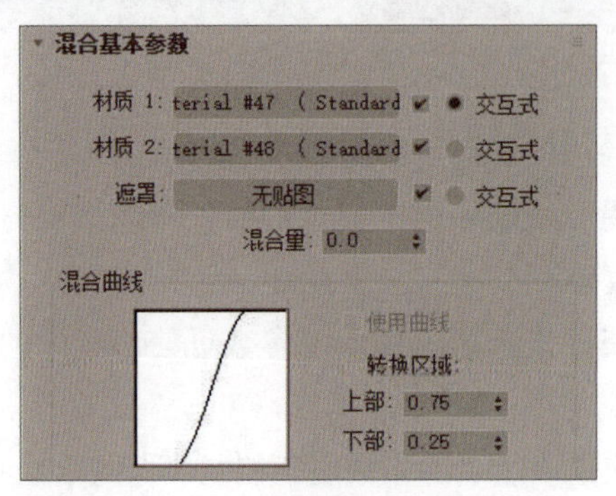

图 5-5

下面介绍该面板中常用选项的含义。

- **材质1/材质2：**设置两个用以混合的材质。通过单击按钮来选择相应的材质，通过复选框来启用或禁用材质。
- **遮罩：**该通道用于导入使两个材质进行混合的遮罩贴图，两个材质之间的混合度取决于遮罩贴图的强度。
- **混合量：**决定两种材质混合的百分比。对无遮罩贴图的两个贴图进行融合时，依据它来调节混合程度。
- **混合曲线：**控制遮罩贴图中黑白过渡区造成的材质融合的尖锐或柔和程度，专用于使用了Mask遮罩贴图的融合材质。
- **使用曲线：**确定是否使用混合曲线来影响融合效果。只有指定并激活遮罩，该空间才可用。
- **转换区域：**分别调节上部和下部数值来控制混合曲线。两个值相近时会产生清晰尖锐的融合边缘；两个值差距很大时会产生柔和与模糊的融合边缘。

5.1.4 VRayMtl材质

VRay渲染器提供了一种特殊的材质——VRayMtl。VRayMtl是3ds Max中应用最为广泛的材质类型，其功能非常强大，可以模拟超级真实的反射、折射及纹理效果，质感细腻真实，是其他材质难以达到的。VRayMtl的材质参数面板中包括“基本参数”“双向反射分布函数”“选项”“贴图”4个卷展栏。本节将详细介绍主要卷展栏中参数的含义。

1. 基本参数

学习笔记

“基本参数”卷展栏主要用于设置材质的基本属性，如漫反射、反射、折射、半透明、自发光等，如图5-6所示。其中参数及选项的含义说明如下。

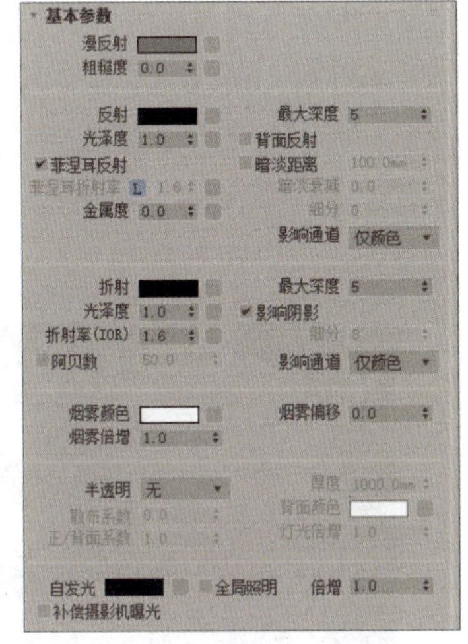
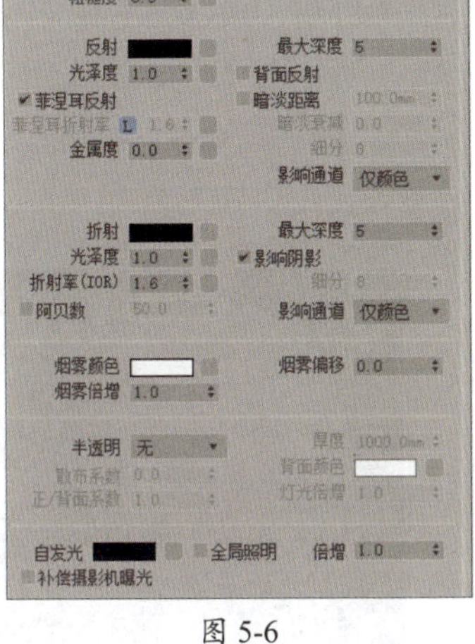

图 5-6

- **漫反射：** 是物体的固有色。它可以是某种颜色，也可以是某张贴图，贴图优先。
- **粗糙度：** 数值越大，粗糙效果越明显。可以用来模拟绒布的效果。
- **反射：** 可以用颜色控制反射，也可以用贴图控制反射。但都基于黑灰白，黑色代表没有反射，白色代表完全反射，灰色代表不同程度的反射。如图5-7、图5-8所示，这是两种不同反射程度的材质球效果。

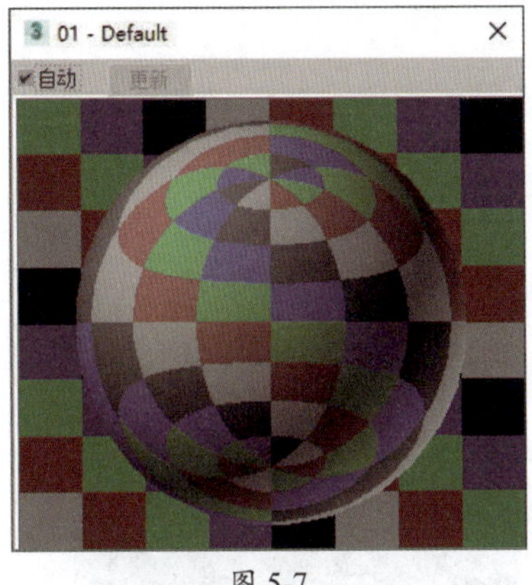

图 5-7

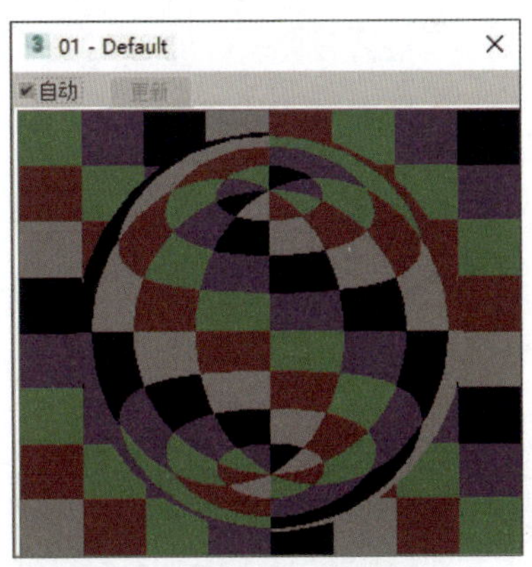

图 5-8

- **光泽度：** 物体高光和发射的亮度与模糊。数值越高，高光越明显，反射越清晰。
- **菲涅耳反射：** 选中该选项后可增强反射物体的细节变化。

- **菲涅耳反射率：**当值为0时，菲涅耳效果失效；当值为1时，材质完全失去反射属性。
- **金属度：**控制材质的反射计算模型，从绝缘体到金属。
- **最大深度：**就是反射次数。值为1时，反射1次；值为2时，反射2次；以此类推。反射次数越多，细节越丰富，但一般而言，5次以内就足够了。小的物体细节再多也观察不到，只会增加计算量。
- **背面反射：**选中该选项后可增加背面反射效果。
- **暗淡距离：**该选项用来控制暗淡距离的数值。
- **细分：**提高它的数值，能够有效降低反射时画面出现的噪点。
- **折射：**可以由旁边的色条决定，黑色时不透明，白色时全透明；也可以由贴图决定，贴图优先。如图5-9、图5-10所示，这是两种不同折射程度的材质球效果。

学习笔记

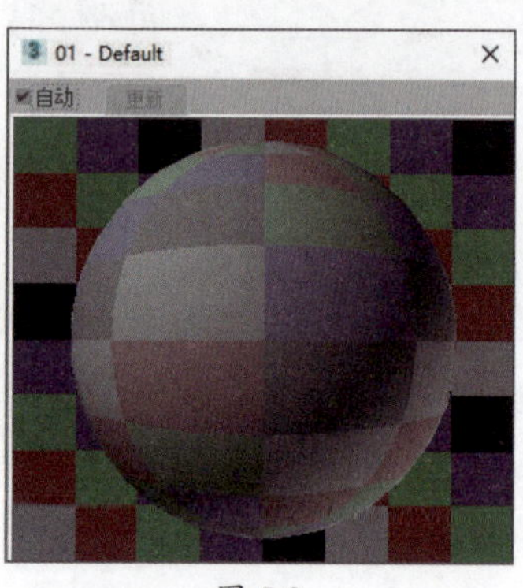

图 5-9

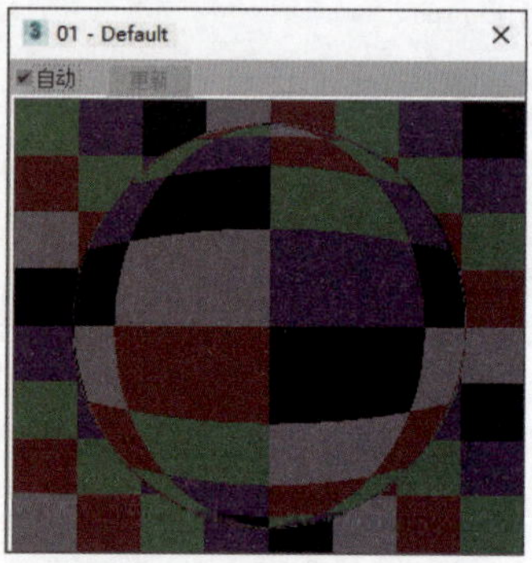

图 5-10

- **光泽度：**用于控制折射表面的光滑程度。数值越高，表面越光滑；数值越低，表面越粗糙。减低“光泽度”的值可以模拟磨砂玻璃效果。
- **折射率（IOR）：**用于设置折射的程度。数值越大，材质效果越色彩斑斓。常见的酒水折射率为1.333，玻璃折射率为1.5~1.77，钻石折射率为2.417。如图5-11、图5-12所示，这是两种不同折射率的材质球效果。

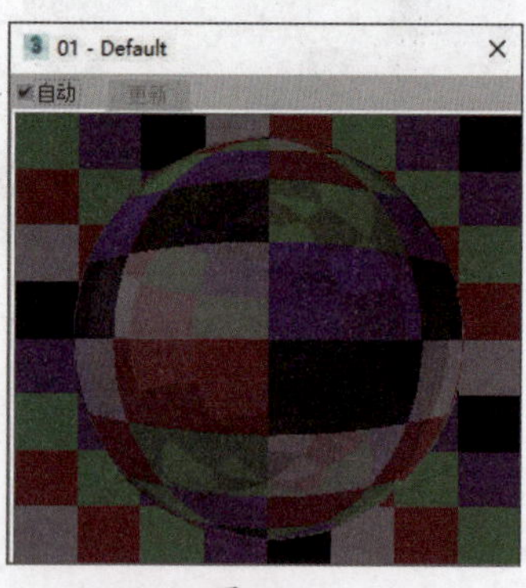

图 5-11

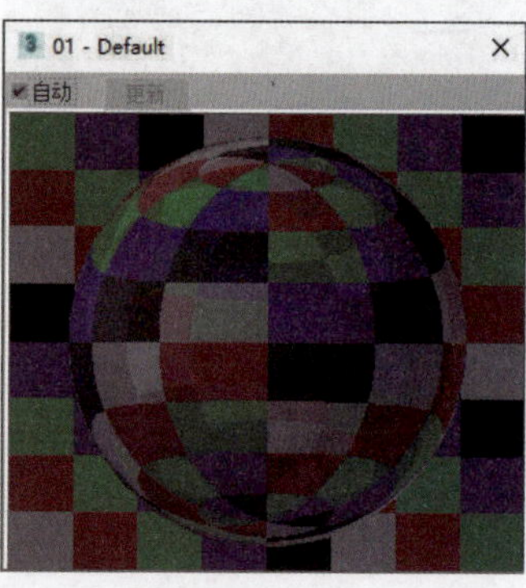

图 5-12

- **阿贝数：** 用于设置色散的程度。
- **最大深度：** 用于设置折射次数。
- **影响阴影：** 选中该选项后阴影会随着烟雾颜色而改变，使透明物体阴影更加真实。
- **细分：** 用于控制折射的精细程度。
- **烟雾颜色：** 用于设置透明玻璃的颜色。非常敏感，改动一点就能产生很大变化。
- **烟雾倍增：** 用于控制“烟雾颜色”的强弱程度。数值越低，颜色越浅。
- **烟雾偏移：** 用来控制雾化偏移程度，一般默认即可。
- **半透明：** 半透明效果的类型有3种，包括硬、软、混合模式。
- **散布系数：** 用于设置物体内部的散射总量。
- **正/背面系数：** 用于控制光线在物体内部的散射方向。
- **厚度：** 用于控制光线在物体内部被追踪的深度，也可以将其理解为光线的最大穿透能力。
- **背面颜色：** 用于控制半透明效果的颜色。
- **灯光倍增：** 用于设置光线穿透能力的倍增值。数值越大，散射效果越强。
- **自发光：** 用于控制自发光的颜色。
- **倍增：** 用于控制自发光的强度。
- **补偿摄影机曝光：** 用于增强摄影机曝光值。

2. 双向反射分布函数

双向反射分布现象在物理世界中到处可见。比如，我们看到不锈钢锅底的高光呈两个锥形，这是因为不锈钢表面是一个有规律的均匀凹槽，也就是常见的拉丝效果，当光照射到这样的表面上就会产生双向反射分布现象。

“双向反射分布函数”卷展栏主要用于控制物体表面的反射特性。当反射里的颜色不为黑色和反射模糊不为1时，这个功能才有效果。其参数面板如图5-13所示。

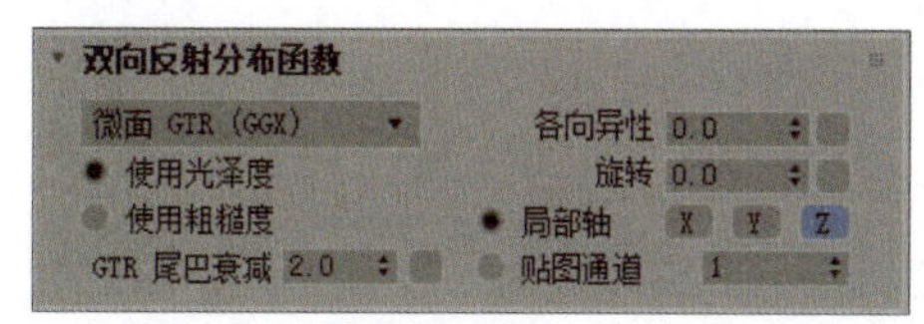

图 5-13

其中参数及选项的含义说明如下。

- **明暗器类型：** 提供了多面、反射、沃德和微面GTR（GGX）四种双向反射分布类型。如图5-14~图5-17所示为四种反射分布类型产生的材质效果。

学习笔记

图 5-14

图 5-15

图 5-16

图 5-17

- **各向异性：** 用于控制高光区域的形状。图5-18、图5-19所示为设置各向异性前后的材质效果。

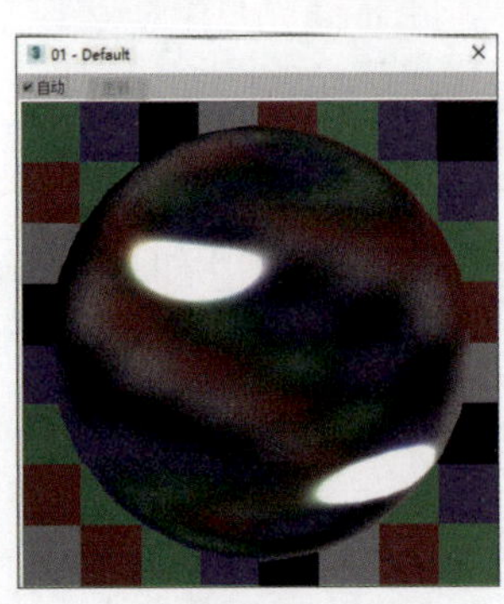

图 5-18

图 5-19

- **旋转：** 控制高光形状的角度。
- **UV矢量源：** 控制高光形状的轴线，也可通过贴图通道来设置。

3. 选项

“选项”卷展栏如图5-20所示。

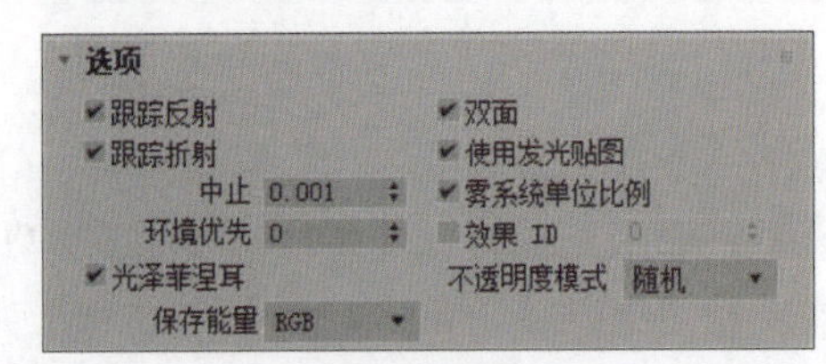

图 5-20

下面介绍相关参数的含义。

- **跟踪反射：** 控制光线是否追踪反射。不选中该项，VRay将不渲染反射效果。
- **跟踪折射：** 控制光线是否追踪折射。不选中该项，VRay将不渲染折射效果。
- **双面：** 控制VRay渲染的面为双面。
- **背面反射：** 选中该项时，强制VRay计算反射物体的背面反射效果。

知识拓展

由于其他部分的参数在做效果图的时候用得不多，因此这里就不多做介绍。如果读者有兴趣，可以参考官方的相关资料。

4. 贴图

“贴图”卷展栏包含每个贴图类型的通道按钮，单击后会打开“材质/贴图浏览器”对话框，其中提供了多种贴图类型，可以应用于不同的贴图方式，如图5-21所示。

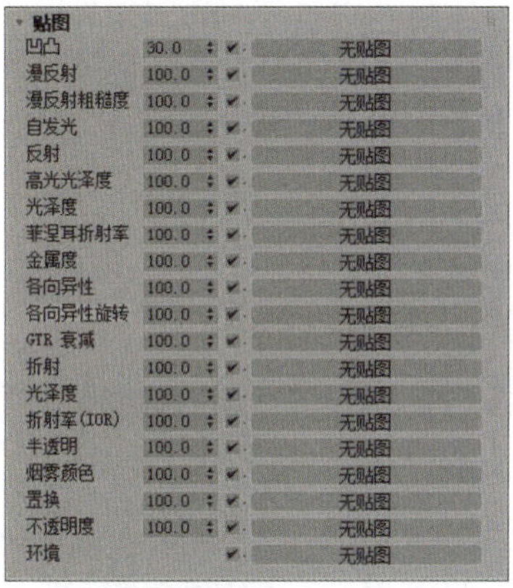

贴图			
凹凸	30.0	✔	无贴图
漫反射	100.0	✔	无贴图
漫反射粗糙度	100.0	✔	无贴图
自发光	100.0	✔	无贴图
反射	100.0	✔	无贴图
高光光泽度	100.0	✔	无贴图
光泽度	100.0	✔	无贴图
菲涅耳折射率	100.0	✔	无贴图
金属度	100.0	✔	无贴图
各向异性	100.0	✔	无贴图
各向异性旋转	100.0	✔	无贴图
GTR 衰减	100.0	✔	无贴图
折射	100.0	✔	无贴图
光泽度	100.0	✔	无贴图
折射率(IOR)	100.0	✔	无贴图
半透明	100.0	✔	无贴图
烟雾颜色	100.0	✔	无贴图
置换	100.0	✔	无贴图
不透明度	100.0	✔	无贴图
环境		✔	无贴图

图 5-21

知识拓展

凹凸贴图通道是一种灰度图，用表面灰度的变化来描述目标表面的凹凸变化。

置换贴图通道是根据贴图图案灰度分布情况对几何表面进行置换，较浅的颜色向内凹进，比较深的颜色向外突出，是一种真正改变物体表面的方式。

下面介绍几个常用选项的含义。

- **凹凸：** 主要用于制作物体的凹凸效果，在后面的通道中可以加载凹凸贴图。
- **置换：** 主要用于制作物体的置换效果，在后面的通道中可以加载凹凸贴图。
- **不透明度：** 主要用于制作透明物体，如窗帘、灯罩等。
- **环境：** 主要针对上面的一些贴图而设定，如反射、折射等，只是在其贴图的效果上加入了环境贴图效果。

知识拓展

每个贴图通道后都有一个数值输入框，该数值有两个功能。

一是用于调整参数强度。比如，“凹凸”通道中加载了贴图，那么该参数值越大，产生的凹凸效果就越强烈。

二是调整通道颜色和贴图的混合比例。比如，“漫反射”通道中既调整了颜色又加载了贴图，如果此时数值为100，就表示只有贴图产生作用；如果数值为50，则两者各作用一半；如果数值为0，则仅体现出颜色效果。

5.1.5 VRay灯光材质

VRay灯光材质是VRay渲染器提供的一种特殊材质，可以通过设置不同的倍增值在场景中产生不同的明暗效果，并且对场景中的物体也产生影响，常用来制作灯带、霓虹灯、屏幕等效果。

VRay灯光材质在渲染的时候要比3ds Max默认的自发光材质快很多，其参数面板如图5-22所示。

该面板中参数及选项的含义说明如下。

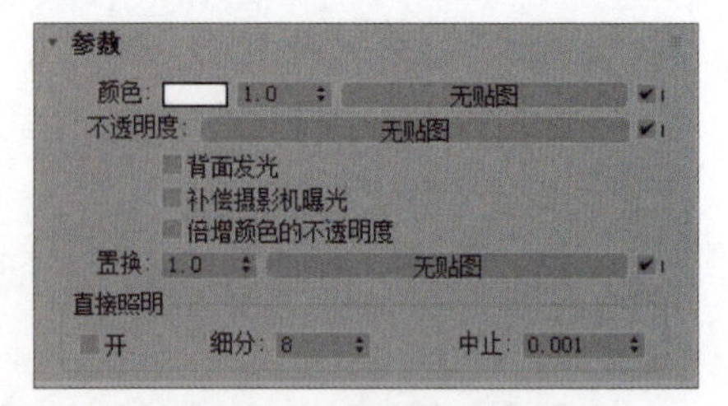

图 5-22

- **颜色：** 主要用于设置自发光材质的颜色，默认为白色。可单击色样打开颜色选择器，从中选择所需的颜色。不同的灯光颜色对周围对象表面的颜色会有不同的影响。
- **倍增：** 控制自发光的强度。数值越大，灯光越亮，反之则越暗。默认值为1.0。
- **不透明度：** 可以给自发光的不透明度指定材质贴图，让材质产生自发光的光源。
- **背面发光：** 设置自发光材质是否两面都产生自发光。
- **补偿摄影机曝光：** 控制相机曝光补偿的数值。
- **倍增颜色的不透明度：** 选中该选项后，将按照控制不透明度与颜色相乘。

知识拓展

通常会使用VRay灯光材质来制作室内的灯带效果，这样可以避免场景中出现过多的VRay灯光，从而提高渲染的速度。

5.1.6 VRay材质包裹器

VRay材质包裹器材质主要用于控制材质的全局光照、焦散和不可见。也就是说，通过VRay材质包裹器可以将标准材质转换为VRay渲染器支持的材质类型。当一个材质在场景中过亮或者色溢太多，就可以嵌套这个材质。其参数面板如图5-23所示。

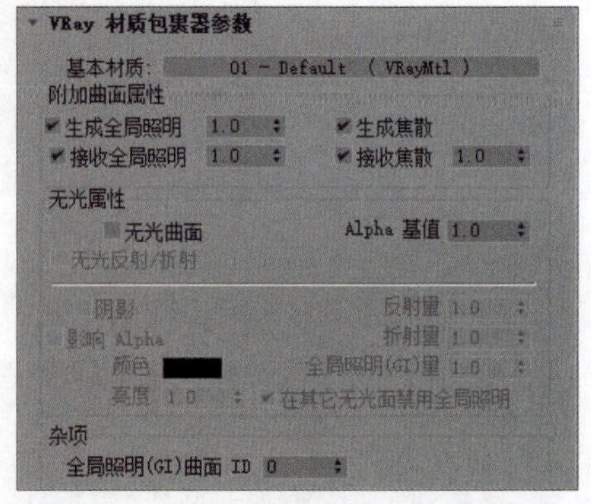

图 5-23

该面板中参数及选项的含义说明如下。

- **基本材质：** 用来设置VRay材质包裹器中使用的基础材质，该材质必须是VRay渲染器支持的材质类型。
- **生成全局照明：** 控制使用此材质的物体产生的照明强度。
- **接收全局照明：** 控制使用此材质的物体接收的照明强度。
- **生成焦散：** 取消选中该项材质才会产生焦散效果。
- **接收焦散：** 取消选中该项材质将接收焦散的效果。
- **无光曲面：** 选中此选项后，在进行直接观察的时候，将显示背景而不会显示基本材质，这样材质看上去类似3ds Max标准的不光滑材质。

- **阴影**：用于控制遮罩物体是否接收直接光照产生的阴影效果。
- **影响Alpha**：设置直接光照是否影响遮罩物体的Alpha通道。
- **颜色**：用于控制被包裹材质的物体接收的阴影颜色。
- **亮度**：用于控制遮罩物体接收阴影的强度。
- **反射量/折射量**：用于控制遮罩物体的反射程度/折射程度。
- **全局照明量**：用于控制遮罩物体接收间接照明的程度。
- **杂项**：用于设置全局照明曲面ID的参数。

课堂练习 制作水晶吊灯材质

本案例将为水晶吊灯模型制作水晶、金属等材质，下面介绍具体操作方法。

步骤01 打开准备好的模型场景，可以看到场景中的水晶吊灯模型，如图5-24所示。

步骤02 制作水晶材质。按M键打开材质编辑器，选择一个未使用的材质球，将其设置为VRayMtl材质，在“基本参数”卷展栏中设置漫反射、反射和折射的颜色等参数，再为菲涅耳折射率通道添加衰减贴图，如图5-25所示。

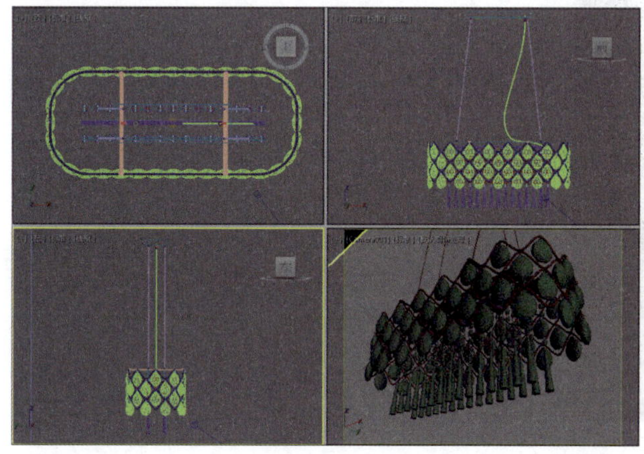

图 5-24

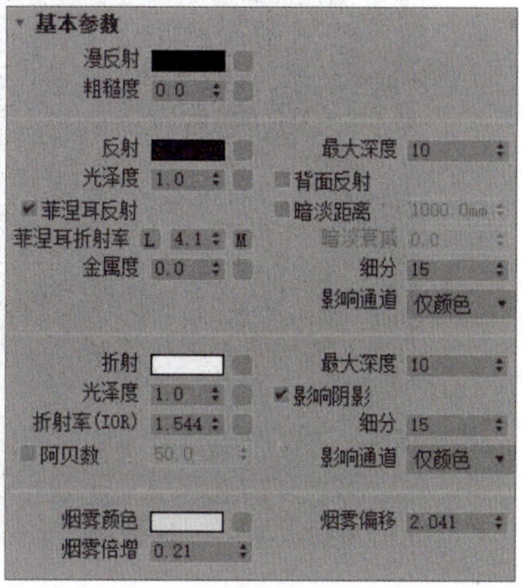

基本参数
漫反射
粗糙度 0.0
反射
光泽度 1.0
菲涅耳反射
菲涅耳折射率 L 4.1 M
金属度 0.0
最大深度 10
背面反射
暗淡距离 1000.0mm
暗淡衰减 0.0
细分 15
影响通道 仅颜色
折射
光泽度 1.0
折射率(IOR) 1.544
阿贝数 50.0
最大深度 10
影响阴影
细分 15
影响通道 仅颜色
烟雾颜色
烟雾倍增 0.21
烟雾偏移 2.041

图 5-25

步骤03 漫反射颜色为纯黑色，折射颜色为纯白色，反射颜色及烟雾颜色设置如图5-26、图5-27所示。

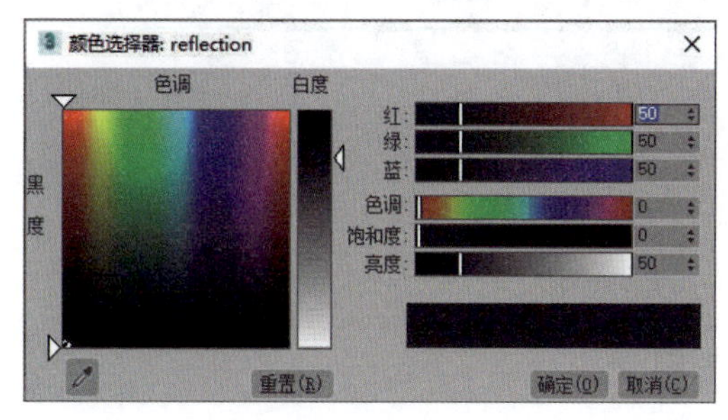

图 5-26

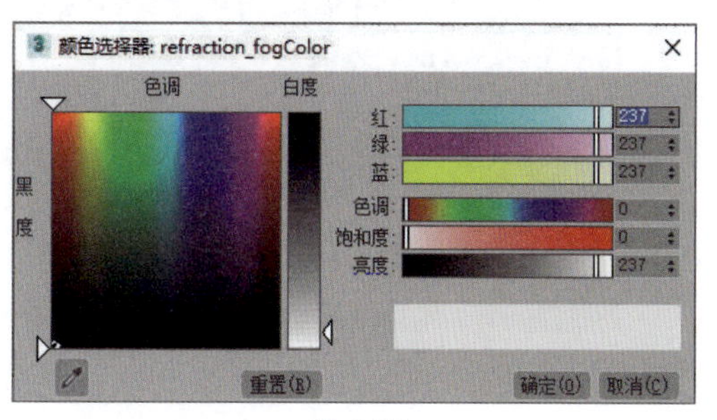

图 5-27

步骤 04 进入衰减贴图设置面板，在“混合曲线”卷展栏中调整曲线，如图5-28所示。

步骤 05 转到父对象，在“双向反射分布函数”卷展栏中设置分布类型为“多面”，如图5-29所示。

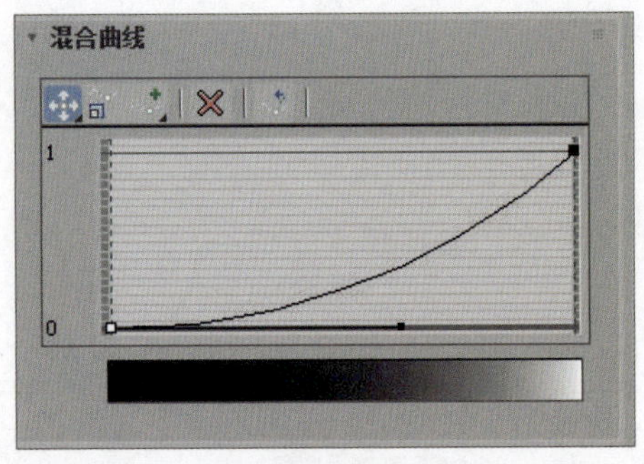

图 5-28

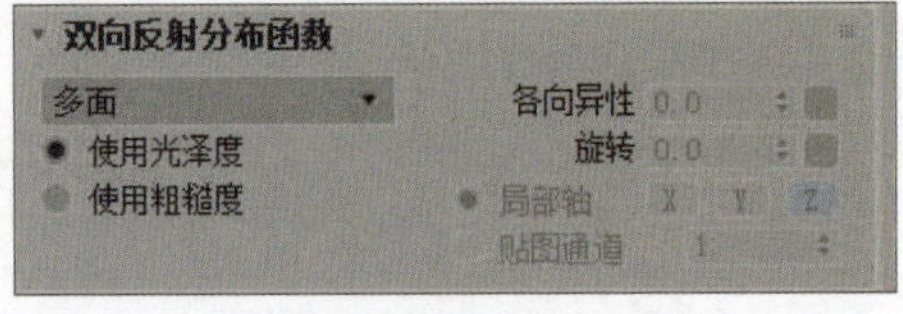

图 5-29

步骤 06 设置好的水晶材质球效果如图5-30所示。

步骤 07 制作金属材质。选择一个未使用的材质球，将其设置为VRayMtl材质，在“基本参数”卷展栏中分别为漫反射通道和反射通道添加VRay颜色贴图，再设置其他反射参数，如图5-31所示。

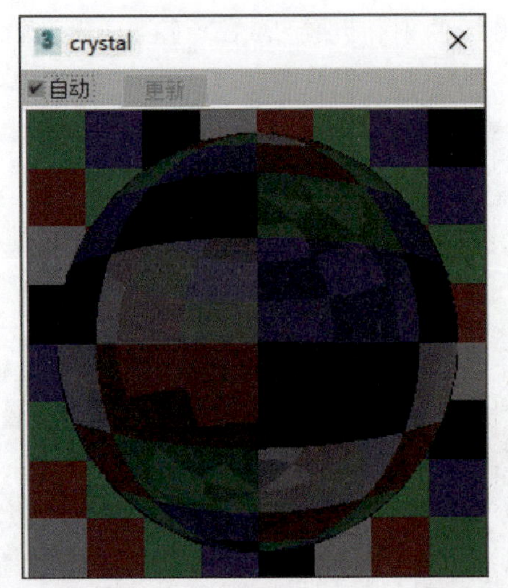

图 5-30

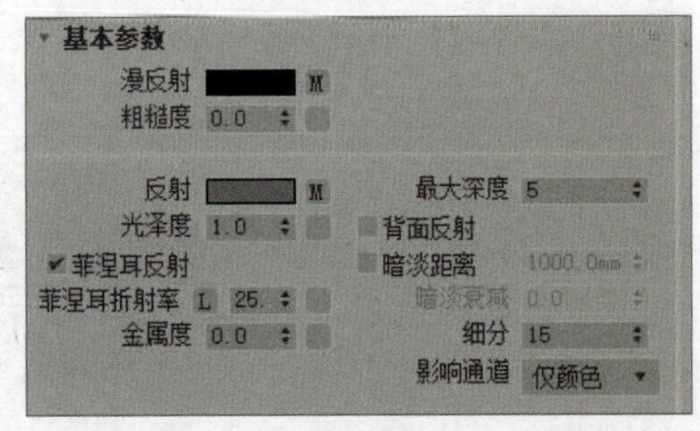

图 5-31

步骤 08 漫反射通道与反射通道的VRay颜色贴图参数设置分别如图5-32、图5-33所示。

VRay 颜色参数	
颜色模式	颜色
温度	6500.0
红	0.255
绿	0.089
蓝	0.015
RGB 倍增	1.0
Alpha	1.0
颜色	
颜色伽玛	1.0

图 5-32

VRay 颜色参数	
颜色模式	颜色
温度	6500.0
红	0.82
绿	0.584
蓝	0.275
RGB 倍增	1.0
Alpha	1.0
颜色	
颜色伽玛	1.0

图 5-33

步骤 09 设置好的金属材质球效果如图5-34所示。

步骤 10 将制作好的材质球分别指定给吊灯模型，再渲染场景，效果如图5-35所示。

图 5-34

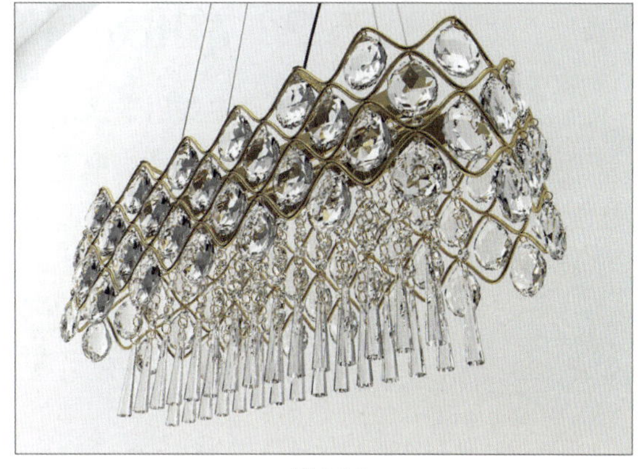
图 5-35

课堂练习 制作自发光材质

本案例将为卫生间指示牌制作自发光效果，下面介绍具体操作方法。

步骤01 打开准备好的模型场景，如图5-36所示。

步骤02 渲染摄影机视口，当前效果如图5-37所示。

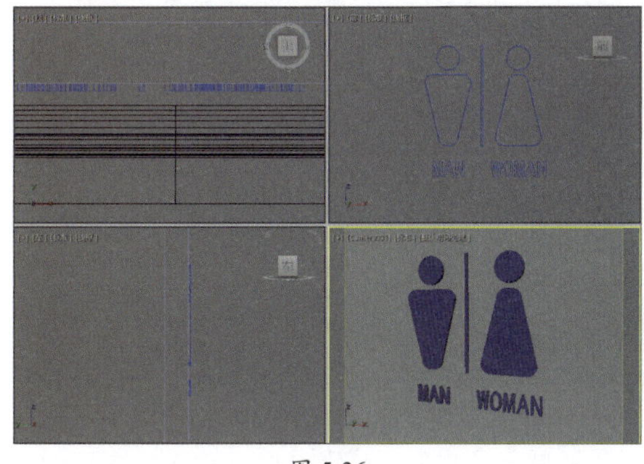

图 5-36

图 5-37

步骤03 按M键打开材质编辑器，选择一个未使用的材质球，将其设置为VRay灯光材质，在“参数”卷展栏中汇总设置颜色强度，如图5-38所示。

步骤04 将制作好的材质球指定给指示牌的边框模型，再渲染摄影机视口，效果如图5-39所示。

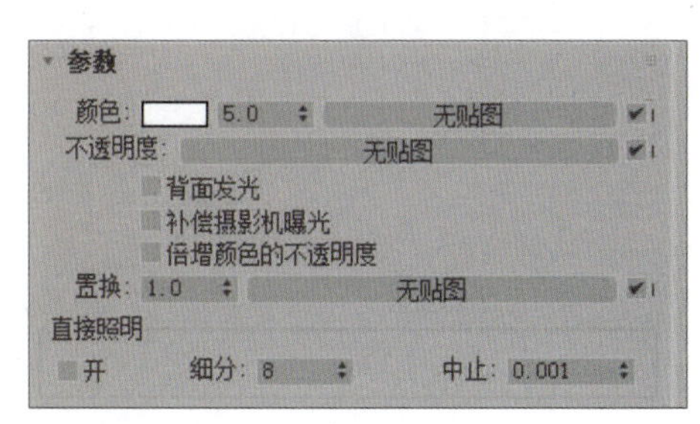

图 5-38

图 5-39

5.2 常用贴图的类型

材质主要用于描述对象如何反射和传播光线，材质中的贴图主要用于模拟独享质地、提供纹理图案、反射、折射等其他效果（贴图还可用于环境和灯光投影）。使用各种类型的贴图可以制作出千变万化的材质。

3ds Max中包括三十多种贴图，在不同的贴图通道中使用不同的贴图类型，产生的效果也大不相同。

5.2.1 位图

“位图”贴图就是将位图图像文件作为贴图使用，它可以支持各种类型的图像和动画格式，包括AVI、BMP、CIN、JPG、TIF、TGA等。位图贴图的使用范围广泛，通常用在漫反射贴图通道、凹凸贴图通道、反射贴图通道、折射贴图通道中。图5-40所示为“位图参数”卷展栏。

知识拓展

位图：用于选择位图贴图，通过标准文件浏览器选择位图，选中之后，该按钮上会显示所选位图的路径名称。重新加载：对使用相同名称和路径的位图文件进行重新加载。在绘图程序中更新位图后无须使用文件浏览器重新加载该位图。

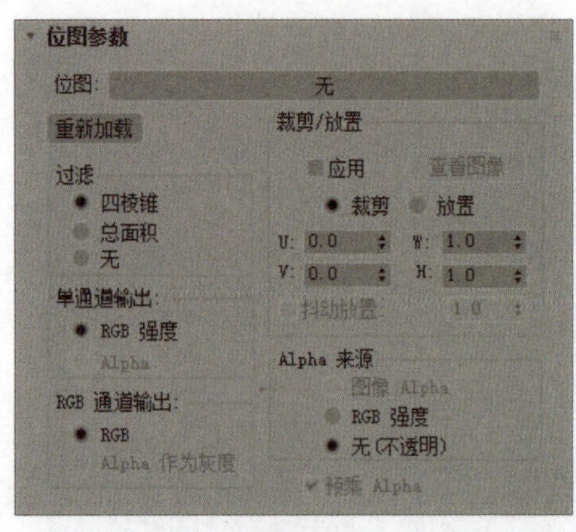

图 5-40

下面对该卷展栏中常用选项（组）的含义进行介绍。

- **过滤：**该选项组用于选择抗锯齿位图中平均使用的像素方法。
- **裁剪/放置：**使用该选项组中的控件可以裁剪位图或减小其尺寸，用于自定义放置。
- **单通道输出：**该选项组中的控件用于根据输入的位图确定输出单色通道的源。
- **Alpha来源：**该选项组中的控件根据输入的位图确定输出Alpha通道的来源。

5.2.2 棋盘格

“棋盘格”贴图可以产生类似棋盘的、由两种颜色组成的方格图案，并允许贴图替换颜色。图5-41所示为“棋盘格参数”卷展栏。

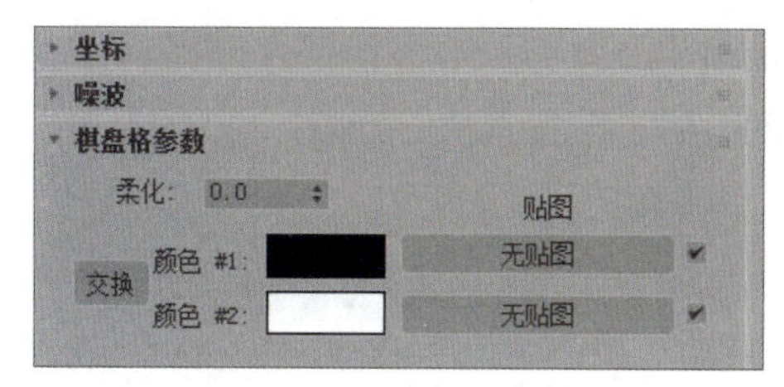

图 5-41

下面对该卷展栏中常用选项的含义进行介绍。

- **柔化**：用于模糊方格之间的边缘，很小的柔化值就能生成很明显的模糊效果。
- **交换**：单击该按钮可交换方格的颜色。
- **颜色**：用于设置方格的颜色，允许使用贴图代替颜色。

5.2.3 平铺

“平铺”贴图是专门用来制作砖块效果的，常用在漫反射通道中，有时也可以用在凹凸贴图通道中。

在“标准控制”卷展栏中有的预设类型列表中列出了一些已定义的建筑砖图案，用户也可以自定义图案，设置砖块的颜色、尺寸以及砖缝的颜色、尺寸等。其参数卷展栏如图5-42所示。

> **知识拓展**
>
> 默认状态下，平铺贴图的水平间距与垂直间距是锁定在一起的，用户可以根据需要解开锁定来单独对它们进行设置。

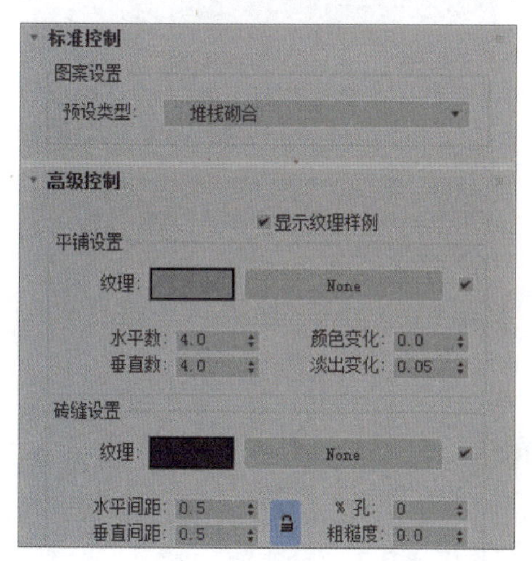

图 5-42

5.2.4 衰减

“衰减”贴图可以模拟对象表面由深到浅或者由浅到深的过渡效果。在创建不透明的衰减效果时，衰减贴图提供了更大的灵活性。其参数卷展栏如图5-43所示。

下面对该卷展栏中常用选项的含义进行介绍。

- **前/侧**：用于设置衰减贴图的前和侧通道参数。
- **衰减类型**：用于设置衰减的方式，共有垂直/平行、朝向/背离、Fresnel、阴影/灯光、距离混合5个选项。

- **衰减方向：** 用于设置衰减的方向。

> **知识拓展**
>
> 衰减类型中的Fresnel类型是基于折射率来调整贴图的衰减效果的，它在面向视图的曲面上产生暗淡反射，在有角的面上产生较为明亮的反射，创建就像在玻璃面上一样的高光。

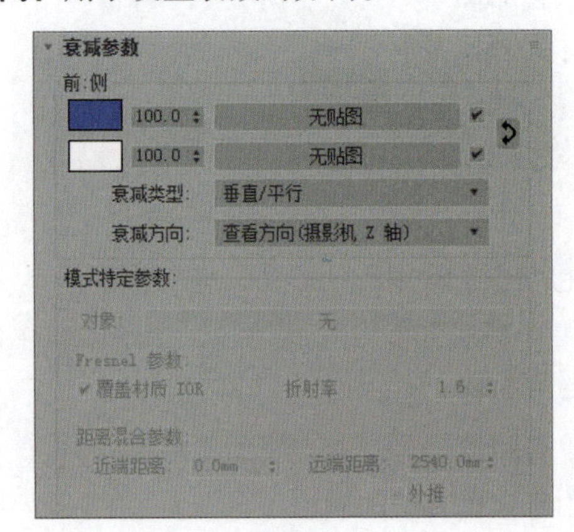

图 5-43

5.2.5 渐变

“渐变”贴图是指从一种颜色到另一种颜色进行着色，可以创建三种颜色的线性或径向渐变效果。其参数卷展栏如图5-44所示。

> **知识拓展**
>
> 通过将一个色样托顶到另一个色样上可以交换颜色，单击“复制或交换颜色”对话框中的“交换”按钮即可完成操作。若需要反转渐变的总体方向，则可交换第一种和第三种颜色。

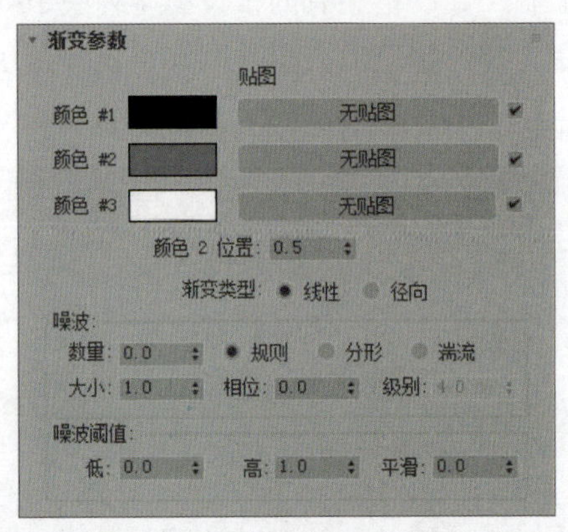

图 5-44

5.2.6 噪波

“噪波”贴图一般在凹凸通道中使用，可以通过设置“噪波参数”卷展栏来制作出紊乱不平的表面。“噪波”贴图基于两种颜色或材质的交互创建曲面的随机扰动，是三维形式的湍流图案。其参数卷展栏如图5-45所示。

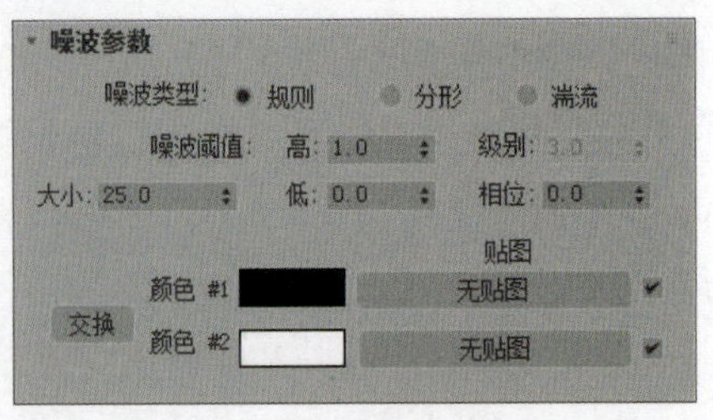

图 5-45

下面对该卷展栏中常用选项的含义进行介绍。

- **噪波类型：** 共有三种类型，分别是“规则”“分形”“湍流”。
- **大小：** 以3ds Max单位设置噪波函数的比例。
- **噪波阈值：** 用于控制噪波的效果。
- **交换：** 切换两个颜色或贴图的位置。
- **颜色#1/颜色#2：** 从这两个噪波颜色中选择，通过所选颜色来生成中间颜色值。

5.2.7 VRayHDRI

VRayHDRI贴图是一种比较特殊的贴图，可以利用高动态范围图像来模拟真实的HDRI环境，常用于反射或折射较为明显的材质，如玻璃、不锈钢等。其主要参数面板如图5-46所示。

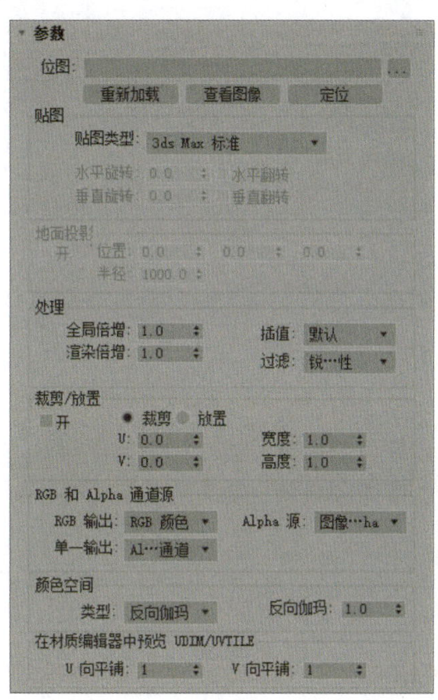

图 5-46

下面对该参数面板中常用选项的含义进行介绍。

- **位图：** 单击后面的按钮可以指定一张HDRI贴图。
- **贴图类型：** 用于控制HDRI的贴图方式，包括角度、立方、球形、球状镜像以及3ds Max标准共5种。
- **水平旋转：** 用于控制HDRI在水平方向的旋转角度。
- **水平翻转：** 可以让HDRI在水平方向上反转。
- **垂直旋转：** 用于控制HDRI在垂直方向的旋转角度。
- **垂直翻转：** 可以让HDRI在垂直方向上反转。
- **全局倍增：** 用来控制HDRI的亮度。
- **插值：** 用于选择插值方式，包括双线性、双三次、双二次、默认。

- **渲染倍增：** 用于设置渲染时的光强度倍增。
- **裁剪/放置：** 可以选择对贴图进行裁剪及尺寸的调整。
- **类型：** 用于选择控制环境和环境光照对比类型。包括无、反向伽玛、Srgb、从3ds Max4种。默认使用反向伽玛。
- **反向伽玛：** 用于设置贴图的伽玛值。数值越小，HDRI的光照对比度就越强，数值大于，1则对比越弱。一般使用默认值。

5.2.8 VRay边纹理

VRay边纹理贴图类似于3ds Max的线框材质效果，可以模拟制作物体表面的网格颜色效果。可以在参数面板中设置边纹理的颜色、宽度等参数，如图5-47所示。

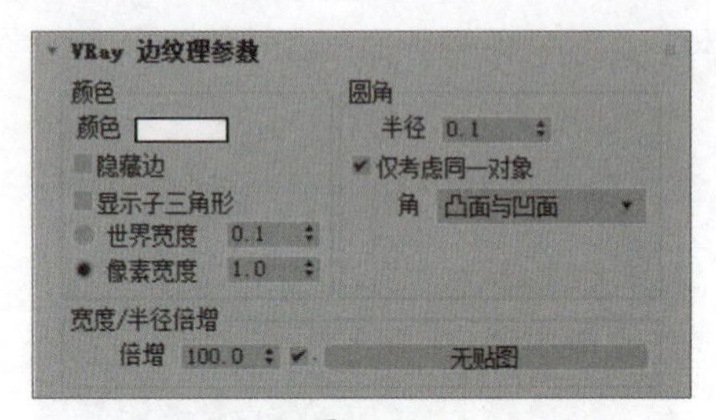

图 5-47

下面对参数面板中常用选项的含义进行介绍。

- **颜色：** 用于设置边线的颜色。
- **隐藏边：** 当选中该选项时，物体背面的边线也将被渲染出来。
- **世界宽度：** 使用世界单位决定边线的厚度。
- **像素宽度：** 使用像素单位决定边线的厚度。

课堂练习 制作沙发组合材质

步骤 01 打开准备好的模型场景，如图5-48所示。

步骤 02 渲染摄影机视口，当前效果如图5-49所示。

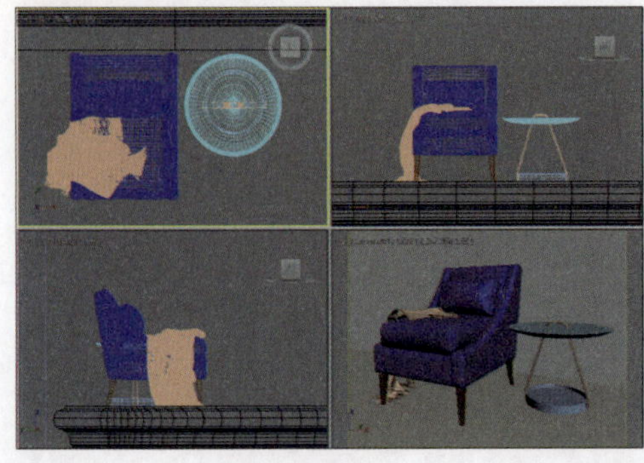

图 5-48

图 5-49

步骤 03 制作布料材质。按M键打开材质编辑器，选择一个未使用的材质球，设置材质类型为VRayMtl材质，在参数面板中为漫反射通道添加衰减贴图，再为凹凸通道添加位图贴图，并设置凹凸值，如图5-50所示。

步骤 04 进入衰减贴图参数面板，设置衰减颜色1和衰减类型，如图5-51所示。

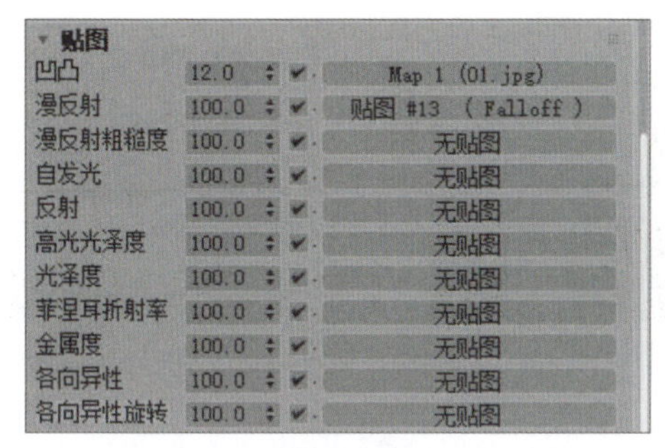

图 5-50

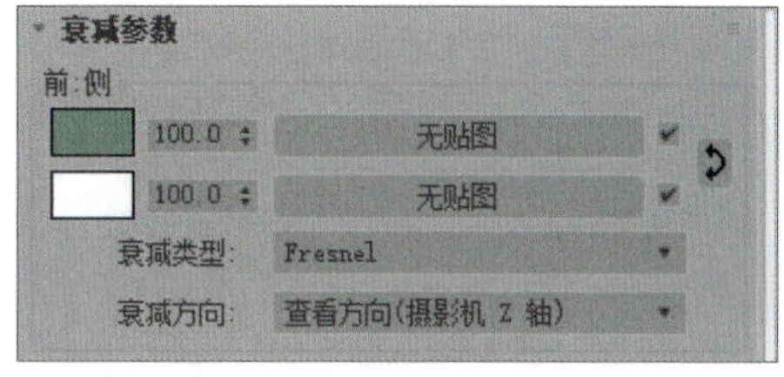

图 5-51

步骤 05 凹凸通道的位图贴图如图5-52所示。

步骤 06 设置好的磨毛布料材质球效果如图5-53所示。将材质指定给沙发模型。

图 5-52

图 5-53

步骤 07 复制布料材质球，再修改衰减颜色，如图5-54、图5-55所示。将材质指定给沙发上的围巾模型。

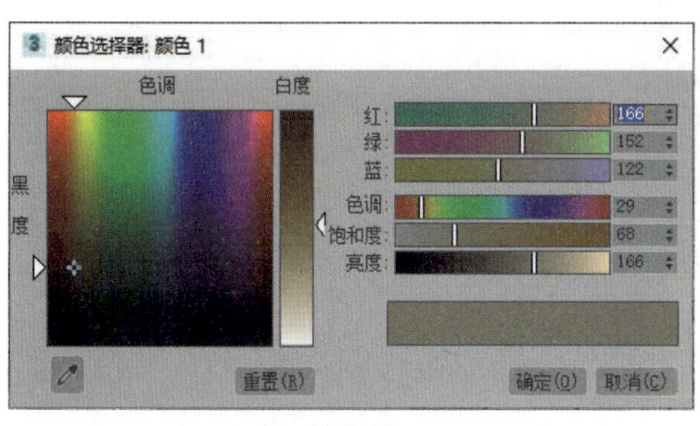

图 5-54

图 5-55

步骤 08 制作黑色金属材质。选择一个未使用的材质球，设置材质类型为VRayMtl材质，在参数面板中设置漫反射颜色、反射颜色以及反射参数，如图5-56所示。

步骤 09 漫反射颜色为黑色，反射颜色设置如图5-57所示。

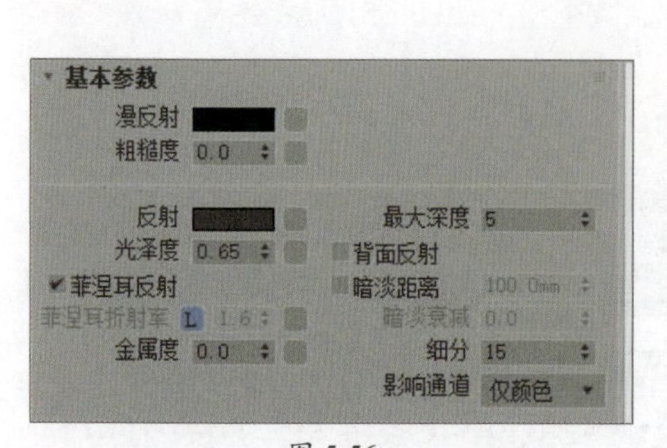

图 5-56

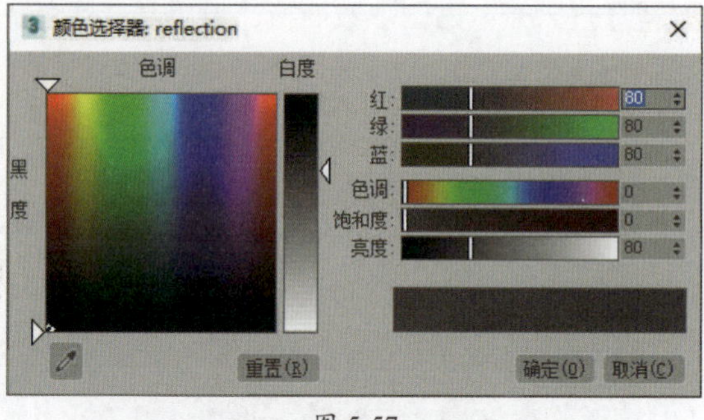

图 5-57

步骤 10 在“双向反射分布函数”卷展栏中设置分布类型为“多面”，如图5-58所示。

步骤 11 制作好的材质球效果如图5-59所示。将材质指定给沙发腿和边几支架。

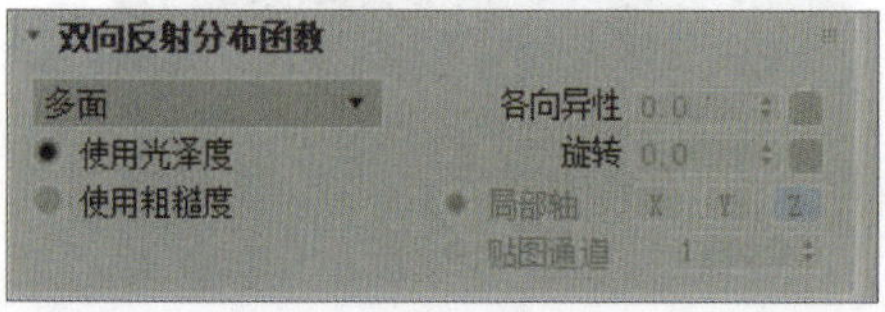

图 5-58

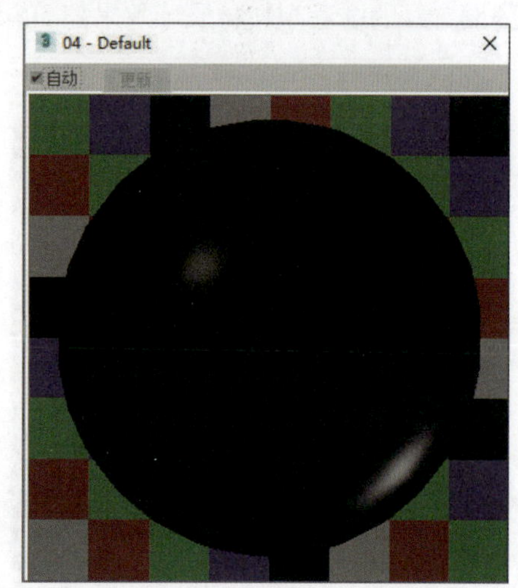

图 5-59

步骤 12 制作大理石材质。选择一个未使用的材质球，设置材质类型为VRayMtl材质，为漫反射通道添加位图贴图，为反射通道添加衰减贴图，再设置反射参数，如图5-60所示。

步骤 13 在“双向反射分布函数”卷展栏中设置分布类型为“反射”，如图5-61所示。

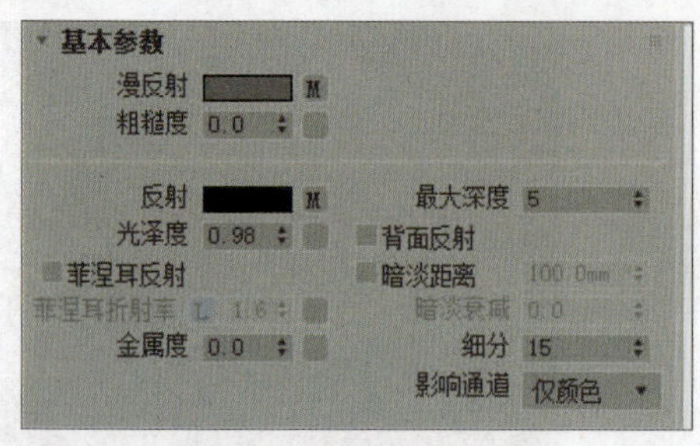

图 5-60

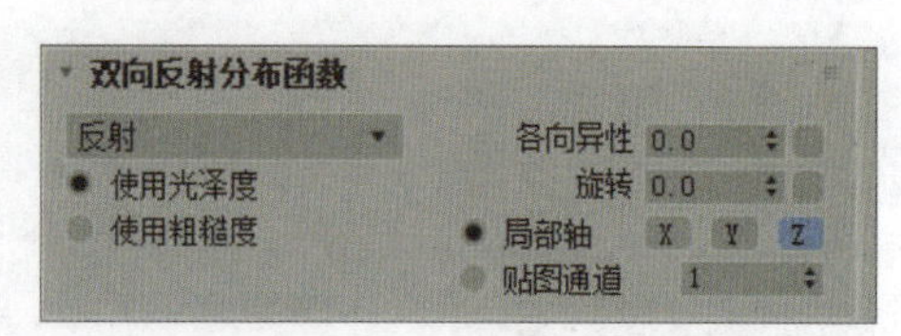

图 5-61

步骤 14 进入衰减贴图参数面板，设置衰减颜色2，再设置衰减类型，如图5-62所示。

步骤 15 衰减颜色的设置如图5-63所示。

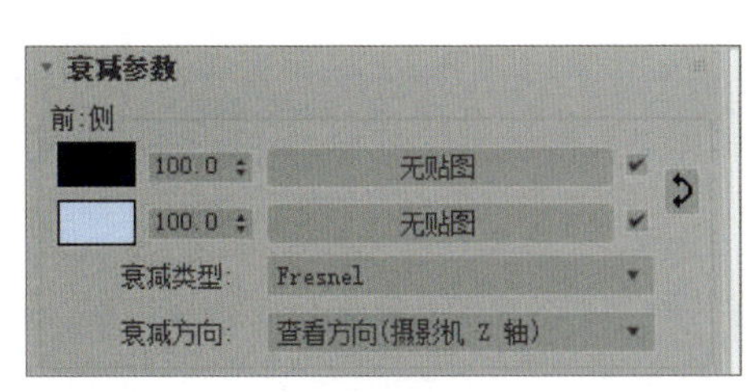

图 5-62

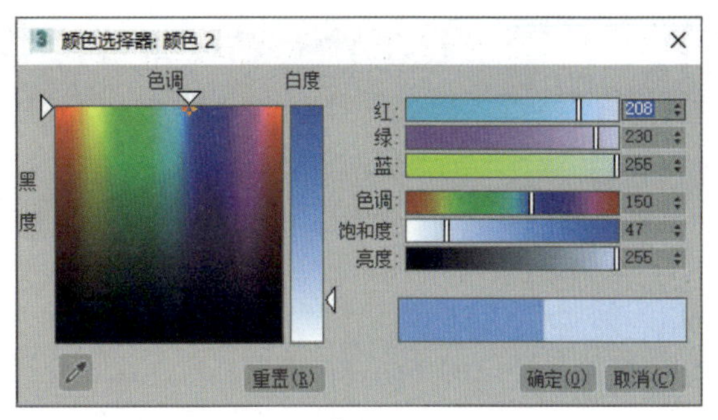

图 5-63

步骤16 制作好的大理石材质球效果如图5-64所示。

步骤17 将材质指定给边几桌面，再为桌面模型添加“UVW贴图”修改器，选择贴图类型为“长方体”，设置长方体尺寸，如图5-65所示。

图 5-64

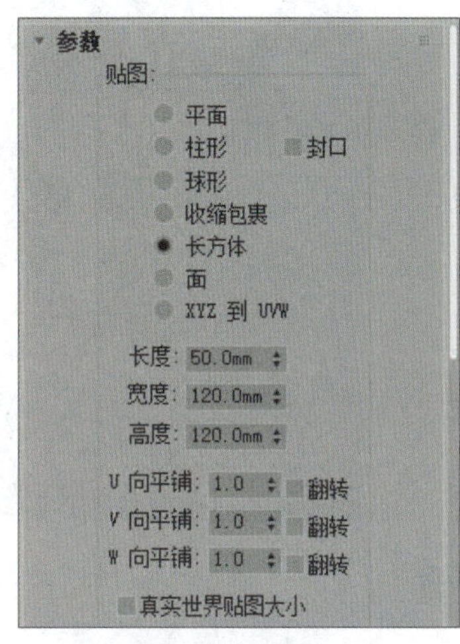

图 5-65

步骤18 渲染摄影机视口，效果如图5-66所示。

图 5-66

强化训练

1. 项目名称

为桌面场景制作材质

2. 项目分析

用于装饰、摆设的物品往往五花八门，几乎囊括了日常生活中能见到的大多数种类。布置一个小场景，使用玻璃、金属、石材、木材、植物等元素，在近距离镜头下可以更好地展示材质效果。

3. 项目效果

为模型添加材质后的场景和效果如图5-67、图5-68所示。

图 5-67

图 5-68

4. 操作提示

①使用VRayMtl材质制作乳胶漆材质、大理石材质、玻璃材质、木纹理材质、植物材质、书籍材质等。

②使用多维/子对象材质制作芦苇材质、香薰棒材质。

③使用VRay混合材质制作玻璃材质、金属材质。

第6章 灯光的应用

内容导读

只创建模型和材质，往往达不到真实的效果，这时灯光就起到了画龙点睛的作用。利用灯光可以体现空间的层次、设计的风格和材质的质感。

本章主要介绍3ds Max的材质与灯光系统，其中包括常用材质类型、常用贴图类型的使用方法，灯光类型、灯光的基本参数以及阴影类型的相关知识。

要点难点

- 了解灯光类型及灯光基本参数
- 了解阴影类型
- 掌握灯光的应用方法

6.1 内置光源的类型

3ds Max中提供了两种类型的灯光：标准灯光和光度学灯光。每种灯光的使用方法不同，模拟光源的效果也不同。所有的灯光类型在视图中都为灯光对象，它们使用相同的参数，包括阴影生成器。

6.1.1 标准灯光

标准灯光是基于计算机的模拟灯光对象，如家用或办公室灯、舞台和电影工作时使用的灯光设备和太阳光本身。不同类型的灯光对象可用不同的方法投影灯光，模拟不同种类的光源。标准灯光包括目标聚光灯、自由聚光灯、目标平行光、自由平行光、泛光、天光6种材质。下面具体介绍常用灯光的应用范围。

1. 聚光灯

聚光灯像闪光灯一样投影聚焦光束，包括目标聚光灯和自由聚光灯两种。它们的共同点是都带有光束的光源，但目标聚光灯有目标对象，而自由聚光灯没有目标对象。图6-1所示为聚光灯光束效果。目标聚光灯和自由聚光灯的照明效果相似，都是形成光束照射在物体上，只是使用方式不同。

操作技巧

目标聚光灯会根据指定的目标点和光源点创建灯光，在创建灯光后会产生光束，照射物体并产生隐影效果。当有物体遮挡住光束时，光束将被折断。

自由聚光灯没有目标点，选择该按钮后，在任意视图单击鼠标左键即可创建灯光，该灯光常在制作动画时使用。

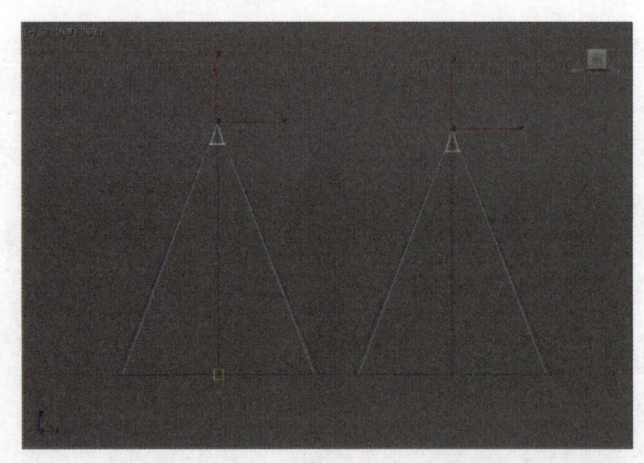

图 6-1

2. 平行光

当太阳在地球表面投影时，所有平行光以一个方向投影平行光线。平行光主要用于模拟太阳光，可以调整灯光的颜色和位置，并在3D空间旋转灯光。

平行光包括目标平行光和自由平行光两种，如图6-2所示。其光束分为圆柱体和方形光束，发光点和照射点大小相同，该灯光主要用于模拟太阳光的照射、激光光束等。自由平行光和目标平行光的用处相同，常在制作动画时使用。

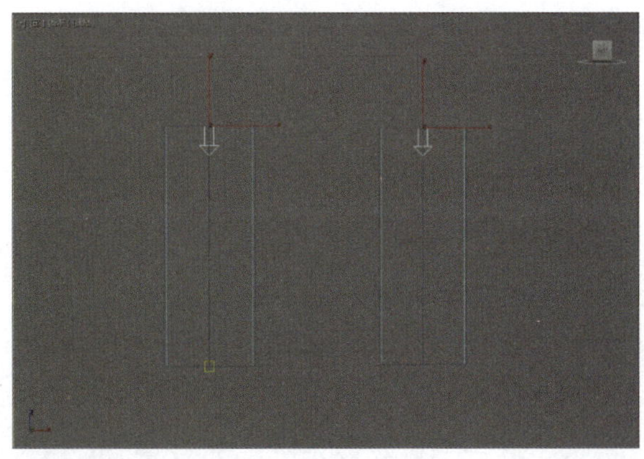

图 6-2

3. 泛光灯

泛光灯从单个光源向各个方向投影光线，可以照亮整个场景，是非常常用的灯光。在场景中创建多个泛光灯，调整色调和位置，可以使场景具有明暗层次。

6.1.2 光度学灯光

光度学灯光和标准灯光的创建方法基本相同，在“参数”卷展栏中可以设置灯光的类型，并导入外部灯光文件模拟真实灯光效果。光度学灯光包括目标灯光、自由灯光和太阳定位器3种灯光效果。下面具体介绍各灯光的应用。

1. 目标灯光

3ds Max将光度学灯光进行整合，将所有的目标光度学灯光合为一个对象，用户可以选择不同的模板和类型。图6-3所示为所有分布类型的目标灯光。

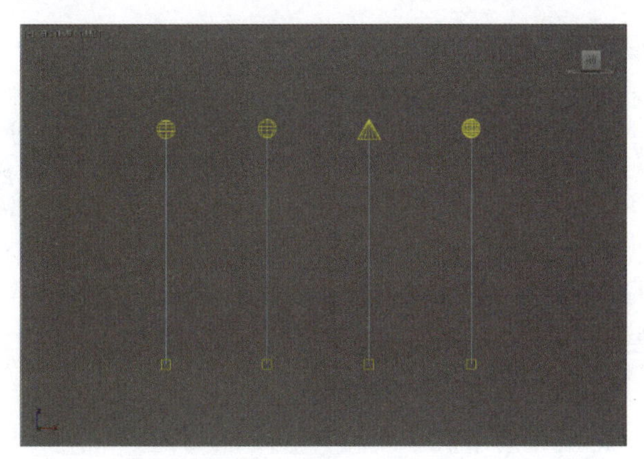

图 6-3

2. 自由灯光

自由灯光是没有目标点的灯光，其参数和目标灯光相同，创建方法也非常简单。在任意视图中单击鼠标，即可创建自由灯光。

3. 太阳定位器

太阳定位器是3ds Max增加的一个灯光类型，通过设置太阳的距离、日期和时间、气候等参数模拟现实生活中真实的太阳光照。图6-4所示为太阳定位器类型。

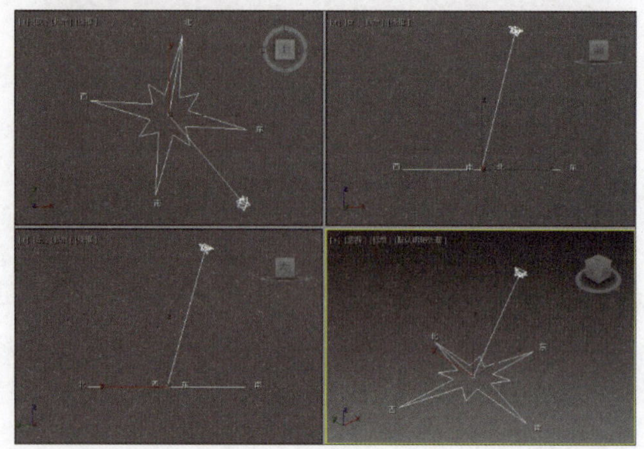

图 6-4

知识拓展

光线与对象表面越垂直，对象的表面越亮。

6.2 光源的基本参数

在创建灯光后，环境中的部分物体会随着灯光而进行显示。在参数面板中调整灯光的各项参数，即可达到理想效果。

6.2.1 标准灯光参数

标准灯光的参数面板大致相同，主要包括“常规参数”卷展栏、“强度/颜色/衰减”卷展栏、“聚光灯参数”卷展栏/“平行光参数”卷展栏。下面对常用卷展栏中的一些参数进行详细介绍。

1. “常规参数”卷展栏

该卷展栏主要用于控制标准灯光的开启与关闭以及阴影的控制。图6-5所示为参数卷展栏，其中各选项的含义介绍如下。

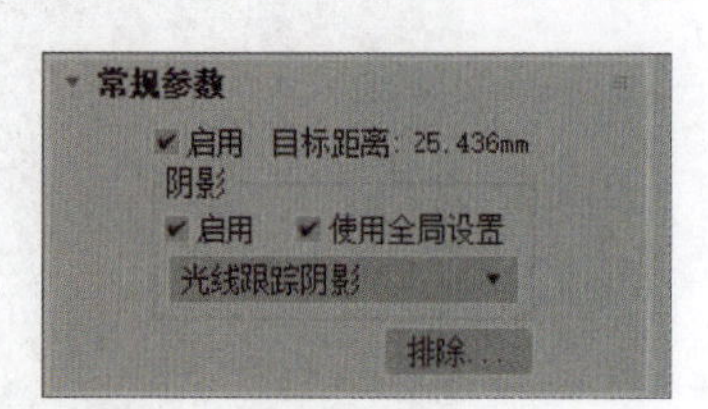

图 6-5

- **灯光类型：** 共有三种类型可供选择，分别是聚光灯、平行光和泛光灯。
- **启用：** 用于控制是否开启灯光。
- **目标：** 如果启用该选项，灯光将成为目标。
- **阴影：** 用于控制是否开启灯光阴影。
- **使用全局设置：** 如果启用该选项，该灯光投射的阴影将影响整个场景的阴影效果。如果关闭该选项，则必须选择渲染器使用哪种方式来生成特定的灯光阴影。

● **阴影类型**：切换阴影类型以得到不同的阴影效果。

● **排除**：将选定的对象排除于灯光效果之外。

2. “强度 / 颜色 / 衰减”卷展栏

在标准灯光的“强度/颜色/衰减”卷展栏中，可以对灯光最基本的属性进行设置。图6-6所示为参数卷展栏，其中各主要选项的含义介绍如下。

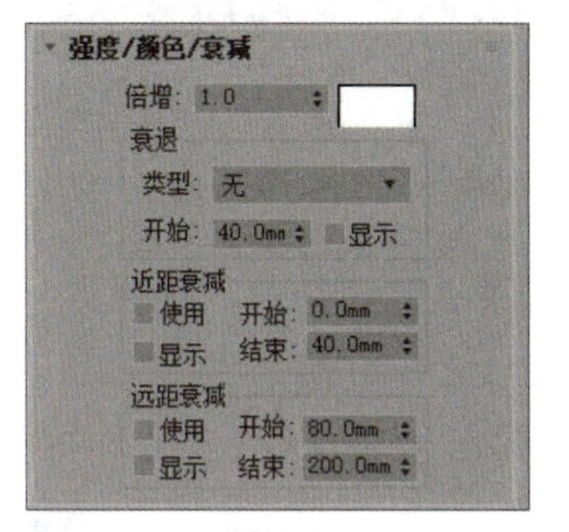

图 6-6

● **倍增**：使用该微调框可以将灯光功率放大一个正或负的量。

● **颜色**：单击色块，可以设置灯光发射光线的颜色。

● **衰退**：用来设置灯光衰退的类型和起始距离。

● **类型**：用于指定灯光的衰退方式。

● **开始**：用于设置灯光开始衰退的距离。

● **显示**：在视口中显示灯光衰退的效果。

● **近距衰减**：该选项组中提供了控制灯光强度淡入的参数。

● **远距衰减**：该选项组中提供了控制灯光强度淡出的参数。

3. “聚光灯参数”卷展栏 / “平行光参数”卷展栏

聚光灯和平行光比泛光灯多出一个专有的参数面板，除了名称不同，面板内的参数是一致的，如图6-7、图6-8所示。

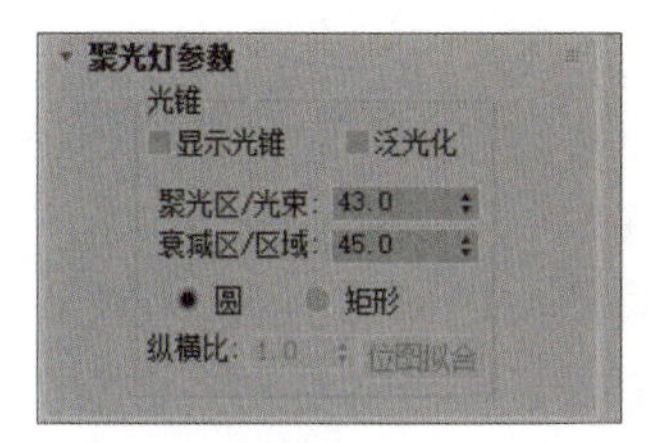

图 6-7

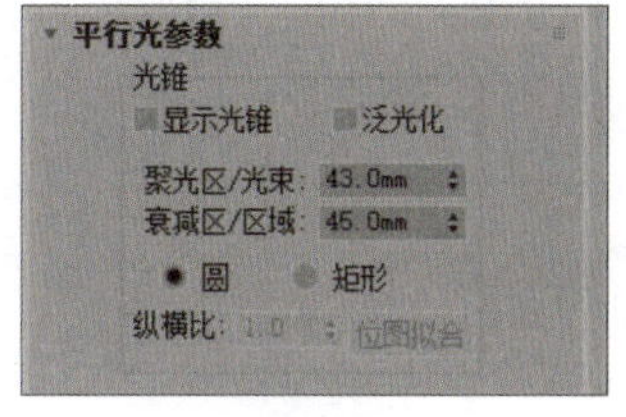

图 6-8

该参数卷展栏主要用于控制灯光的聚光区及衰减区，其中各主要选项的含义介绍如下。

● **显示光锥**：启用或禁用圆锥体的显示。

● **泛光化**：启用该选项后，灯光在所有方向上有荧灯光。但是，投影和阴影只发生在其衰减圆锥体内。

● **聚光区/光束**：用于调整灯光圆锥体的角度。

● **衰减区/区域**：用于调整灯光衰减区的角度。

● **圆/矩形**：确定聚光区和衰减区的形状。如果想要一个标准圆形的灯光，应选择圆；如果想要一个矩形的光束（如灯光通过窗户或门投影），应选择矩形。

● **纵横比**：用于设置矩形光束的纵横比。

学习笔记

- **位图拟合：** 如果灯光的投影纵横比为矩形，应该设置纵横比以匹配特定的位图。当灯光用作投影灯时，该选项非常有用。

6.2.2 光度学灯光参数

光度学灯光中的目标灯光是非常常用的一种灯光类型，这里以目标灯光为例对比较常用的参数进行介绍。

1. “常规参数”卷展栏

该卷展栏中的参数用于启用和禁用灯光及阴影，并排除或包含场景中的对象，用户还可以设置灯光分布的类型，如图6-9所示。

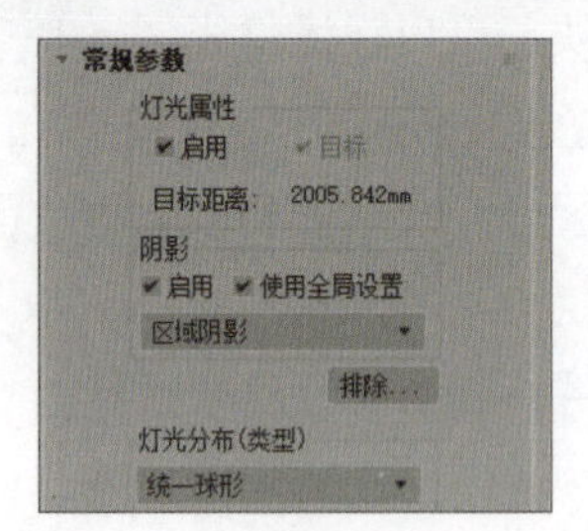

图 6-9

该卷展栏中各选项的含义介绍如下。

- **启用：** 启用或禁用灯光。
- **目标：** 启用该选项后，目标灯光才有目标点。
- **目标距离：** 用来显示目标的距离。
- **（阴影）启用：** 控制是否开启灯光的阴影效果。
- **使用全局设置：** 启用该选项后，该灯光投射的阴影将影响整个场景的阴影效果。
- **阴影类型：** 设置渲染场景时使用的阴影类型。包括“高级光线跟踪”“区域阴影”“阴影贴图”“光线跟踪阴影”“VR-阴影”。
- **排除：** 将选定的对象排除于灯光效果之外。
- **灯光分布（类型）：** 设置灯光分布类型，用于描述光源发射光线的方向，包括光度学Web、聚光灯、统一漫反射、统一球形四种，光源效果如图6-10~图6-13所示。

图 6-10

图 6-11

图 6-12

图 6-13

2. “分布（光度学 Web）”卷展栏

当使用光域网分布创建或选择光度学灯光时，“修改”面板上将显示“分布（光度学文件）”卷展栏，使用其中的参数选择光域网文件并调整Web的方向，如图6-14所示。该卷展栏中各选项的含义介绍如下。

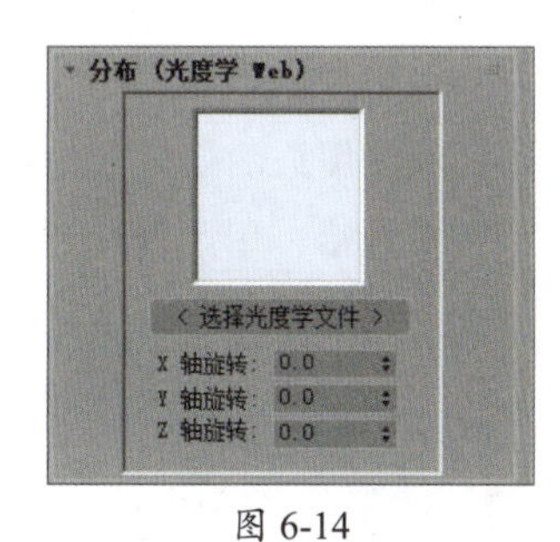

图 6-14

- **Web图：** 在选择光度学文件之后，该缩略图将显示灯光分布图案的示意图，如图6-15所示。
- **选择光度学文件：** 单击此按钮，可选择用作光度学Web的文件，该文件可采用IES、LTLI或CIBSE格式。选择某个文件后，该按钮上会显示文件名。
- **X轴旋转：** 用于设置沿着*X*轴旋转光域网。
- **Y轴旋转：** 用于设置沿着*Y*轴旋转光域网。
- **Z轴旋转：** 用于设置沿着*Z*轴旋转光域网。

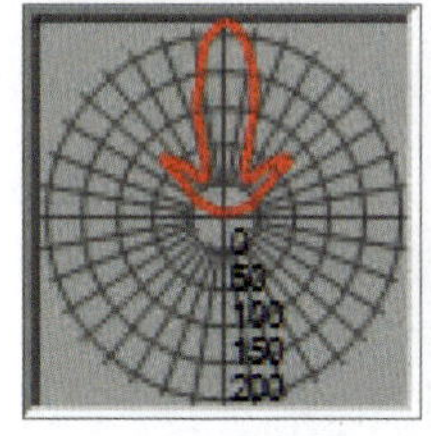

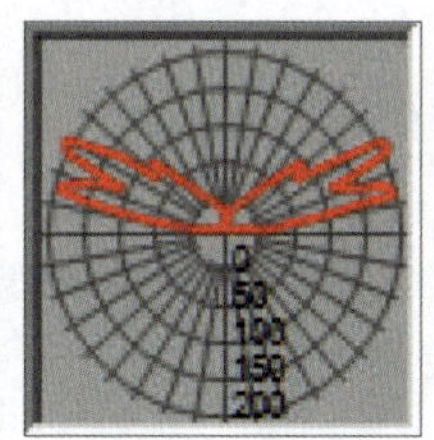

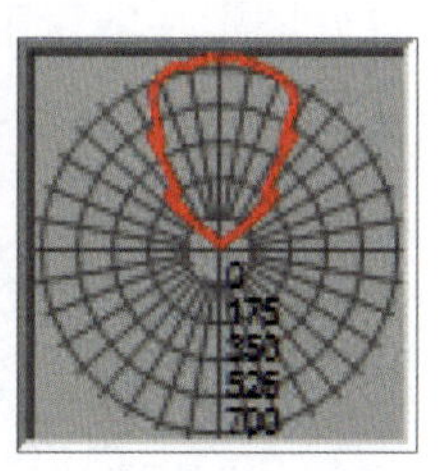

图 6-15

3. “强度 / 颜色 / 衰减”卷展栏

通过“强度/颜色/衰减”卷展栏，可以设置灯光的颜色和强度。此外，还可以选择设置衰减极限，如图6-16所示。该卷展栏中各选项的含义介绍如下。

- **灯光选项：** 拾取常见灯规范，使之近似于灯光的光谱特征。默认为D65 Illuminant基准白色。
- **开尔文：** 通过调整色温微调器设置灯光的颜色。
- **过滤颜色：** 使用颜色过滤器模拟置于光源上的过滤色的效果。
- **强度：** 在物理数量的基础上指定光度学灯光的强度或亮度。

学习笔记

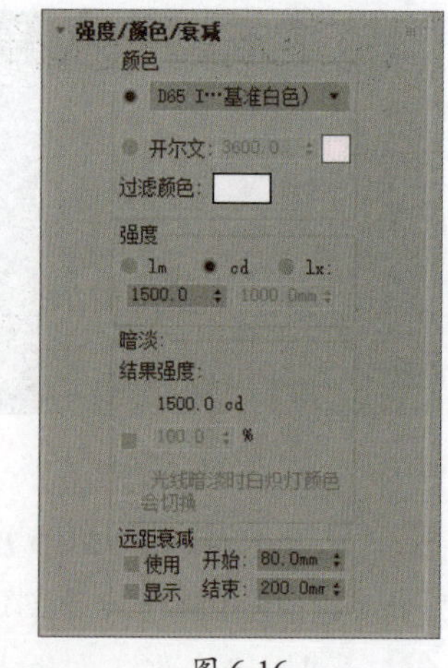

图 6-16

- **结果强度：** 用于显示暗淡所产生的强度，并使用与强度组相同的单位。
- **暗淡百分比：** 启用该切换后，该值会指定用于降低灯光强度的倍增。如果值为100%，则灯光具有最大强度；如果值较低时，则灯光较暗。
- **远距衰减：** 可以设置光度学灯光的衰减范围。
- **使用：** 启用灯光的远距衰减。
- **开始：** 用于设置灯光开始淡出的距离。
- **显示：** 在视口中显示远距衰减范围设置。
- **结束：** 用于设置灯光减为0的距离。

4. “图形 / 区域阴影”卷展栏

通过“图形/区域阴影”卷展栏，可以选择用于生成阴影的灯光图形。参数面板如图6-17所示。

下面对该卷展栏中的参数进行详细介绍。

- **从（图形）发射光线：** 选择阴影生成的图形类型，包括点光源、线、矩形、圆形、球体和圆柱体6种类型。选择除“点光源”外的任意类型，都会有相应的参数设置，如长度、宽度、半径等。图6-18所示为选择“矩形”类型的参数。
- **灯光图形在渲染中可见：** 启用该选项后，如果灯光对象位于视野之内，那么灯光图形在渲染中会显示为自供照明（发光）的图形。

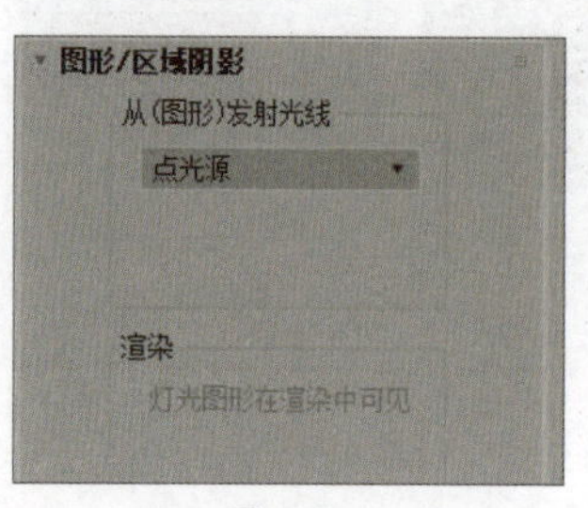

图 6-17

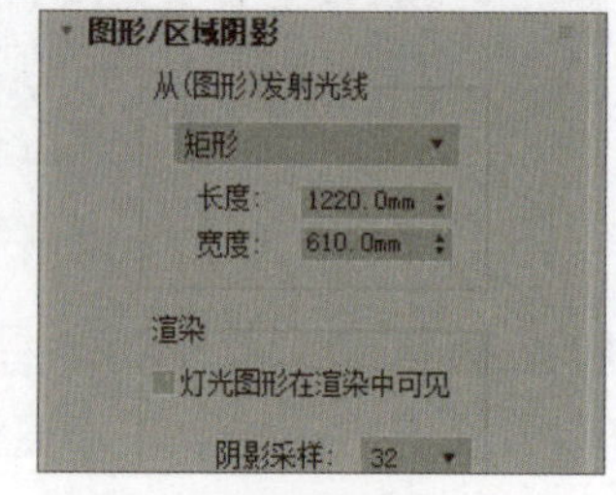

图 6-18

6.2.3 光域网

光域网是模拟真实场景中灯光发光的分布形状而做的一种特殊的光照文件，是结合光能传递渲染使用的。

在3ds Max中，也可以将光域网理解为灯光贴图。如果给灯光指定一个光域网文件，就可以产生与现实生活相同的发散效果，使场景渲染出的灯光效果更为真实、层次更明显、效果更好。

在“分布（光度学Web）”卷展栏中单击“选择光度学文件”按钮，弹出“打开光域Web文件”对话框，从中选择合适的光域网文件即可，如图6-19、图6-20所示。

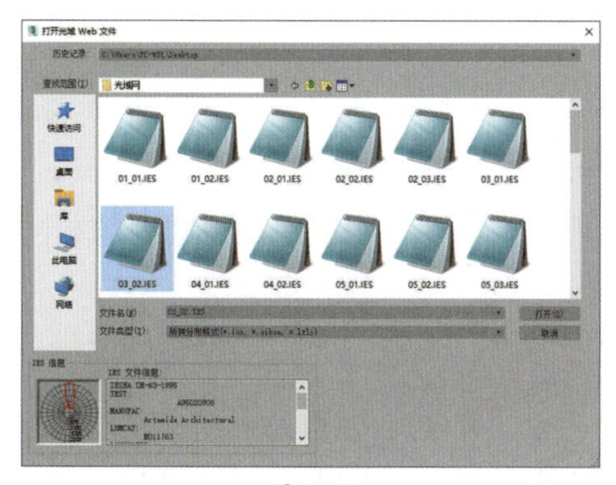

图 6-19

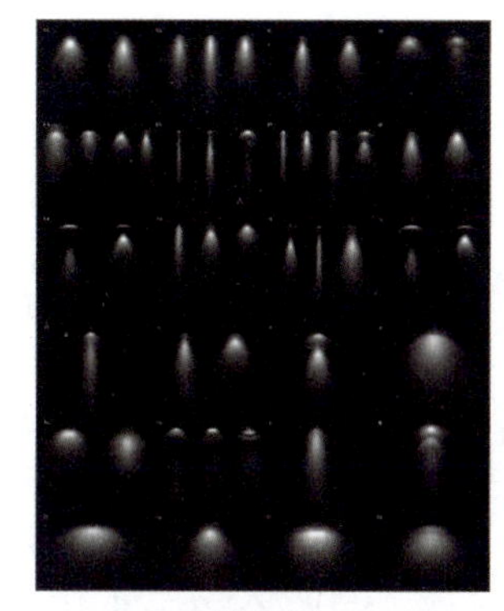

图 6-20

6.3 阴影的类型

在“常规参数”卷展栏中，标准灯光、光度学灯光中所有的灯光，除了可以设置灯光的开关、类型等，还可以选择是否开启阴影效果，并选择不同形式的阴影方式。

1. 区域阴影

现实中的阴影随着距离的增加边缘会越来越模糊，利用区域阴影就可以得到这种效果，如图6-21所示。使用区域阴影可以模拟从一盏面光源所投射的阴影效果，通过调整虚拟面光源的尺寸来控制投影的模糊程度。

2. 阴影贴图

阴影贴图是最常用的阴影生成方式，其原理是从光源的方向投射出贴图来遮挡阴影的位置，能产生柔和的阴影，并且渲染速度快，如图6-22所示。不足之处是会占用大量的内存空间，并且不支持使用透明度或不透明度贴图的对象。

图 6-21

图 6-22

3. 光线跟踪阴影

光线跟踪阴影通过跟踪从光源采样出来的光线路径来产生阴影，在计算方式上非常精确，并且支持透明和半透明物体。但该阴影类型渲染计算速度较慢，阴影边缘也十分生硬。

4. 高级光线跟踪阴影

高级光线跟踪阴影是光线跟踪阴影的增强版，既可以得到边缘柔和的投影效果，又具有光线跟踪阴影的准确性，如图6-23所示。该阴影类型可以与区域灯光配合使用，在得到与区域阴影大致相同效果的同时还具有更快的渲染速度。

5. VRay 阴影

在室内外场景的渲染过程中，通常是将3ds Max的灯光设置为主光源，配合VRay阴影进行画面的制作，因为VRay阴影产生的模糊阴影的计算速度要比其他类型的阴影计算速度更快，也更逼真，如图6-24所示。

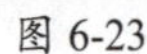

图 6-23

图 6-24

课堂练习 用目标灯光模拟室内射灯光源效果

本案例将利用目标灯光来模拟室内射灯光源效果，具体操作和设置介绍如下。

步骤 01 打开准备好的模型场景，如图6-25所示。

步骤 02 渲染摄影机视口，当前效果如图6-26所示。

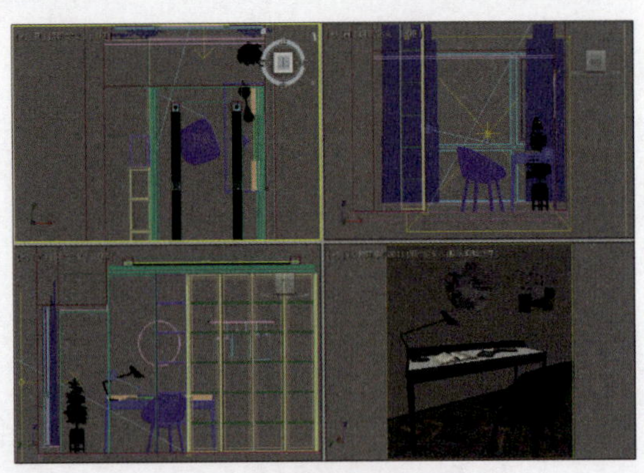

图 6-25

图 6-26

步骤 03 在“光度学”命令面板中单击“目标灯光”按钮，在左视图中创建一盏目标灯光，并调整位置，如图6-27所示。

步骤 04 渲染摄影机视口，效果如图6-28所示。

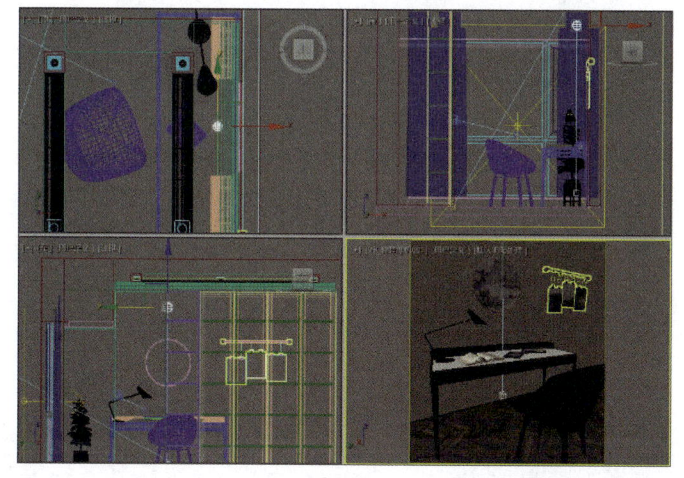

图 6-27

图 6-28

步骤 05 在“常规参数”卷展栏中选中“阴影”选项组中的“启用”复选框，设置阴影类型为“VRay阴影”，设置“灯光分布（类型）”为“光度学Web”，如图6-29所示。

步骤 06 在“分布（光度学Web）”卷展栏中单击“选择光度学文件”按钮，弹出“打开光域Web文件”对话框，从中选择合适的IES文件，如图6-30所示。

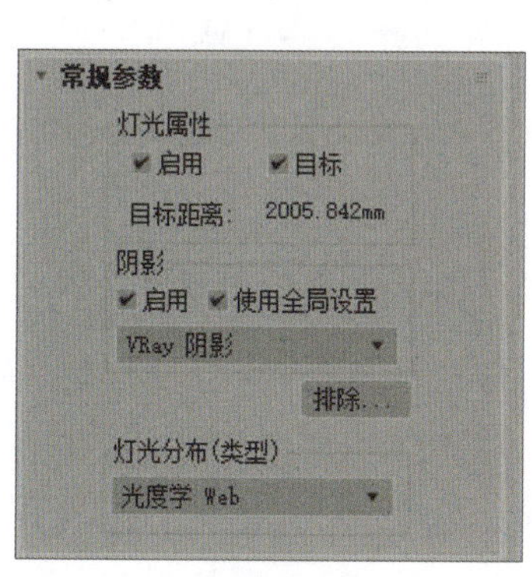

图 6-29

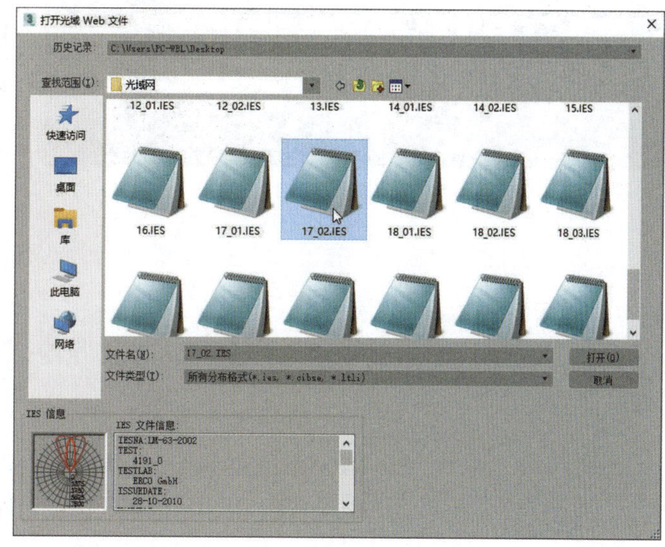

图 6-30

步骤 07 单击“打开”按钮即可为目标灯光添加光域网，再渲染摄影机视口，效果如图6-31所示。

步骤 08 在“强度/颜色/衰减”卷展栏中设置灯光颜色及强度，在“VRay阴影参数”卷展栏中设置“细分”，如图6-32所示。

步骤 09 在视口中适当调整光源点位置，如图6-33所示。

步骤 10 再次渲染摄影机视口，最终的射灯光源效果如图6-34所示。

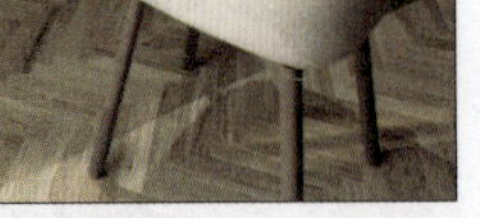

图 6-31

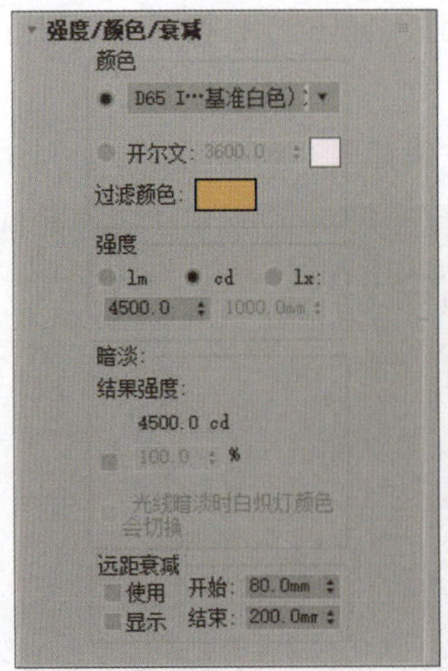

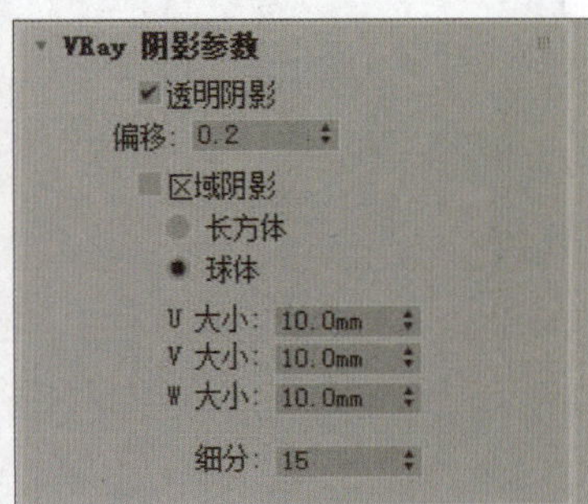

图 6-32

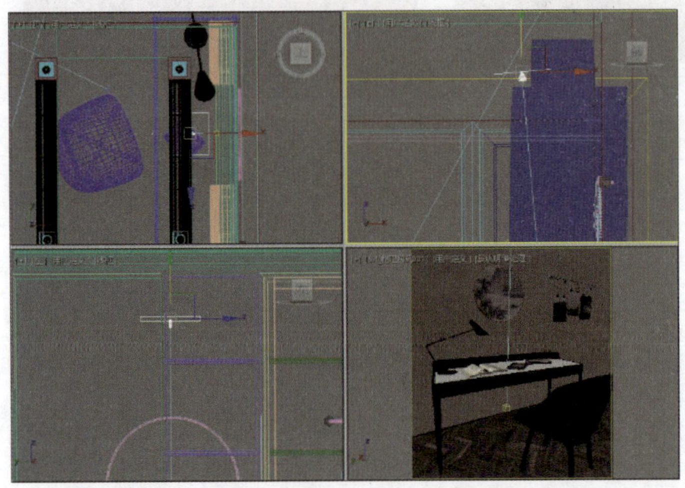

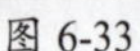

图 6-33

图 6-34

6.4 VRay光源的类型

VRay渲染器除了支持3ds Max默认灯光类型外，还提供了四种VRay渲染器专属的光源类型。VRay光源可以模拟任何灯光环境，使用起来比3ds Max内置光源更为简便，达到的效果也更加逼真。

6.4.1 VRayLight

VRayLight（VRay灯光）的使用频率非常高，其默认的光源形状为具有光源指向的矩形光源。灯光参数控制面板如图6-35所示。

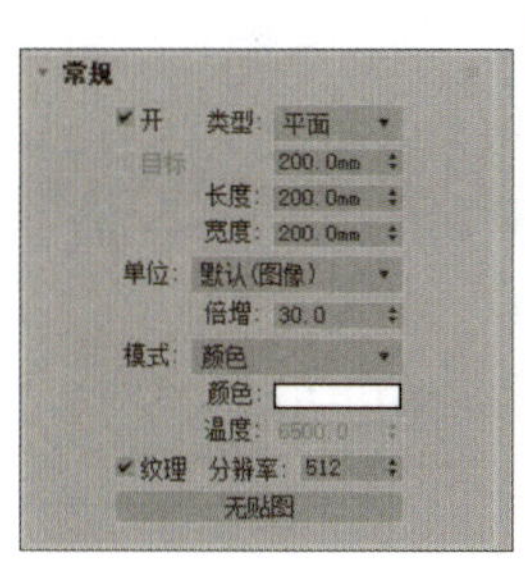

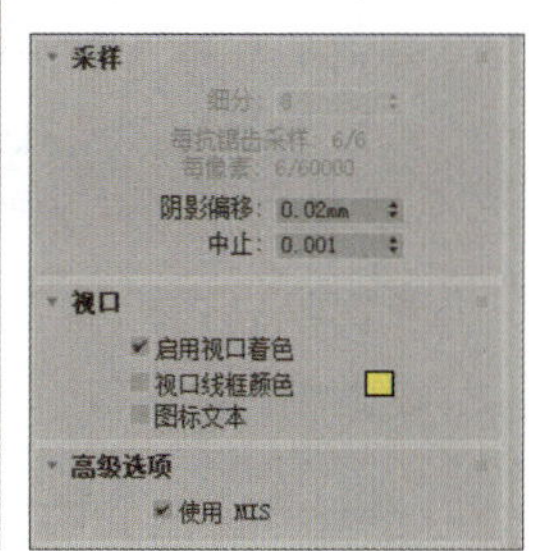

图 6-35

各卷展栏的常用参数含义介绍如下。

学习笔记

1. “常规”卷展栏

- **开：**灯光的开关。选中此复选框，灯光才被开启。
- **类型：**有5种灯光类型可以选择，分别是平面、穹顶、球体、网格以及圆盘，如图6-36所示。

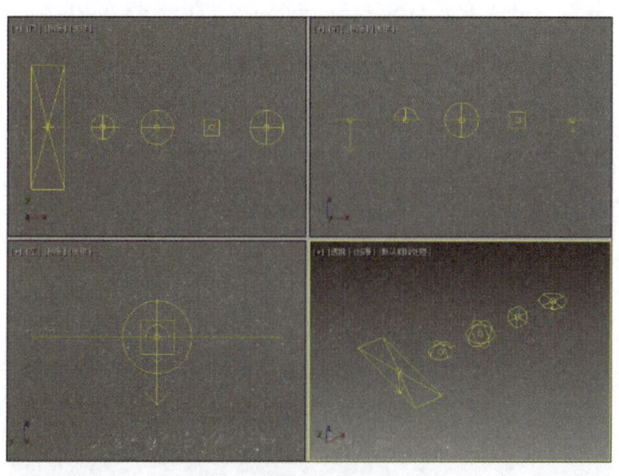

图 6-36

- **长度/宽度：**用于设置面光源的长度和宽度。
- **单位：**VRay的默认单位，以灯光的亮度和颜色来控制灯光的光照强度。
- **倍增：**用于控制光照的强弱。
- **颜色：**用于设置光源发光的颜色。
- **纹理：**用于控制是否使用纹理贴图作为半球光源。

2. “选项”卷展栏

- **排除：**用于排除灯光对物体的影响。
- **投射阴影：**用于控制是否对物体的光照产生阴影。
- **双面：**用于控制是否在面光源的两面都产生灯光效果。
- **不可见：**用于控制是否在渲染的时候显示VRay灯光的形状。
- **不衰减：**选中此复选框，灯光强度将不随距离而减弱。
- **天光入口：**选中此复选框，将把VRay灯光转换为天光。

- **存储发光贴图：** 选中此复选框，同时为发光贴图命名并指定路径，这样VRay灯光的光照信息将保存。在渲染光子时会很慢，但最后可直接调用发光贴图，减少渲染时间。
- **影响漫反射：** 用于控制灯光是否影响材质属性的漫反射。
- **影响高光：** 用于控制灯光是否影响材质属性的高光。
- **影响反射：** 用于控制灯光是否影响材质属性的反射。

3. "采样"卷展栏

- **细分：** 用于控制VRay灯光的采样细分。
- **阴影偏移：** 用于控制物体与阴影偏移距离。
- **中止：** 用于控制灯光中止的数值，一般情况下不用修改该参数。

6.4.2 VRayIES

> **知识拓展**
>
> 其他部分的选项，读者可以自己做测试，通过测试就会更深刻地理解它们的用途。测试，是学习VRay最有效的方法，只有通过不断的测试，才能真正理解每个参数的含义，才能做出逼真的效果。在学习VRay的时候，要避免死记硬背，要从原理层次去理解参数。

VRayIES灯光的原理与目标灯光相似，都是通过IES文件模拟不同的射灯光束，但VRayIES比目标灯光的功能要多很多，可以利用VRayIES制作出普通照明无法做到的散射、多层反射、荧光灯等效果。图6-37所示为创建的VRayIES灯光。

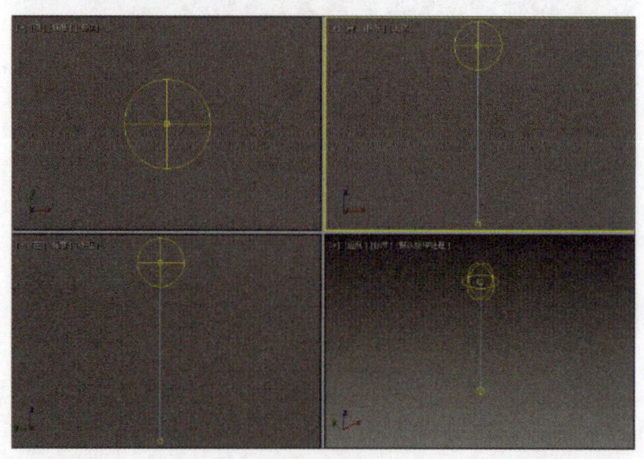

图 6-37

"VRay光域网（IES）参数"卷展栏如图6-38所示，因为很多参数与VRayLight相同，这里仅对关键参数进行介绍。

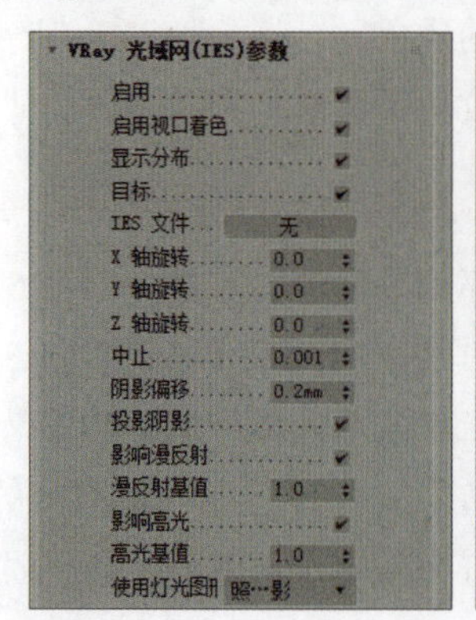

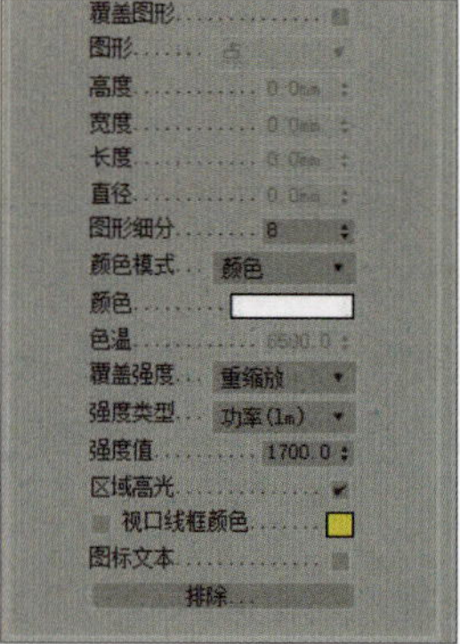

图 6-38

- **启用：** 此选项用于控制是否开启灯光。
- **IES文件：** 载入光域网文件的通道。
- **图形细分：** 用于控制阴影的质量。
- **颜色：** 用于控制灯光产生的颜色。
- **强度值：** 用于控制灯光的照射强度。

6.4.3 VRaySun

VRaySun（VRay太阳光）主要用于模拟太阳光，通常和VR-天空配合使用。创建VRay太阳光时，会弹出一个提示选择是否添加一张“VRay天空”环境贴图，单击“是”按钮即可创建VRaySun，如图6-39、图6-40所示。

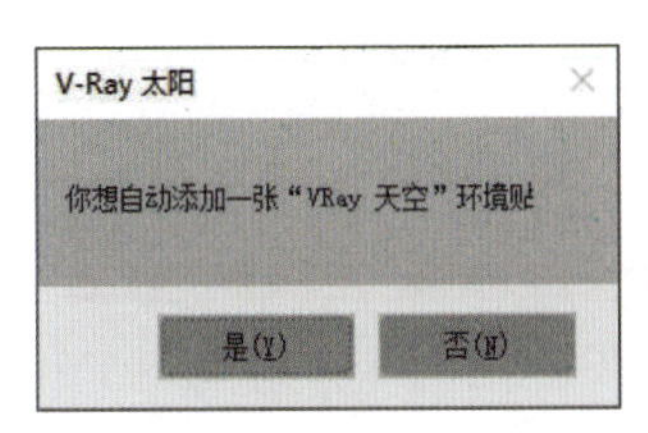

图 6-39

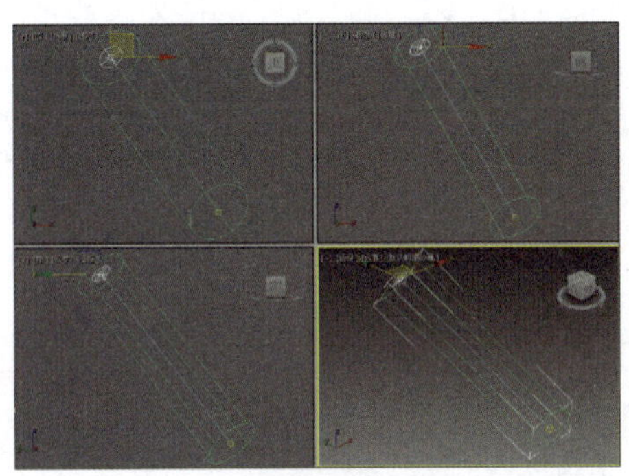

图 6-40

添加“VRay天空”环境贴图后，场景中就有两个光源——VRay太阳光和VRay天光，两者参数基本相同。这里重点介绍VRaySun，其参数面板如图6-41所示。

VRay 太阳参数
启用
不可见
影响漫反射
漫反射基值 1.0
影响高光
高光基值 1.0
投射大气阴影
浊度 2.5
臭氧 0.35
强度倍增 1.0
大小倍增 1.0
过滤颜色
颜色模式 过滤
阴影细分 3
阴影偏移 0.2mm
光子发射半径 50.0mm
天空模型 Hos…al
间接水平照明 25000
地面反照率
混合角度 5.739
地平线偏移 0.0
排除...

图 6-41

面板中常用选项的含义介绍如下。

- **启用：** 用于控制阳光的开关。
- **不可见：** 用于控制在渲染时是否显示VRay阳光的形状。
- **浊度：** 用于控制空气中的清洁度，影响太阳和天空的颜色倾向。当数值较小时，空气晴朗干净，颜色倾向为蓝色；当数值较大时，空气混浊，颜色倾向为黄色甚至橘黄色。
- **臭氧：** 表示空气中的氧气含量。数值较小时，阳光会发黄；数值较大时，阳光会发蓝。
- **强度倍增：** 用于控制阳光的强度。数值越大，灯光越亮；数

操作技巧

在创建VRay太阳光时，将强度倍增值控制在0.06~0.07之间可以得到比较好的光照效果。

知识拓展

添加“VRay天空”环境贴图后，按快捷键8打开“环境和效果”面板，将环境贴图拖动到材质编辑器的一个材质球上，即可对天光参数进行设置，如图6-42所示。

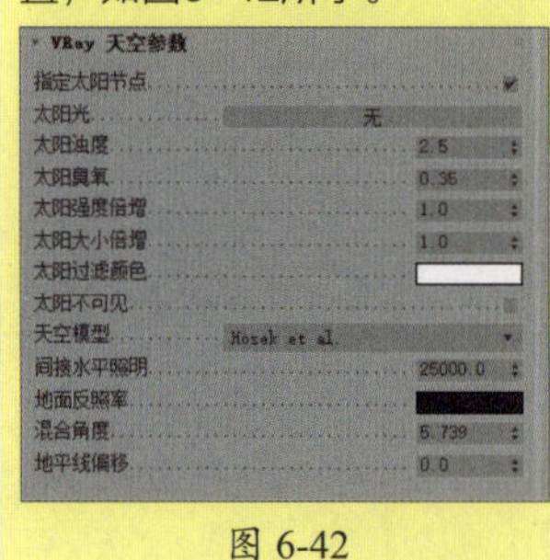

图 6-42

值越小，灯光越暗。

- **大小倍增：** 用于控制太阳的大小，主要表现在控制投影的模糊程度。数值越大，太阳越大，产生的阴影越虚。
- **过滤颜色：** 用于自定义太阳光的颜色。
- **阴影细分：** 用于控制阴影的品质。值较大，模糊区域的阴影将会比较光滑，没有杂点。
- **阴影偏移：** 用来控制物体与阴影偏移距离，较高的值会使阴影向灯光的方向偏移。如果该值为1.0，阴影无偏移；如果该值大于1.0，阴影远离投影对象；如果该值小于1.0，阴影靠近投影对象。
- **天空模型：** 选择天空的模型，可以选择晴天，也可以选择阴天。
- **地面反照率：** 通过颜色控制画面的反射颜色。
- **排除：** 将物体排除于阳光照射范围之外。

课堂练习 用VRayLight模拟台灯效果

本案例中将利用VRayLight来模拟台灯光源效果，具体操作和设置介绍如下。

步骤 01 打开准备好的模型场景，如图6-43所示。

步骤 02 渲染摄影机视口，当前效果如图6-44所示。

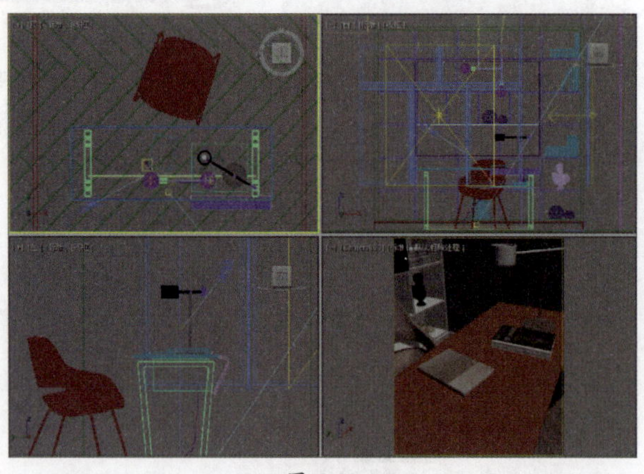

图 6-43

图 6-44

步骤 03 在VRay光源面板中单击VRayLight按钮，在“常规”卷展栏中设置灯光类型为“球体”，在视口中创建一个VRayLight，调整位置至台灯灯罩内部，如图6-45所示。

步骤 04 渲染摄影机视口，添加光源后的效果如图6-46所示。

步骤 05 切换到“修改”面板，在“常规”卷展栏中设置灯光半径和倍增，在“选项”卷展栏中选中“不可见”复选框，在“采样”卷展栏中设置细分值，如图6-47所示。

步骤 06 渲染摄影机视口，最终效果如图6-48所示。

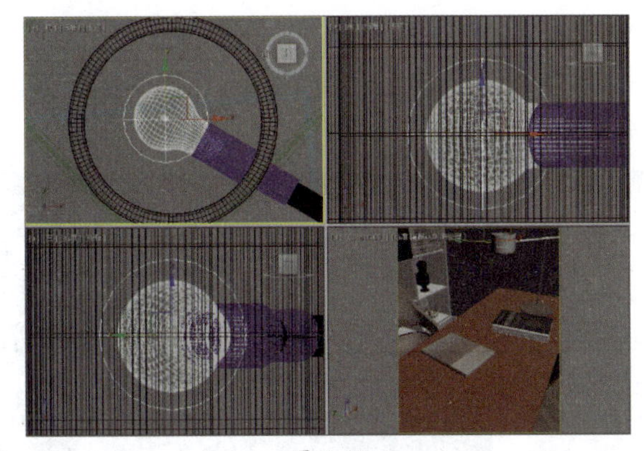

图 6-45

图 6-46

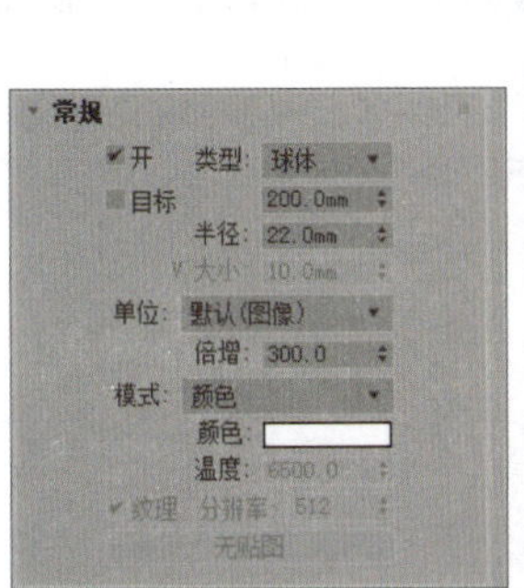

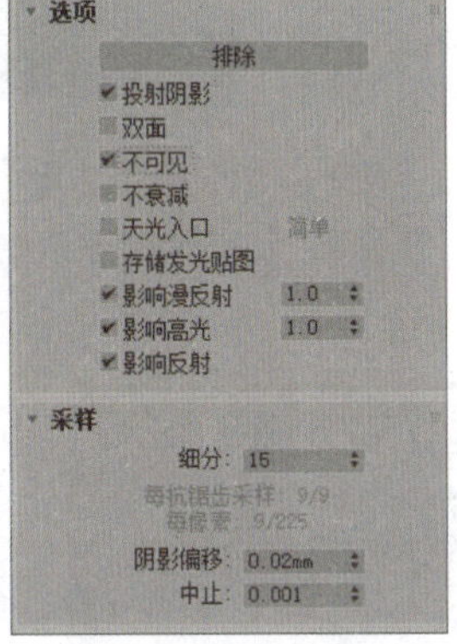

图 6-47

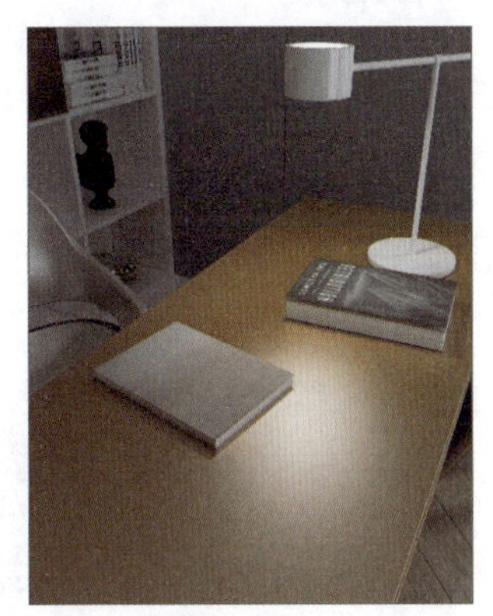

图 6-48

课堂练习 布置休息室场景光源

本案例将利用目标平行光来模拟太阳光照射的效果，具体操作和设置介绍如下。

步骤 01 打开准备好的模型场景，如图6-49所示。

步骤 02 在VRay灯光创建面板中单击VRayLight按钮，在左视图中创建一盏VRay面光，如图6-50所示。

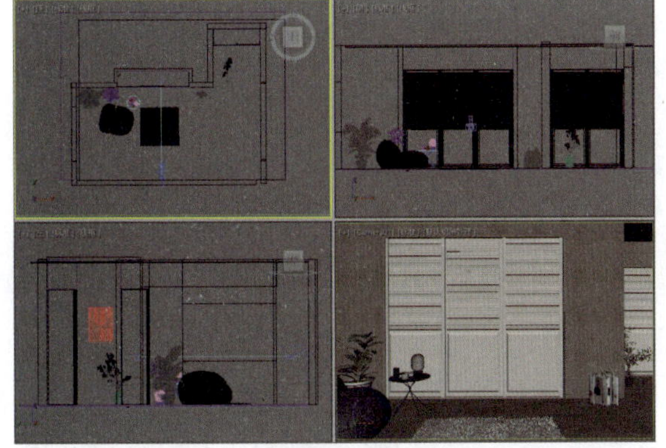

图 6-49

图 6-50

步骤 03 在“常规”“选项”“采样”参数卷展栏中设置灯光尺寸、强度、颜色等属性，如图6-51所示。

步骤 04 渲染摄影机视口，效果如图6-52所示。

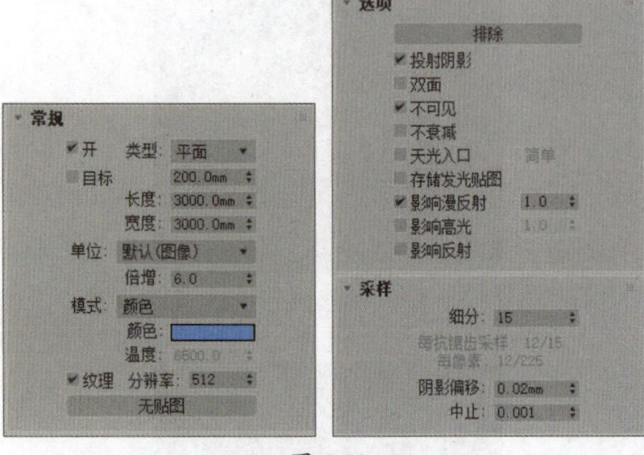

图 6-51

图 6-52

步骤 05 按住Shift键复制VRay灯光，并修改“常规”卷展栏中的强度和颜色参数，如图6-53、图6-54所示。

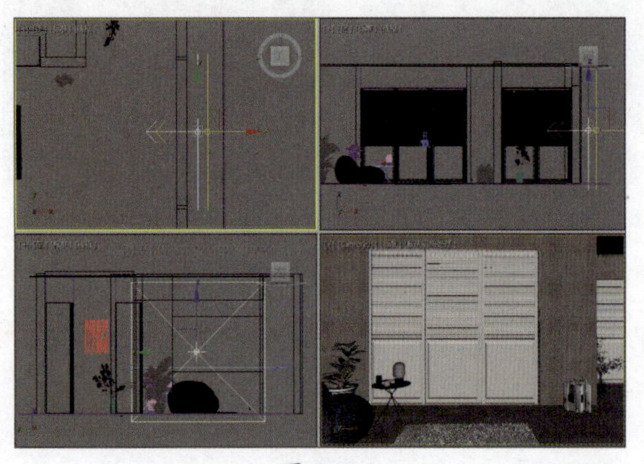

图 6-53

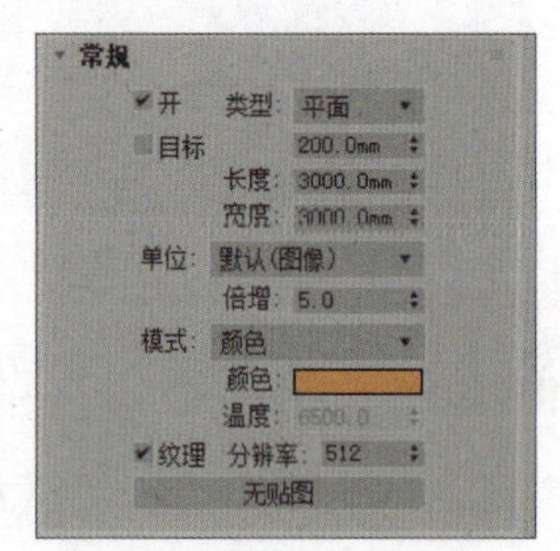

图 6-54

步骤 06 渲染摄影机视口，效果如图6-55所示。

步骤 07 复制VRay灯光，并移动到另一侧窗户外侧，如图6-56所示。

图 6-55

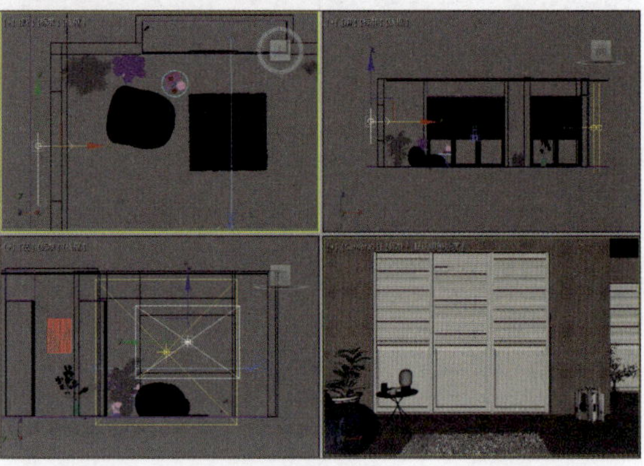

图 6-56

步骤 08 重新调整灯光尺寸、颜色、强度等属性参数，如图6-57所示。

步骤 09 渲染摄影机视口，效果如图6-58所示。

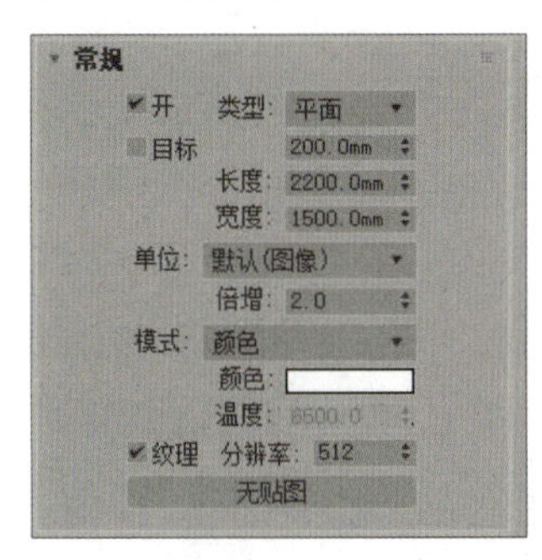

图 6-57

图 6-58

步骤 10 在“标准”灯光创建面板中单击“目标平行光”按钮，在场景中创建一盏目标平行光，然后调整灯光位置和角度，接着调整灯光的阴影、强度、颜色等属性参数，如图6-59、图6-60所示。

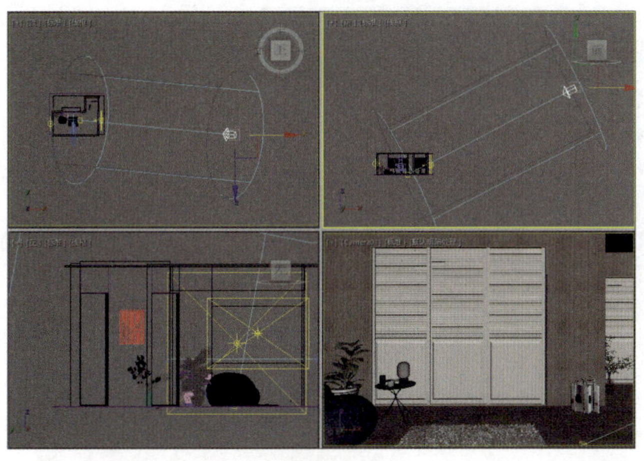

图 6-59

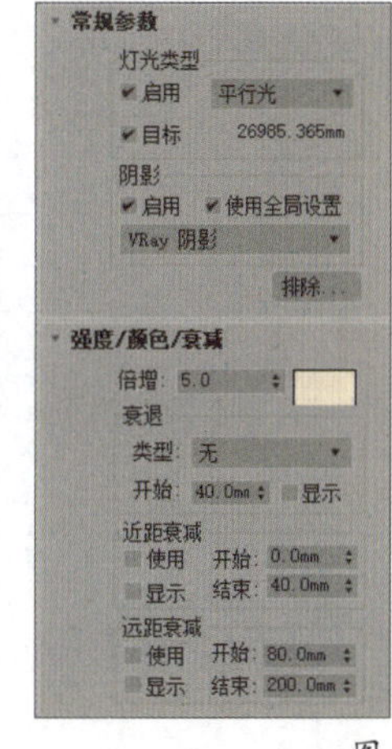

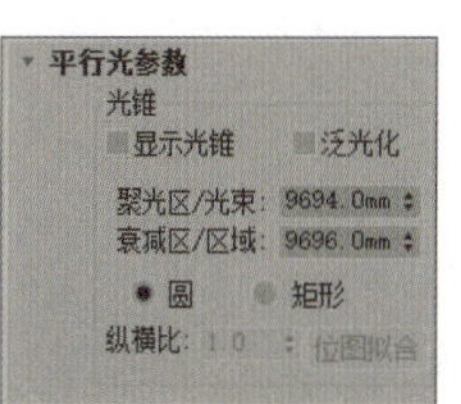

图 6-60

步骤 11 渲染摄影机视口，太阳光效果如图6-61所示。

步骤 12 在“VRay阴影参数”卷展栏中选中“区域阴影”复选框，设置尺寸和细分值，如图6-62所示。

步骤 13 渲染摄影机视口，效果如图6-63所示。

图 6-61

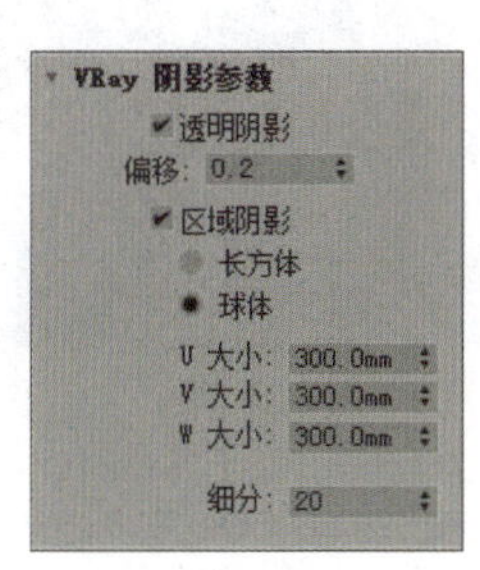

图 6-62

图 6-63

强化训练

1. 项目名称

布置厨房场景光源

2. 项目分析

灯光元素在室内设计中的合理应用，能够通过灯光及光影的变化来营造一种独特的氛围，再加上两者的动态变化，更是增强了室内空间的灵动效果，从而可以更好地烘托室内环境氛围。在设计厨房的灯光时，应使用温暖的灯光，这样既能让人感到温暖，又能让人享受到愉快的就餐氛围。在布置灯光时，首先要考虑实际灯光所产生的光源效果，其次要考虑室外天光对室内空间的影响。

3. 项目效果

为场景布置灯光后的效果如图6-64、图6-65所示。

图 6-64

图 6-65

4. 操作提示

①创建VRayIES来模拟射灯光源。

②创建VRay面光模拟灯带光源。

③创建VRay面光作为室外补光。

第7章 摄影机与渲染器

内容导读

当场景中的模型、材质以及灯光创建完成后，只需创建摄影机就可对其进行渲染了。创建摄影机后，其位置、摄影角度、焦距等都可以调整，再通过设置渲染参数，就可以渲染出真实的光影效果和各种不同的物体质感。

通过对本章内容的学习能够让读者掌握摄影机与渲染器的操作，渲染出更加真实的场景效果。

要点难点

- 了解摄影机知识
- 熟悉摄影机类型
- 掌握各类摄影机的应用
- 熟悉渲染基础知识
- 掌握渲染参数的设置

7.1 摄影机的知识

摄影机在3DMax中不仅可以起到固定画面角度的作用，还可以设置特效、控制渲染效果。摄影机在一幅作品中起着重大作用，比如一个比较小的空间，我们通过很好的摄影机的视角和参数的设置，从而使整个空间在视觉上增大。

7.1.1 认识摄影机

真实世界中的摄影机是使用镜头将环境反射的灯光聚焦到具有灯光敏感性曲面的焦点平面。在3ds Max中，摄影机相关的参数主要包括焦距和视野。

1. 焦距

焦距是指镜头和灯光敏感性曲面的焦点平面间的距离。焦距影响成像对象在图片上的清晰度。焦距越小，图片中包含的场景越多；焦距越大，图片中包含的场景越少，但会显示远距离成像对象的更多细节。

2. 视野

视野用于控制摄影机可见场景的数量，以水平线度数进行测量。视野与镜头的焦距直接相关，例如35 mm的镜头显示水平线约为54°。焦距越大，视野越窄；焦距越小，视野越宽。

7.1.2 摄影机的操作

在3ds Max中，可以通过多种方法创建摄影机，并能够使用移动与旋转工具对摄影机进行移动和定向操作，同时应用备用的各种镜头参数来控制摄影机的观察范围和效果。

1. 摄影机的创建与变换

对摄影机进行移动操作时，通常针对目标摄影机，可以对摄影机和摄影机目标点分别进行移动。由于目标摄影机被约束指向其目标，无法沿着其自身的*X*轴和*Y*轴进行旋转，因此旋转操作主要针对自由摄影机。

2. 摄影机的常用参数

摄影机的常用参数包括镜头的选择、视野的设置、大气范围和裁剪范围的控制等。

7.2 摄影机的类型

摄影机可以从特定的观察点来表现场景，模拟真实世界中的静止图像、运动图像或视频，并能够制作某些特殊的效果，如景深和运动模糊等。3ds Max提供了三种摄影机类型，分别是物理摄影机、目标摄影机和自由摄影机。

7.2.1 物理摄影机

物理摄影机可以模拟用户熟悉的真实摄影机设置，例如快门速度、光圈、景深和曝光。借助增强的控件和额外的视口内反馈，让创建逼真的图像和动画变得更加容易。

1. 基本参数

“基本”参数卷展栏如图7-1所示，下面将对其中各参数的含义进行介绍。

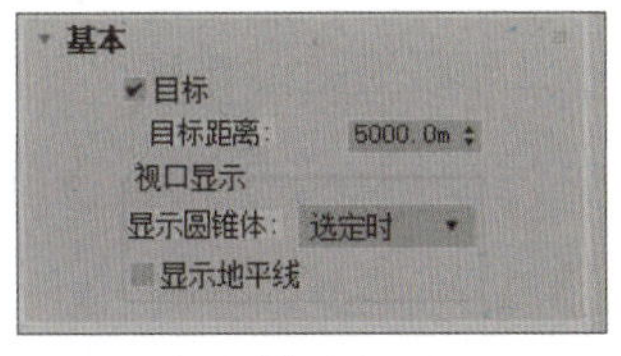

图 7-1

- **目标：** 启用该选项后，摄影机包括目标对象，并与目标摄影机的行为相似。
- **目标距离：** 设置目标与焦平面之间的距离，会影响聚焦、景深等。
- **显示圆锥体：** 在显示摄影机圆锥体时，可选择“选定时”“始终”或“从不”三种选项。
- **显示地平线：** 启用该选项后，地平线在摄影机视口中显示为水平线（假设摄影机帧包括地平线）。

2. 物理摄影机参数

“物理摄影机”参数卷展栏如图7-2所示。下面将对其中常用参数的含义进行介绍。

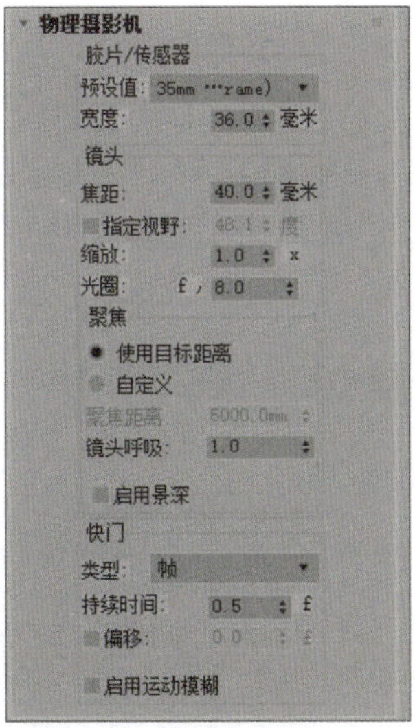

图 7-2

- **预设值：** 选择胶片模型或电荷耦合传感器。选项包括35 mm（全画幅）胶片（默认设置），以及多种行业标准传感器设置。每个设置都有其默认宽度值。“自定义”选项用于选择任意宽度。
- **宽度：** 可以手动调整帧的宽度。
- **焦距：** 设置镜头的焦距，默认值为40 mm。
- **指定视野：** 启用该选项时，可以设置新的视野值。默认的视野值取决于所选的胶片/传感器预设值。
- **缩放：** 在不更改摄影机位置的情况下缩放镜头。
- **光圈：** 将光圈设置为光圈数，或“F制光圈”。此值将影响曝光和景深。光圈值越低，光圈越大并且景深越窄。

- **镜头呼吸：** 通过将镜头向焦距方向移动或远离焦距方向来调整视野。镜头呼吸值为0.0表示禁用此效果。默认值为1.0。
- **启用景深：** 启用该选项时，摄影机在不等于焦距的距离上生成模糊效果。景深效果的强度基于光圈设置。
- **类型：** 选择测量快门速度使用的单位。帧（默认设置），通常用于计算机图形；分或秒，通常用于静态摄影；度，通常用于电影摄影。
- **偏移：** 启用该选项时，指定相对于每帧的开始时间的快门打开时间。更改此值会影响运动模糊。
- **启用运动模糊：** 启用该选项后，摄影机可以生成运动模糊效果。

知识拓展

物理摄影机作为3ds Max自带的目标摄影机，具有很多优秀的功能，比如焦距、光圈、白平衡、快门速度和曝光等，这些参数与单反相机是非常相似的。因此，想要熟练地应用物理摄影机，可以适当学习一些单反相机的相关知识。

3. 曝光参数

“曝光”参数卷展栏如图7-3所示。下面将对其中各常用参数的含义进行介绍。

- **曝光控制已安装：** 单击使物理摄影机曝光控制处于活动状态。
- **手动：** 通过ISO值设置曝光增益。当此选项处于活动状态时，通过此值、快门速度和光圈设置计算曝光。该数值越高，曝光时间越长。
- **目标：** 设置与三个摄影曝光值的组合相对应的单个曝光值。每次增加或降低EV值，对应的也会分别减少或增加有效的曝光。因此，数值越高，生成的图像越暗；数值越低，生成的图像越亮。默认设置为6.0。
- **光源：** 按照标准光源设置色彩平衡。
- **温度：** 以色温形式设置色彩平衡，以开尔文度表示。
- **启用渐晕：** 启用该选项时，渲染模拟出现在胶片平面边缘的变暗效果。

4. 散景（景深）参数

“散景（景深）”参数卷展栏如图7-4所示。

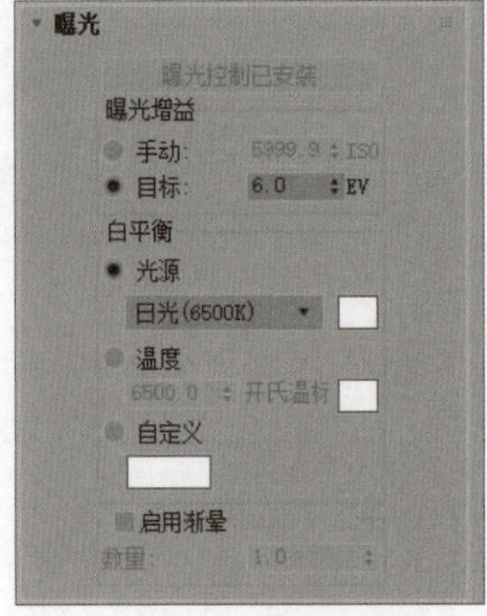

图 7-3

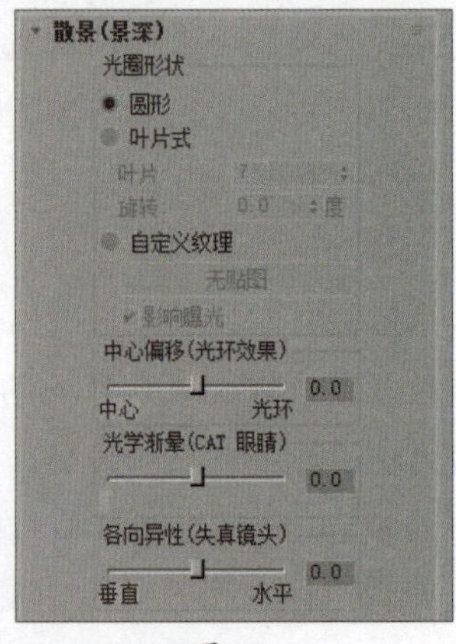

图 7-4

下面将对该卷展栏中各主要参数的含义进行介绍。

- **圆形：**散景效果基于圆形光圈。
- **叶片式：**散景效果使用带有边的光圈。使用“叶片”值设置每个模糊圈的边数，使用“旋转”值设置每个模糊圈旋转的角度。
- **自定义纹理：**使用贴图来用图案替换每种模糊圈。
- **中心偏移（光环效果）：**使光圈透明度向中心（负值）或边（正值）偏移。正值会增加焦区域的模糊量，负值会减小模糊量。
- **光学渐晕（CAT眼睛）：**通过模拟猫眼效果使帧呈现渐晕效果。

7.2.2 目标摄影机

目标摄影机用于观察目标点附近的场景内容，它由摄影机、目标点两部分组成，可以很容易地单独进行控制调整，并分别设置动画。

1. 参数

摄影机的常用参数包括镜头的选择、视野的设置、大气范围和裁剪范围的控制等，主要集中在“参数”卷展栏中，如图7-5所示。下面对其中常用选项的含义进行介绍。

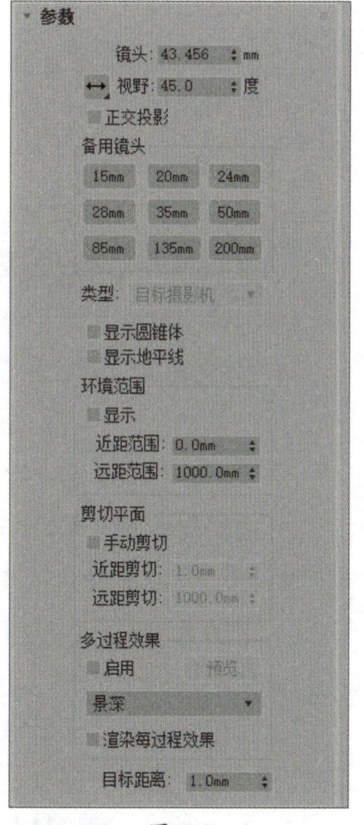

图 7-5

- **镜头：**以mm为单位设置摄影机的焦距。
- **视野：**用于决定摄影机查看区域的宽度，可以通过水平、垂直或对角线这三种方式测量应用。
- **备用镜头：**该选项组提供了9种常用的预置镜头。
- **类型：**切换摄影机的类型，包含目标摄影机和自由摄影机两种。
- **显示圆锥体：**显示摄影机视野定义的锥形光线。
- **显示地平线：**在摄影机中的地平线上显示一条深灰色的线条。
- **显示：**显示在摄影机锥形光线内的矩形。
- **近距范围/远距范围：**用于设置大气效果的近距范围和远距范围。
- **手动剪切：**启用该选项可以定义剪切的平面。

- **近距剪切/远距剪切：** 用于设置近距和远距平面。
- **目标距离：** 当使用目标摄影机时，设置摄影机与其目标之间的距离。

2. 景深参数

景深是多重过滤效果，通过模糊到摄影机焦点某距离处帧的区域，使图像焦点之外的区域产生模糊效果。景深的启用和控制，主要在“景深参数”卷展栏中进行设置，如图7-6所示。下面对其中各参数的含义进行介绍。

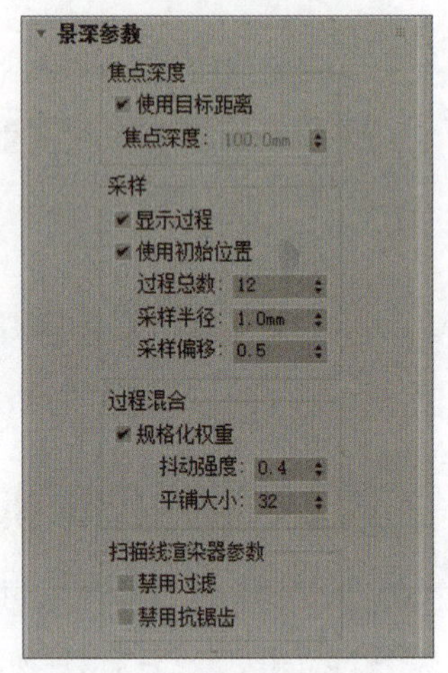

图 7-6

- **使用目标距离：** 启用该选项后，系统会将摄影机的目标距离用作每个过程偏移摄影机的点。
- **焦点深度：** 当关闭“使用目标距离”选项，该选项可以用来设置摄影机的偏移深度。
- **显示过程：** 启用该选项后，“渲染帧窗口”对话框中将显示多个渲染通道。
- **使用初始位置：** 启用该选项后，第一个渲染过程将位于摄影机的初始位置。
- **过程总数：** 设置生成景深效果的过程数。增大该值可以提高效果的真实度，但是会增加渲染时间。
- **采样半径：** 设置模糊半径。数值越大，模糊越明显。
- **采样偏移：** 设置模糊靠近或远离“采样半径”的权重。增加该值将增加景深模糊的数量级，从而得到更加均匀的景深效果。
- **规格化权重：** 启用该选项后可以产生平滑的效果。
- **抖动强度：** 设置应用于渲染通道的抖动程度。
- **平铺大小：** 设置图案的大小。
- **禁用过滤：** 启用该选项后，系统将禁用过滤的整个过程。
- **禁用抗锯齿：** 启用该选项后，可以禁用抗锯齿功能。

如果场景中只有一个摄影机时，按快捷键C键，视图将会自动转换为摄影机视图；如果场景中有多个摄影机，在未选择任何摄影机的情况下按快捷键C键，会弹出“选择摄影机”对话框，如图7-7所示，从中选择需要的摄影机即可。

图 7-7

7.2.3 自由摄影机

自由摄影机可以在摄影机指向的方向查看区域，与目标摄影机非常相似，不同的是自由摄影机比目标摄影机少了一个目标点，自由摄影机由单个图标表示，可以更轻松地设置摄影机动画。其参数卷展栏与目标摄影机基本相同，这里不再赘述。

课堂练习 为场景创建摄影机

本案例中将介绍目标摄影机的应用，具体操作步骤介绍如下。

步骤 01 打开素材场景，调整透视视口，如图7-8所示。

步骤 02 渲染场景，观察透视视口下的渲染效果，如图7-9所示。

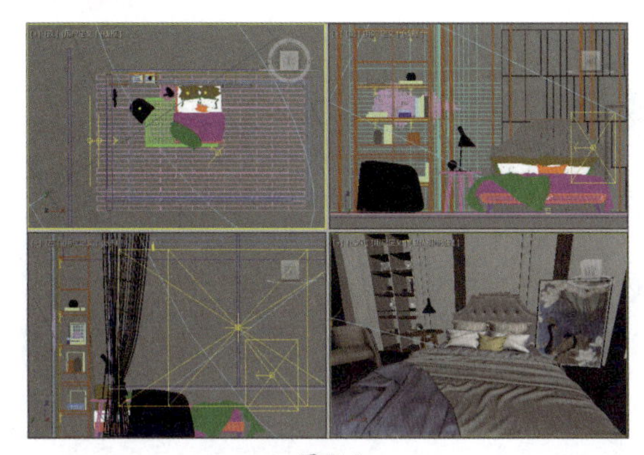

图 7-8

图 7-9

步骤 03 在“标准”摄影机命令面板中单击“目标”按钮，为场景创建目标摄影机，调整摄影机的位置及角度，如图7-10所示。

步骤 04 调整摄影机镜头及剪切平面，如图7-11所示。

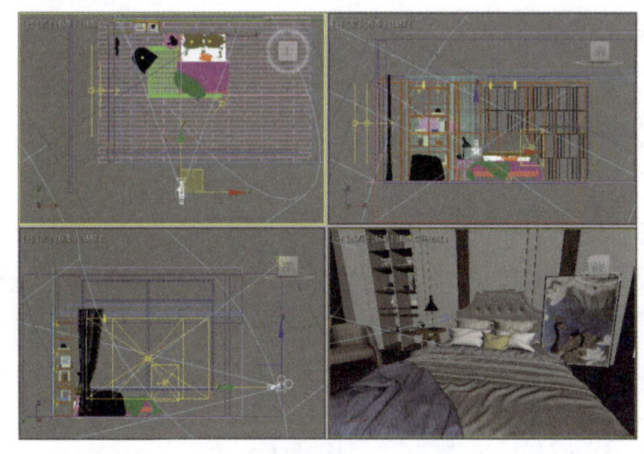

图 7-10

图 7-11

步骤 05 激活透视视口，按C键切换到摄影机视口，再次调整摄影机，如图7-12所示。

步骤 06 渲染摄影机视口，效果如图7-13所示。

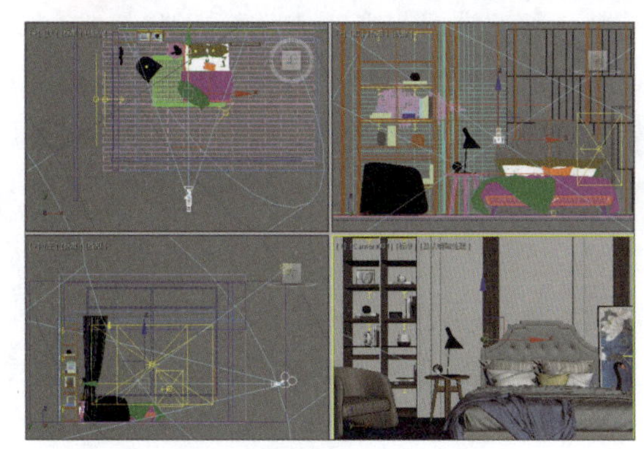

图 7-12

图 7-13

7.3 渲染基础知识

对于3ds Max三维设计软件来讲，对系统要求较高，无法实时预览，因此需要先进行渲染才能看到最终效果。可以说，渲染是效果图创建过程中最为重要的一个环节。下面将首先对渲染的相关基础知识进行介绍。

7.3.1 渲染器类型

3ds Max自带了多种渲染器，包括Arnold、ART渲染器、Quicksilver硬件渲染器、VUE文件渲染器、扫描线渲染器等（见图7-14）。此外，还可以使用外置的渲染器插件，比如VRay渲染器等。下面对各类渲染器的含义进行介绍。

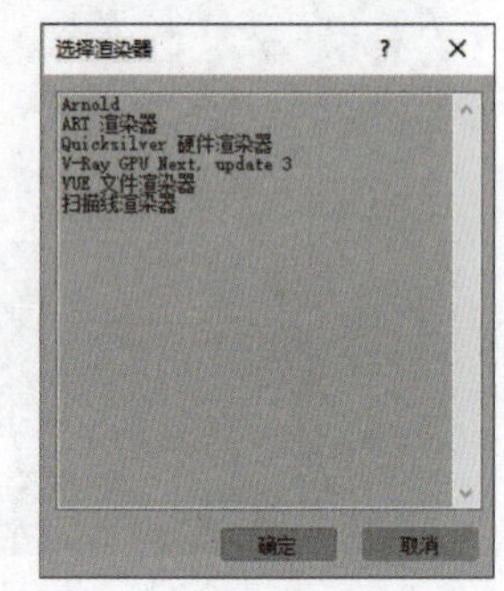

图 7-14

1. Arnold

Arnold渲染器是电影动画渲染用的，渲染起来比较慢，品质高。

2. ART 渲染器

ART渲染器可以为任意的三维空间工程提供真实的基于硬件的灯光现实仿真技术，各部分独立，互不影响，实时预览功能强大，支持尺寸和dpi格式。

3. Quicksilver 硬件渲染器

Quicksilver硬件渲染器使用图形硬件生成渲染。Quicksilver硬件渲染器的一个优点是它的渲染速度快。默认设置提供快速渲染。

4. VUE 文件渲染器

VUE文件渲染器可以创建VUE（.vue）文件。VUE文件使用可编辑ASCII码格式。

5. 扫描线渲染器

扫描线渲染器是默认的渲染器。默认情况下，通过“渲染场景”对话框或者Video Post渲染场景时，可以使用扫描线渲染器。扫描线渲染器是一种多功能渲染器，可以将场景渲染为从上到下生成的一系列扫描线。默认扫描线渲染器的渲染速度是最快的，但是真实度一般。

6. V-Ray 渲染器

V-Ray渲染器是渲染效果相对比较优质的渲染器，也是制作效果图时较为常用的渲染器。有关V-Ray渲染器的详细内容将在7.4节介绍。

7.3.2 渲染工具

3ds Max的主工具栏（见图7-15）中提供了多个渲染工具，以便于设置渲染参数、渲染场景并观察渲染效果。

图 7-15

- **渲染设置**：单击该按钮即可打开“渲染设置”对话框，基本上所有的渲染参数都在该对话框中进行设置。
- **渲染帧窗口**：单击该按钮可以打开“渲染帧窗口”对话框，显示最近的渲染效果。在该对话框中可以完成选择渲染区域、切换通道和储存渲染图像等任务。
- **渲染产品**：单击该按钮可以使用当前的产品级渲染设置来渲染场景。
- **在线渲染**：通过Autodesk A360设置在线渲染。
- **打开A360库**：在默认Web浏览器中打开A360图像库。

7.3.3 渲染帧窗口

在3ds Max中进行渲染，都是通过“渲染帧窗口”来查看和编辑渲染结果的。要渲染的区域设置也在“渲染帧窗口”中，如图7-16所示。

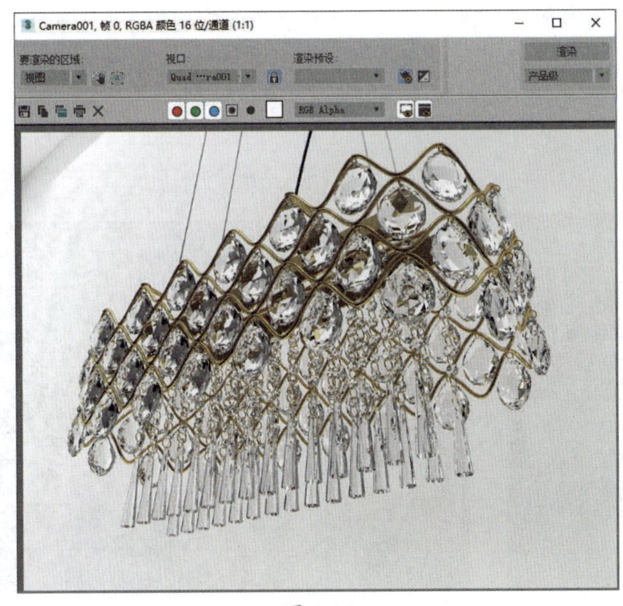

图 7-16

下面介绍较为常用的功能按钮。

- **保存图像**：单击该按钮，可保存在渲染帧窗口中显示的渲染图像。

- **复制图像**：单击该按钮，可将渲染图像复制到系统后台的剪贴板中。
- **克隆渲染帧窗口**：单击该按钮，将创建另一个包含显示图像的渲染帧窗口。
- **打印图像**：单击该按钮，可调用系统打印机打印当前渲染图像。
- **清除**：单击该按钮，可将渲染图像从渲染帧窗口中删除。
- **颜色通道**：可控制红、绿、蓝以及单色和灰色等颜色通道的显示。
- **切换UI叠加**：激活该按钮后，当使用渲染范围类型时，可以在渲染帧窗口中渲染范围框。
- **切换UI**：激活该按钮后，将显示渲染的类型、视口的选择等功能面板。
- **编辑区域**：激活该按钮后，可以在窗口中选择要渲染的局部区域。

课堂练习 保存渲染效果

在渲染场景后，渲染结果就会显示在渲染帧窗口中，通过该窗口可以进行渲染图像的保存、复制、打印等操作。本案例中将介绍渲染效果的保存操作，下面介绍具体操作步骤。

步骤01 打开上一案例的场景文件，如图7-17所示。

步骤02 激活摄影机视口，按F9键渲染场景，效果如图7-18所示。

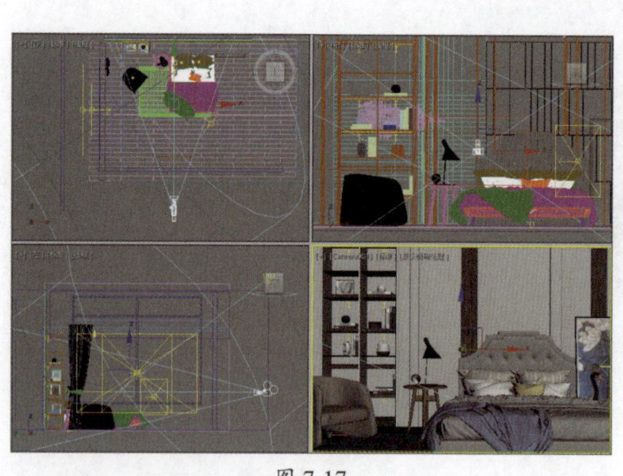

图 7-17

图 7-18

步骤03 单击渲染帧窗口左上方的“保存”按钮，弹出“保存图像”对话框，从中指定存储路径，选择保存类型为“PNG图像文件”，输入文件名，如图7-19所示。

步骤04 单击“保存”按钮，弹出“PNG配置”对话框（见图7-20），保持默认选项。

步骤05 单击“确定”按钮即可保存渲染效果。

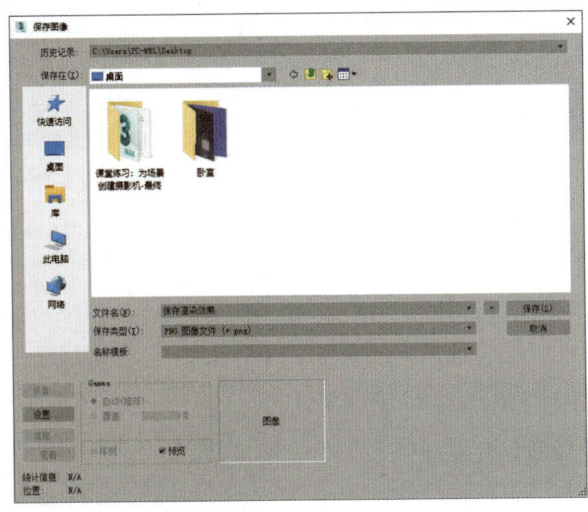

图 7-19

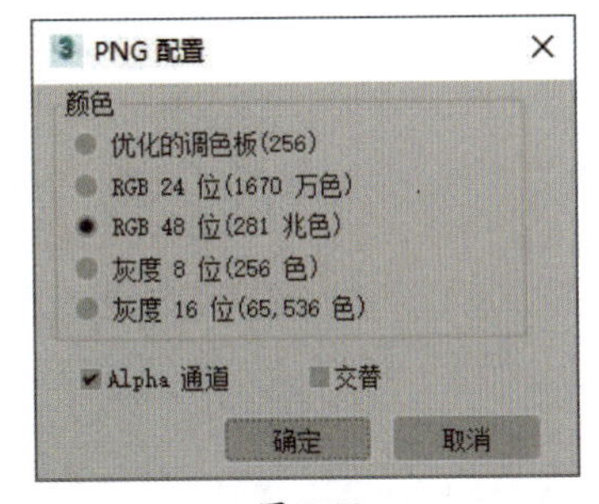

图 7-20

7.4 V-Ray渲染器

V-Ray渲染器是模拟真实光照的全局光渲染器，无论是静止画面还是动态画面，其真实性和可操作性都让用户为之惊讶。

V-Ray渲染器具有对照明的仿真，以帮助做图者完成犹如照片般的图像；可以表现出高级的光线追踪，以表现出表面光线的散射效果和动作的模糊化。除此之外，V-Ray渲染器还能带给用户很多让人惊叹的功能，它极快的渲染速度和较高的渲染质量，吸引了全世界的很多用户。

使用V-Ray渲染器进行渲染之前，需要对渲染参数做进一步的设置，才能更好地表现场景效果。下面介绍较为常用的参数面板。

1. 公用参数

“公用参数”卷展栏用于设置所有渲染输出的公用参数。其参数面板如图7-21所示，下面介绍该卷展栏中常用参数的含义。

- **时间输出：** 选择要渲染的时间段，可以是单个帧，也可以是一段时间。
- **要渲染的区域：** 分为视图、选定对象、区域、裁剪、放大5种。
- **输出大小：** 从该下拉列表中可以选择几个标准的电影和视频分辨率以及纵横比。
- **光圈宽度（毫米）：** 指定用于创建渲染输出的摄影机光圈宽度。

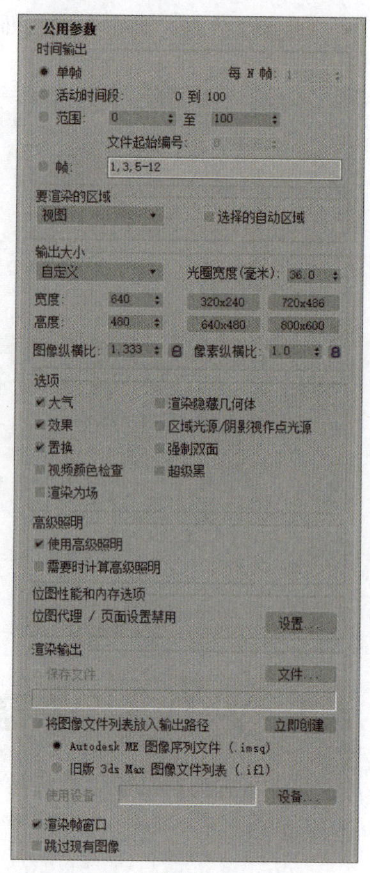

图 7-21

- **宽度/高度：** 以像素为单位指定图像的宽度和高度，也可直接选择预设尺寸。
- **图像纵横比：** 设置图像的纵横比。
- **像素纵横比：** 设置显示在其他设备上的像素纵横比。
- **大气/效果：** 启用该选项后，可以渲染任何应用的大气效果和渲染效果，如体积雾、模糊。
- **置换：** 渲染任何应用的置换贴图。
- **渲染为场：** 为视频创建动画时，将视频渲染为场，而不是渲染为帧。
- **渲染隐藏几何体：** 渲染场景中所有的几何体对象，包括隐藏的对象。
- **保存文件：** 启用此选项后，进行渲染时 3ds Max 会将渲染后的图像或动画保存到磁盘。
- **将图像文件列表放入输出路径：** 启用此选项可创建图像序列文件，并将其保存。
- **渲染帧窗口：** 在渲染帧窗口中显示渲染输出。
- **跳过现有图像：** 启用此选项且启用“保存文件”后，渲染器将跳过序列中已渲染到磁盘中的图像。

2. 帧缓冲区

“帧缓冲区”卷展栏中的参数可以代替3ds Max自身的帧缓冲窗口，在这里可以设置渲染图像的大小，以及保存渲染图像等。其参数设置面板如图7-22所示。下面介绍该卷展栏中常用参数的含义。

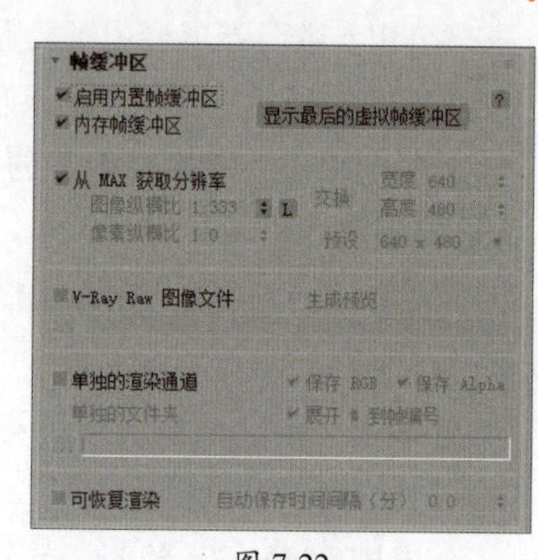

图 7-22

- **启用内置帧缓冲区：** 选中该复选框后，可以使用V-Ray自身的渲染窗口。
- **内存帧缓冲区：** 选中该选项，可将图像渲染到内存，再由帧缓冲区窗口显示出来，可以方便用户观察渲染过程。

- **从MAX获取分辨率：** 当选中该复选框时，将从3ds Max的渲染设置对话框的公用选项卡的“输出大小”选项组中获取渲染尺寸。
- **图像纵横比：** 控制渲染图像的长宽比。
- **宽度/高度：** 设置像素的宽度/高度。
- **V-Ray Raw图像文件：** 控制是否将渲染后的文件保存到所指定的路径中。
- **可恢复渲染：** 选中该复选框后，如果中途停止了渲染，但没有关闭软件或切换打开其他场景文件，即可继续进行渲染。

3. 全局开关

“全局开关”展卷栏中的参数主要用来对场景中的灯光、材质、置换等进行全局设置，比如是否使用默认灯光、是否开启阴影、是否开启模糊等。“全局开关”卷展栏中分为基本模式、高级模式、专家模式三种，专家模式的面板参数是最全面的，如图7-23所示。下面介绍该卷展栏中常用参数的含义。

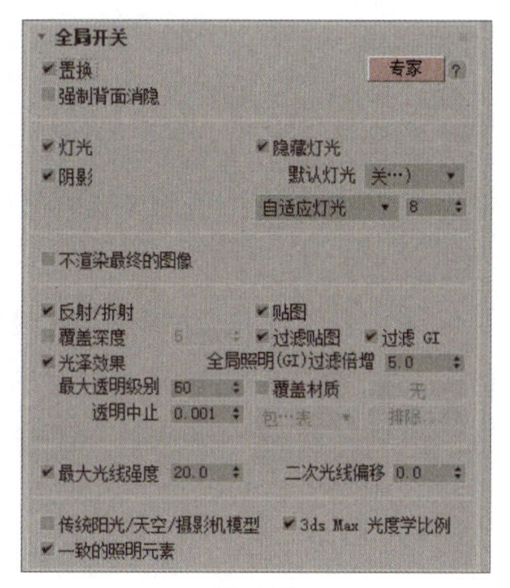

图 7-23

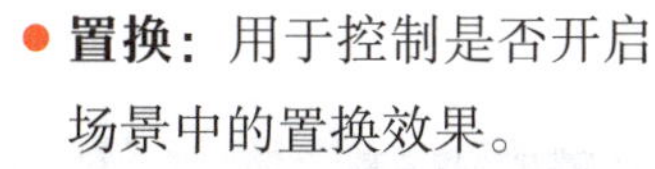

- **置换：** 用于控制是否开启场景中的置换效果。
- **强制背面消隐：** 强制背面消隐与创建对象时背面消隐选项相似，强制背面消隐是针对渲染而言的，选中该复选框后反法线的物体将不可见。
- **灯光：** 用于控制是否开启场景中的光照效果。当关闭该选项时，场景中放置的灯光将不起作用。
- **隐藏灯光：** 用于控制场景是否让隐藏的灯光产生光照。这个选项对于调节场景中的光照非常方便。
- **阴影：** 用于控制场景是否产生阴影。
- **默认灯光：** 在关闭灯光的情况下，可以控制默认灯光的开关。
- **灯光采样：** 用于控制多灯场景的灯光采样策略，包括全光求值、灯光树、自适应灯光三种。
- **不渲染最终的图像：** 用于控制是否渲染最终图像。
- **反射/折射：** 用于控制是否开启场景中的材质的反射和折射效果。
- **覆盖深度：** 用于控制整个场景中的反射、折射的最大深度，后面的输入框数值表示反射、折射的次数。
- **光泽效果：** 是否开启反射或折射模糊效果。

- **贴图：** 用于控制是否让场景中的物体的程序贴图和纹理贴图渲染出来。
- **最大透明级别：** 用于控制透明材质被光线追踪的最大深度。数值越大，被光线追踪的深度越深，效果越好，但渲染速度会变慢。
- **覆盖材质：** 当在后面的通道中设置了一个材质后，场景中所有的物体都将使用该材质进行渲染。这在测试阳光的方向时非常有用。

4. 图像采样器（抗锯齿）

抗锯齿在渲染设置中是一个必须调整的参数，其数值的大小决定了图像的渲染精度和渲染时间。抗锯齿与全局照明精度的高低没有关系，只作用于场景物体的图像和物体的边缘精度。其参数设置面板如图7-24所示。

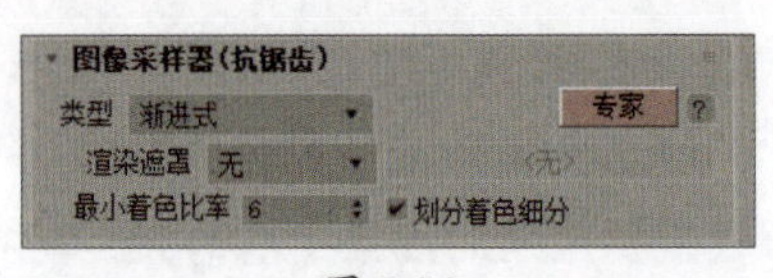

图 7-24

下面介绍该卷展栏中常用参数的含义。

- **类型：** 设置图像采样器的类型，包括“渐进式”和“渲染块”两种。当选择“渐进式”采样器时，下方会出现“渐进式图像采样器”卷展栏，提供相关设置参数，如图7-25所示。当选择“渲染块”采样器时，则会出现“渲染块图像采样器”卷展栏，如图7-26所示。

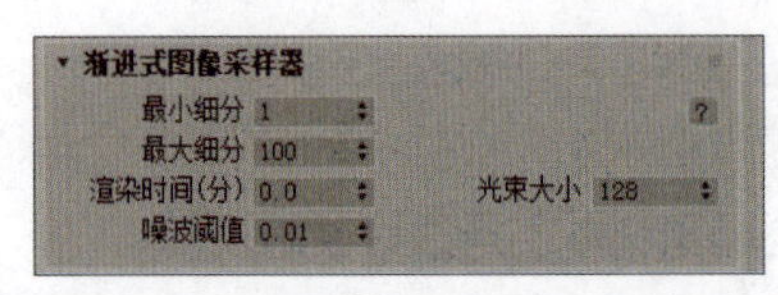

图 7-25

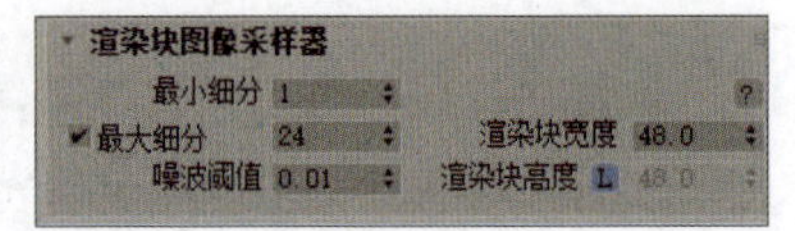

图 7-26

- **渲染遮罩：** 启用渲染蒙版功能。
- **最小着色速率：** 只影响三射线，提高最小着色速率可以增加阴影/折射模糊/反射模糊的精度。推荐使用数值1~6。
- **划分着色细分：** 当关闭抗锯齿过滤器时，常用于测试渲染。渲染速度非常快，但质量较差。

5. 图像过滤器

在该卷展栏（见图7-27）中可以对抗锯齿的过滤方式进行选择。V-Ray渲染器提供了多种抗锯齿过滤器，主要针对贴图纹理或图像边缘进行平滑处理，选择不同的过滤器就会显示该过滤器的相关参数及过滤效果。

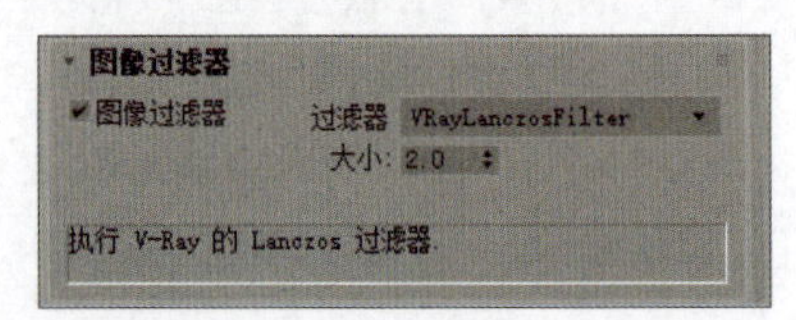

图 7-27

下面介绍该卷展栏中常用参数的含义。

- **图像过滤器：** 选中该复选框可开启子像素过滤。在测试渲染阶段，建议取消选中该选项以加快渲染速度。
- **过滤器：** 提供了17种过滤器类型，包括区域、清晰四方形、Catmull-Rom、图版匹配/MAX R2、四方形、立方体、视频、柔化、Cook变量、混合、Blackman、Mitchell-Netravali、VRayLanczosFilter、VRaySincFilter、VRayBoxFilter、VRayTriangFilter、VRayMitNetFilter。在设置渲染参数时，较为常用的是Mitchell-Netravali和Catmull-Rom，前者可以得到较为平滑的边缘效果，后者边缘比较锐利。
- **大小：** 指定图像过滤器的大小。部分过滤器的大小是固定值，不可调节。

学习笔记

6. 全局确定性蒙特卡洛

全局DMC也就是以往老版本面板中的全局确定性蒙特卡洛，该卷展栏可以说是VRay的核心，贯穿于VRay的每一种模糊计算，包括抗锯齿、景深、间接照明、面积灯光、模糊反射/折射、半透明、运动模糊等。其参数面板如图7-28所示。

图 7-28

下面介绍该卷展栏中常用参数的含义。

- **锁定噪波图案：** 对动画所有帧强制使用相同的噪点分布形态。
- **使用局部细分：** 关闭该选项时，VRay会自动计算着色效果的细分；启用该选项时，材质/灯光/GI引擎可以指定各自的细分。
- **细分倍增：** 场景全部细分的Subdives值的总体倍增值。
- **最小采样：** 确定在使用早期终止算法之前必须获得的最少的样本数量。
- **自适应数量：** 用于控制重要性采样使用的范围。默认值为1，表示在尽可能大的范围内使用重要性采样；0表示不进行重要性采样。减小数值会降低噪波和黑斑，但渲染速度也会减慢。
- **噪波阈值：** 在计算模糊效果是否足够好时，控制VRay的判断能力，在最后的结果中直接转化为噪波。较小的值表示较少的噪波、使用更多的样本并得到更好的图像质量。

7. 颜色贴图

“颜色贴图”卷展栏中的参数用来控制整个场景的色彩和曝光方式，其参数设置面板如图7-29所示。下面介绍该卷展栏中常用参数的含义。

- **类型：** 用于定义色彩转换使用的类型，包括线性倍增、指数、HSV指数、强度指数、伽玛校正、强度伽玛、莱因哈德7种模式。
- **伽玛：** 用于控制最终输出图像的伽玛校正值。
- **倍增/加深值：** 用于控制最终输出图像的暗部亮度与亮部亮度。
- **子像素贴图：** 选中该复选框后，物体的高光区与非高光区的界限处不会有明显的黑边。
- **钳制输出：** 选中该复选框后，在渲染图中有些无法表现出来的色彩会通过限制来自动纠正。
- **影响背景：** 控制是否让曝光模式影响背景。当关闭该选项时，背景不受曝光模式的影响。
- **线性工作流：** 该选项就是一种通过调整图像的灰度值，来使得图像得到线性化显示的技术流程。

8. 全局照明

“全局照明”卷展栏是VRay的核心部分。在修改VRay渲染器时，首先要开启全局照明，这样才能出现真实的渲染效果。开启GI后，光线会在物体与物体间互相反弹，因此光线计算得会更准确，图像也更加真实。其参数面板如图7-30所示。

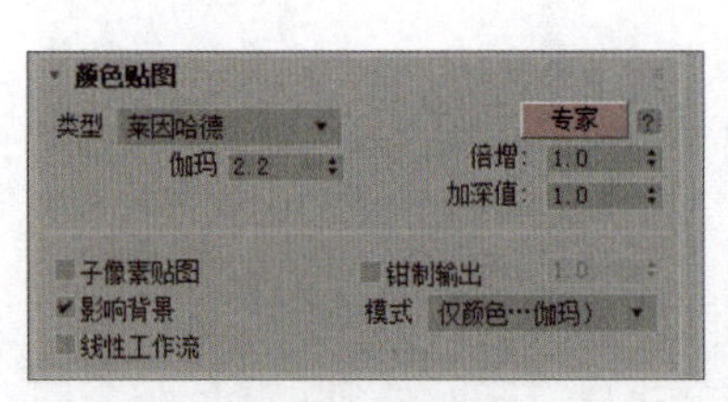

图 7-29

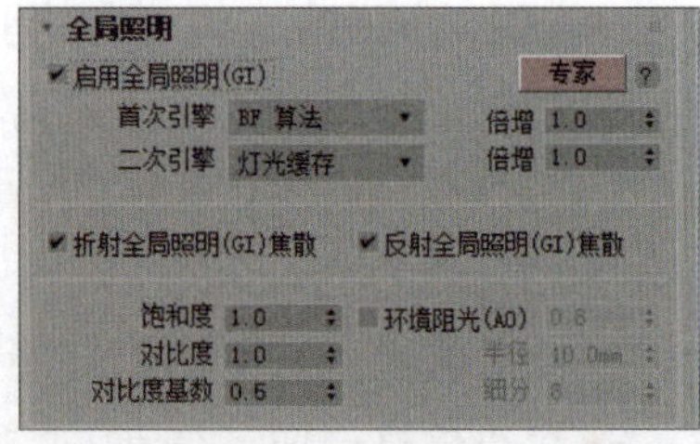

图 7-30

下面介绍该卷展栏中常用参数的含义。

- **启用全局照明（GI）：** 选中该复选框后，将开启GI效果。
- **首次引擎/二次引擎：** VRay计算的光的方法是真实的，光线发射出来后进行反弹，再进行反弹。
- **倍增：** 控制首次反弹和二次反弹光的倍增值。
- **折射全局照明（GI）焦散：** 用于控制是否开启折射焦散效果。
- **反射全局照明（GI）焦散：** 用于控制是否开启反射焦散效果。
- **饱和度：** 可以用来控制色溢，降低该数值可以降低色溢效果。
- **对比度：** 用于控制色彩的对比度。
- **对比度基数：** 用于控制饱和度和对比度的基数。
- **环境阻光：** 控制AO贴图的效果。

- **半径：** 用于控制环境阻光（AO）的半径。
- **细分：** 用于设置环境阻光（AO）的细分。

9. 发光贴图

在VRay渲染器中，发光贴图是计算场景中物体的漫反射表面发光的时候会采取的一种有效的方法。发光贴图是一种常用的全局照明引擎，它只存在于首次反弹引擎中，因此在计算GI的时候，并不是场景的每一个部分都需要同样的细节表现，它会自动判断在重要的部分进行更加准确的计算，在不重要的部分进行粗略的计算。其参数面板如图7-31所示。下面介绍该卷展栏中常用参数的含义。

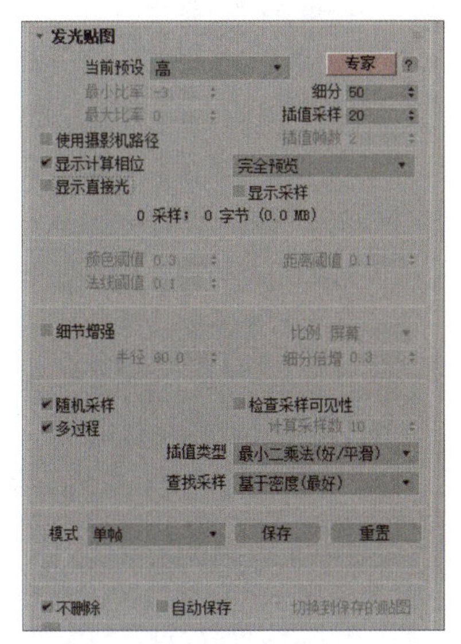

图 7-31

- **当前预设：** 用于设置发光贴图的预设类型，共有自定义、非常低、低、中、中-动画、高、高-动画、非常高8种。
- **最小比率/最大比率：** 主要控制场景中比较平坦、面积比较大/细节比较多、弯曲较大的面的质量受光。
- **细分：** 数值越高，表现光线越多，精度也就越高，渲染的品质也越好。
- **插值采样：** 这个参数是对样本进行模糊处理，数值越大渲染越精细。
- **插值帧数：** 该数值用于控制插补的帧数。
- **使用摄影机路径：** 选中该复选框将会使用相机的路径。
- **显示计算相位：** 选中该复选框后，可看到渲染帧里的GI预计算过程。建议选中此复选框。
- **显示直接光：** 在预计算的时候显示直接光，以方便用户观察直接光照的位置。
- **显示采样：** 显示采样的分布以及分布的密度，帮助用户分析GI的精度够不够。
- **细节增强：** 是否开启细部增强功能。选中后细节非常精细，但是渲染速度非常慢。
- **比例：** 细分半径的单位依据，有屏幕和世界两个单位选项。屏幕是指用渲染图的最后尺寸来作为单位，世界是指以3ds Max系统中的单位来定义。
- **半径：** 半径值越大，使用细部增强功能的区域也就越大，渲染时间也越慢。

- **细分倍增：** 用于控制细部的细分，但是这个值和发光贴图里的细分有关系。数值越低，细部就会产生杂点，渲染速度比较快；数值越高，细部就可以避免产生杂点，同时渲染速度会变慢。
- **随机采样：** 用于控制发光贴图的样本是否随机分配。
- **多过程：** 当选中该复选框时，VRay会根据最大比率和最小比率进行多次计算。
- **检查采样可见性：** 在灯光通过比较薄的物体时，很有可能会产生漏光现象，选中该复选框可以解决这个问题。
- **计算采样数：** 用来计算在发光贴图过程中，已经被查找后的插补样本的使用数量。
- **插值类型：** VRay提供了4种样本插补方式，为发光贴图的样本的相似点进行插补。

- **查找采样：** 它主要控制哪些位置的采样点是适合用来作为基础插补的采样点。VRay提供了4种样本查找方式。
- **模式：** 包括单帧、多帧增量、从文件、添加到当前贴图、增量添加到当前贴图、块模式、动画（预处理）、“动画（渲染）”8种模式。
- **不删除：** 当光子渲染完以后，不把光子从内存中删除。
- **自动保存：** 当光子渲染完以后，自动保存在硬盘中，单击 按钮就可以选择保存位置。
- **切换到保存的贴图：** 当选中“自动保存”复选框后，在渲染结束时会自动进入“从文件”模式并调用光子贴图。

10. 灯光缓存

灯光缓存与发光贴图比较相似，只是光线路相反，发光贴图的光线追踪方向是从光源发射到场景的模型中，最后再反弹到摄影机，而灯光缓存是从摄影机开始追踪光线到光源，摄影机追踪光线的数量就是灯光缓存的最后精度。其参数面板如图7-32所示。

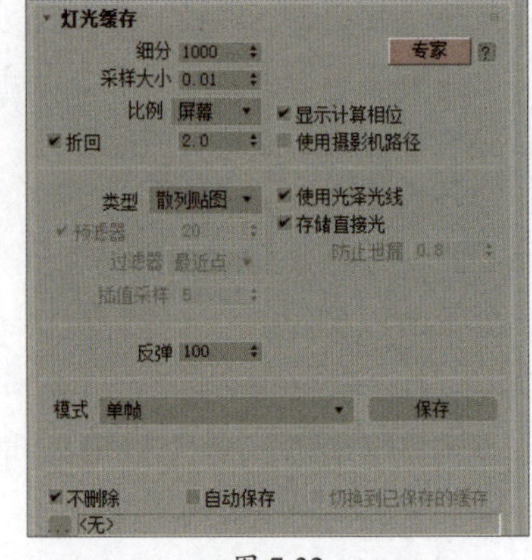

图 7-32

下面介绍该卷展栏中常用参数的含义。

- **细分：** 用来决定灯光缓存的样本数量。数值越高，样本总量越多，渲染效果越好，渲染速度越慢。
- **采样大小：** 用于控制灯光缓存的样本大小。小的样本可以得到更多的细节，但是需要更多的样本。

- **比例**：在效果图中使用“屏幕”选项，在动画中使用“世界”选项。
- **折回**：用于控制折回的阈值数值。
- **显示计算相位**：选中该复选框后，可以显示灯光缓存的计算过程，方便观察。
- **使用摄影机路径**：选中该复选框后将使用摄影机作为计算的路径。
- **预滤器**：选中该复选框后，可以对灯光缓存样本进行提前过滤。它主要是查找样本边界，然后对其进行模糊处理。后面的值越高，对样本进行模糊处理的程度越深。
- **过滤器**：该选项是在渲染最后成图时，对样本进行过滤。
- **插值采样**：这个参数是对样本进行模糊处理。较大的值可以得到比较模糊的效果，较小的值可以得到比较锐利的效果。
- **使用光泽光线**：是否使用平滑的灯光缓存。开启该功能后会使渲染效果更加平滑，但会影响到细节效果。
- **存储直接光**：选中该复选框以后，灯光缓存将存储直接光照信息。当场景中有很多灯光时，使用这个选项会提高渲染速度。因为它已经把直接光照信息保存到灯光缓存中，在渲染出图的时候，不需要对直接光照再进行采样计算。
- **防止泄漏**：启用额外的计算，防止灯光缓存漏光和减少闪烁。
- **反弹**：指定灯光缓存计算的GI反弹次数。

课堂练习 渲染卧室场景

本案例中将为制作好的卧室场景设置渲染参数，分别进行测试渲染和最终效果渲染。具体操作步骤介绍如下。

步骤 01 打开准备好的场景文件，如图7-33所示。

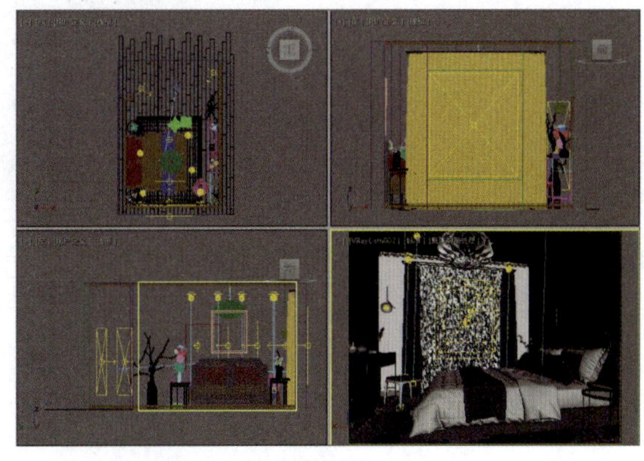

图 7-33

步骤 02 按F10键打开“渲染设置”面板，在“公用参数”卷展栏中选择预设输出大小为800×600，如图7-34所示。

步骤 03 打开“帧缓冲区”卷展栏，取消选中“启用内置帧缓冲区”复选框，如图7-35所示。

步骤 04 在“全局开关”卷展栏中启用“高级”模式，设置灯光采样类型为“全光求值”，如图7-36所示。

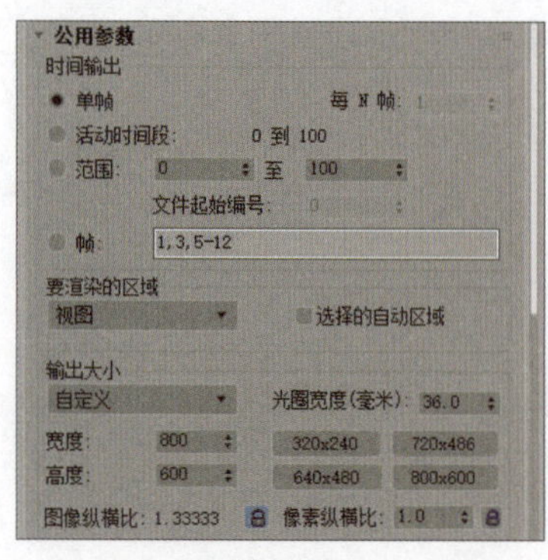

图 7-34

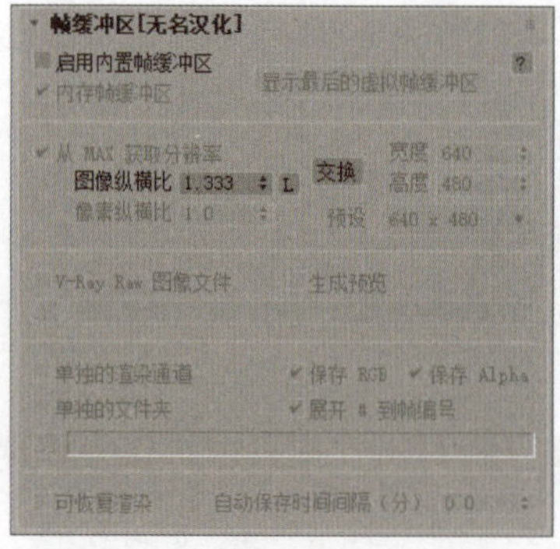

图 7-35

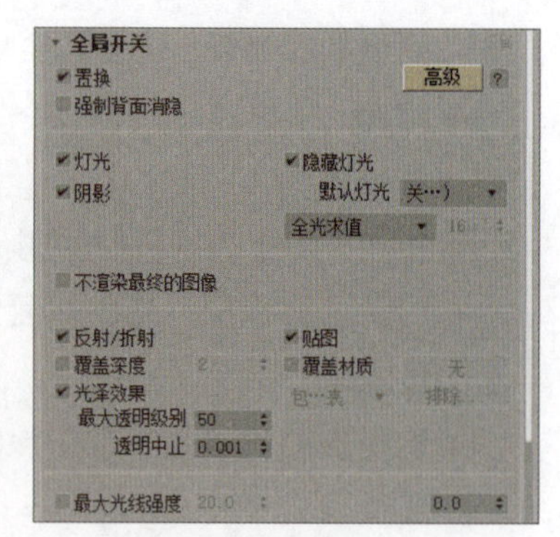

图 7-36

步骤05 设置图像采样器类型为“渲染块”，取消选中“图像过滤器”复选框，如图7-37所示。

步骤06 在“渲染块图像采样器”卷展栏中取消选中“最大细分”复选框，在“全局确定性蒙特卡洛”卷展栏中取消选中“使用局部细分”复选框，如图7-38所示。

步骤07 设置颜色贴图类型为“指数”，如图7-39所示。

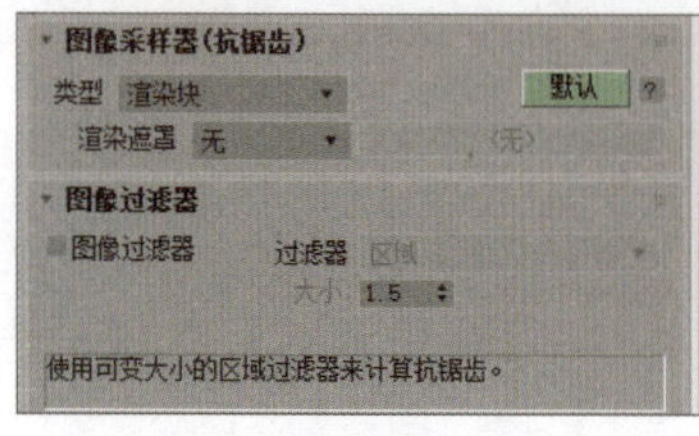

图 7-37

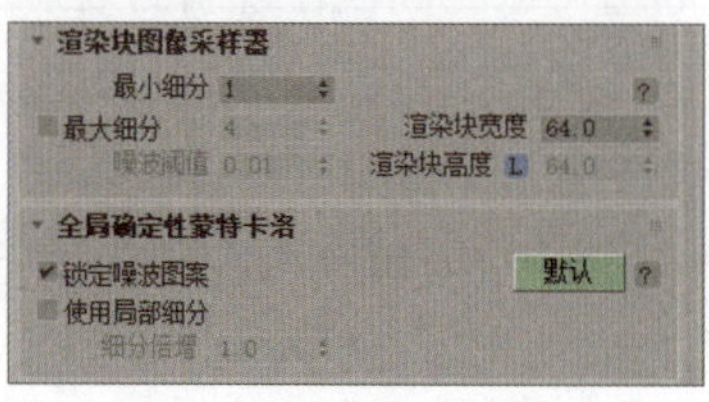

图 7-38

图 7-39

步骤08 在“全局照明”卷展栏中选中“启用全局照明”复选框，设置首次引擎为“发光贴图”，设置二次引擎为“灯光缓存”，如图7-40所示。

步骤09 在“发光贴图”卷展栏中选择“非常低”预设模式，设置“细分”和“插值采样”参数，选中“显示直接光”复选框，如图7-41所示。

步骤10 在“灯光缓存”卷展栏中设置“细分”参数，选中“使用光泽光线”复选框和“存储直接光”复选框，如图7-42所示。

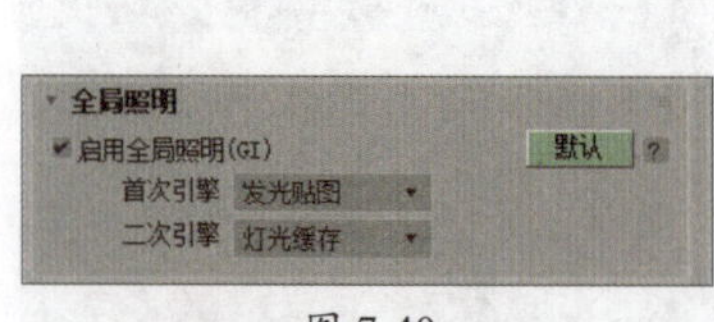

图 7-40

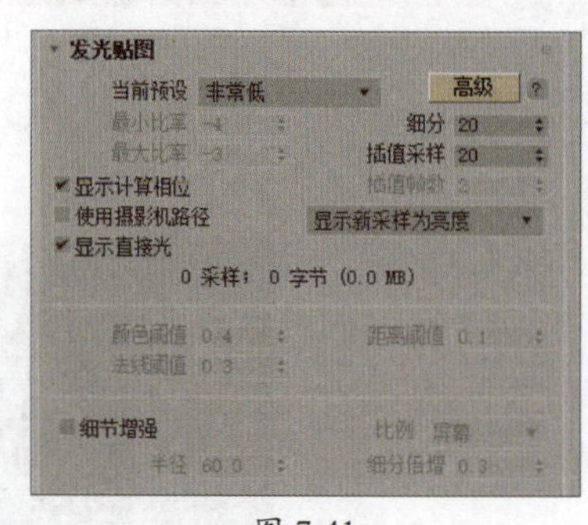

图 7-41

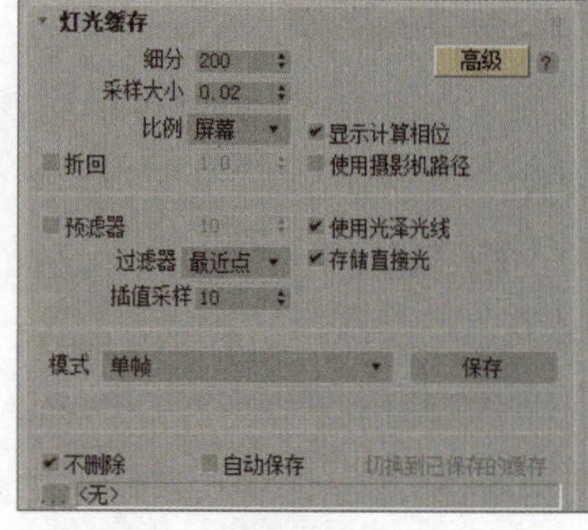

图 7-42

步骤11 渲染摄影机视口，观察测试渲染效果，如图7-43所示。

步骤12 设置高品质渲染参数，在“公用参数”卷展栏中自定义输出大小，如图7-44所示。

图 7-43

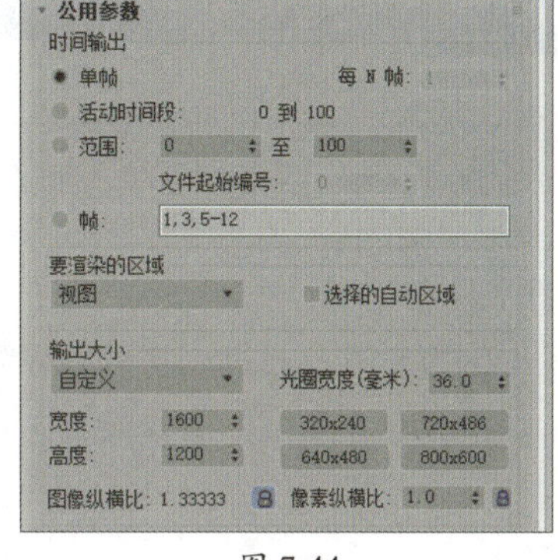

图 7-44

步骤13 在“图像过滤器”卷展栏中选中“图像过滤器”复选框，选择过滤器类型；在“渲染块图像采样器”卷展栏中选中“最大细分”复选框，设置“最小细分”“最大细分”“噪波阈值”参数，如图7-45所示。

步骤14 在“全局确定性蒙特卡洛”卷展栏中选中“使用局部细分”复选框，设置“自适应数量”和“噪波阈值”参数，如图7-46所示。

步骤15 在“颜色贴图”卷展栏中选中设置“暗部倍增”和“亮部倍增”参数，如图7-47所示。

步骤16 在“发光贴图”卷展栏中选择“高”预设模式，设置“细分”参数和“插值采样”参数，如图7-48所示。

图 7-46

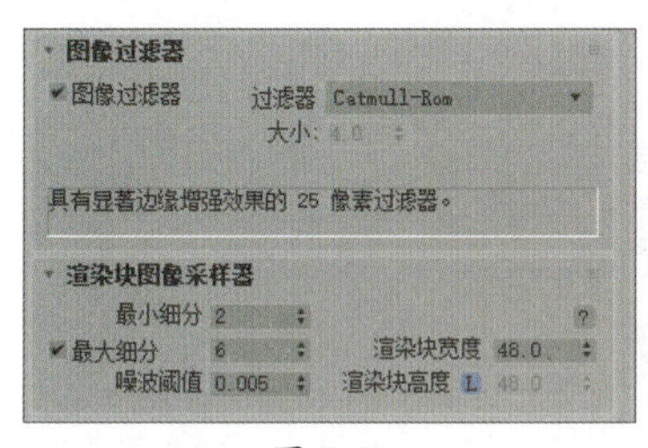

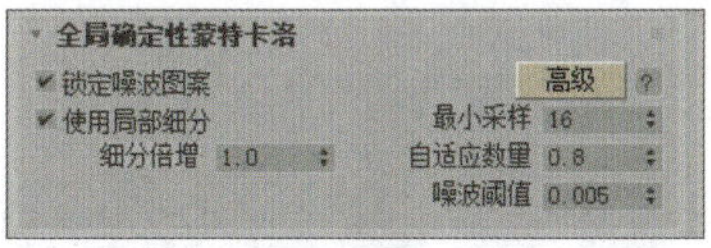

图 7-45

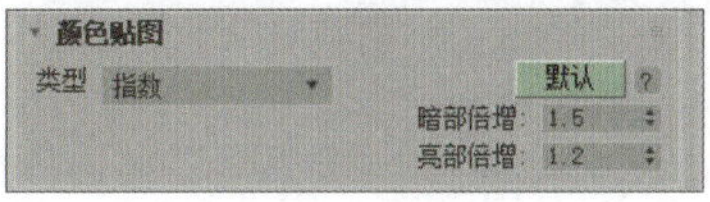

图 7-47

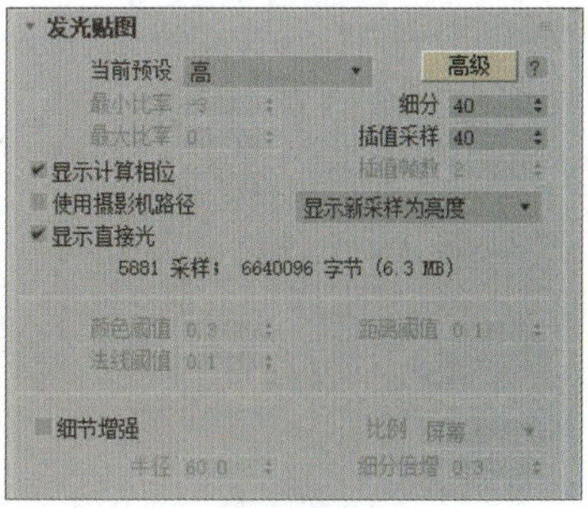

图 7-48

步骤17 在“灯光缓存”卷展栏中设置“细分”参数，选中“预滤器”复选框，如图7-49所示。

步骤18 参数设置完毕后，再次渲染摄影机视口，最终效果如图7-50所示。

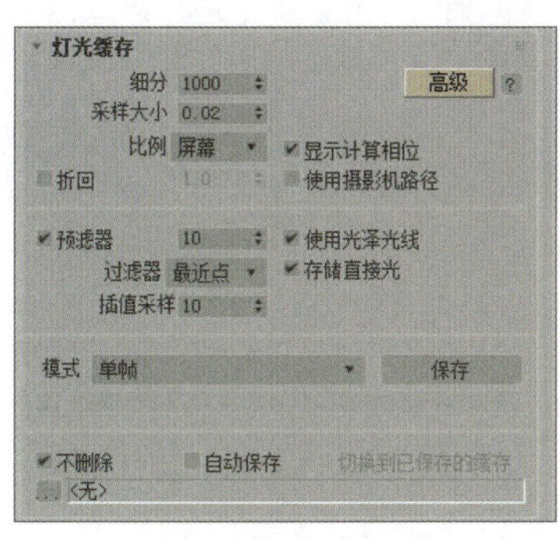

图 7-49

图 7-50

强化训练

1. 项目名称

批量渲染餐厅效果

2. 项目分析

为场景创建摄影机，通过调整可以得到合理的构图和取景范围。如果创建多架摄影机，则可以通过批量渲染得到多个角度的取景效果，这种渲染方式比较适合大范围场景或者需要多个角度效果的情况。

3. 项目效果

为场景创建摄影机后再进行批量渲染，效果如图7-51~图7-53所示。

图 7-51

图 7-52

图 7-53

4. 操作提示

①创建三个目标摄影机，分别调整位置及角度。

②在“渲染设置”面板中设置渲染参数。

③执行“渲染”|“批处理渲染”命令，添加摄影机，指定效果图存储位置。

第8章 制作单品模型

内容导读

在效果图的制作过程中，需要创建场景模型并加以渲染。对于场景中的单品模型，可以直接从网上下载成品模型，也可以进行模型的创建。本章将介绍两款单品模型的创建过程，结合前面章节所学知识介绍相关操作步骤。

要点难点

- 掌握多边形建模功能的应用方法
- 掌握各种修改器的应用方法
- 掌握复合建模功能的应用方法

8.1 制作茶壶模型

传统茶壶以圆形为主，又衍生出各种各样的造型。本案例要制作的就是一个带提手的半月形茶壶，线条流畅，造型新颖独特，极具美感。

8.1.1 制作壶身

首先利用多边形建模功能制作茶壶的壶身造型，需要使用到“壳”修改器以及可编辑多边形的“软选择”“倒角”等功能。操作步骤介绍如下。

步骤01 单击“圆柱体”按钮，创建一个半径为100 mm、高度为160 mm的圆柱体，在“参数”卷展栏中调整其他参数，如图8-1、图8-2所示。

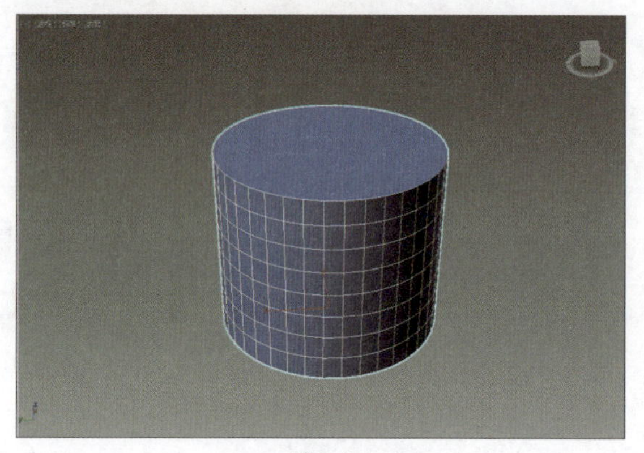

图 8-1

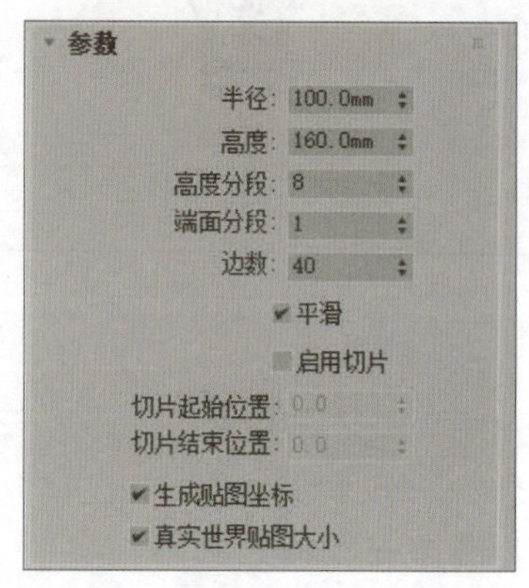

图 8-2

步骤02 将圆柱体转换为可编辑多边形，从“修改”面板堆栈进入“多边形”子层级，选择如图8-3所示的面。

步骤03 按Delete键删除面，如图8-4所示。

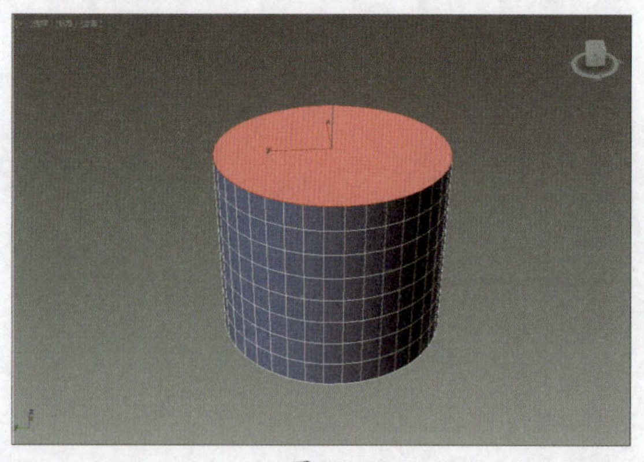

图 8-3

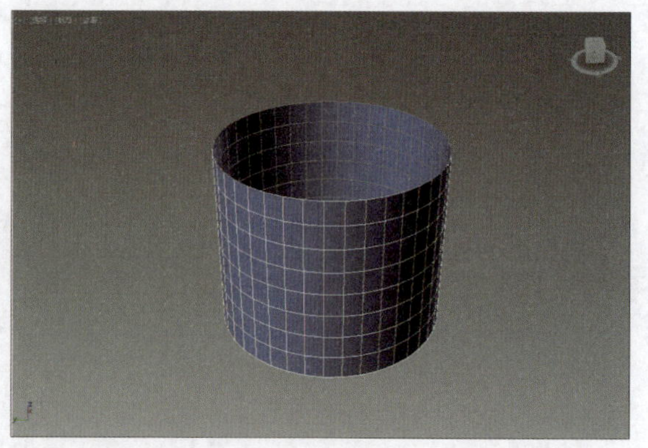

图 8-4

步骤04 进入“顶点”子层级，在前视图中选择顶部的一圈顶点，如图8-5所示。

步骤05 展开“软选择”卷展栏，选中“使用软选择”复选框，设置“衰减”参数为150，如图8-6所示。

步骤06 此时可以在视口中看到软选择的衰减效果，如图8-7所示。

步骤07 激活“缩放”工具，在顶视图中向内缩放顶点，如图8-8所示。

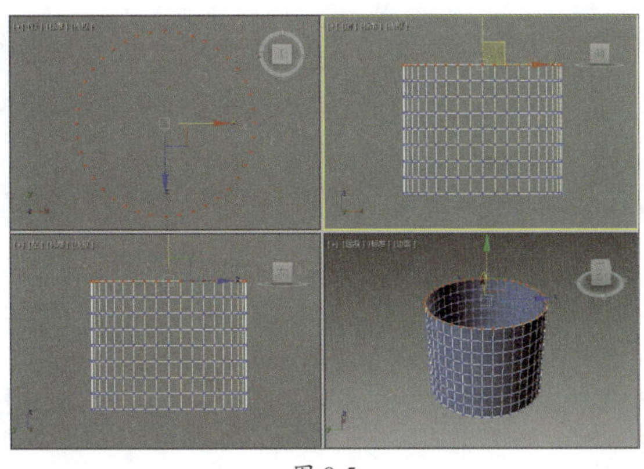

图 8-5

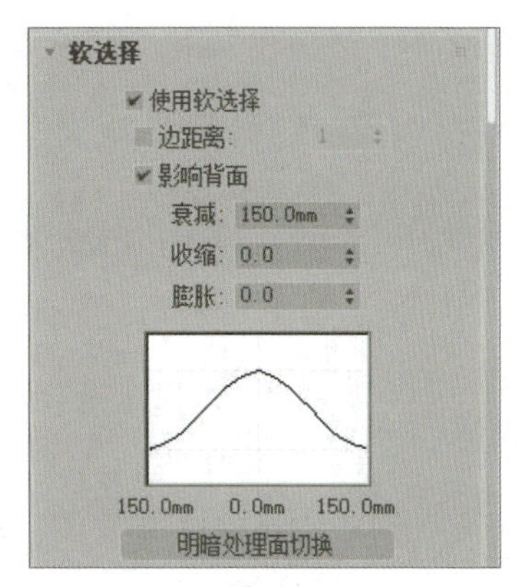

图 8-6

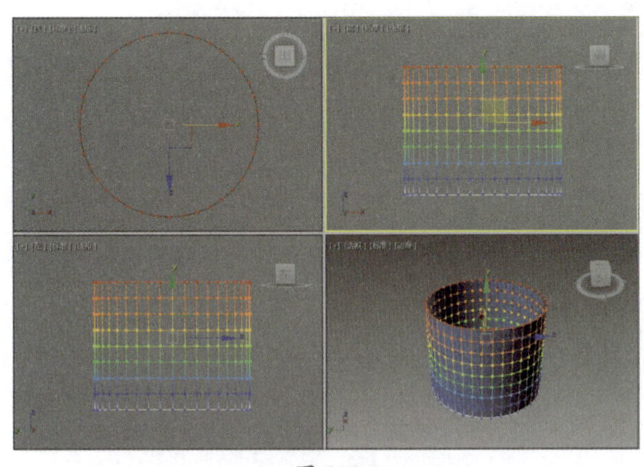

图 8-7

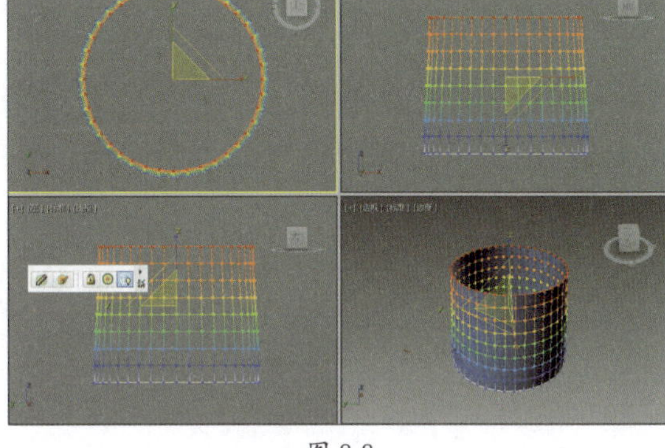

图 8-8

步骤 08 修改“衰减”参数为100，继续在顶视图中缩放顶点，如图8-9所示。

步骤 09 分别修改“衰减”参数为80和60，调整模型形状，如图8-10所示。

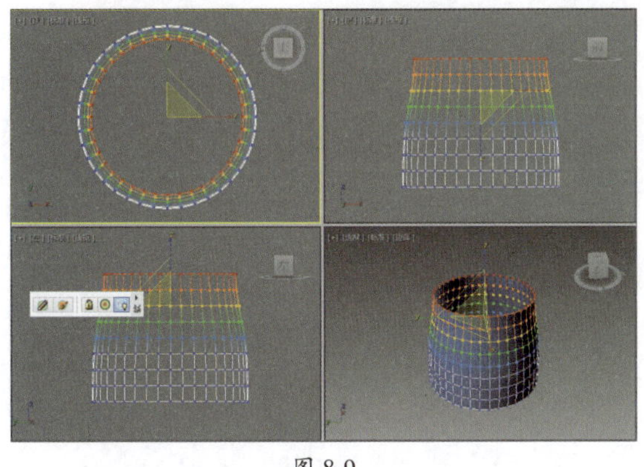

图 8-9

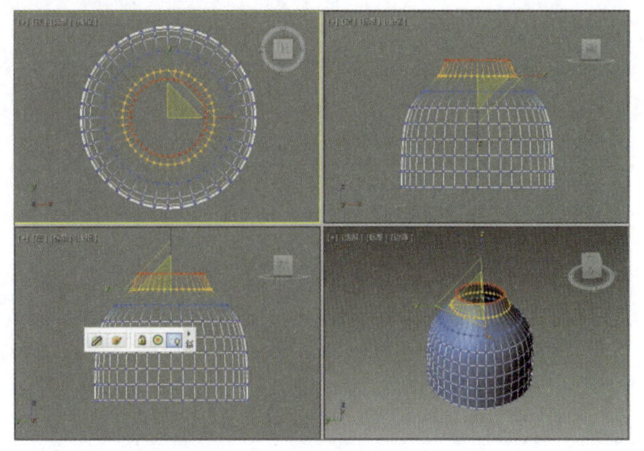

图 8-10

步骤 10 取消选中“使用软选择”复选框，在前视图中选择第二排顶点，并沿*Y*轴调整位置，如图8-11所示。

步骤 11 进入“边”子层级，选择如图8-12所示的边。

步骤 12 在“编辑边”卷展栏中单击“连接”按钮，设置分段数为2，如图8-13所示。

步骤 13 进入“顶点”子层级，通过“移动”和“缩放”工具调整模型形状，如图8-14所示。

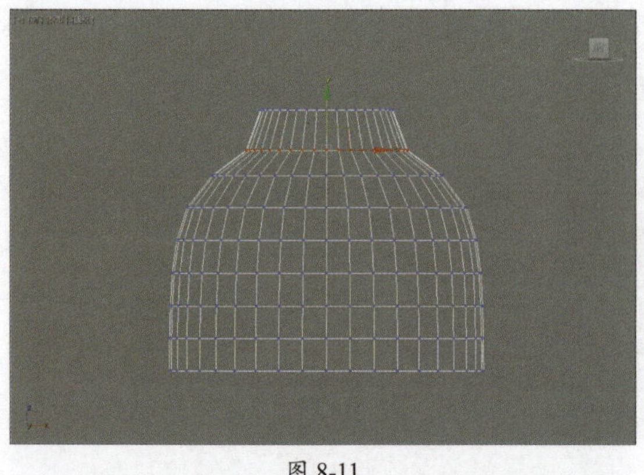

图 8-11

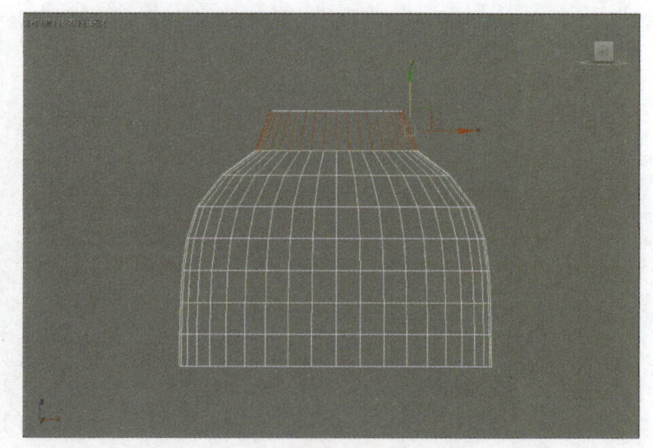

图 8-12

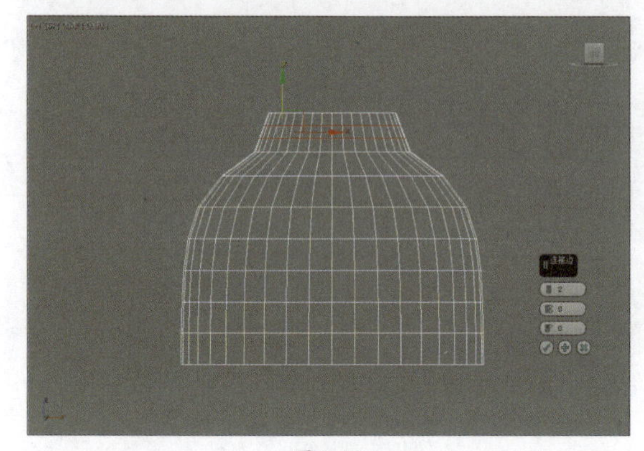

图 8-13

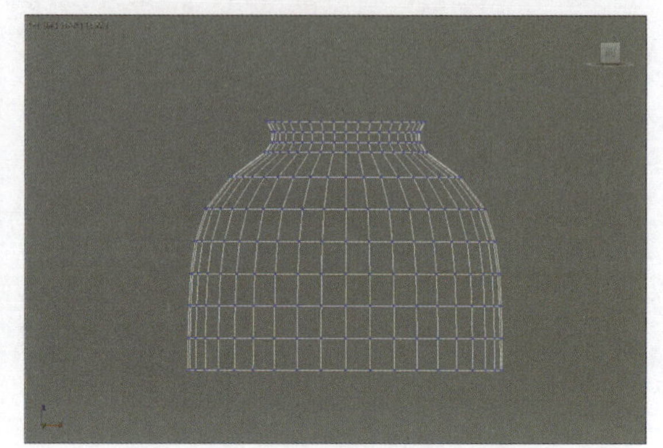

图 8-14

步骤 14 进入“边”子层级，选择底部的一圈边线，如图8-15所示。

步骤 15 单击“切角”按钮，设置切角量为15、切角分段为10，如图8-16所示。

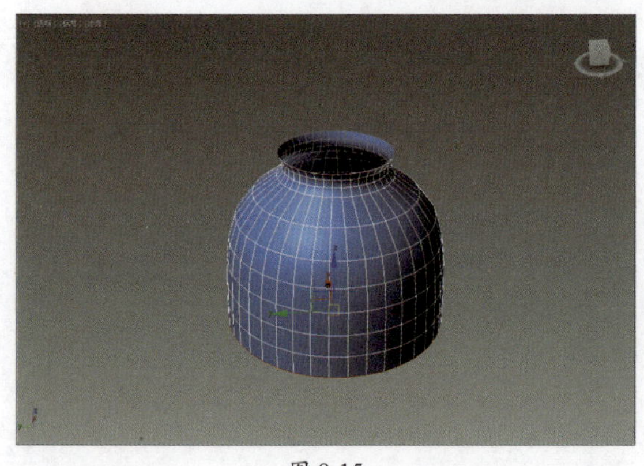

图 8-15

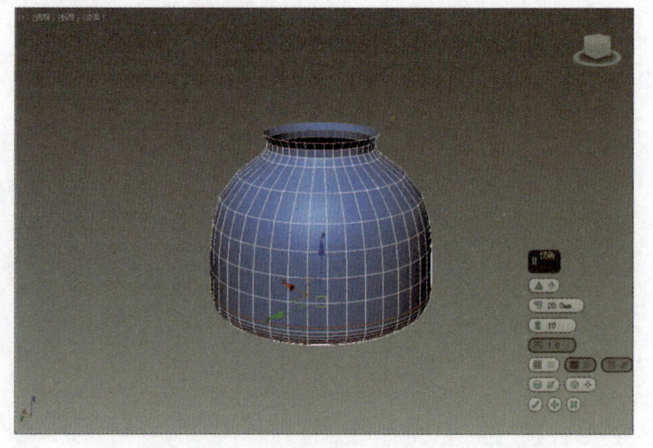

图 8-16

步骤 16 退出堆栈，为多边形添加“壳”修改器，分别设置“内部量”和“外部量”参数，为模型制作出厚度，如图8-17、图8-18所示。

步骤 17 将对象转换为可编辑多边形，进入“边”子层级，选择如图8-19所示的模型两侧对称的边线。

步骤 18 单击“连接”按钮，设置连接边数为1，如图8-20所示。

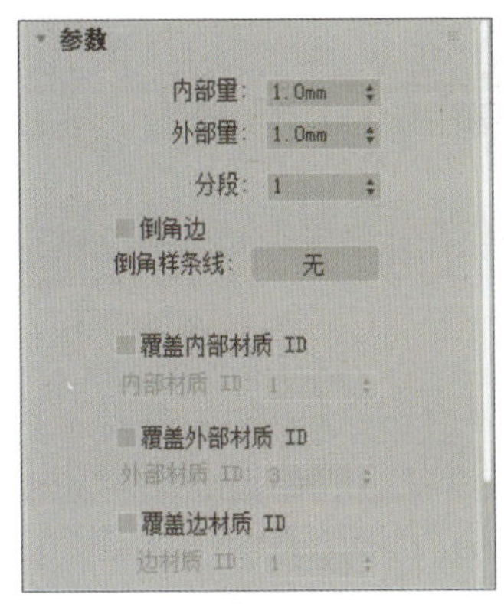

图 8-17

图 8-18

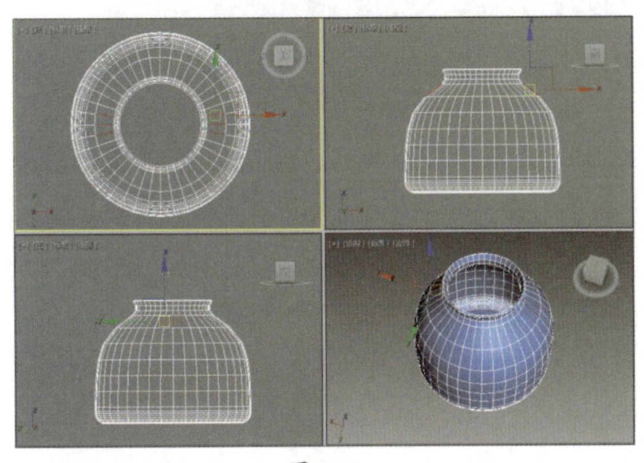

图 8-19

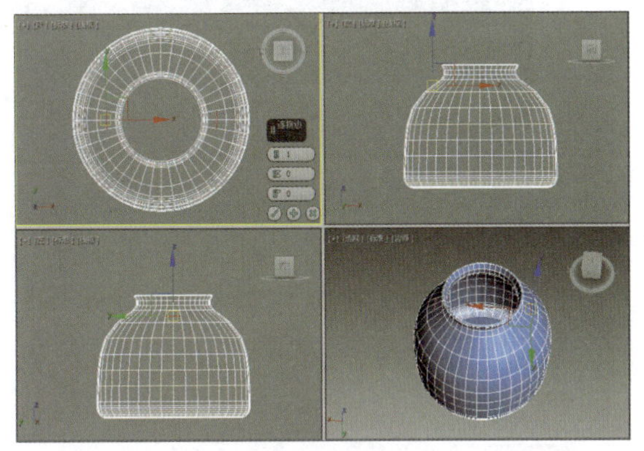

图 8-20

步骤 19 进入“多边形”子层级，选择两侧对称的多边形，如图8-21所示。

步骤 20 单击“挤出”按钮，设置挤出高度为4，如图8-22所示。

图 8-21

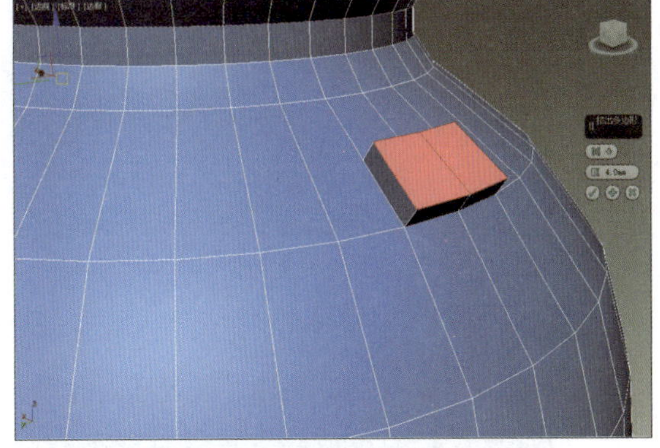

图 8-22

步骤 21 进入“边”子层级，选择中心的边线，在“编辑边”卷展栏中单击“移除”按钮，移除边线，如图8-23所示。

步骤 22 选择多边形，使用“缩放”工具对表面进行缩放，如图8-24所示。

步骤 23 进入“顶点”子层级，调整顶点，如图8-25所示。

步骤 24 进入“多边形”子层级，重新选择多边形，单击“挤出”按钮，设置挤出高度为15，如图8-26所示。

图 8-23

图 8-24

图 8-25

图 8-26

步骤 25 进入“顶点”子层级，调整形状，如图8-27所示。

步骤 26 进入“边”子层级，移除侧面的边线，如图8-28所示。

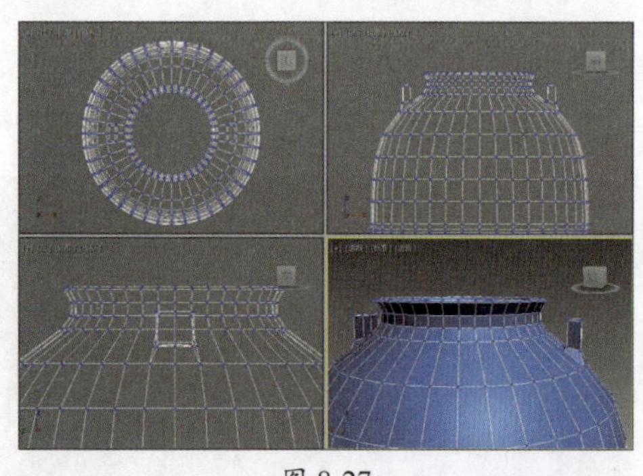

图 8-27

图 8-28

步骤 27 进入“多边形”子层级，选择如图8-29所示的侧面。

步骤 28 单击“插入”按钮，设置插入数量为4，创建新的面，如图8-30所示。

图 8-29

图 8-30

步骤 29 单击“桥”按钮，为两侧挂耳制作出镂空造型，如图8-31所示。

步骤 30 进入“边”子层级，选择镂空内部的四个边线和外侧的两个边线，如图8-32所示。

图 8-31

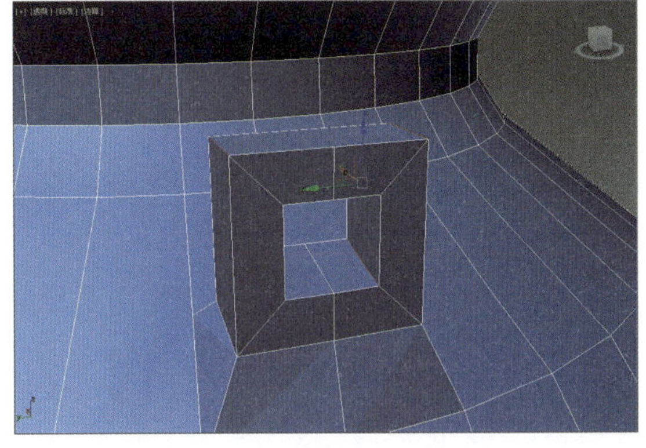

图 8-32

步骤 31 单击“切角”按钮，选择四边形切角方式，设置切角量、切角分段以及边张力，如图8-33所示。

步骤 32 在“编辑几何体”卷展栏中单击“切割”按钮，分别在茶壶内部和外部绘制八边形的分隔线，如图8-34所示。

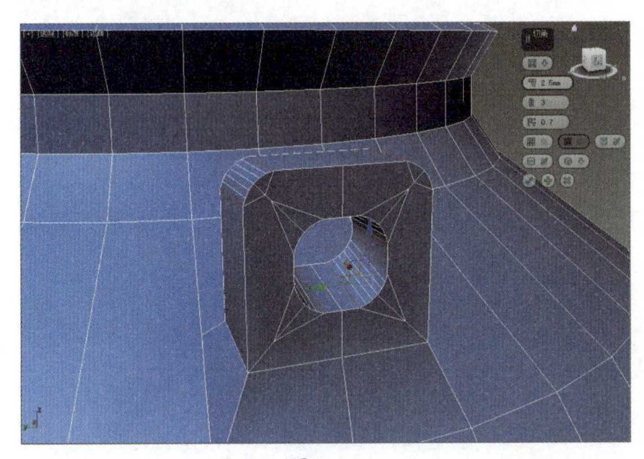

图 8-33

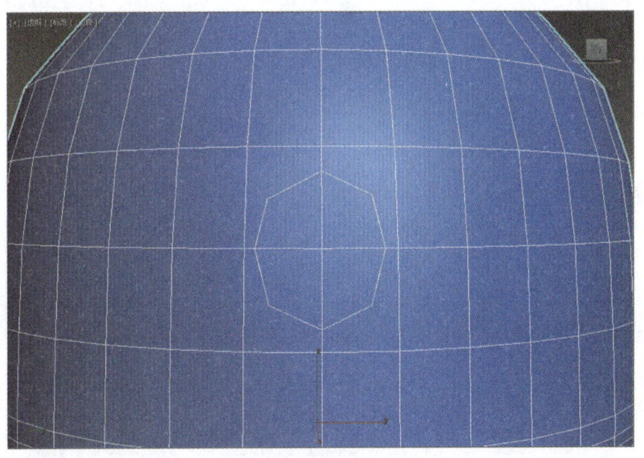

图 8-34

步骤 33 进入“多边形”子层级，选择内部和外部的八边形面，如图8-35所示。

步骤 34 单击“插入”按钮，设置插入值为2，如图8-36所示。

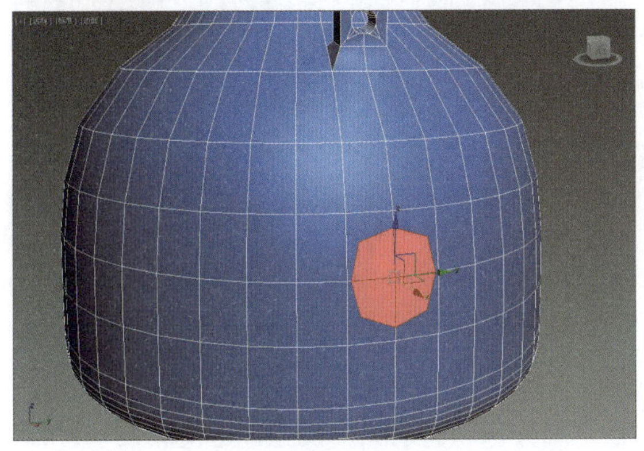

图 8-35

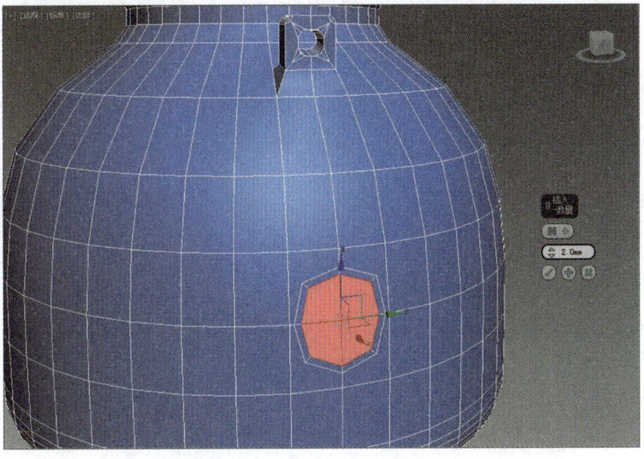

图 8-36

步骤 35 单击“桥”按钮，制作出镂空造型，如图8-37所示。

步骤 36 选择八边形外圈的面，如图8-38所示。

图 8-37

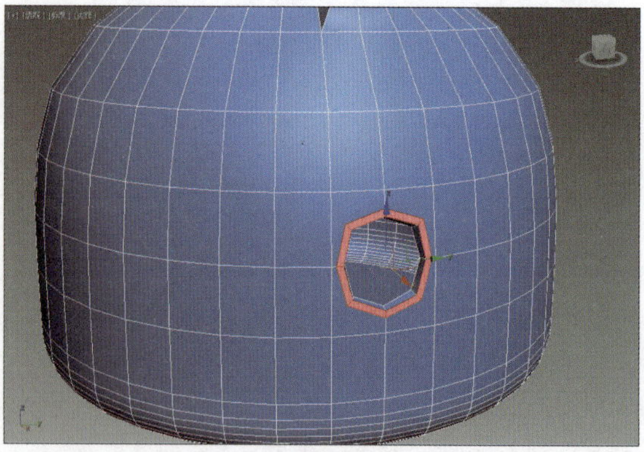

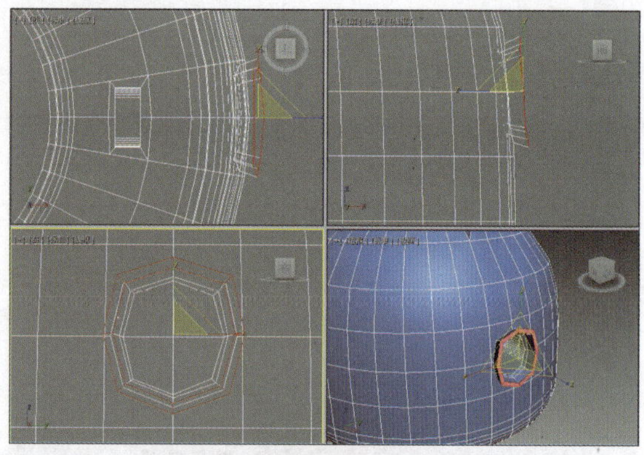

图 8-38

步骤 37 单击“挤出”按钮，设置挤出高度为5，如图8-39所示。

步骤 38 激活“缩放”工具，在左视图中放大对象，如图8-40所示。

图 8-39

图 8-40

步骤 39 进行挤出操作，使用变换工具调整多边形的大小、角度和位置，如图8-41所示。

步骤 40 照此操作逐步进行挤出，再进行变换操作，制作出壶嘴造型，如图8-42所示。

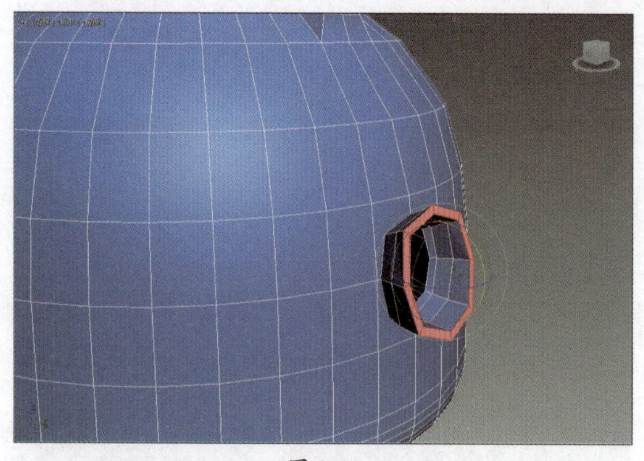

图 8-41

图 8-42

步骤 41 为壶身模型添加“网格平滑”修改器，在“细分量”卷展栏中设置“迭代次数”为2，使模型变得平滑，如图8-43、图8-44所示。

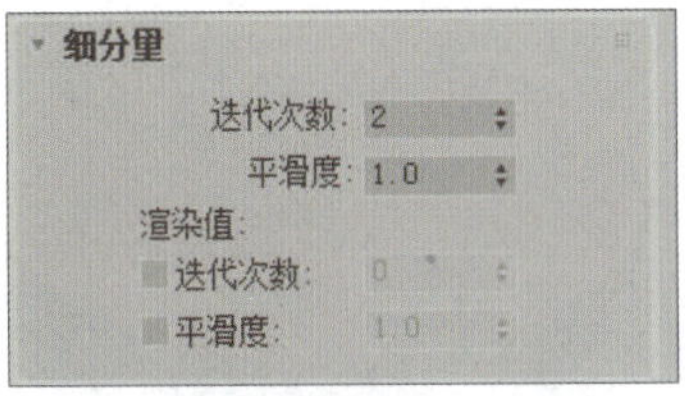

细分量
迭代次数：2
平滑度：1.0
渲染值：
迭代次数：0
平滑度：1.0

图 8-43

图 8-44

8.1.2 制作壶盖

本节将介绍壶盖模型的制作方法，操作步骤介绍如下。

步骤 01 单击“圆柱体”按钮，创建一个半径为51 mm、高度为6 mm的圆柱体，设置边数，如图8-45、图8-46所示。

图 8-45

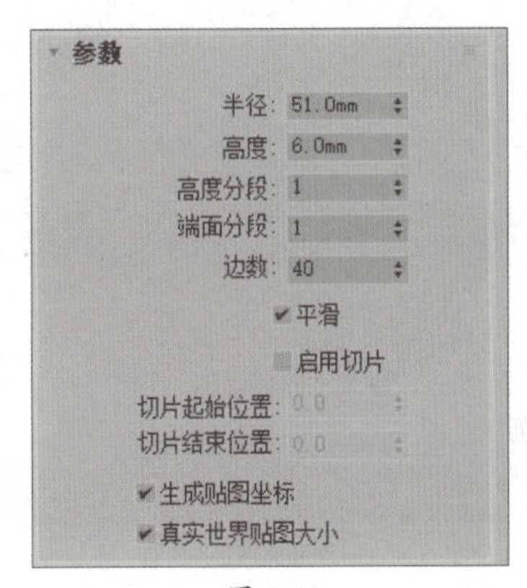

图 8-46

步骤 02 隐藏壶身模型，将圆柱体对象转换为可编辑多边形，进入“多边形”子层级，选择底部的面，如图8-47所示。

步骤 03 在“编辑多边形”卷展栏中单击“插入”按钮，设置插入值为5.5，如图8-48所示。

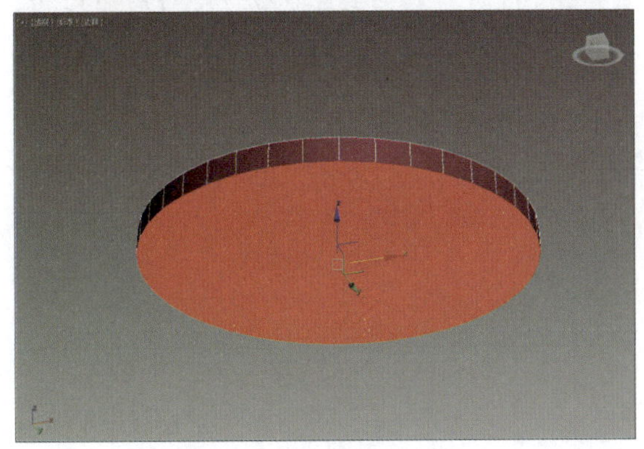

图 8-47

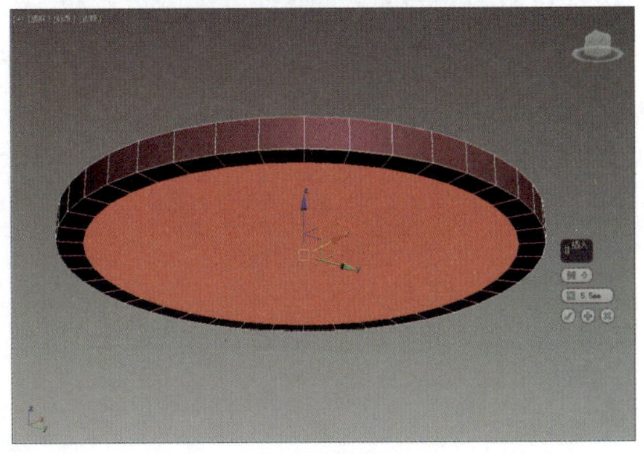

图 8-48

步骤 04 单击“挤出”按钮，设置挤出高度为15，如图8-49所示。

步骤 05 选择顶部的面，如图8-50所示。

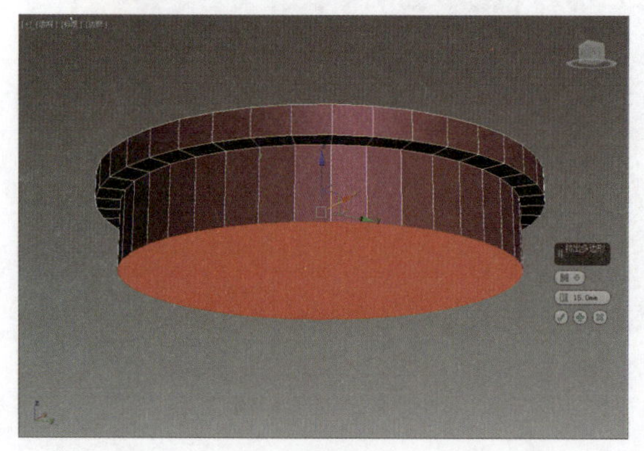

图 8-49

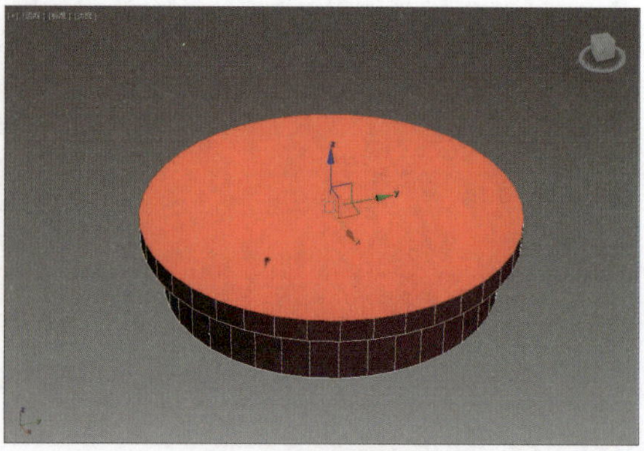

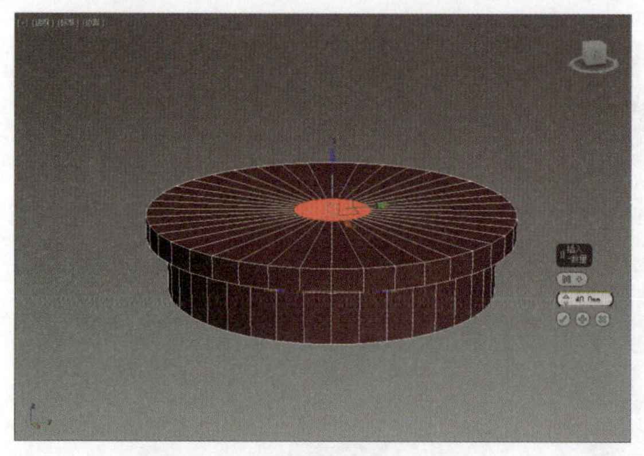

图 8-50

步骤 06 单击“插入”按钮，设置插入数量为40 mm，如图8-51所示。

步骤 07 单击“挤出”按钮，设置挤出高度为5 mm，如图8-52所示。

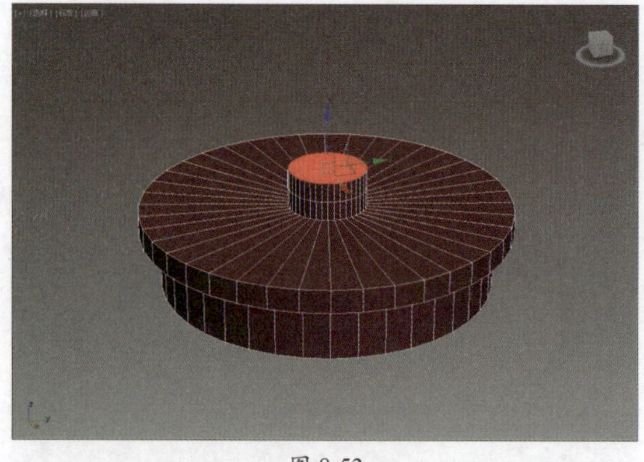

图 8-51

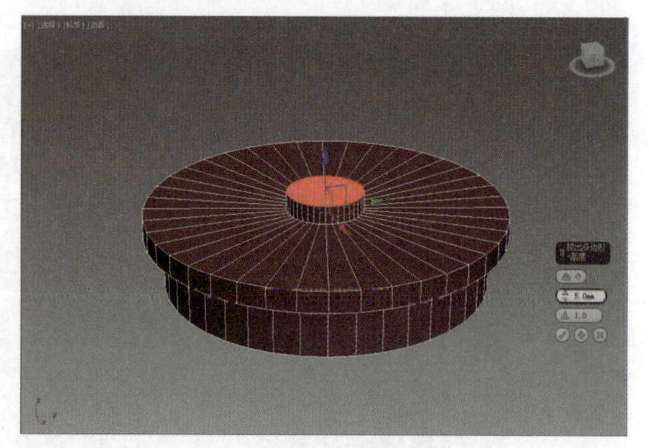

图 8-52

步骤 08 单击“挤出”按钮，挤出同样的高度，如图8-53所示。

步骤 09 从前视图中选择如图8-54所示的面。

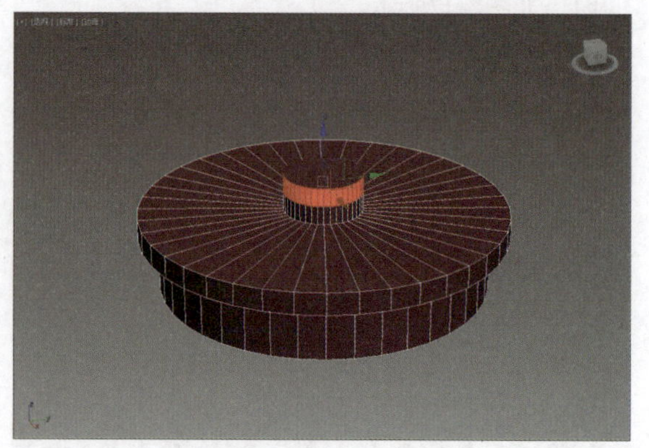

图 8-53

图 8-54

步骤 10 单击“挤出”按钮，使用“局部法线”挤出方式，将面向周围挤出，如图8-55所示。

步骤 11 进入“边”子层级，选择如图8-56所示的整圈边线。

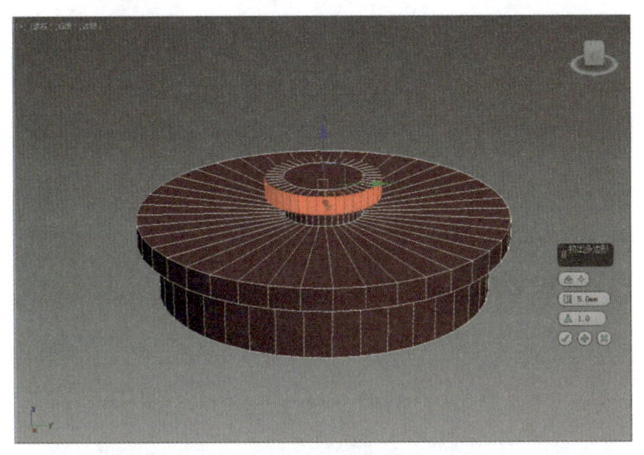
图 8-55

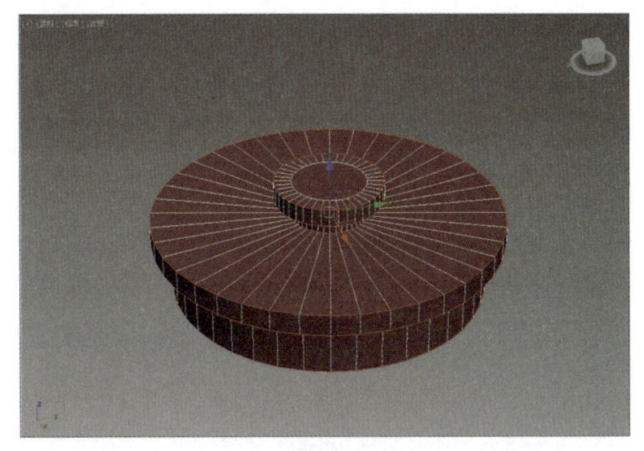
图 8-56

步骤 12 单击“切角”按钮，设置边切角量和连接边分段数，制作出壶盖模型，如图8-57所示。

步骤 13 取消隐藏壶身模型，效果如图8-58所示。

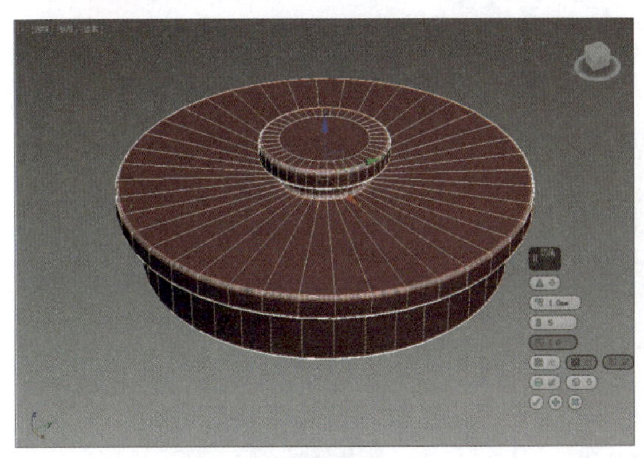
图 8-57

图 8-58

8.1.3 制作提手

本节将介绍茶壶拎手模型的制作，操作步骤介绍如下。

步骤 01 单击“矩形”按钮，在前视图中绘制一个长度为120 mm、宽度为145 mm的矩形，如图8-59所示。

步骤 02 将矩形转换为可编辑样条线，进入“线段”子层级，选择底部的线段并删除，如图8-60所示。

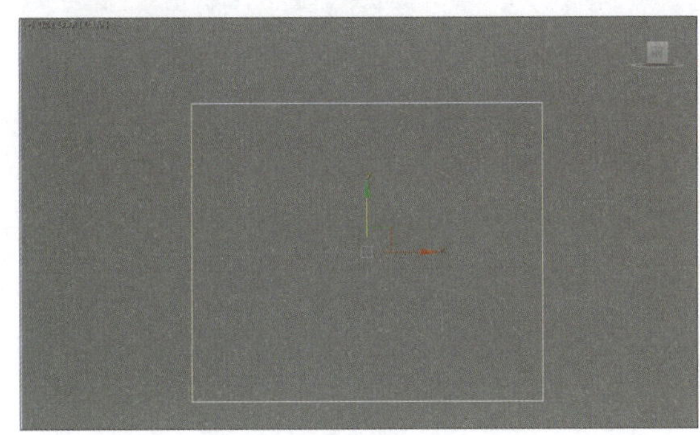
图 8-59

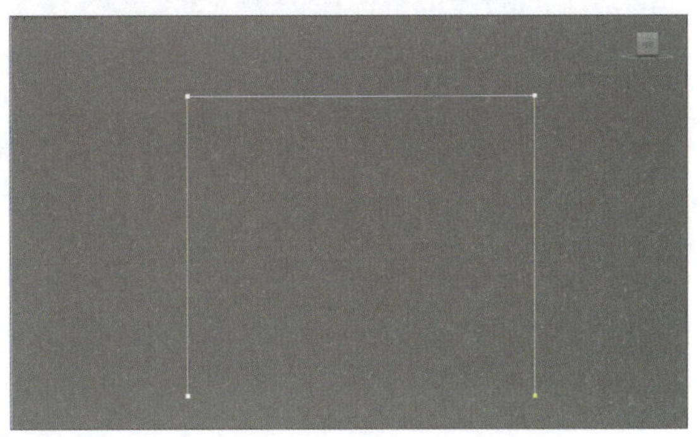
图 8-60

步骤 03 进入“顶点”子层级，选择顶部的两个顶点，如图8-61所示。

步骤 04 在“几何体”卷展栏中单击“圆角”按钮，接着在视口中按住鼠标向上滑动，制作出圆角，作为提手的路径，如图8-62所示。

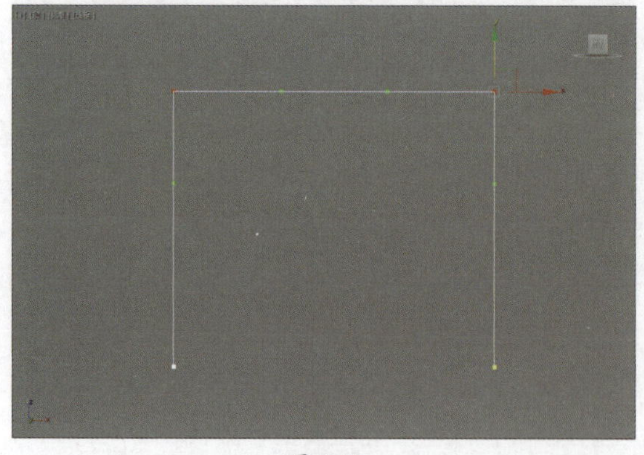

图 8-61

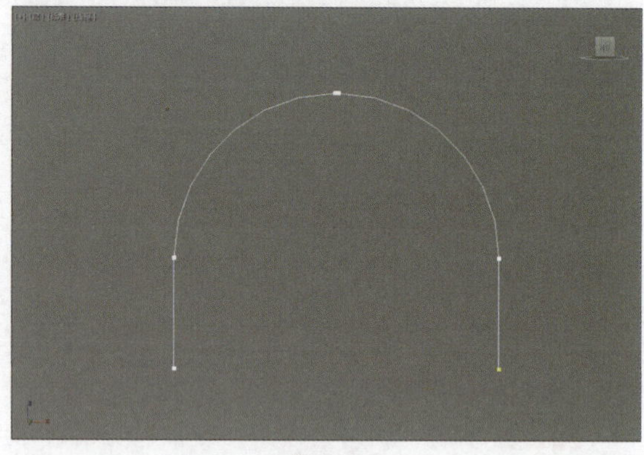

图 8-62

步骤 05 在顶视图中绘制一个圆角矩形作为截面，在“参数”卷展栏中设置参数，如图8-63、图8-64所示。

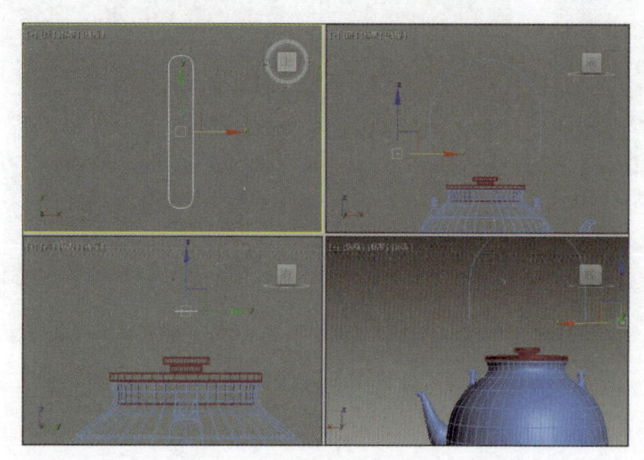

图 8-63

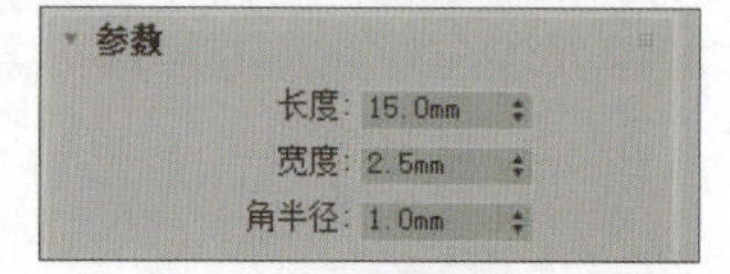

图 8-64

步骤 06 选择路径图形，在“复合对象”面板中单击“放样”按钮，单击“获取图形”按钮，在视口中拾取圆角矩形作为截面，如图8-65所示。

步骤 07 单击矩形即可制作出提手造型，如图8-66所示。

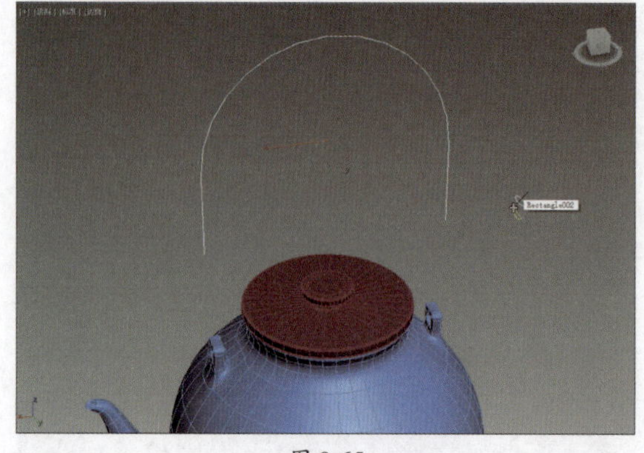

图 8-65

图 8-66

步骤 08 在“蒙皮参数”卷展栏中设置“路径步数”为30，选中“优化图形”复选框，如图8-67所示。

步骤 09 设置后的提手模型效果如图8-68所示。

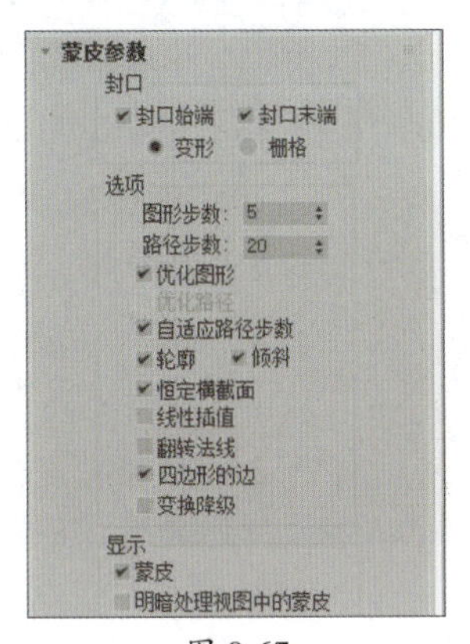

图 8-67

图 8-68

步骤 10 制作固定扣。单击“切角圆柱体”按钮，创建一个切角圆柱体，在“参数”卷展栏中设置参数，如图8-69、图8-70所示。

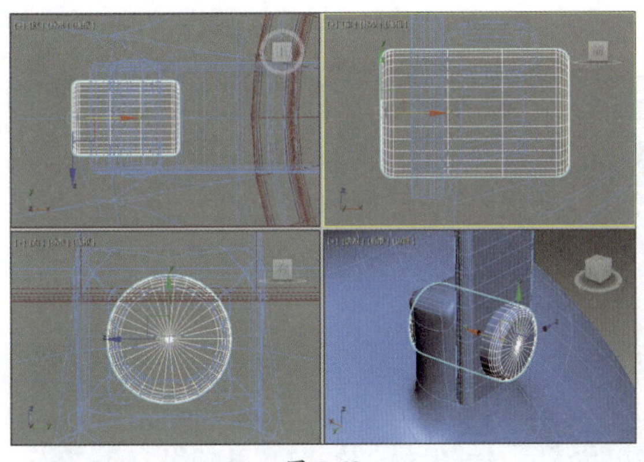

图 8-69

图 8-70

步骤 11 将对象转换为可编辑多边形，进入“顶点”子层级，在前视图中调整顶点位置，如图8-71所示。

步骤 12 进入“多边形”子层级，选择如图8-72所示的多边形。

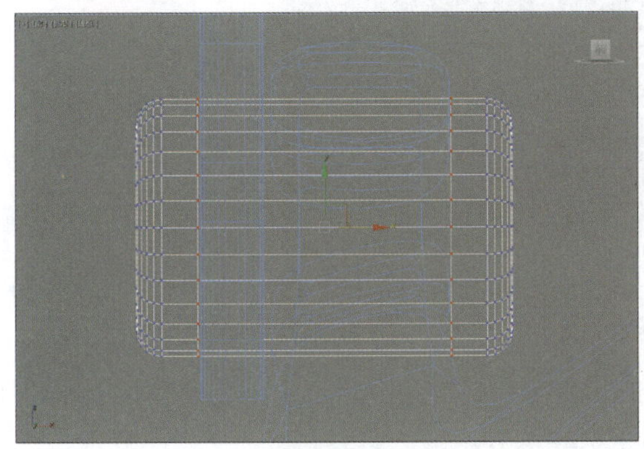

图 8-71

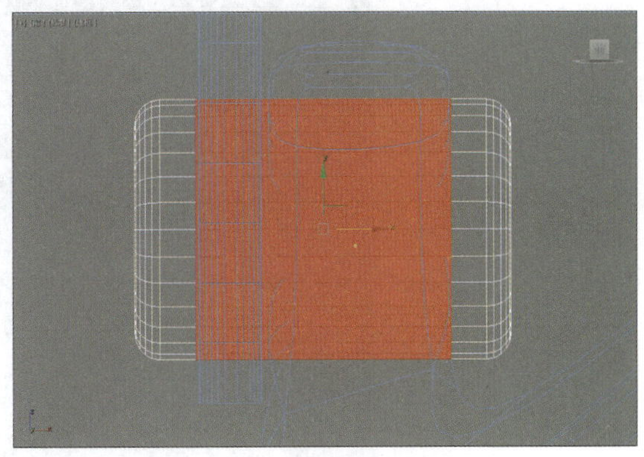

图 8-72

步骤 13 单击“挤出”按钮，设置挤出方式为“局部法线”，挤出高度为-2，如图8-73所示。

步骤 14 进入“边”子层级，选择如图8-74所示的两侧边线。

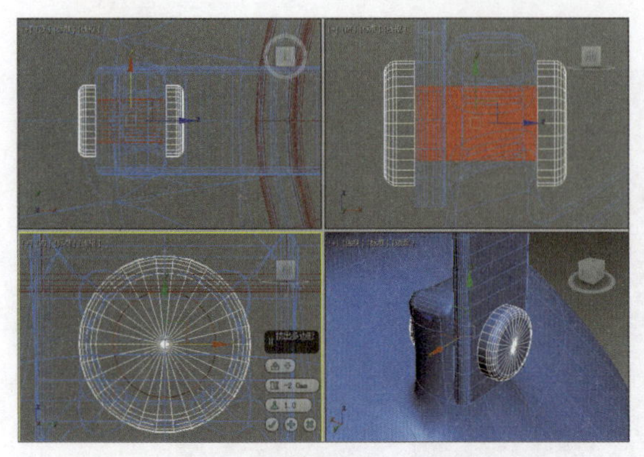

图 8-73

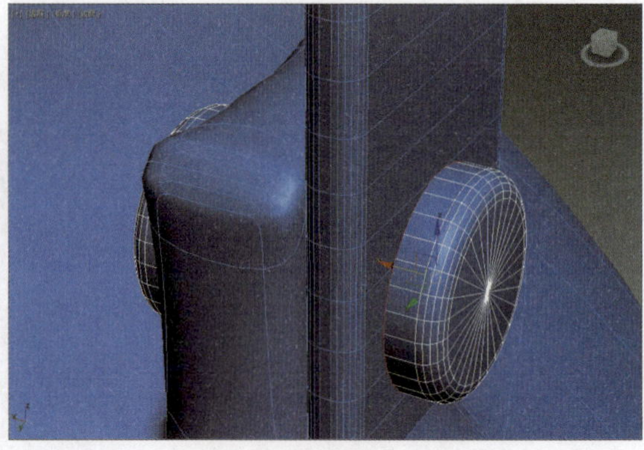

图 8-74

步骤 15 单击“切角”按钮，设置切角量和分段数，如图8-75所示。

步骤 16 退出堆栈，切换到前视图，单击“镜像”按钮，在“镜像”对话框中设置镜像轴为X轴，克隆方式为“实例”，如图8-76所示。单击“确定”按钮即可镜像复制对象。

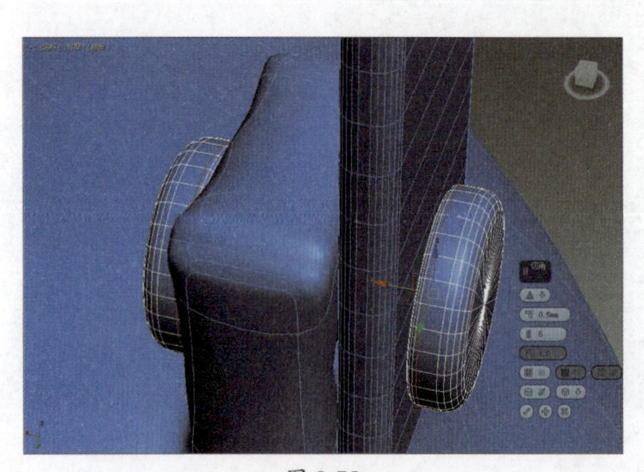

图 8-75

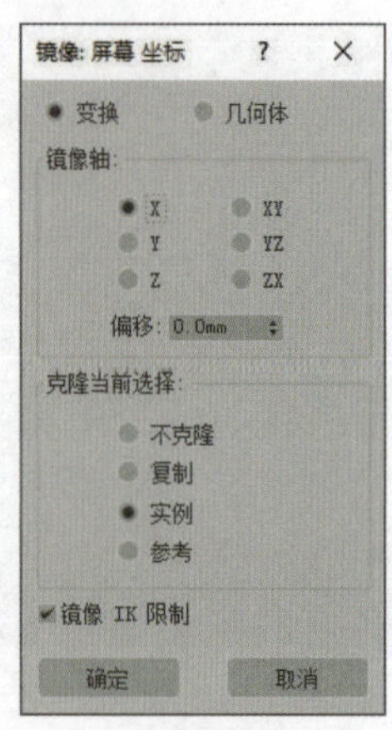

图 8-76

步骤 17 调整对象位置，完成茶壶模型的制作，如图8-77所示。

图 8-77

8.2 制作闹钟模型

本案例介绍闹钟模型的制作，通过对闹钟的制作过程，介绍布尔以及“晶格”修改器的应用。

8.2.1 制作闹钟主体

首先来创建闹钟的主体模型，具体操作步骤介绍如下。

步骤 01 单击“切角长方体”按钮，在顶视图中创建一个切角长方体，设置尺寸为290 mm × 520 mm × 300 mm，设置圆角尺寸为30 mm，再设置分段，如图8-78所示。

步骤 02 为切角长方体添加一个“FFD3 × 3 × 3”修改器，如图8-79所示。

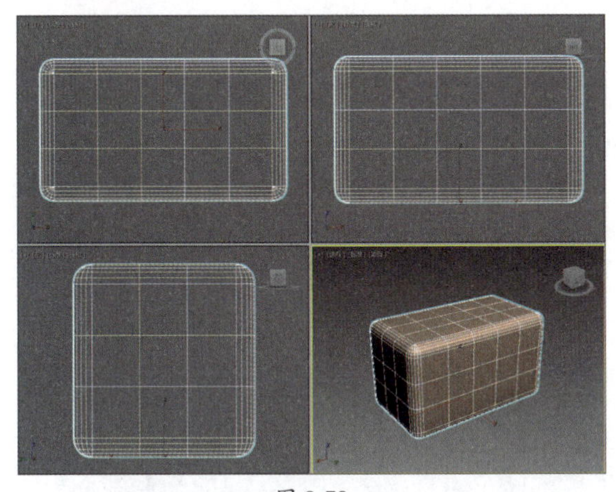

图 8-78

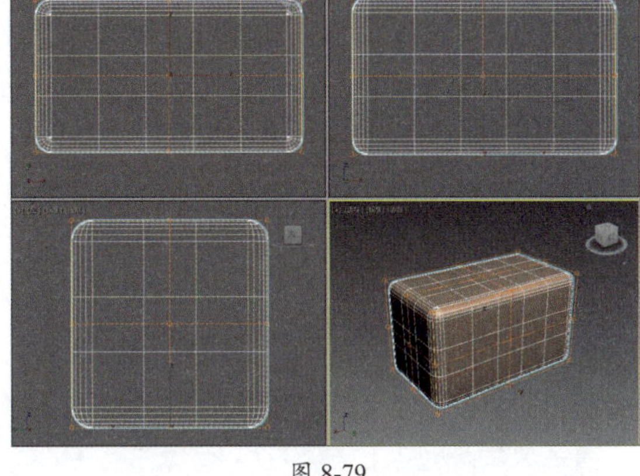

图 8-79

步骤 03 激活“晶格点”子层级，在前视图中选择中间的晶格点，在左视图中沿X轴进行缩放，如图8-80所示。

步骤 04 在顶视图中选择中间的晶格点，在左视图中缩放对象，如图8-81所示。

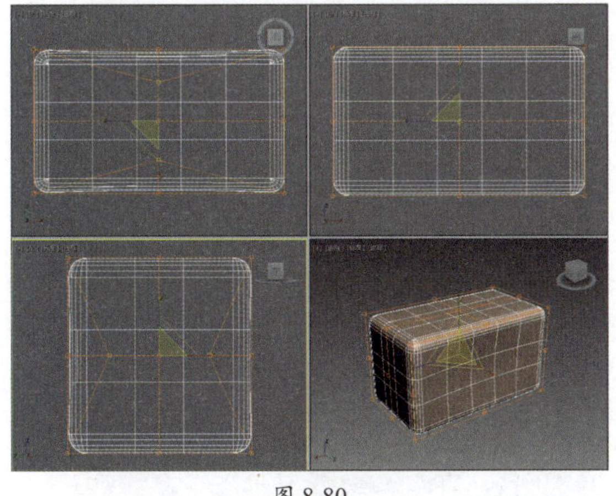

图 8-80

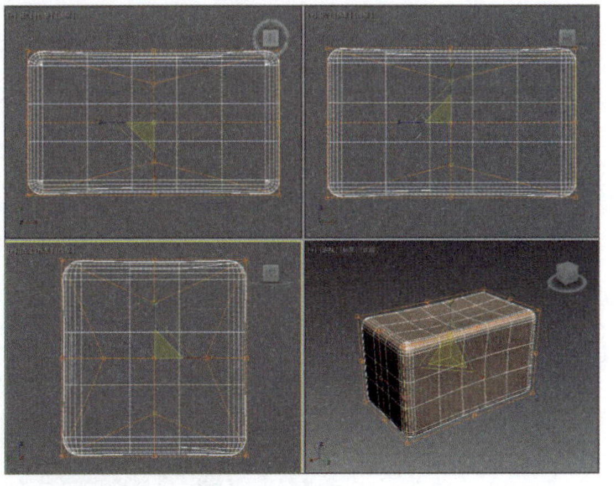

图 8-81

步骤 05 调节后的模型效果如图8-82所示。

步骤 06 在前视图中创建一个半径为16 mm、高度为26 mm的圆柱体，调整到模型的合适位置，如图8-83所示。

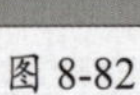

图 8-82

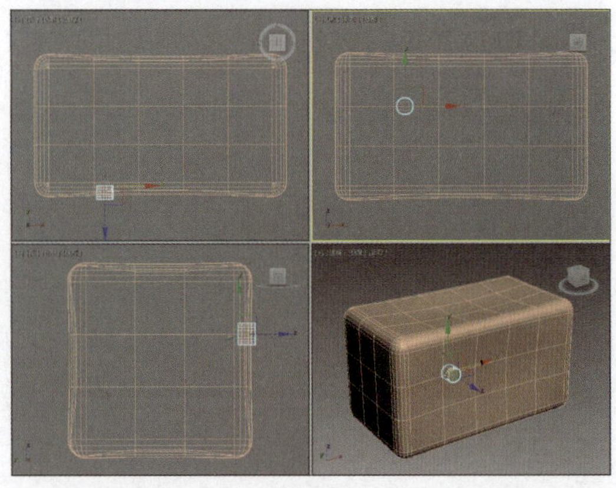

图 8-83

步骤 07 按住Shift键移动对象，复制出一个圆柱体，并移动到合适位置，如图8-84所示。

步骤 08 单击“矩形”按钮，创建尺寸为60 mm × 200 mm的矩形，设置圆角半径为30 mm，如图8-85所示。

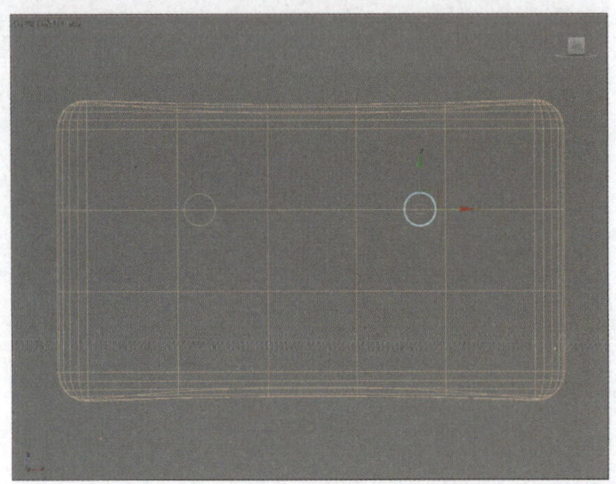

图 8-84

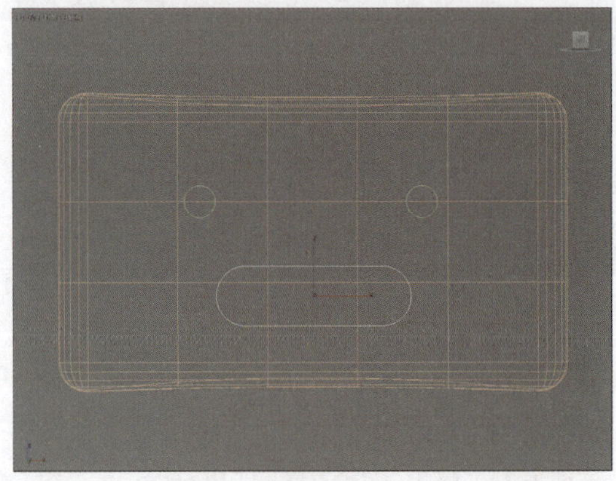

图 8-85

步骤 09 为矩形添加“挤出”修改器，设置挤出值为40 mm，调整模型的位置，如图8-86所示。

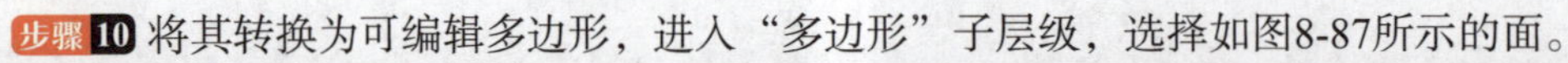

步骤 10 将其转换为可编辑多边形，进入“多边形”子层级，选择如图8-87所示的面。

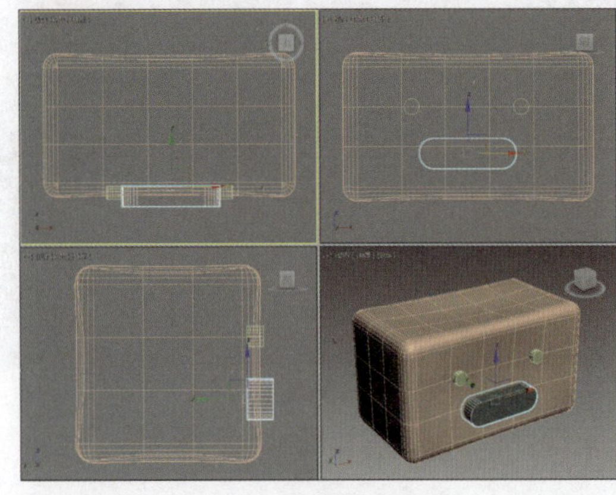

图 8-86

图 8-87

步骤 11 在“编辑多边形”卷展栏中单击“插入”按钮，设置插入值为4，如图8-88所示。

步骤 12 单击“挤出”按钮，设置挤出值为-4，效果如图8-89所示。

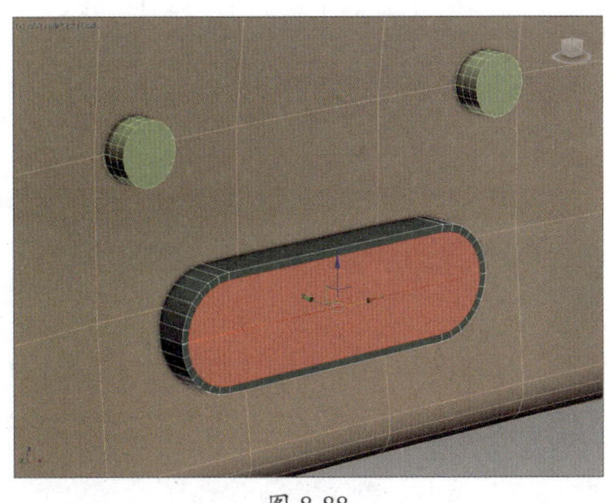
图 8-88

图 8-89

步骤 13 在前视图中创建文本“12:50”，设置字体为黑体，大小为50，如图8-90所示。

步骤 14 为其添加“挤出”修改器，设置挤出值为1，调整到合适位置，完成闹钟主体模型的创建，如图8-91所示。

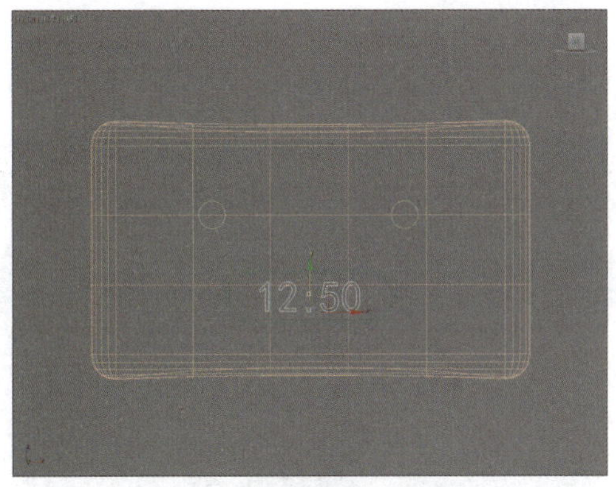

图 8-90

图 8-91

8.2.2 制作轮子支架

下面将介绍轮子支架模型的创建，具体操作步骤介绍如下。

步骤 01 单击“管状体”按钮，创建半径1为160 mm、半径2为200 mm、高度为40 mm的管状体，设置高度分段为2，调整对象位置，如图8-92所示。

步骤 02 将其转换为可编辑多边形，选择如图8-93所示的边。

图 8-92

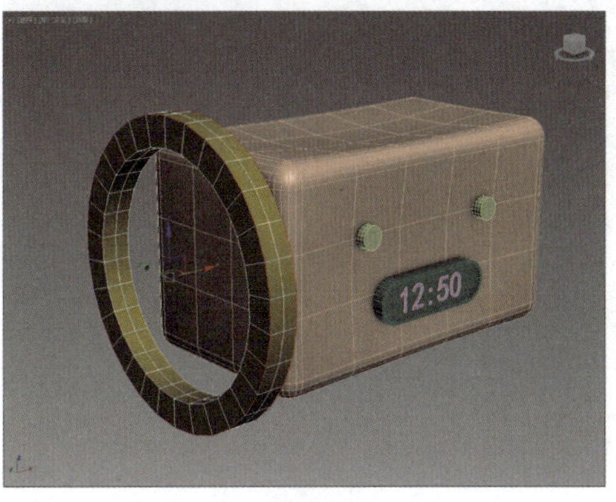

图 8-93

步骤 03 在左视图中向内缩放边线，如图8-94所示。

步骤 04 在“编辑边”卷展栏中单击“切角”按钮，设置切角量为8、分段为5，如图8-95所示。

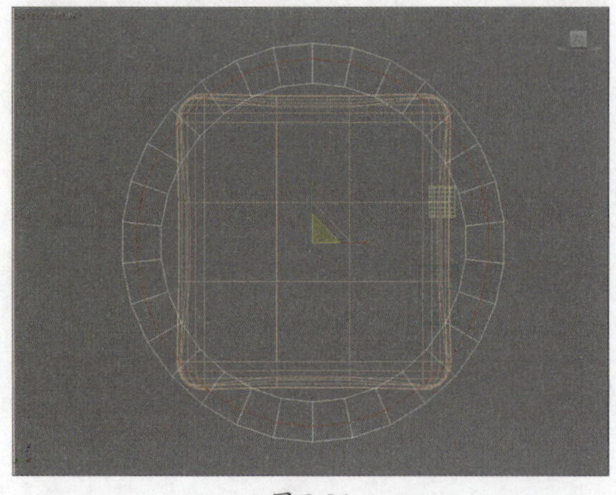
图 8-94

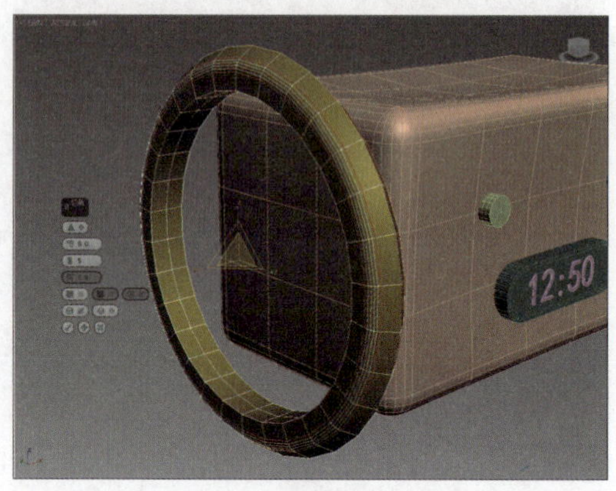

图 8-95

步骤 05 选择中间的一圈边线，如图8-96所示。

步骤 06 单击“切角”按钮，设置切角量为5、分段为5，如图8-97所示。

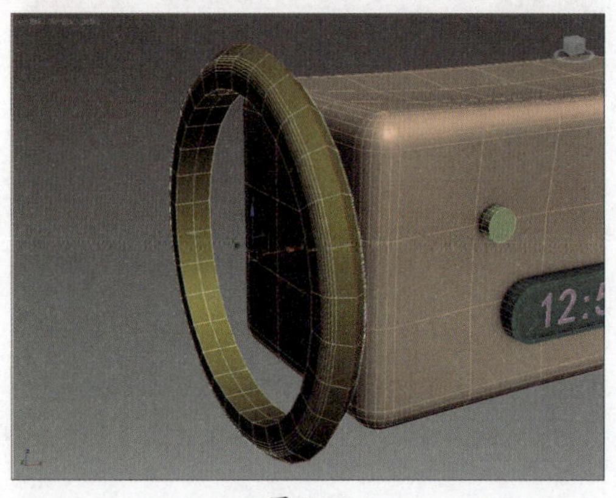

图 8-96

图 8-97

步骤 07 单击“圆柱体”命令，创建一个半径为160 mm、高度为20 mm的圆柱体，设置端面分段为2、边数为40，调整其位置，如图8-98所示。

步骤 08 将其转换为可编辑多边形，进入“顶点”子层级，在左视图中选择如图8-99所示的顶点。

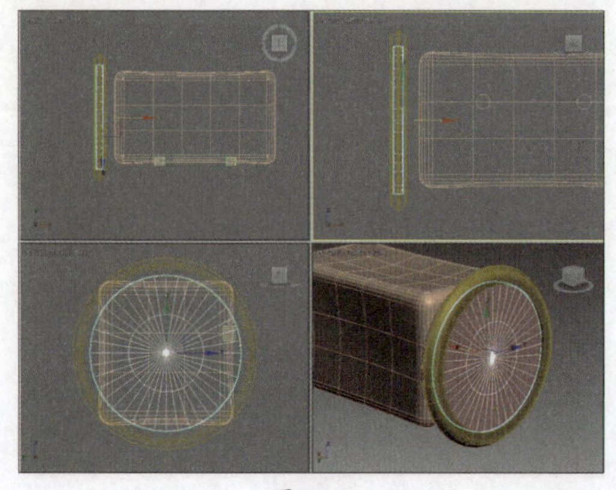
图 8-98

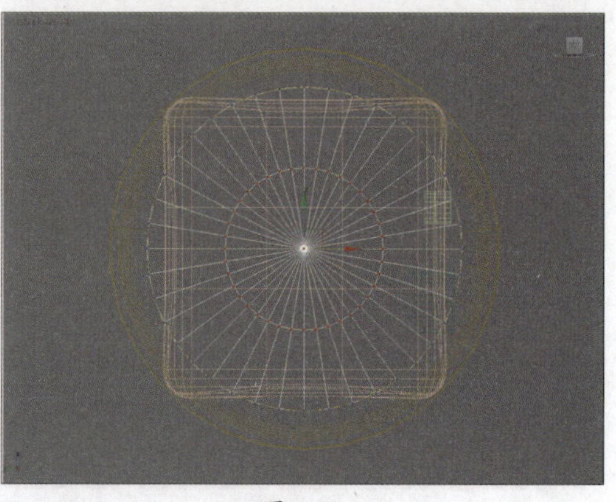
图 8-99

步骤09 在左视图中缩放顶点，如图8-100所示。

步骤10 进入“多边形”子层级，分别从左视图和右视图中选择如图8-101所示的面。

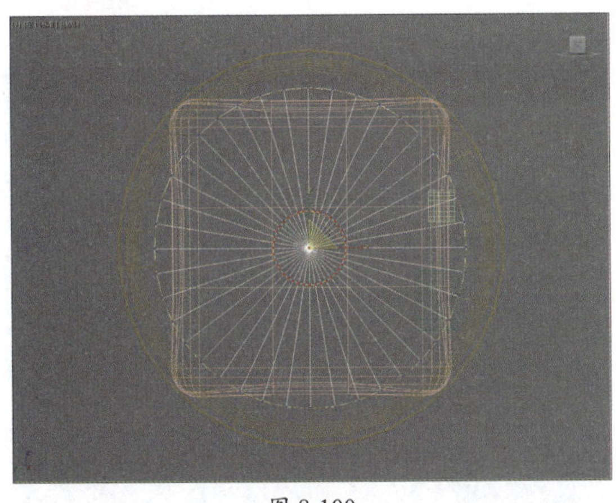
图 8-100

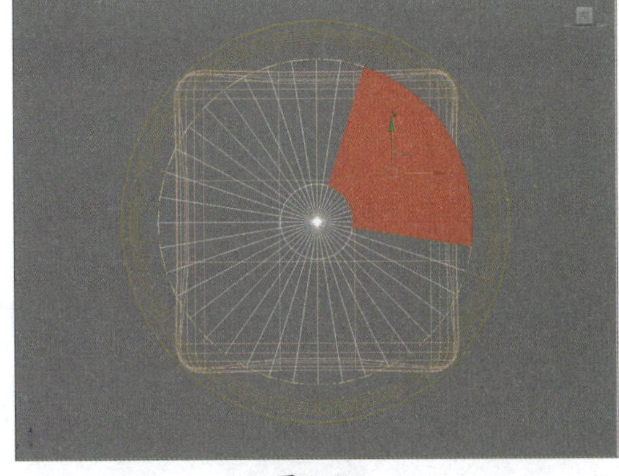
图 8-101

步骤11 在“编辑多边形”卷展栏中单击“桥”按钮，即可创建出镂空造型，如图8-102所示。

步骤12 照此方法再创建三个镂空造型，并删除多余的面，如图8-103所示。

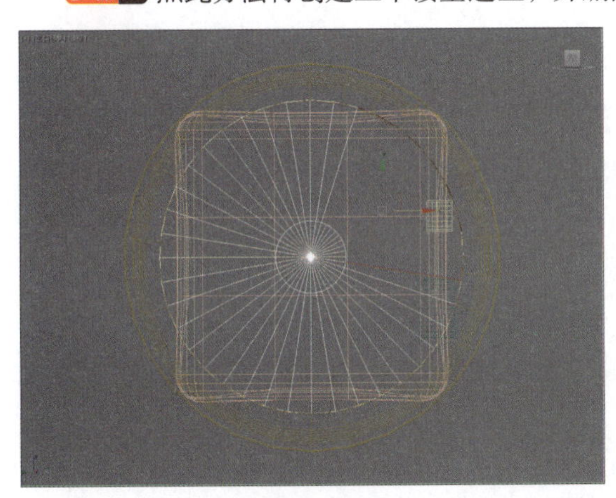
图 8-102

图 8-103

步骤13 为其添加“细分”修改器，设置细分大小为10，效果如图8-104所示。

步骤14 添加“网格平滑”修改器，默认迭代次数为1，效果如图8-105所示。

图 8-104

图 8-105

步骤 15 选择轮子外圈，在“编辑几何体”卷展栏中单击“附加”按钮，拾取齿轮模型，使其成为一个整体，如图8-106所示。

步骤 16 实例复制轮子模型到另一侧，即可完成闹钟模型的制作，如图8-107所示。

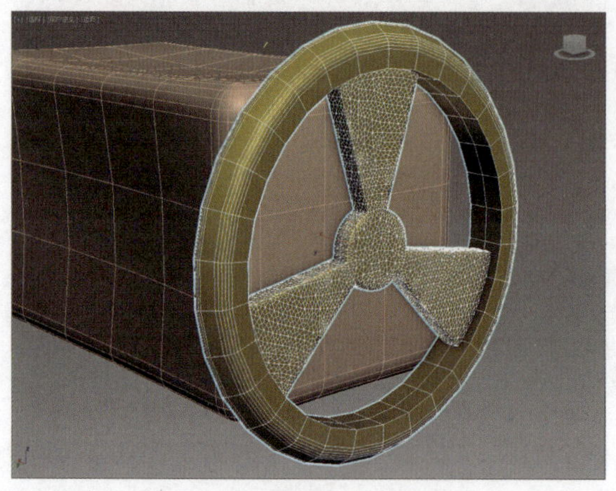

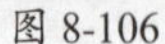

图 8-106

图 8-107

8.3 制作沙发椅模型

本案例将介绍一个沙发椅模型的创建，通过创建步骤介绍可编辑多边形以及镜像命令的应用方法。

8.3.1 制作椅子面

首先利用多边形编辑功能创建椅子面模型，具体操作步骤介绍如下。

步骤 01 单击“长方体”按钮，创建尺寸为500 mm × 500 mm × 300 mm的长方体模型，如图8-108所示。

步骤 02 将其转换为可编辑多边形，进入“多边形”子层级，选择如图8-109所示的多边形。

图 8-108

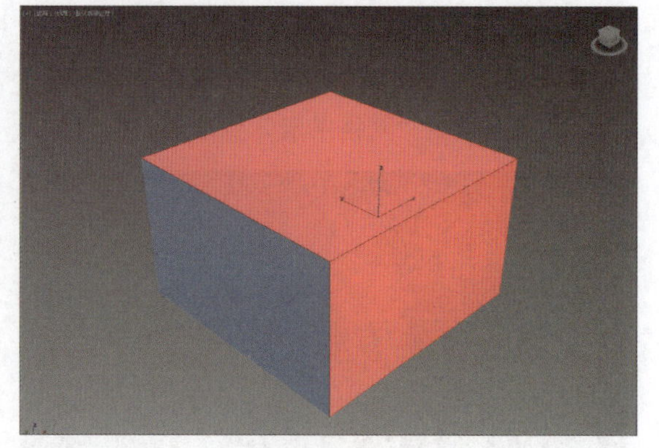

图 8-109

步骤 03 按Delete键删除多边形，如图8-110所示。

步骤 04 进入“边”子层级，在前视图中选择如图8-111所示的边。

步骤 05 在“编辑边”卷展栏中单击“连接”按钮，设置连接分段为10，创建出连接线，如图8-112所示。

步骤 06 在左视图中选择如图8-113所示的边线。

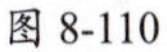

图 8-110

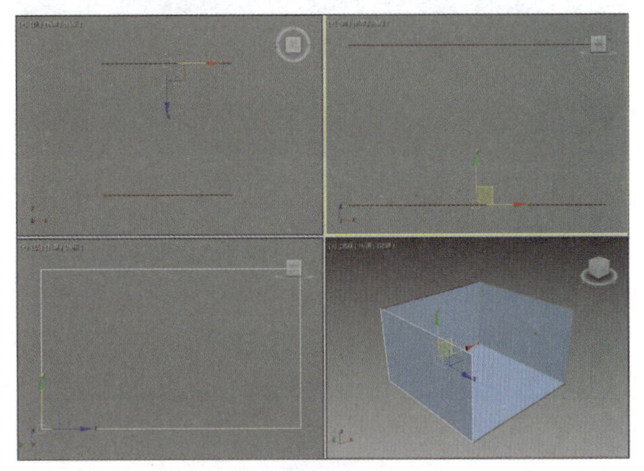

图 8-111

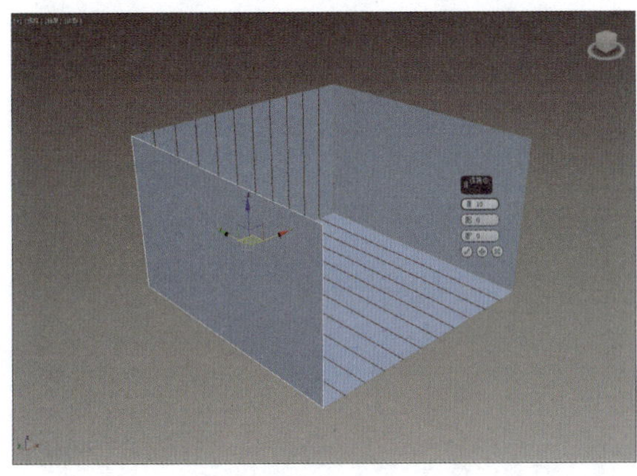

图 8-112

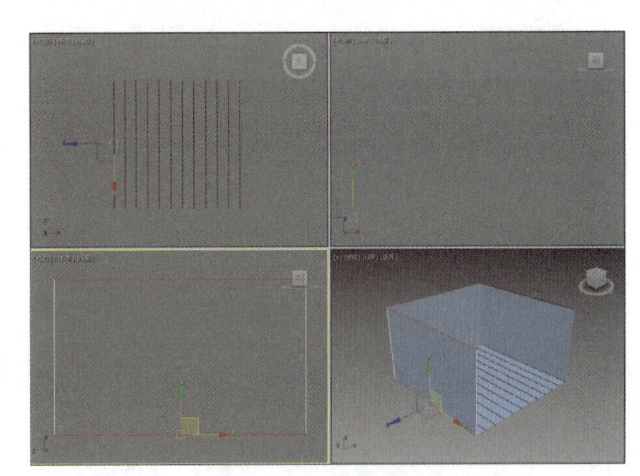

图 8-113

步骤 07 单击“连接”按钮，设置连接分段为10，创建连接线，如图8-114所示。

步骤 08 在前视图中选择竖向边线，单击“连接”按钮，设置连接分段为6，创建连接线，如图8-115所示。

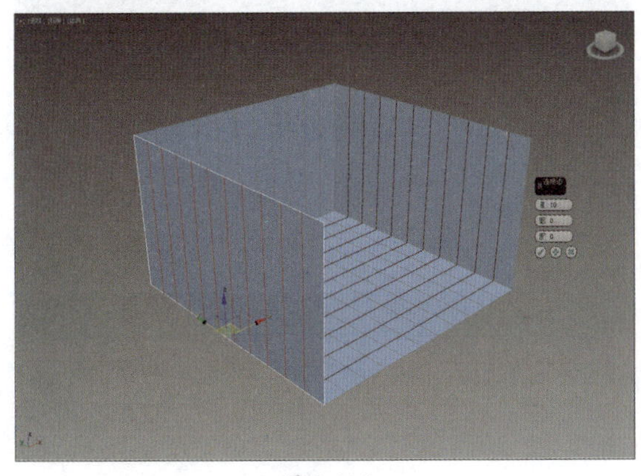

图 8-114

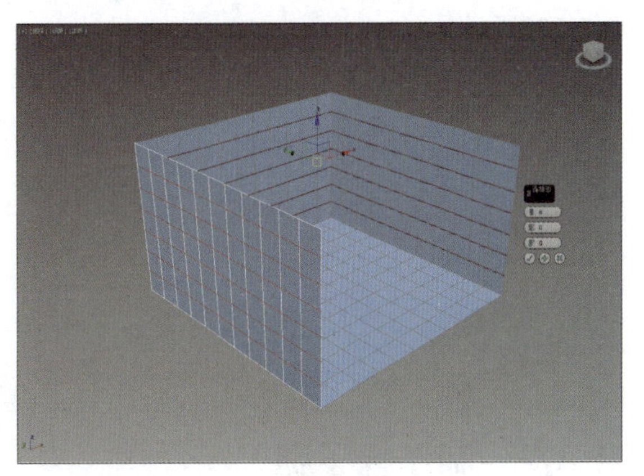

图 8-115

步骤 09 进入“顶点”子层级，在前视图中选择并调整顶点，如图8-116所示。

步骤 10 在顶视图和前视图中调整顶点，如图8-117所示。

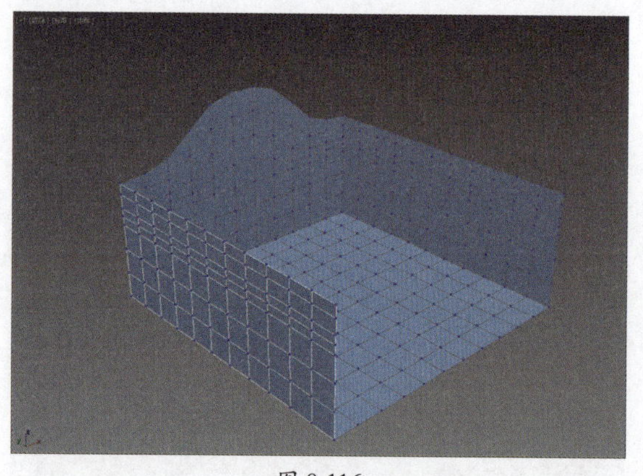

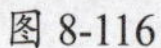

图 8-116

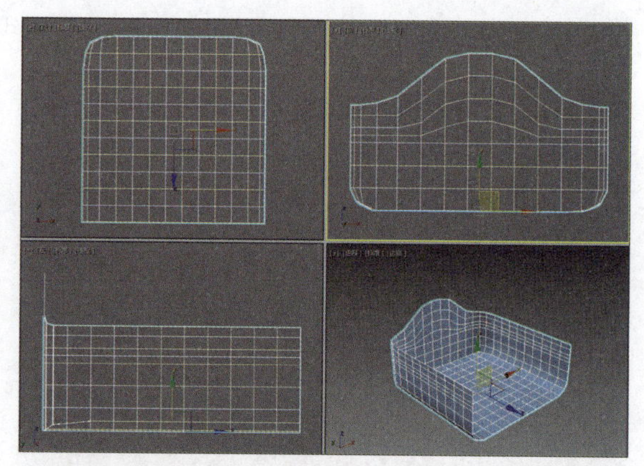

图 8-117

步骤 11 在前视图和左视图中调整顶点，如图8-118所示。

步骤 12 为多边形添加“壳”修改器，效果如图8-119所示。

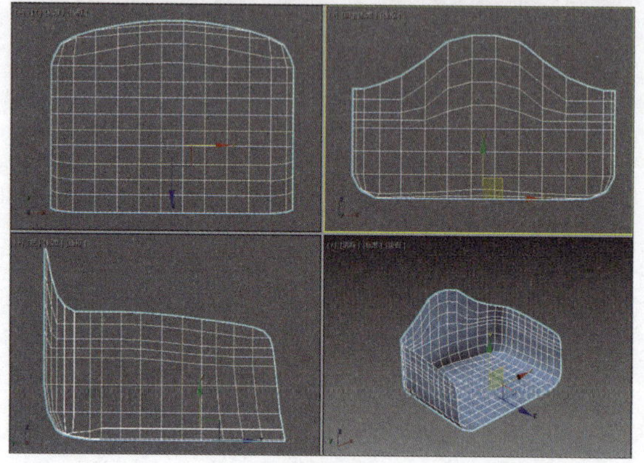

图 8-118

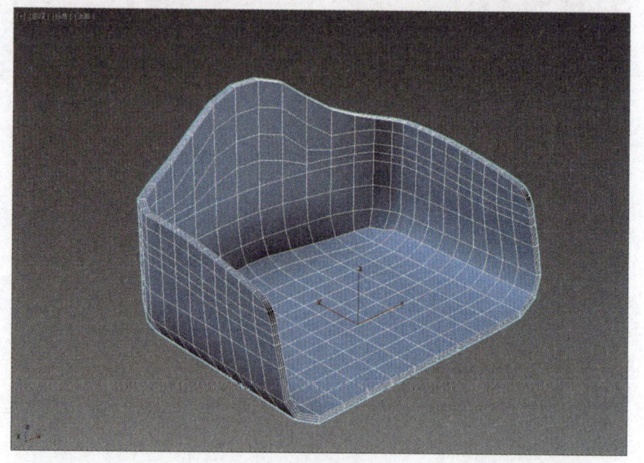

图 8-119

步骤 13 为模型添加“网格平滑”修改器，设置迭代次数为2，完成椅子面的制作，效果如图8-120所示。

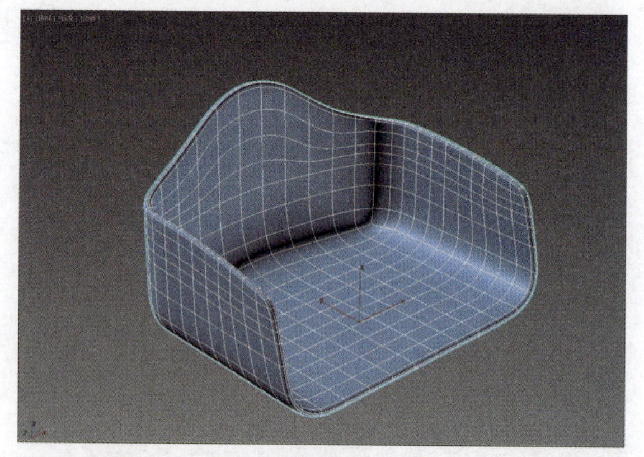

图 8-120

8.3.2 制作椅子腿

接下来创建椅子腿模型，具体操作步骤介绍如下。

步骤 01 单击“圆柱体”按钮，创建半径为15 mm、高度为420 mm的圆柱体，设置分段为5，如图8-121所示。

步骤 02 将其转换为可编辑多边形，进入“顶点”子层级，选择如图8-122所示的顶点。

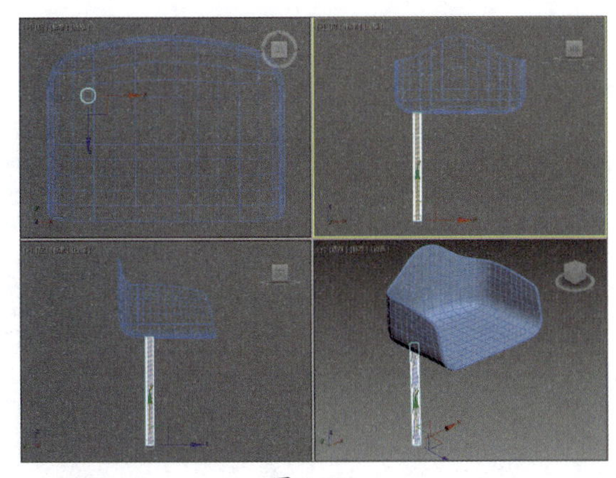
图 8-121

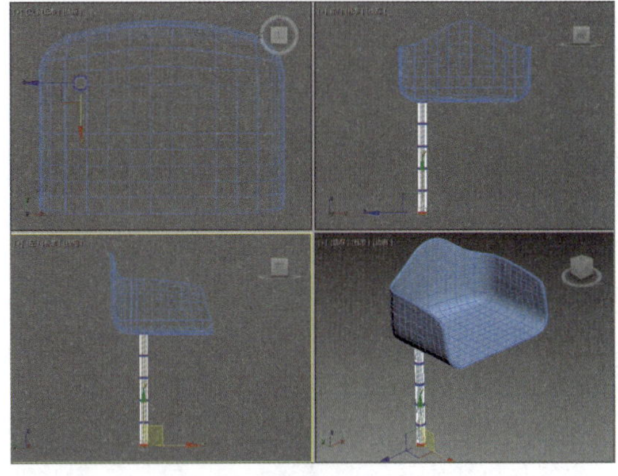
图 8-122

步骤 03 在“软选择”卷展栏中选中“使用软选择”复选框，设置衰减值为200，效果如图8-123所示。

步骤 04 激活缩放工具，在顶视图中缩放顶点，如图8-124所示。

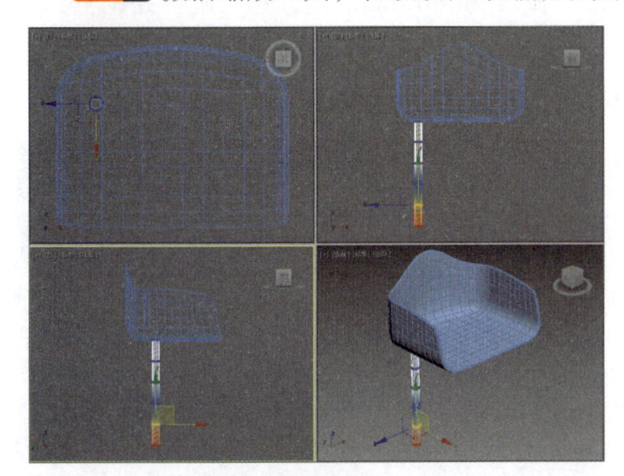
图 8-123

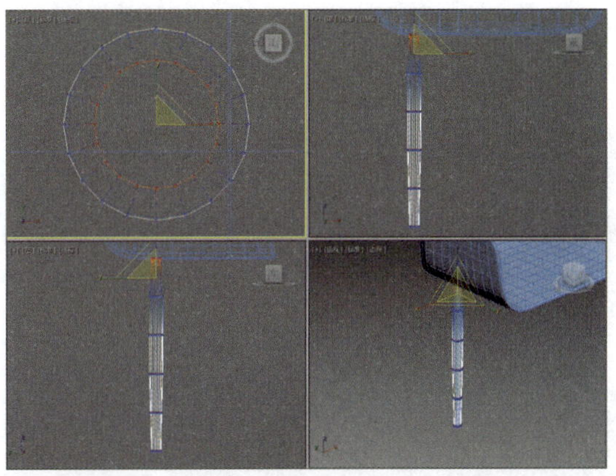
图 8-124

步骤 05 退出子层级，激活旋转工具，分别在前视图和左视图中旋转对象，并调整到合适的位置，如图8-125所示。

步骤 06 在主工具栏中单击“镜像”按钮，打开“镜像”对话框，设置镜像轴为X轴，克隆方式为“实例”，如图8-126所示。

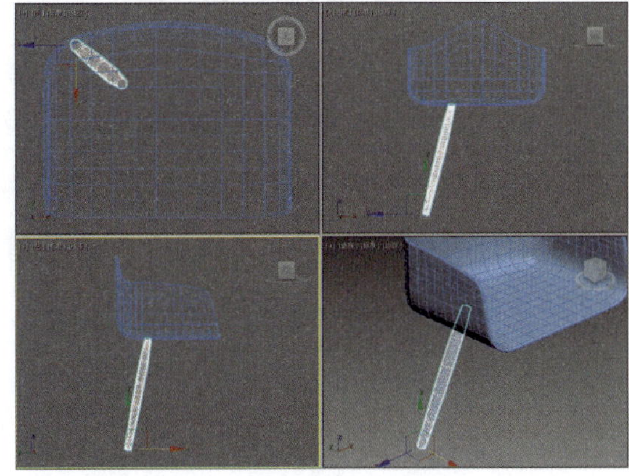
图 8-125

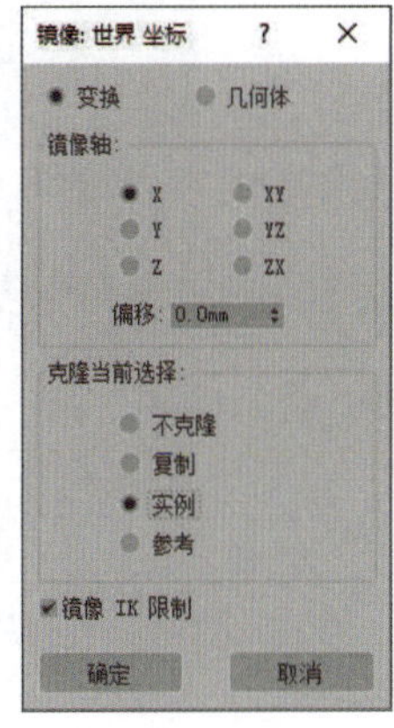

图 8-126

步骤07 将镜像复制的模型调整到合适位置，如图8-127所示。

步骤08 镜像复制椅子腿模型，如图8-128所示。

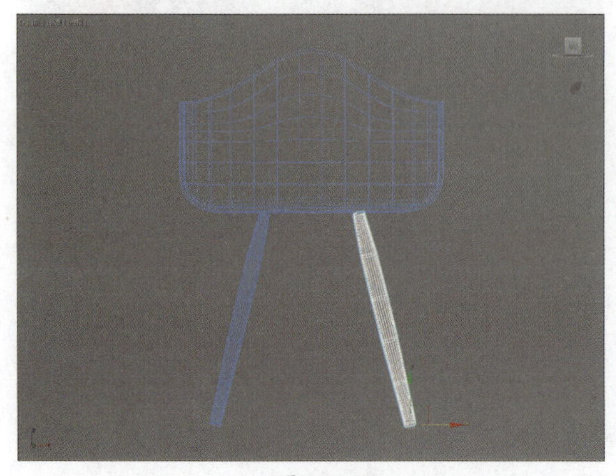

图 8-127

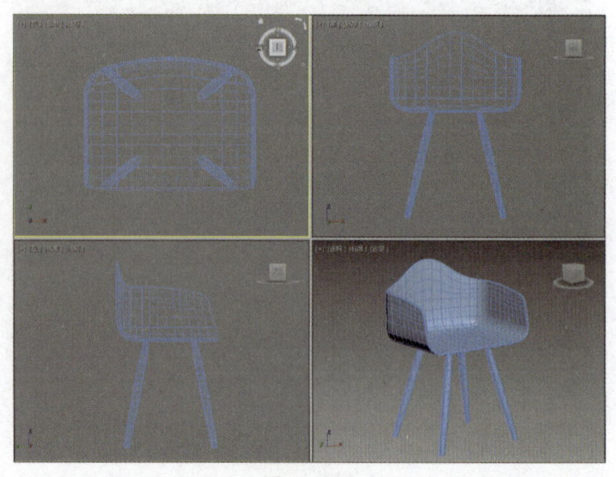

图 8-128

步骤09 单击“圆柱体”按钮，创建半径为2 mm、高度为300 mm的圆柱体，旋转并调整其位置，作为椅子腿的支架，如图8-129所示。

步骤10 激活旋转工具，按住Shift键进行旋转复制，如图8-130所示。

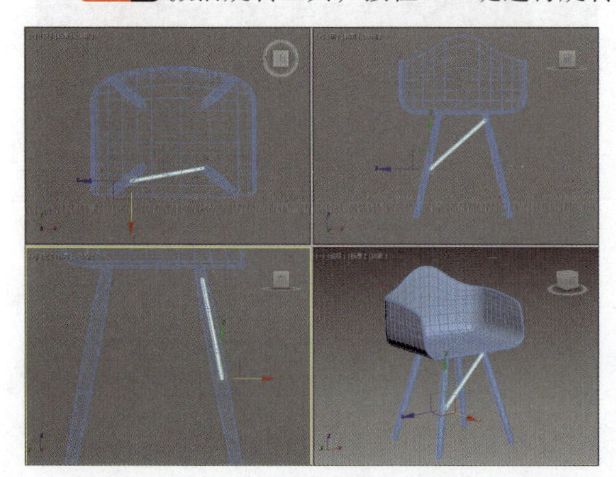

图 8-129

图 8-130

步骤11 旋转复制支架模型，完成椅子模型的制作，如图8-131所示。

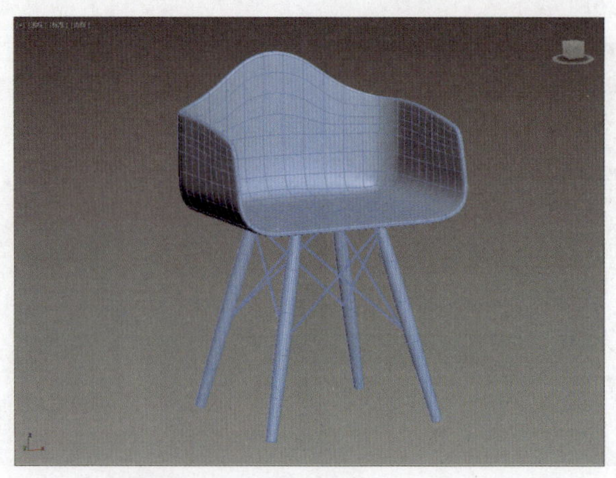

图 8-131

第9章

制作卫生间场景模型

内容导读

本案例中将为读者介绍一个卫生间场景模型的制作，在整个制作过程，读者可以学习到“样条线”、“挤出”修改器、“车削”修改器、可编辑多边形等知识的实际应用，使读者熟悉相关工具的操作与技巧。

要点难点

- 掌握建筑结构的创建
- 掌握家具模型的创建
- 掌握成品模型的合并操作

9.1 制作建筑结构

本节首先制作卫生间场景的大部分模型，包括建筑主体、门窗构件、部分家具模型等，最后还要导入一些成品模型来完善场景。

9.1.1 制作建筑主体

案例中的卫生间结构模型看起来较为简易，但制作起来还是比较复杂的，涉及以前所学习的诸多知识，如可编辑多边形、“挤出”修改器等。具体操作步骤如下。

步骤 01 单击“长方体”按钮，在视图中创建一个尺寸为8000 mm × 5500 mm × 2600 mm的长方体，如图9-1所示。

步骤 02 将长方体转换成可编辑多边形，在“修改”面板中激活“多边形”子层级，选择一侧多边形按Delete键删除。按Ctrl+A组合键选中所有面，翻转法线，效果如图9-2所示。

图 9-1

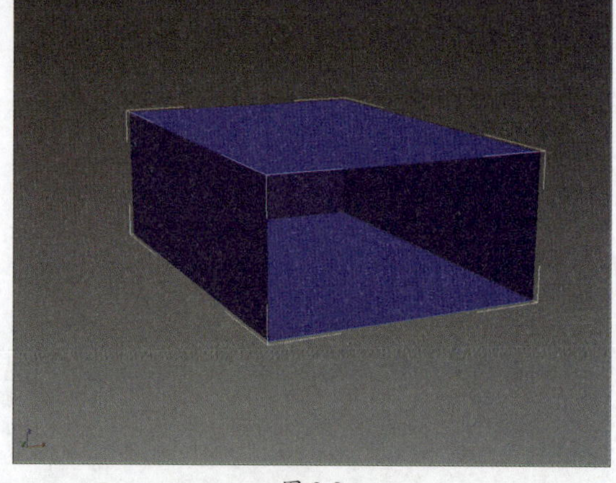

图 9-2

步骤 03 激活“边”子层级，选择可编辑多边形的上下边，单击“连接”按钮，在弹出的“连接”对话框中设置参数2，给墙体添加新的分段，如图9-3所示。

步骤 04 激活“顶点”子层级，利用“选择并移动”工具在顶视图中对顶点进行调整，将模型调整出一个凹角，如图9-4所示。

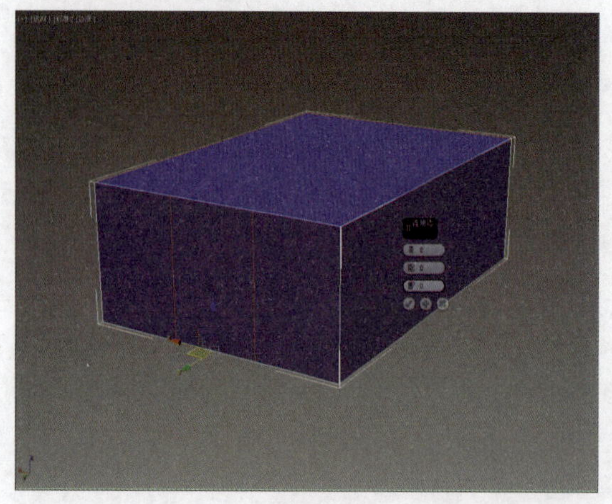

图 9-3

图 9-4

步骤05 激活“边”子层级，在透视视图中选择凹角旁边的上下两条边，单击“连接”按钮，设置连接数为2，为墙体添加新的分段，如图9-5所示。

步骤06 选择右侧的边并沿X轴调整位置，如图9-6所示。

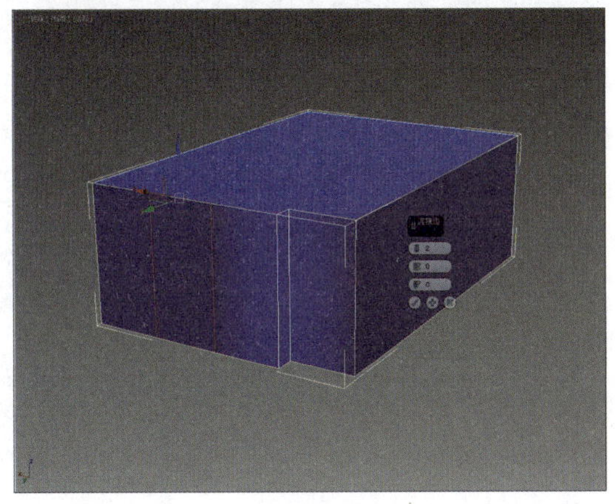

图 9-5

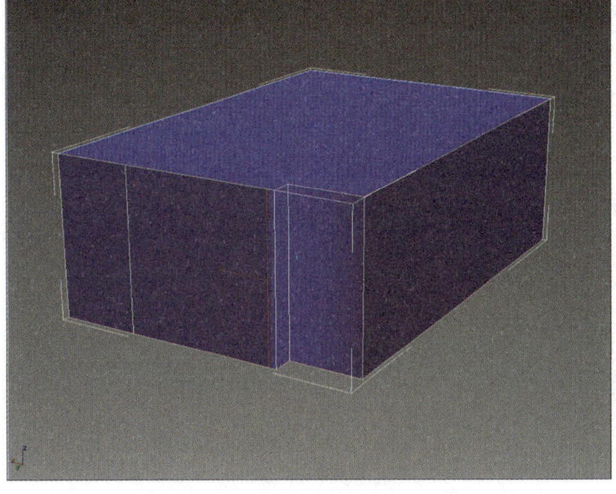

图 9-6

步骤07 选择两条边，单击“连接”按钮，设置连接数为2，为墙体添加新的分段，如图9-7所示。

步骤08 调整边的高度，制作出窗户的轮廓，如图9-8所示。

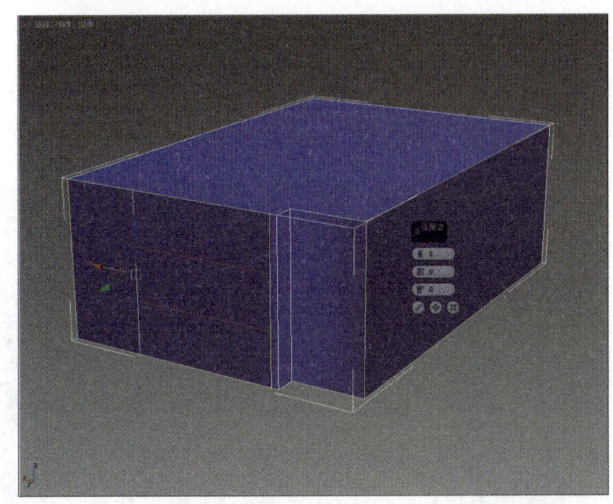

图 9-7

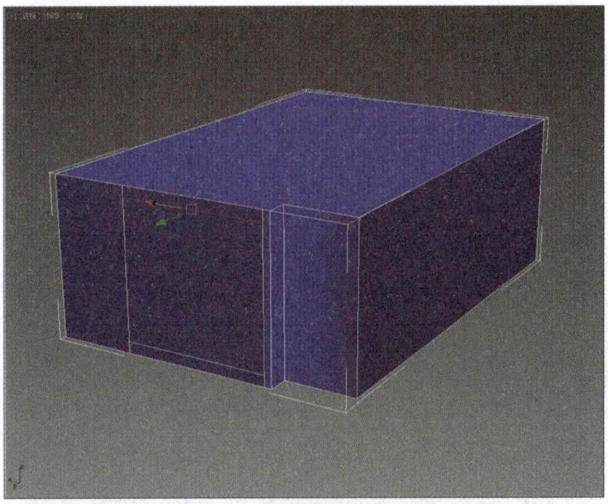

图 9-8

步骤09 激活“多边形”子层级，选择中间的多边形，单击“挤出”按钮，设置挤出值为-240 mm，为多边形创建厚度，如图9-9所示。

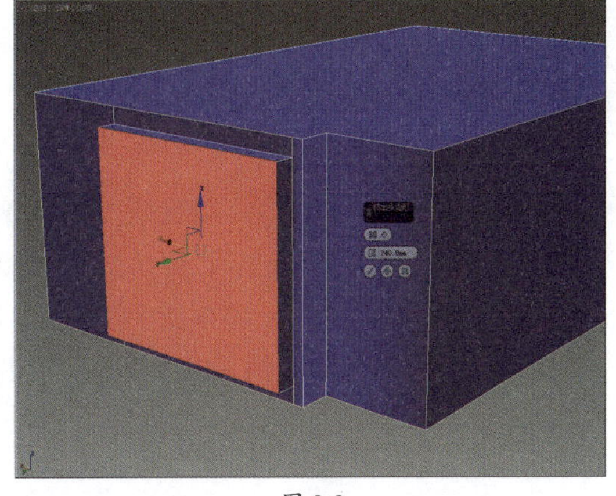

图 9-9

步骤 10 按Delete键删除多边形制作出窗洞，如图9-10所示。

步骤 11 照此方式在右侧再制作出一个窗洞，如图9-11所示。

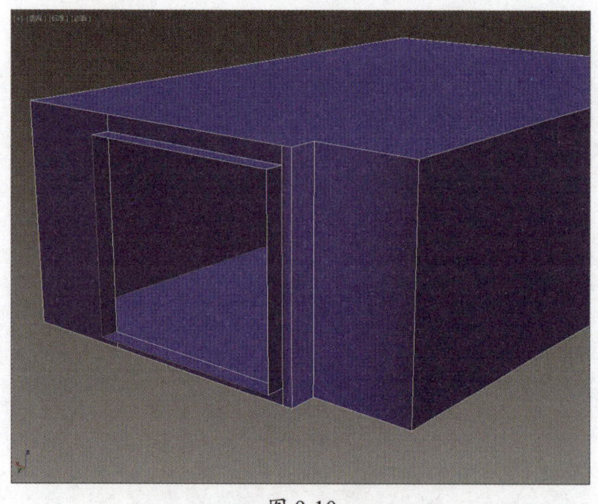

图 9-10

图 9-11

9.1.2 制作窗户构件

下面为创建好的窗洞创建简约的窗户模型，具体操作步骤介绍如下。

步骤 01 单击“长方体”按钮，在前视图中捕捉创建一个长方体，设置厚度为120 mm并调整位置，如图9-12所示。

步骤 02 孤立对象，将其转换为可编辑多边形，激活“多边形”子层级，选择如图9-13所示的前面和后面。

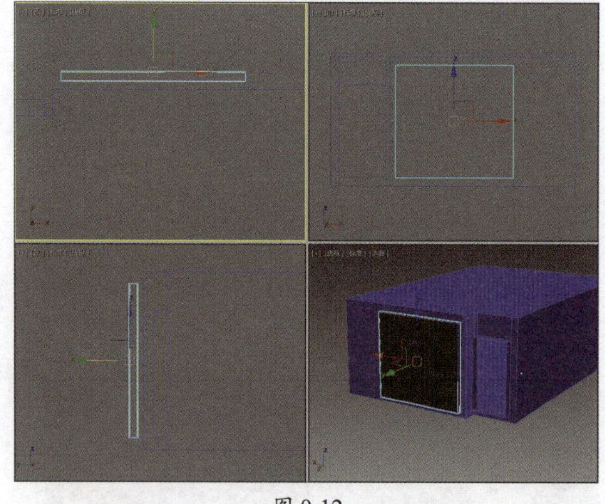

图 9-12

图 9-13

步骤 03 单击“插入”按钮，设置插入值为50 mm，向内创建一个新的多边形，如图9-14所示。

步骤 04 单击“挤出”按钮，设置挤出值为-50 mm，效果如图9-15所示。

步骤 05 单击“桥”按钮，将框架中间的面打通，如图9-16所示。

步骤 06 单击“挤出”按钮，在弹出的“挤出”对话框中以“局部法线”挤出参数-10 mm，如图9-17所示。

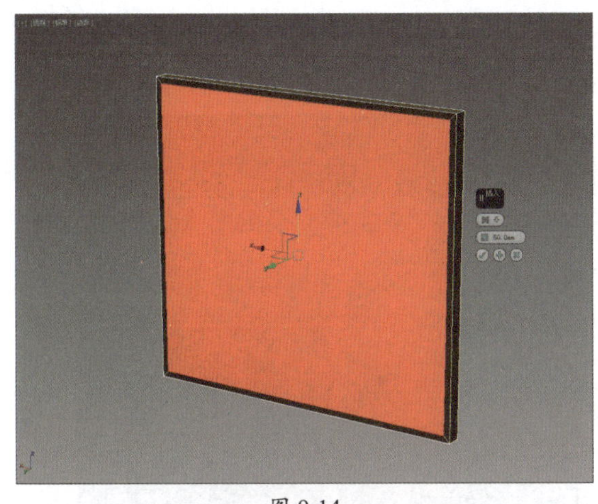

图 9-14

图 9-15

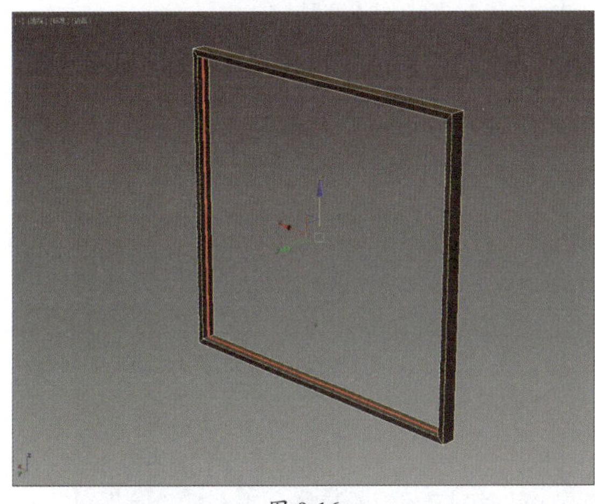

图 9-16

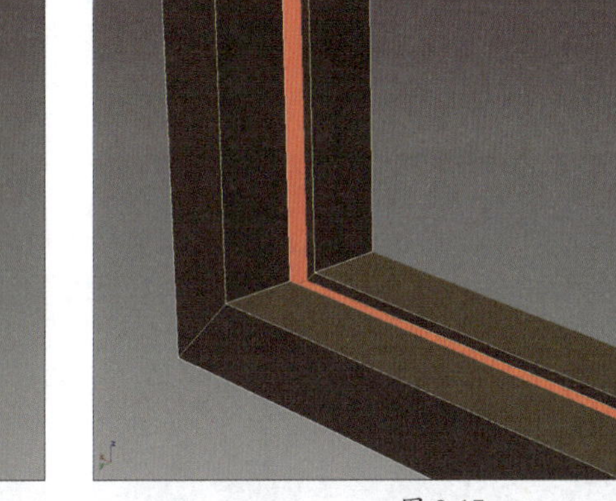

图 9-17

步骤07 激活“边”子层级，双击选择如图9-18所示的两圈边线。

步骤08 单击“切角”按钮，创建切角量为2 mm，如图9-19所示。

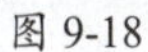

图 9-18

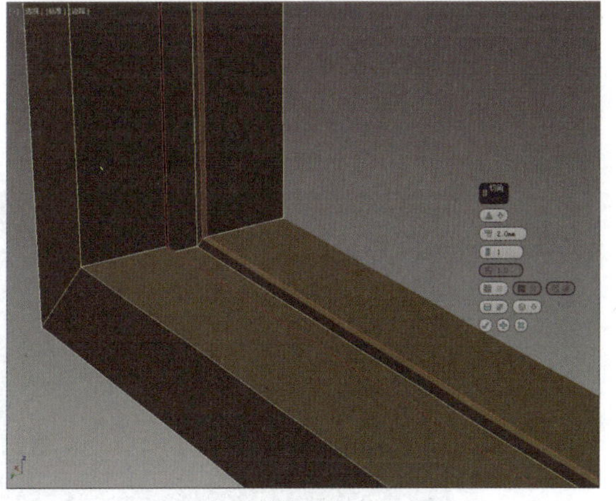

图 9-19

步骤09 单击“矩形”按钮，在前视图中捕捉窗框中间的轮廓绘制一个矩形，如图9-20所示。选择窗框和玻璃模型，执行“组”|“成组”命令，把选中的物体成组。

步骤 10 为矩形添加“挤出”修改器，设置挤出高度为20，制作出玻璃模型，并调整位置，如图9-21所示。

图 9-20

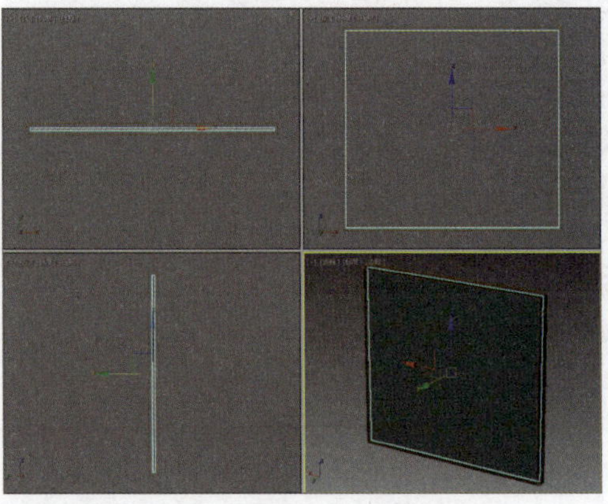

图 9-21

步骤 11 取消隐藏所有物体，再按上述同样的操作步骤为小窗洞创建窗户模型，如图9-22所示。

步骤 12 单击“长方体”按钮，在顶视图中捕捉创建长度为7600 mm、宽度为5100 mm、高度为-150 mm的长方体作为吊顶造型，如图9-23所示。

图 9-22

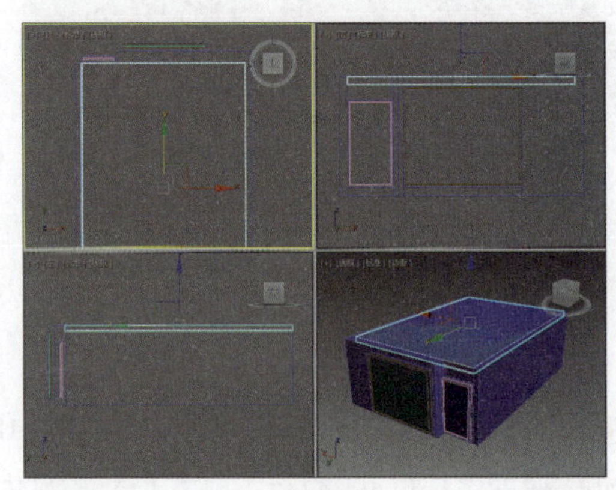

图 9-23

步骤 13 选择建筑主体多边形，进入“多边形”子层级，选择地面，如图9-24所示。

步骤 14 在“编辑几何体”卷展栏中单击“分离”按钮，弹出“分离”对话框，输入新的名称，如图9-25所示。单击“确定”按钮，即可将地面从多边形中独立出来。

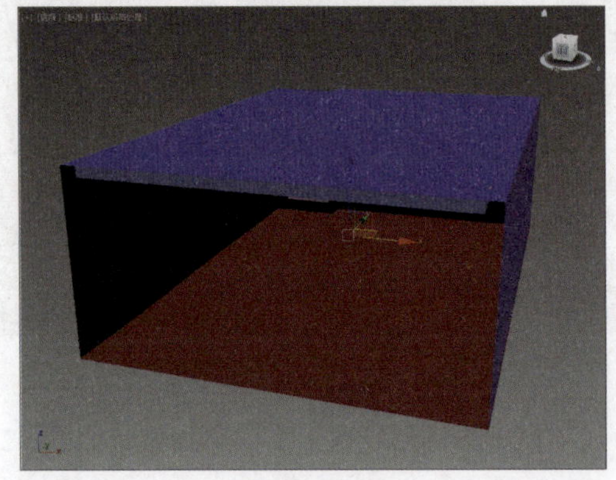

图 9-24

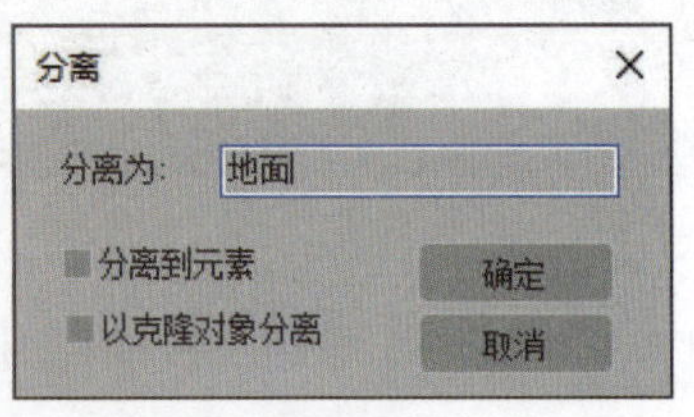

图 9-25

9.2 制作家具模型

接下来为卫生间场景制作部分家具模型，包括浴室镜模型、洗漱台模型、水龙头模型等。

9.2.1 制作浴室镜模型

本节将为场景制作一个圆形的浴室镜模型，操作步骤介绍如下。

步骤01 单击“圆柱体”按钮，在前视图中创建一个半径为300 mm、高度为40 mm的圆柱体，如图9-26所示。

步骤02 将其转换为可编辑多边形，激活“多边形”子层级，选择如图9-27所示的面。

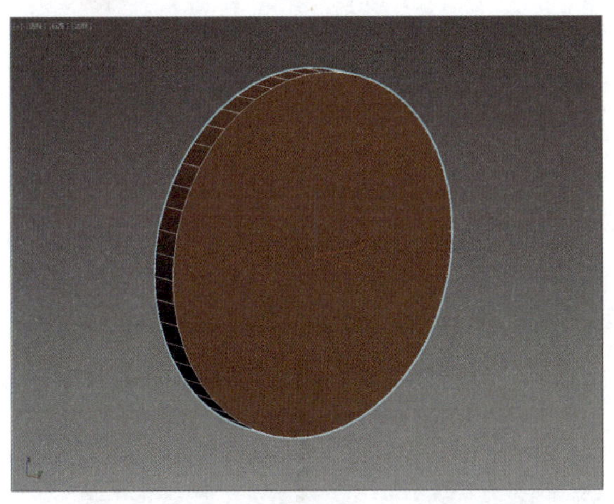

图 9-26

图 9-27

步骤03 单击“插入”按钮，设置插入值为20 mm，如图9-28所示。

步骤04 单击“挤出”按钮，设置挤出高度为-10 mm，如图9-29所示。

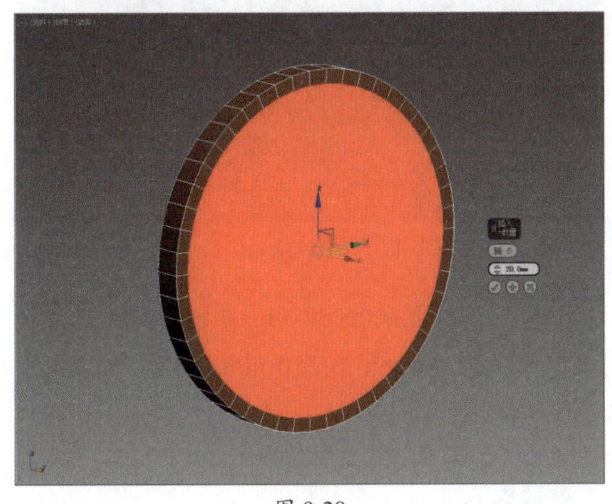

图 9-28

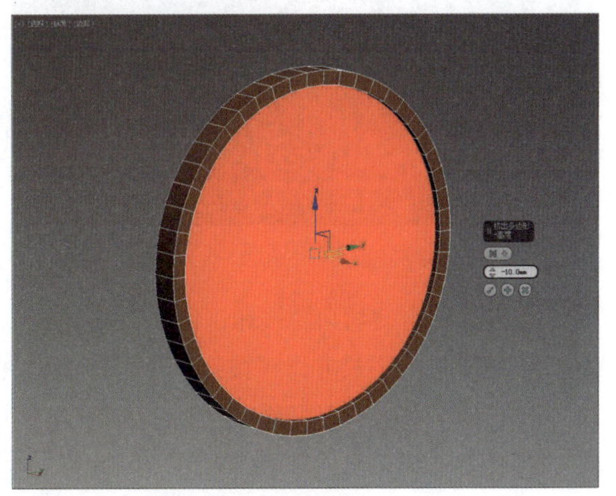

图 9-29

步骤05 激活“边”子层级，双击选择正面的两圈边线，如图9-30所示。

步骤06 单击“切角”按钮，创建切角量为5 mm，分段为3，完成浴室镜模型的制作，如图9-31所示。

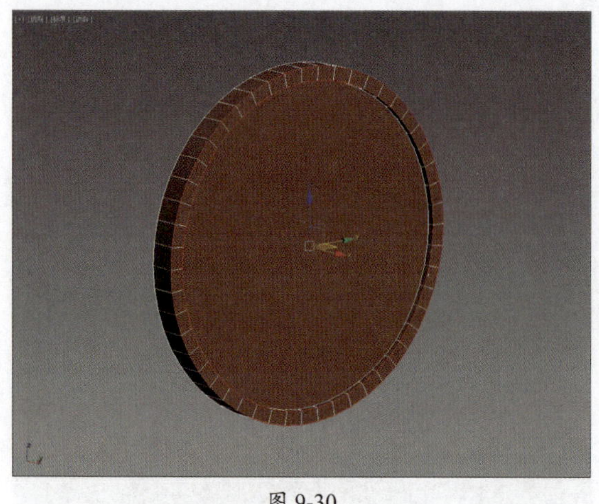

图 9-30

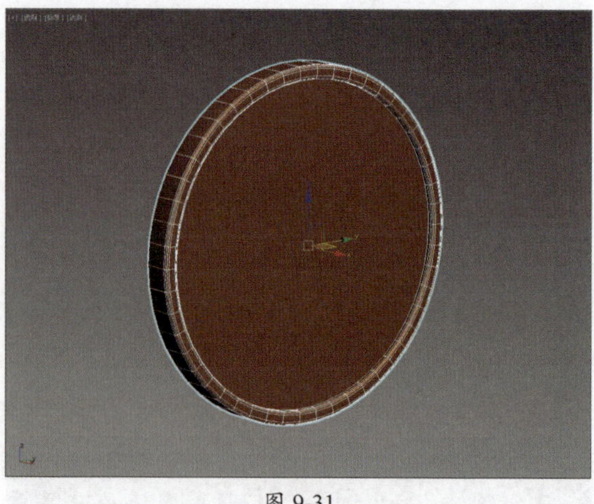

图 9-31

9.2.2 制作洗漱台模型

本节将为场景制作洗漱台模型，操作步骤介绍如下。

步骤 01 将浴室镜移动到墙面合适的位置。单击“长方体”按钮，在顶视图中创建一个尺寸为900 mm × 600 mm × 15 mm的长方体作为洗漱台台面，如图9-32所示。

步骤 02 将其转换成可编辑多边形，激活“边”子层级，选择如图9-33所示的边。

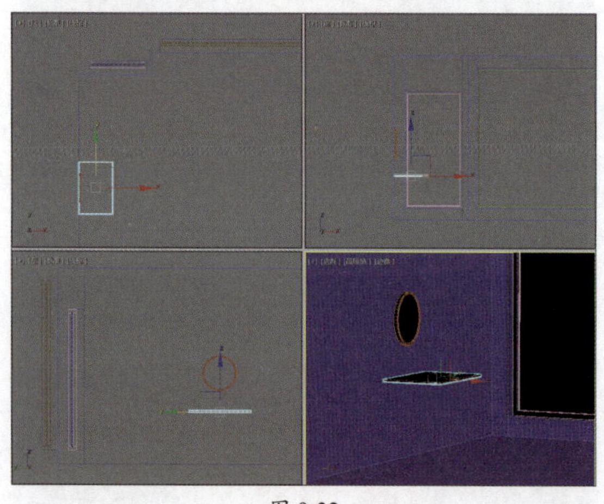

图 9-32

图 9-33

步骤 03 单击“切角”按钮，创建切角量为3 mm，分段为10，效果如图9-34所示。

步骤 04 单击“长方体”按钮，在顶视图中创建一个尺寸为850 mm × 550 mm × 30 mm的长方体，调整对象位置作为洗漱台台面的支架，如图9-35所示。

步骤 05 将其转换为可编辑多边形，激活“边”子层级，选择如图9-36所示的边线。

步骤 06 单击“切角”按钮，创建切角量为3 mm，分段为10，效果如图9-37所示。

步骤 07 单击“圆柱体”命令，在顶视图中创建一个半径为250 mm、高度为160 mm的圆柱体，调整到合适位置，如图9-38所示。

步骤 08 按Ctrl+V组合键打开“克隆选项”对话框，如图9-39所示。如此进行复制操作两次，保持对象位置不动。

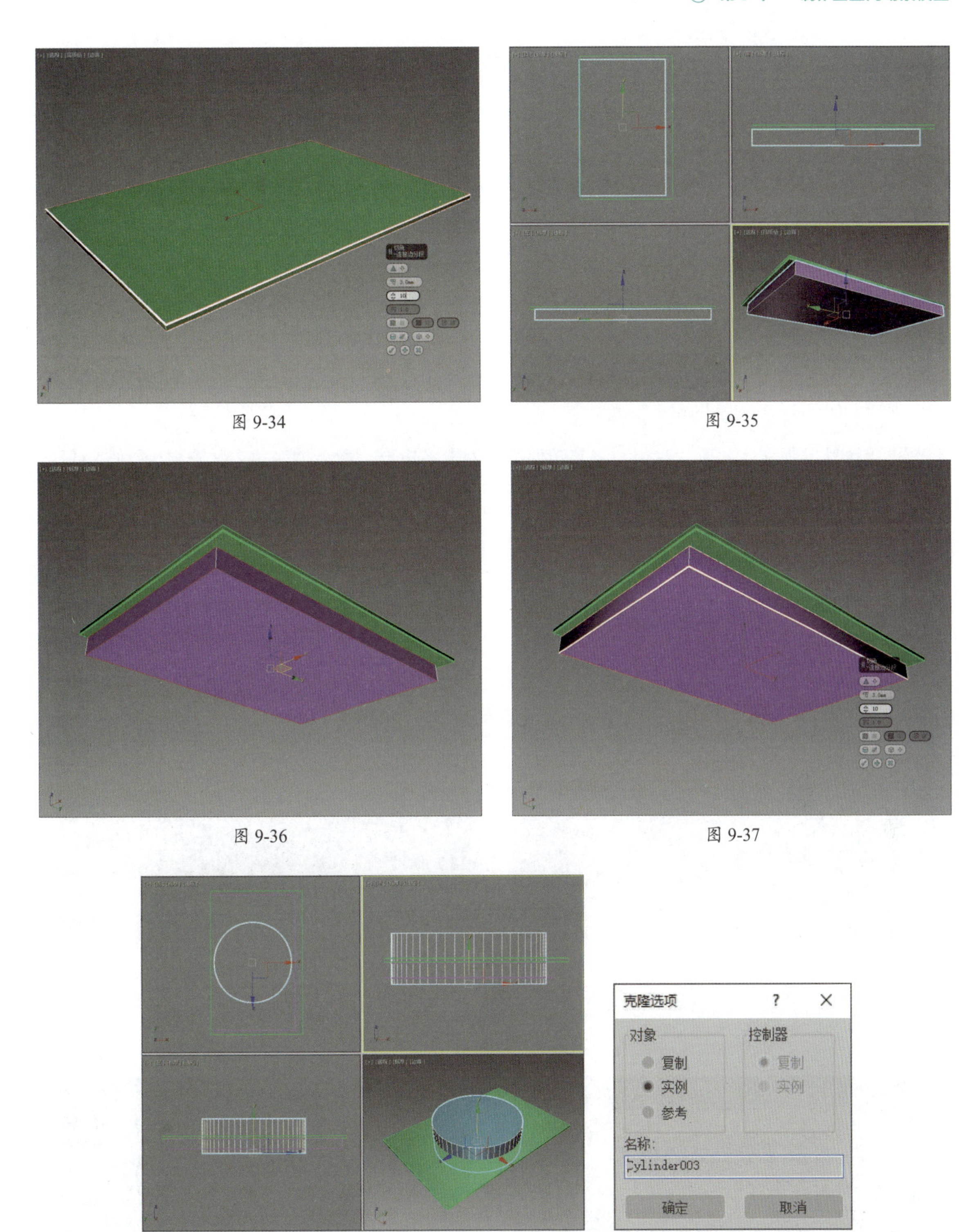

图 9-34

图 9-35

图 9-36

图 9-37

图 9-38

图 9-39

步骤 09 选择台面模型，在“复合对象”面板中单击“布尔”按钮，选择“差集”运算方式，再拾取其中一个圆柱体，制作出一个孔洞，隐藏剩余的圆柱体，效果如图9-40所示。

步骤 10 如此再对台面底座和圆柱体进行差集运算，效果如图9-41所示。

图 9-40

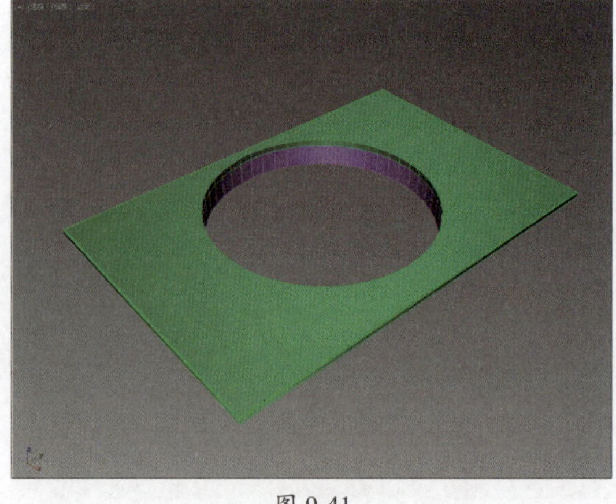

图 9-41

步骤 11 显示圆柱体并孤立对象，将其转换为可编辑多边形，激活“多边形”子层级，选择顶部的面，单击“插入”按钮，设置插入值为20 mm，如图9-42所示。

步骤 12 单击“挤出”按钮，在弹出的“挤出”对话框中设置挤出值为-80 mm，如图9-43所示。

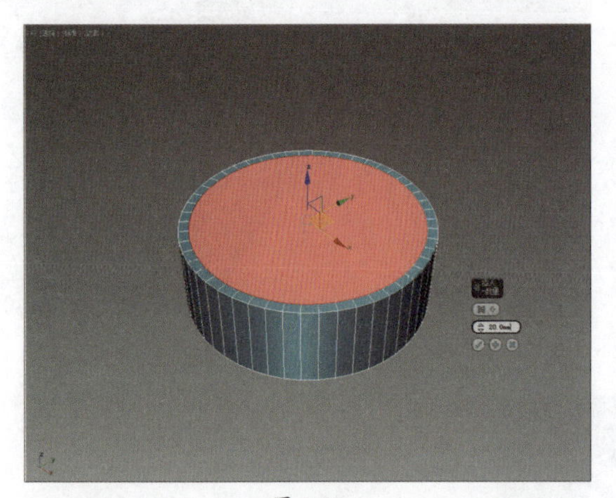

图 9-42

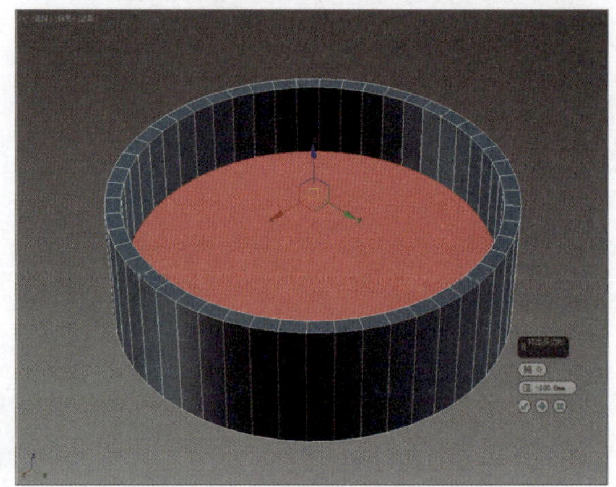

图 9-43

步骤 13 单击“插入”按钮，设置插入值为210 mm，如图9-44所示。

步骤 14 单击“挤出”按钮，设置挤出值为-60 mm，如图9-45所示。

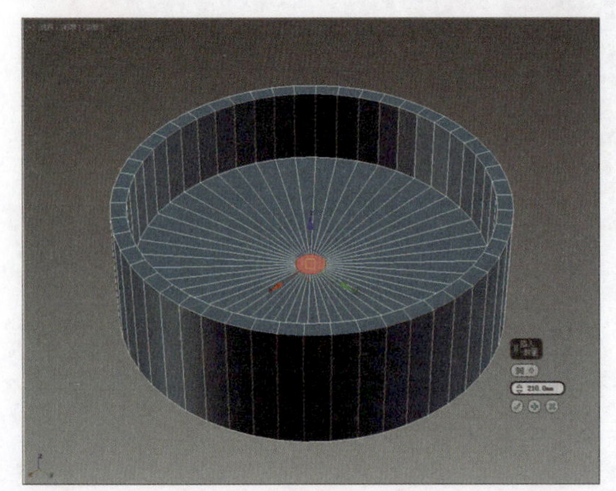

图 9-44

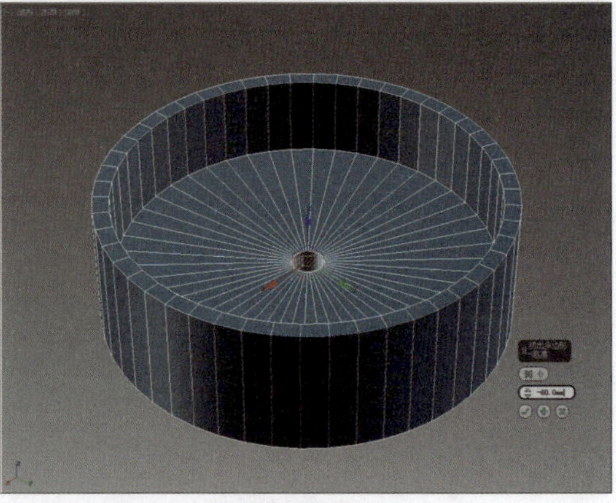

图 9-45

步骤 15 激活“边”子层级，选择如图9-46所示的边线。

步骤 16 单击“切角”按钮，创建切角量为3 mm，分段为3，效果如图9-47所示。

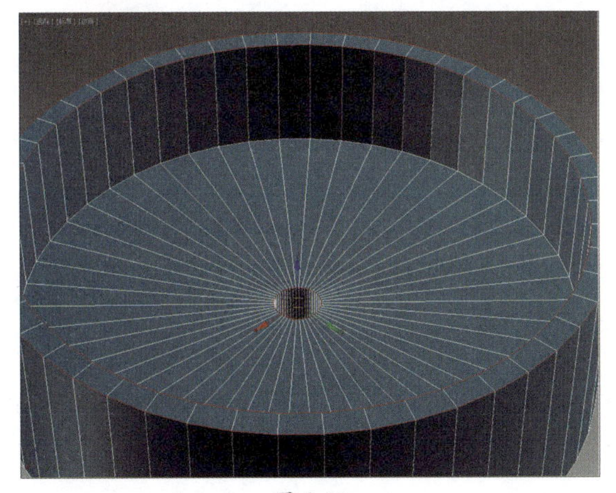

图 9-46

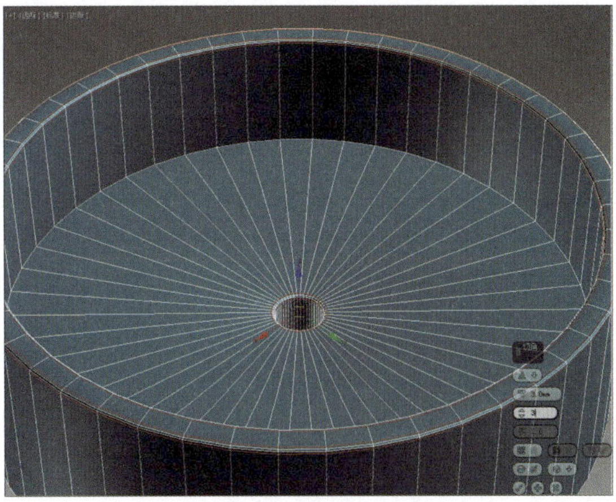

图 9-47

步骤 17 选择如图9-48所示的边。

步骤 18 单击“切角”按钮，创建切角量为80 mm，分段为15，效果如图9-49所示。

图 9-48

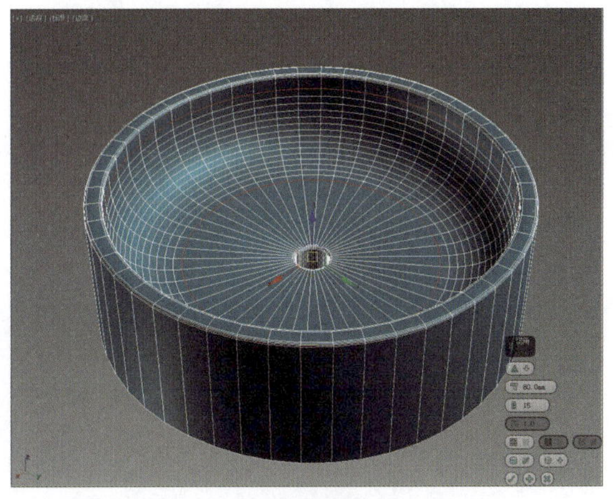

图 9-49

步骤 19 单击“圆柱体”按钮，创建半径为19.5 mm、高度为100 mm的圆柱体，调整面盆中心位置，如图9-50所示。

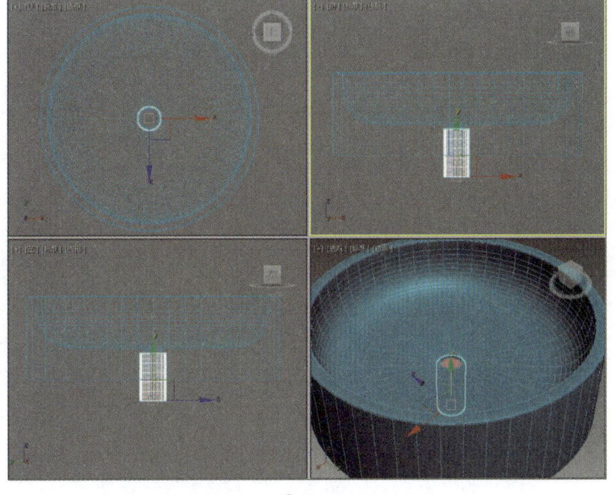

图 9-50

步骤 20 将其转换为可编辑多边形，激活“多边形”子层级，选择底部的面，如图9-51所示。

步骤 21 单击“插入”按钮，设置插入值为7 mm，如图9-52所示。

图 9-51

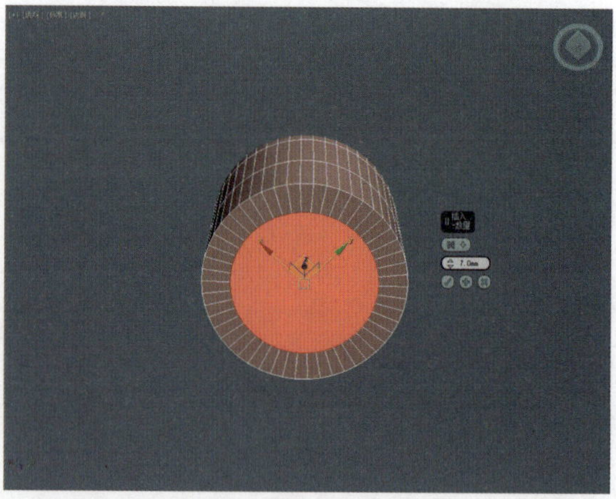

图 9-52

步骤 22 单击“挤出”按钮，设置挤出值为20 mm，如图9-53所示。

步骤 23 激活“边”子层级，选择如图9-54所示的边线。

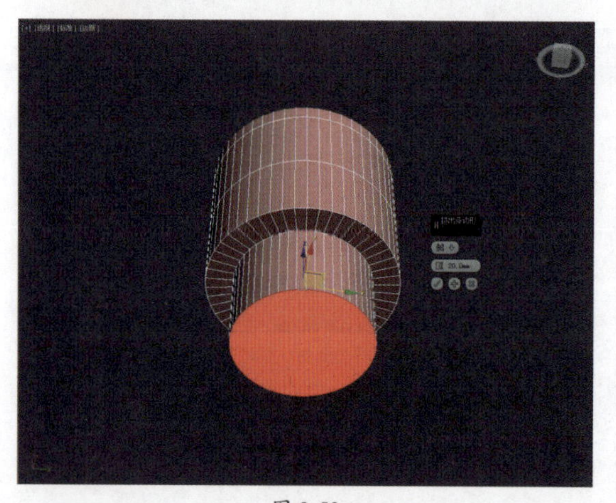

图 9-53

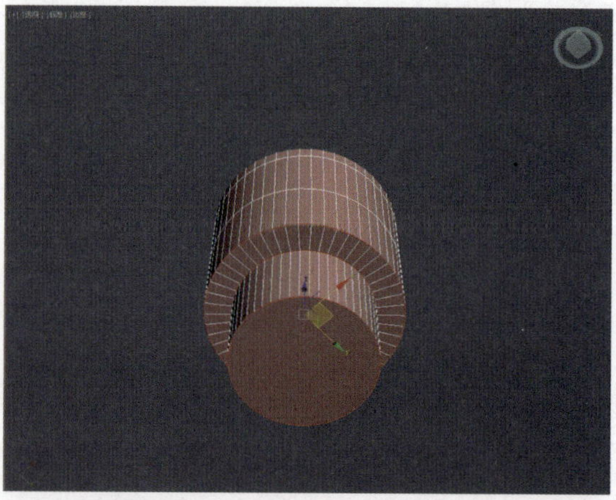

图 9-54

步骤 24 单击“切角”按钮，创建切角量为2 mm，分段为5，切角效果如图9-55所示。

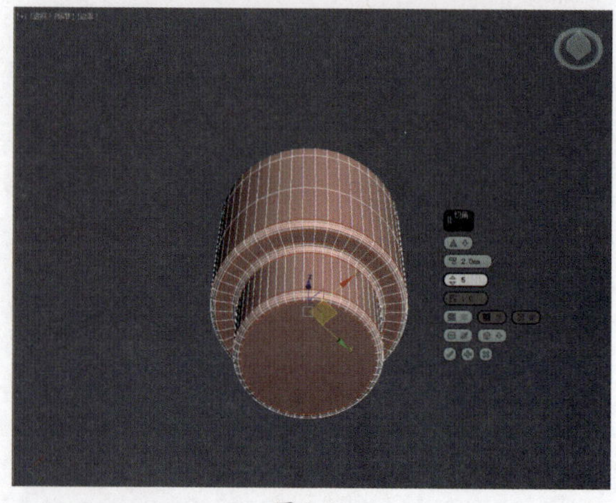

图 9-55

步骤25 单击“圆柱体”按钮，在左视图中创建半径为5 mm、高度为18 mm的圆柱体，分段为3，调整其位置，如图9-56所示。

步骤26 将其转换为可编辑多边形，激活“多边形”子层级，在前视图中选择如图9-57所示的多边形。

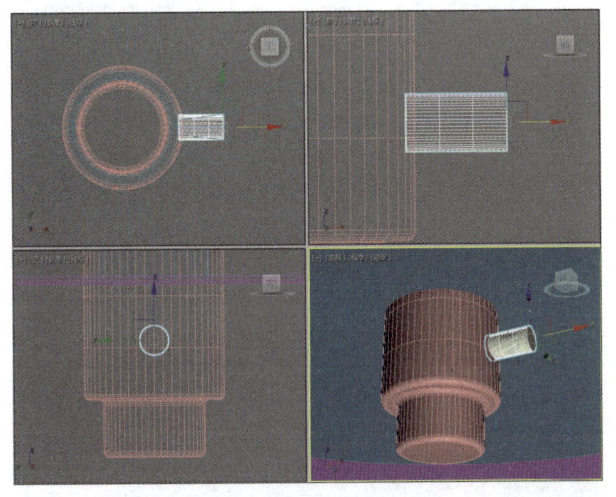

图 9-56

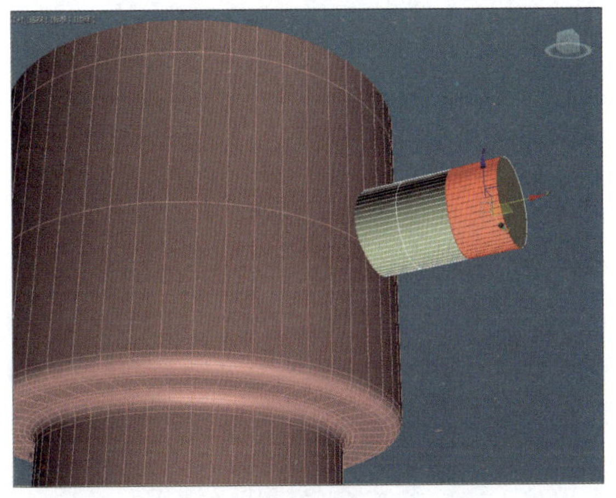

图 9-57

步骤27 单击“挤出”按钮，以“局部法线”的方式挤出厚度，如图9-58所示。

步骤28 选择多边形，单击“挤出”按钮，将其挤出3 mm的厚度，如图9-59所示。

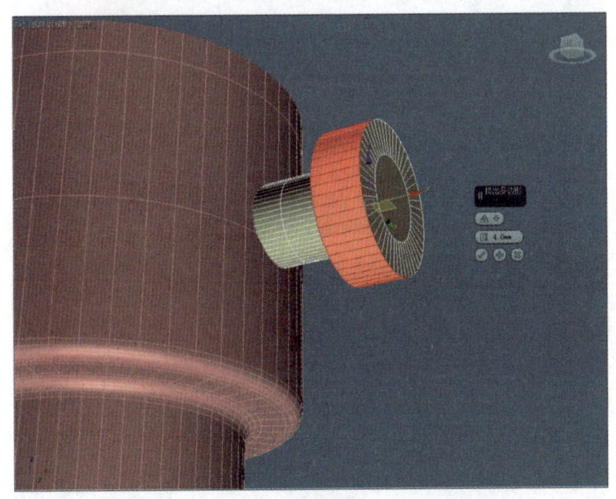

图 9-58

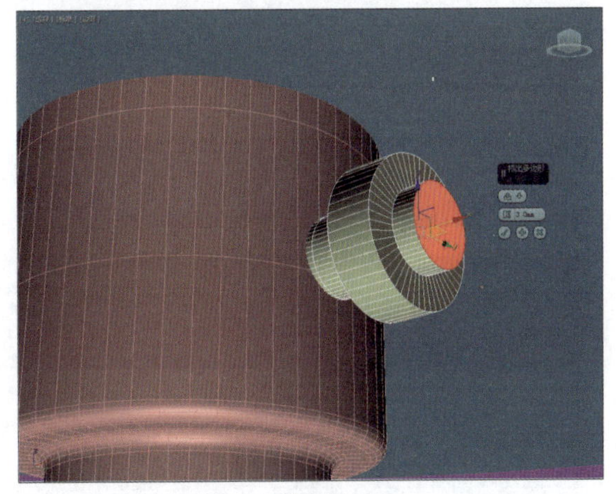

图 9-59

步骤29 激活“边”子层级，选择如图9-60所示的边线。

步骤30 单击“切角”按钮，创建切角值为1 mm，分段为5，如图9-61所示。

步骤31 单击“线”按钮，在前视图中创建一条样条线，如图9-62所示。

步骤32 激活“顶点”子层级，选择拐角顶点，在“几何体”卷展栏中单击“圆角”按钮，对顶点进行圆角操作，如图9-63所示。

步骤33 在“渲染”卷展栏中选中“在渲染中启用”和“在视口中启用”复选框，设置径向厚度为5 mm，调整样条线位置，如图9-64所示。

步骤34 在前视图中创建样条线作为支架，设置渲染径向厚度为10 mm，如图9-65所示。

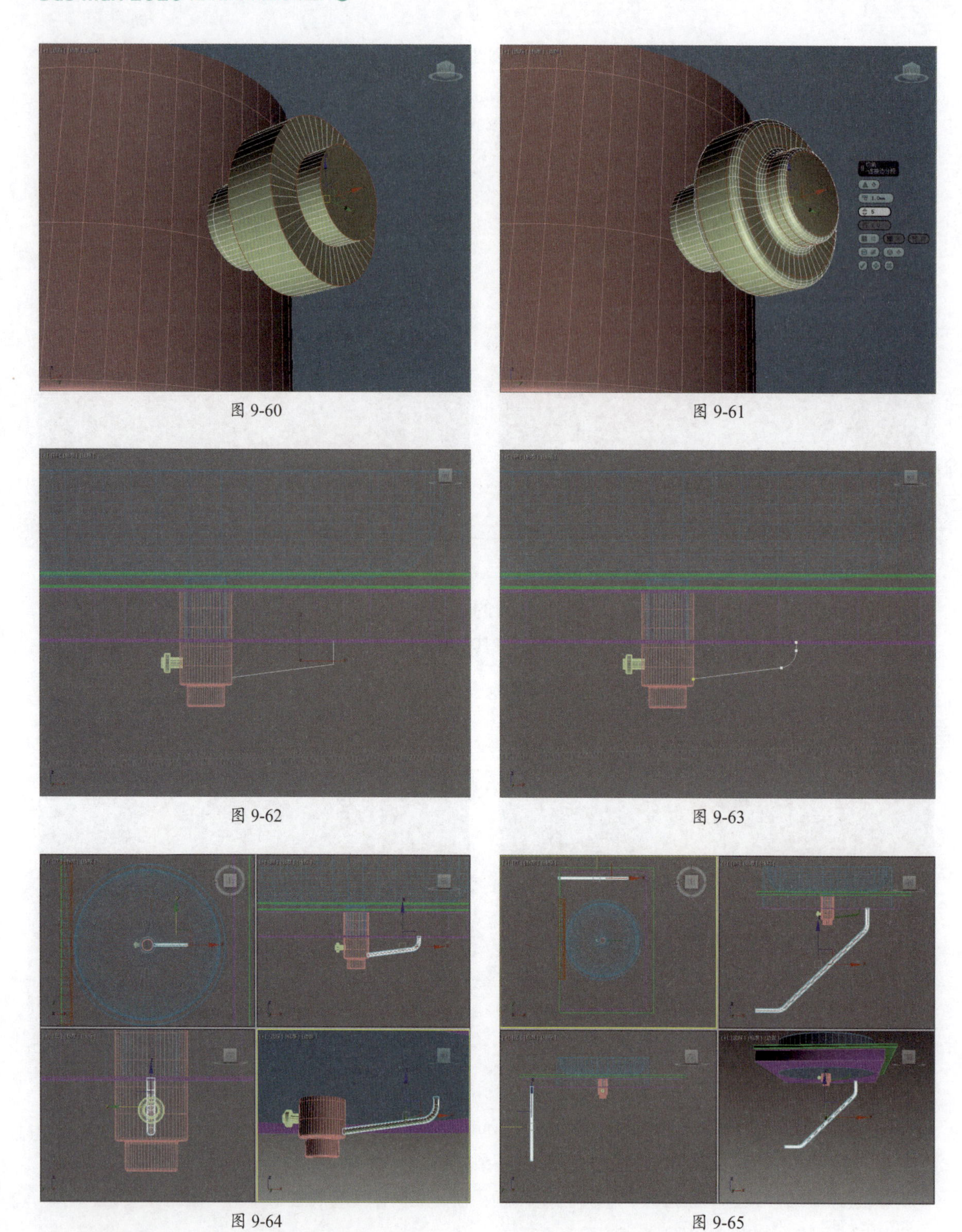

图 9-60

图 9-61

图 9-62

图 9-63

图 9-64

图 9-65

步骤 35 复制模型并调整位置，如图9-66所示。

步骤 36 单击“线”按钮，在顶视图中创建一条样条线，如图9-67所示。

步骤 37 激活“顶点”子层级，利用“圆角”工具对两端的顶点进行圆角操作，如图9-68所示。

步骤 38 启用渲染效果，设置径向厚度为12 mm，再调整对象位置，如图9-69所示。

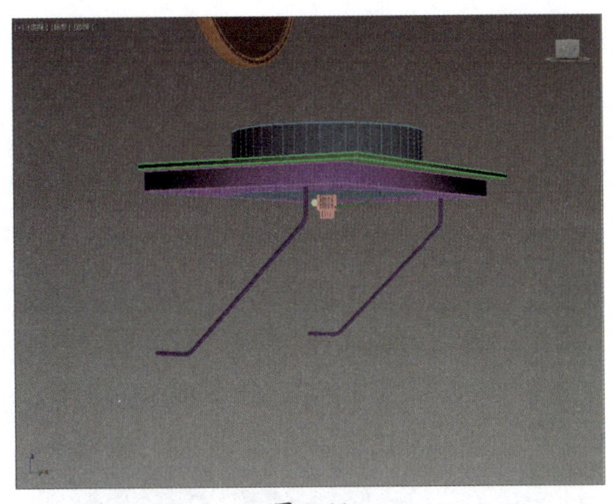

图 9-66

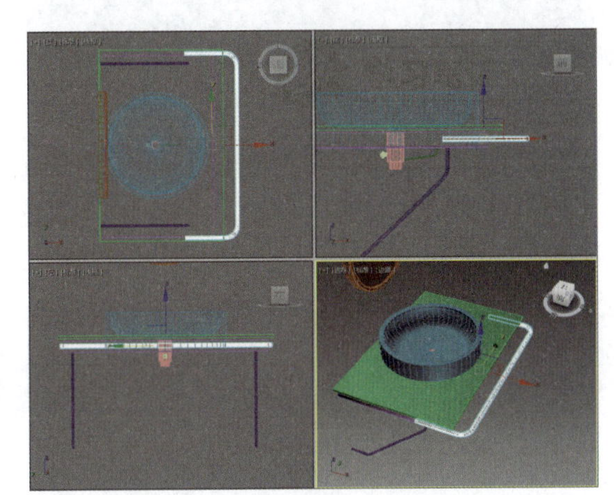

图 9-67

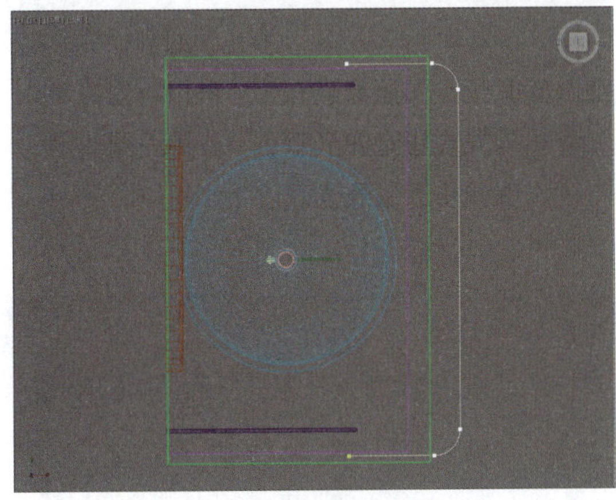

图 9-68

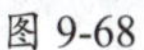

图 9-69

9.2.3 制作水龙头模型

本节将为场景制作水龙头模型，操作步骤介绍如下。

步骤 01 单击“圆柱体”按钮，在左视图中创建半径为30 mm、高度为20 mm的圆柱体作为水龙头底座，如图9-70所示。

步骤 02 将其转换为可编辑多边形，激活“边”子层级，选择顶部和底部两圈边线，如图9-71所示。

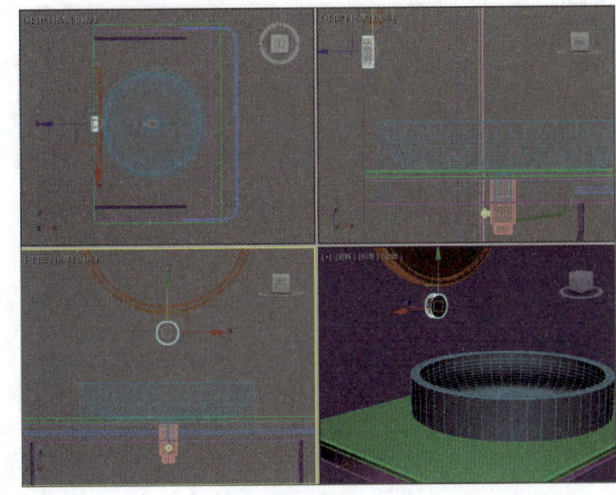

图 9-70

图 9-71

步骤 03 单击“切角”按钮，创建切角量为2 mm，分段为5，效果如图9-72所示。

步骤 04 单击“线”按钮，在前视图中创建一条样条线，如图9-73所示。

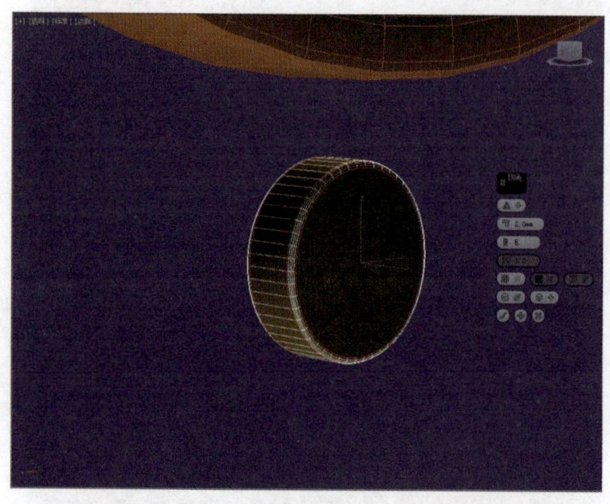

图 9-72

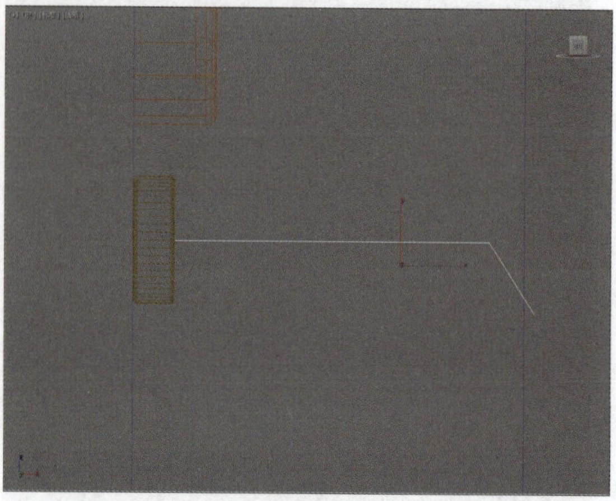

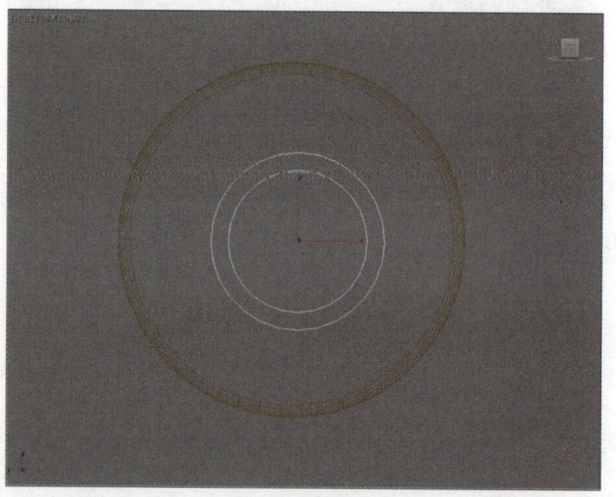

图 9-73

步骤 05 激活“顶点”子层级，选择顶点并进行圆角操作，如图9-74所示。

步骤 06 单击“圆环”按钮，在左视图中创建一个半径分别为15 mm和12 mm的圆环，如图9-75所示。

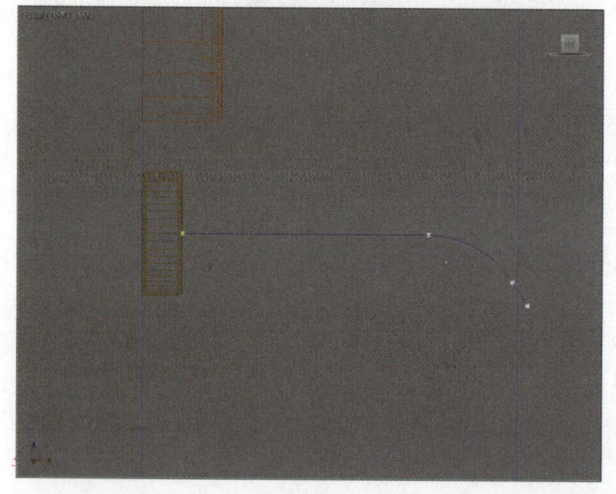

图 9-74

图 9-75

步骤 07 选择样条线，在“复合对象”面板中单击“放样”按钮，然后在“创建方法”卷展栏中单击“获取图形”按钮，在绘图区中拾取圆环图形，创建出一个管状体，如图9-76所示。

图 9-76

步骤 08 将其转换为可编辑多边形，激活“边”子层级，选择如图9-77所示的管口边线。

步骤 09 单击“切角”按钮，创建切角量为0.5 mm，分段为5，如图9-78所示。

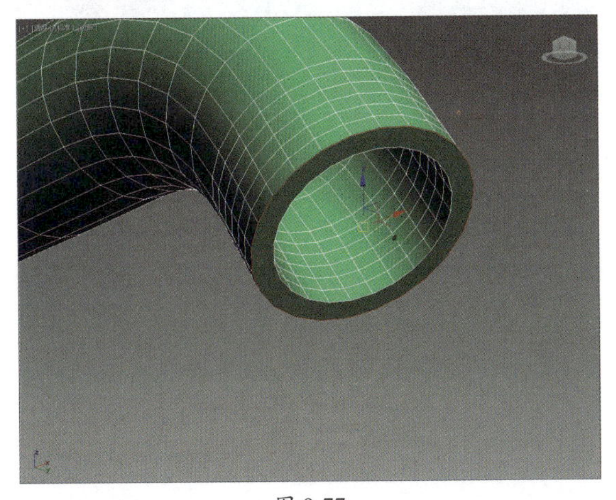

图 9-77

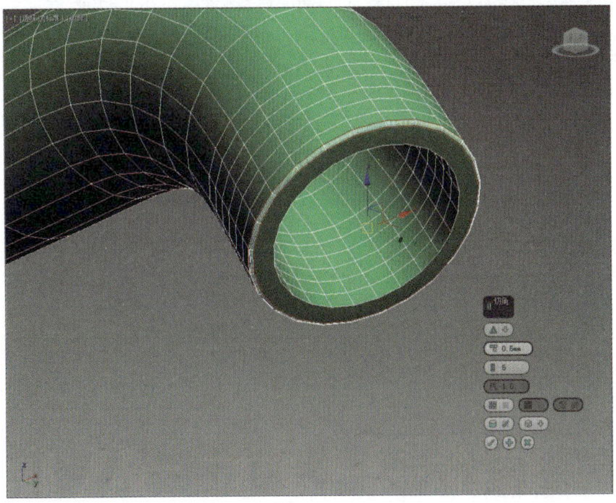

图 9-78

步骤 10 为内侧的边线制作切角，如图9-79所示。

步骤 11 向一侧复制水龙头底座，如图9-80所示。

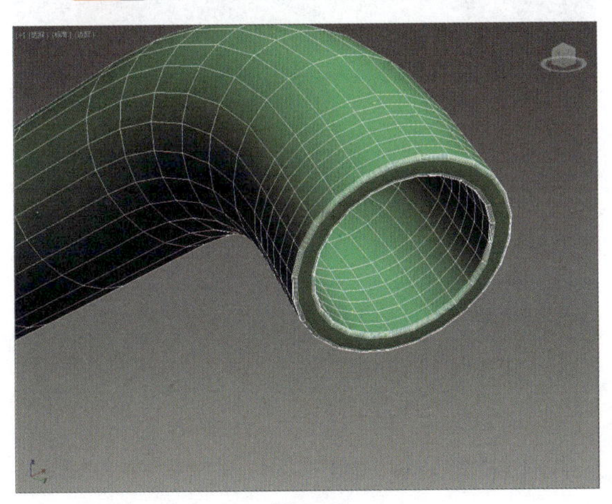

图 9-79

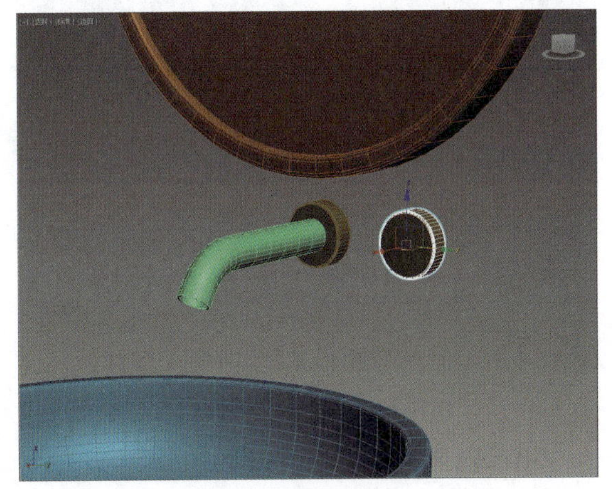

图 9-80

步骤 12 单击“圆柱体”按钮，创建一个半径为22 mm、高度为50 mm的圆柱体，分段为3，边数为40，如图9-81所示。

步骤 13 将其转换为可编辑多边形，激活“顶点”子层级，在前视图中选择顶点并进行缩放，如图9-82所示。

步骤 14 激活“多边形”子层级，选择如图9-83所示的面。

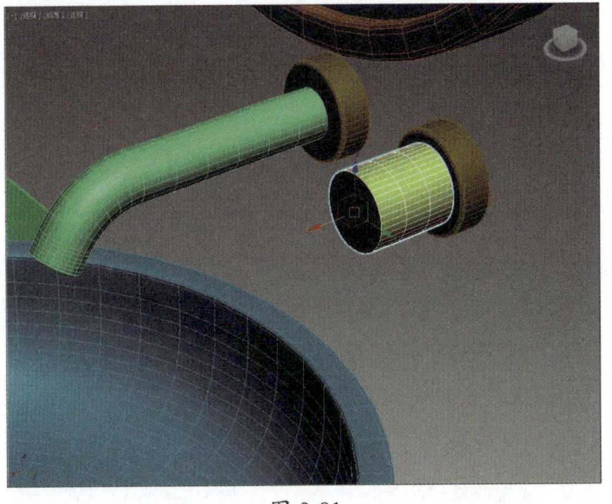

图 9-81

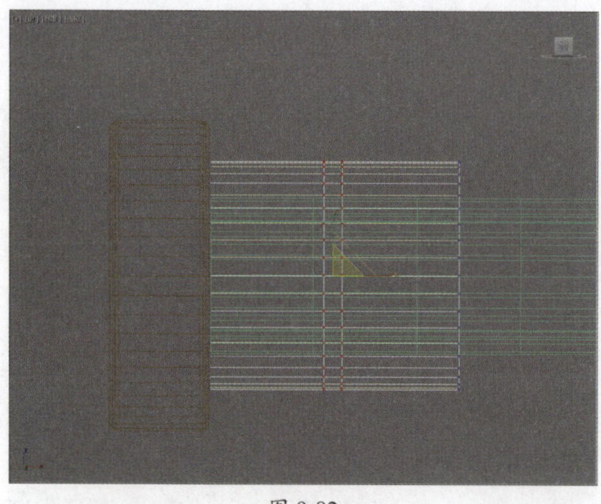

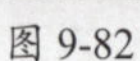

图 9-82

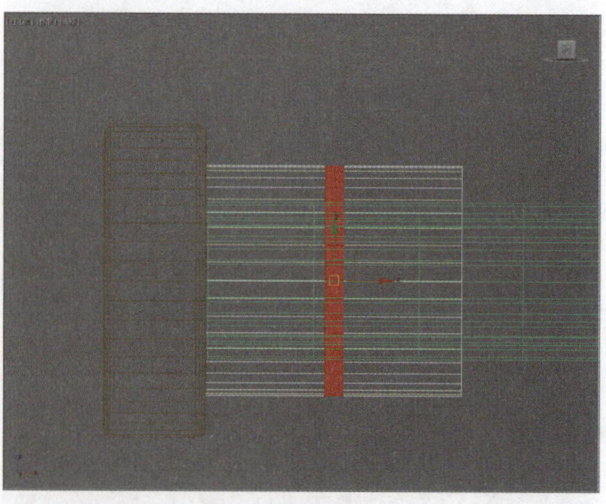

图 9-83

步骤 15 单击“挤出”按钮，以“局部法线”方式挤出-3 mm的距离，如图9-84所示。

步骤 16 激活“边”子层级，选择如图9-85所示的三圈边线。

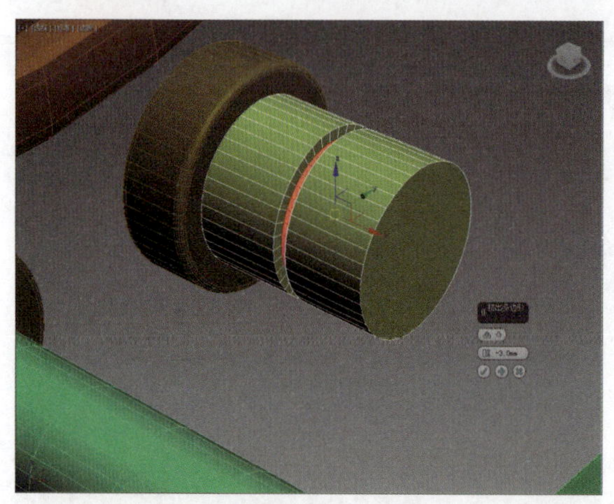

图 9-84

图 9-85

步骤 17 单击“切角”按钮，创建切角量为1 mm，分段为5，效果如图9-86所示。

步骤 18 创建半径为2.5 mm、高度为60 mm、圆角为1 mm的切角圆柱体，设置圆角分段为5，边数为40，作为把手，完成水龙头模型的创建，如图9-87所示。

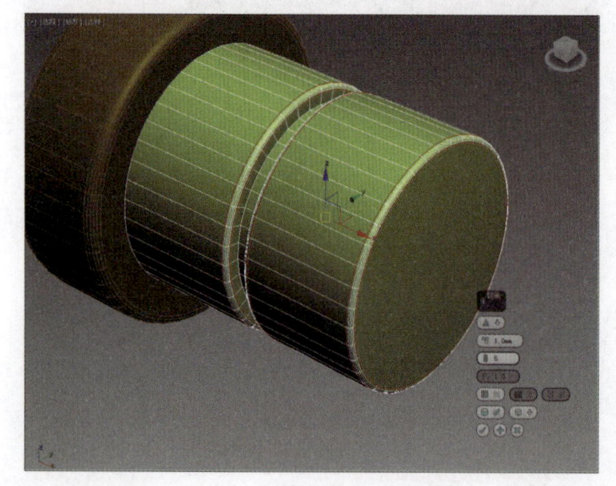

图 9-86

图 9-87

9.2.4 制作浴缸模型

本节将为场景制作浴缸模型，操作步骤介绍如下。

步骤 01 单击“矩形”按钮，在顶视图中创建尺寸为800 mm × 1700 mm的矩形，设置圆角半径为300 mm，如图9-88所示。

步骤 02 为其添加“挤出”修改器，设置挤出高度为700 mm，如图9-89所示。

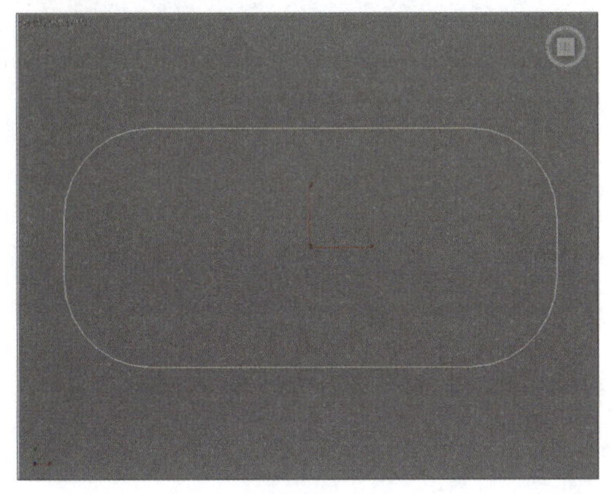

图 9-88

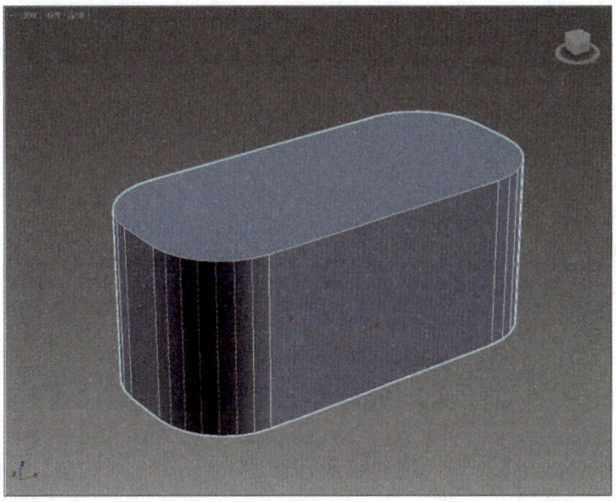

图 9-89

步骤 03 转换为可编辑多边形，激活“多边形”子层级，选择如图9-90所示的面。

步骤 04 单击“插入”按钮，设置插入值为50 mm，如图9-91所示。

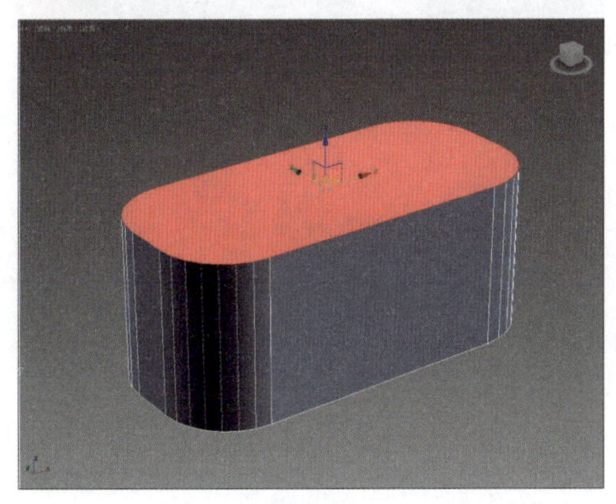

图 9-90

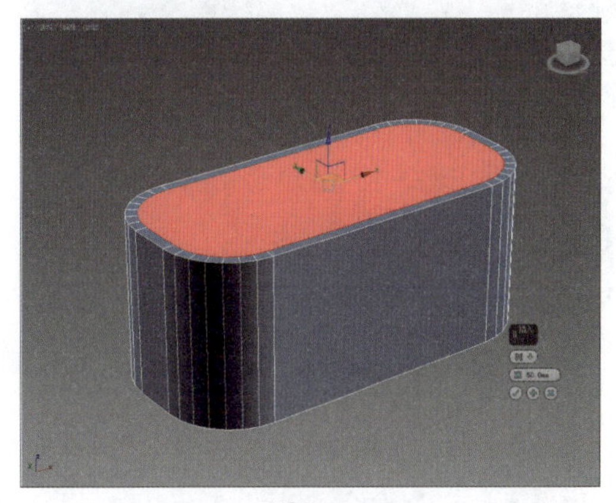

图 9-91

步骤 05 单击“挤出”按钮，挤出-600 mm的高度，如图9-92所示。

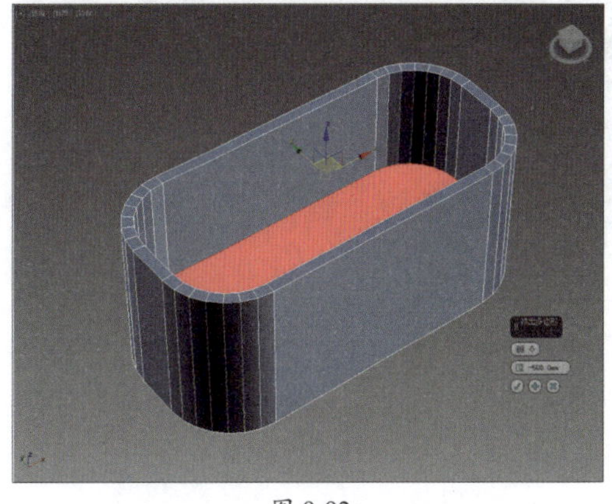

图 9-92

步骤 06 激活“顶点”子层级，在前视图中选择底部顶点，如图9-93所示。

步骤 07 激活缩放工具，在顶视图中缩放顶点，如图9-94所示。

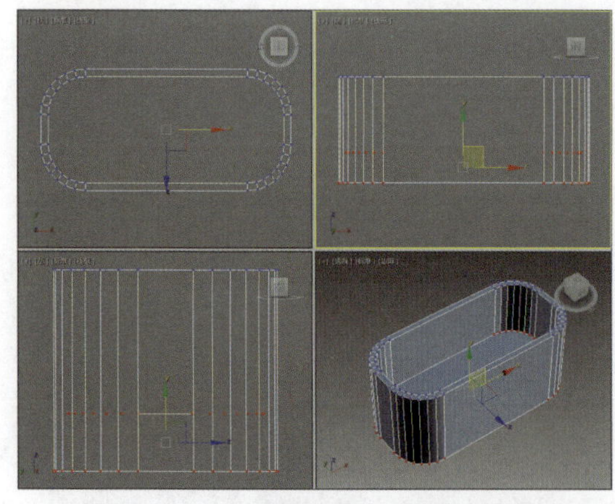

图 9-93

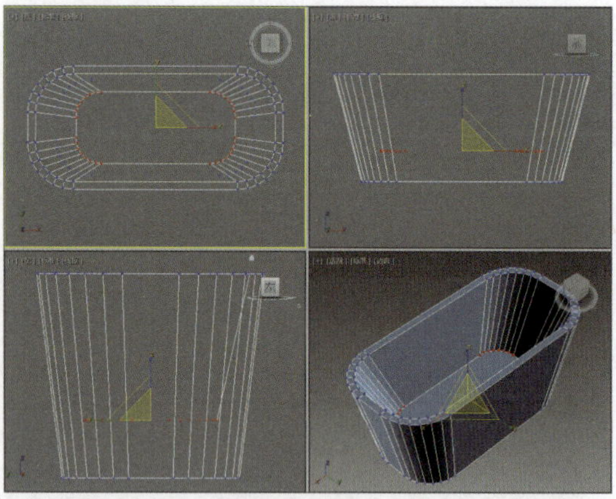

图 9-94

步骤 08 激活“边”子层级，选择如图9-95所示的顶部两圈边线。

步骤 09 单击“切角”按钮，创建切角量为20 mm，分段为5，如图9-96所示。

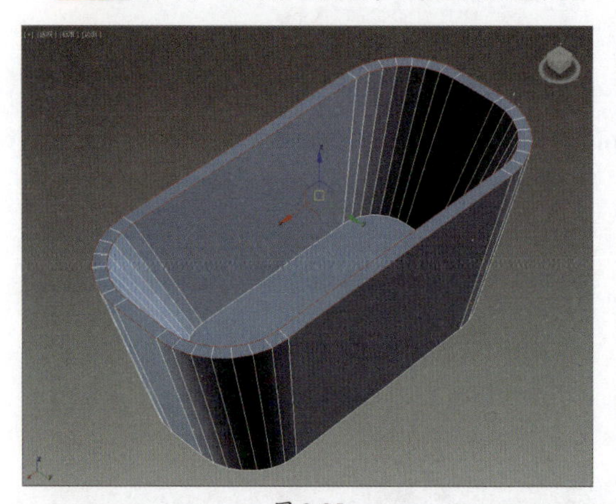

图 9-95

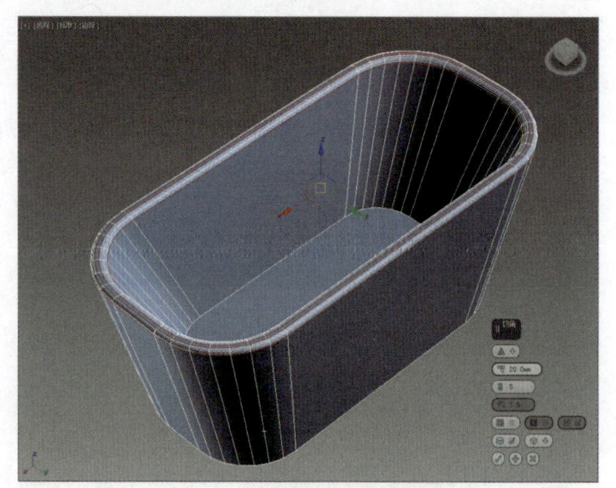

图 9-96

步骤 10 选择浴缸内部一圈边线，如图9-97所示。

步骤 11 单击“切角”按钮，创建切角量为150 mm，分段为10，如图9-98所示。

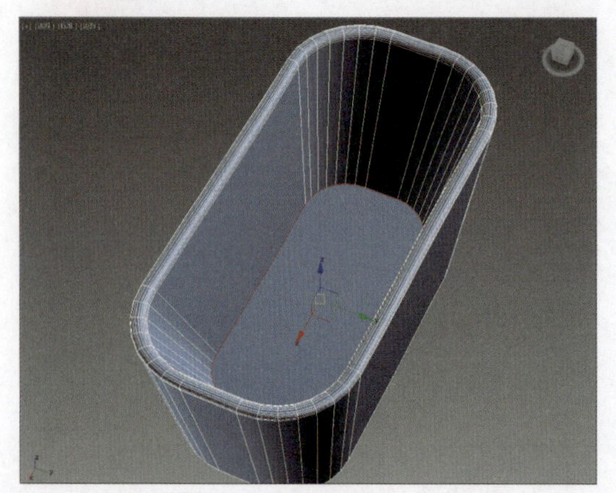

图 9-97

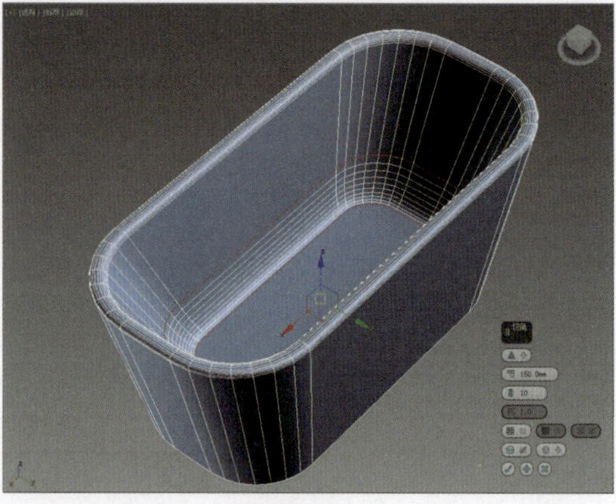

图 9-98

步骤12 为模型添加“细分”修改器，默认细分大小，如图9-99所示。

步骤13 添加“网格平滑”修改器，设置迭代次数为2，完成浴缸模型的创建，如图9-100所示。

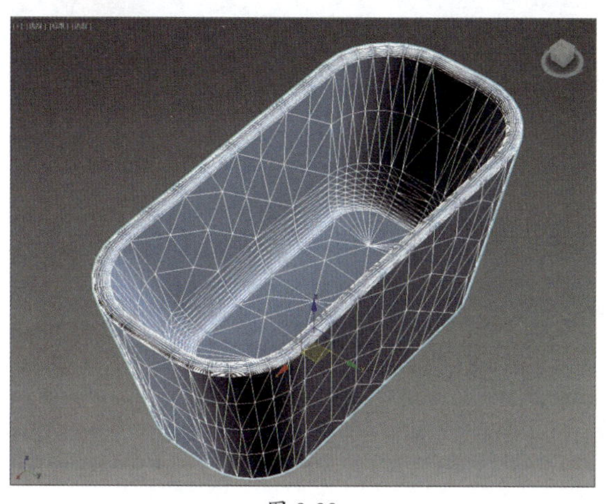

图 9-99

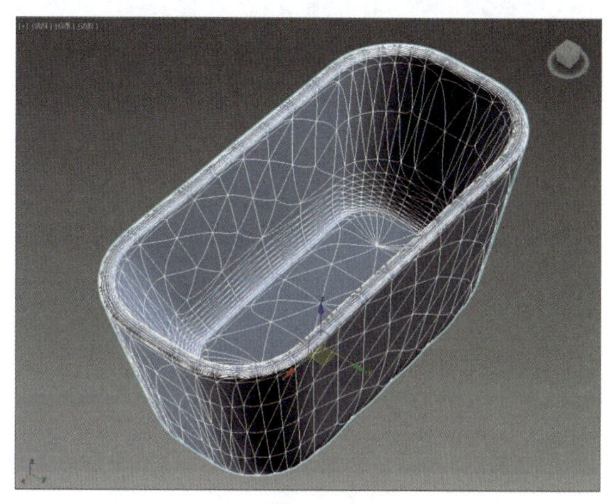

图 9-100

9.3 导入成品模型

下面为卫生间场景导入坐便器、落地水龙头、绿植、装饰品等成品模型，具体操作步骤介绍如下。

步骤01 导入坐便器模型。执行“文件”|“导入”|“合并”命令，打开“合并文件”对话框，选择“水龙头.max”文件，如图9-101所示。

步骤02 单击“打开”按钮，会弹出“合并”对话框，选择要合并到当前场景的对象，如图9-102所示。

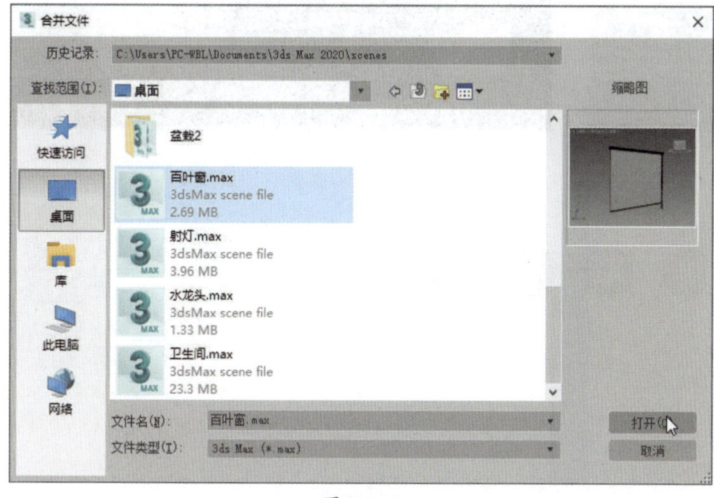

图 9-101

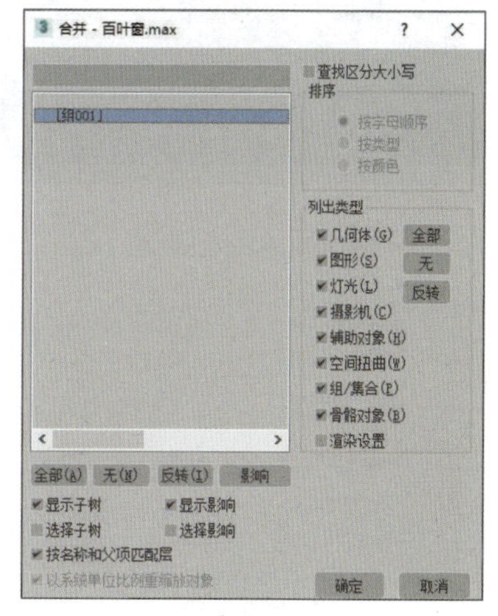

图 9-102

步骤03 单击“确定”按钮即可将窗帘模型合并到场景中，再调整对象的位置，如图9-103所示。

步骤04 执行“组”|“打开”命令，将组对象打开，在前视图中调整多边形，执行“组”|“关闭”命令关闭组对象，如图9-104所示。

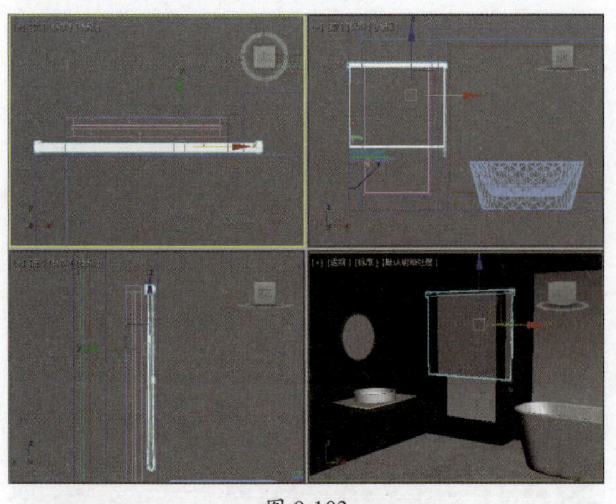

图 9-103

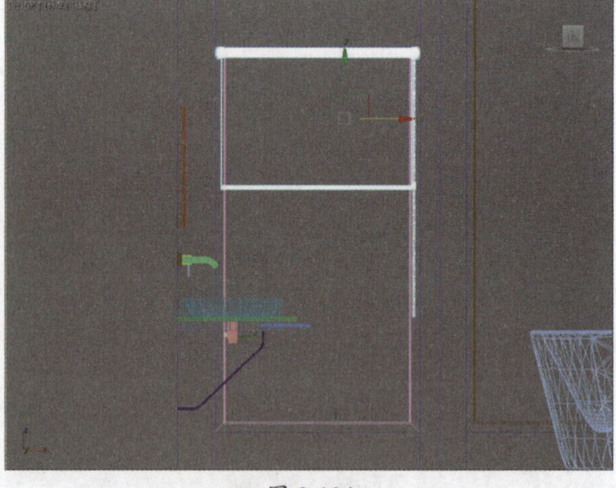

图 9-104

步骤 05 复制对象移动到另一处窗户，对组内的模型进行复制调整，完成窗帘模型的制作，如图9-105所示。

步骤 06 合并落地水龙头、坐便器、绿植等模型到场景中，布置到合适的位置，完成本案例场景的制作，如图9-106所示。

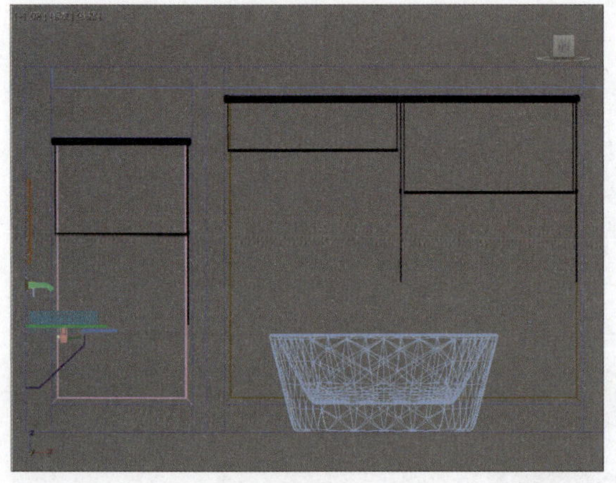

图 9-105

图 9-106

第10章 制作卧室场景模型

内容导读

卧室场景中包括床、床头柜、衣柜、窗帘、布艺等物体，需要重点表现的是床头背景墙效果。本案例中将利用所学的建模知识创建一个卧室场景，包括建筑结构的创建、窗户的创建以及家居模型的创建等。

要点难点

- 熟悉CAD图纸的导入操作
- 掌握多边形建模的技法
- 掌握合并模型的操作方法

10.1 制作卧室建筑模型

卧室建筑模型的制作过程包括导入平面图、建筑主体模型的制作、窗户构件的制作、顶部造型的制作。

10.1.1 导入平面图

在开始建模之前，需要将准备好的平面户型图导入3ds Max，后面才能根据户型图制作场景建筑模型。具体操作介绍如下。

步骤 01 执行“文件”|“导入”|“导入”命令，打开“选择要导入的文件”对话框，选择准备好的CAD文件，如图10-1所示。

步骤 02 单击“打开”按钮，弹出“AutoCAD DWG/DXF导入选项”对话框，保持默认参数，单击“确定”按钮即可将平面图导入3ds Max，如图10-2所示。

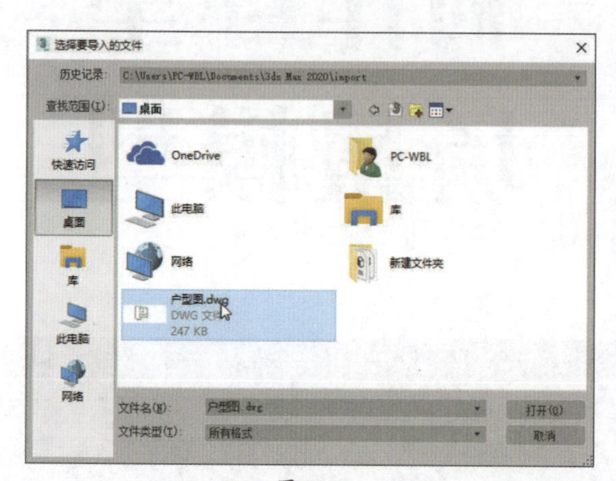

图 10-1

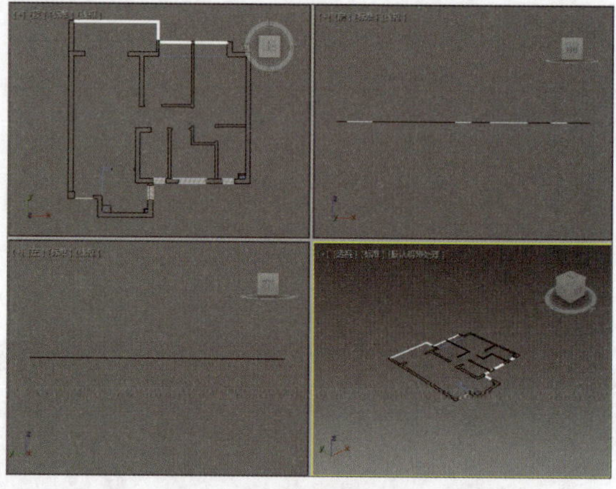

图 10-2

步骤 03 按Ctrl+A组合键全选平面图，右击并在弹出的快捷菜单中选择“冻结当前选择”命令，即可冻结图形，如图10-3、图10-4所示。

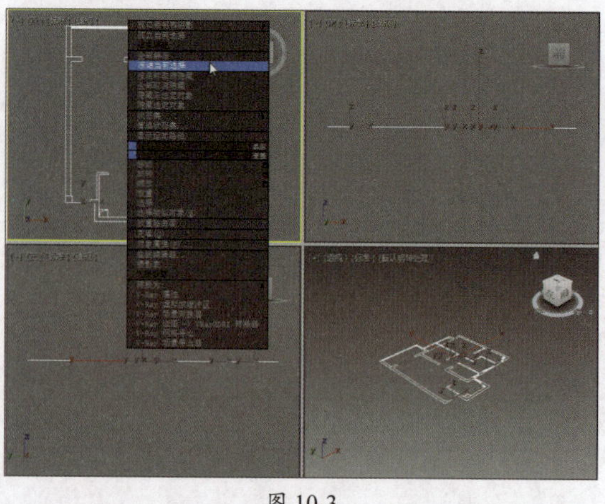

图 10-3

图 10-4

步骤 04 在工具栏中右击“捕捉”按钮，打开“栅格和捕捉设置”对话框，在“捕捉”选项卡中设置捕捉选项，如图10-5所示。

步骤05 切换到“选项”选项卡，选中“捕捉到冻结对象”复选框，如图10-6所示。

步骤06 设置完毕后关闭面板，单击开启“捕捉开关”。

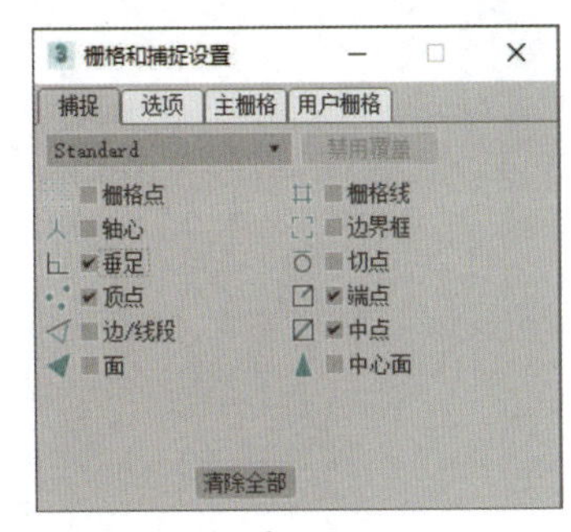

图 10-5

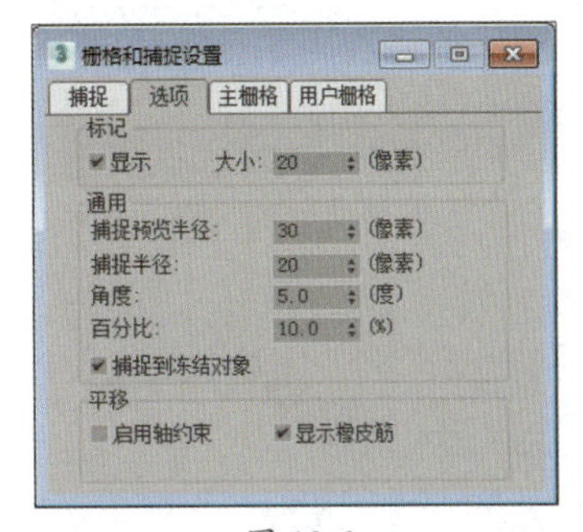

图 10-6

10.1.2 制作建筑主体

导入平面图后，即可利用多边形建模功能开始建筑主体模型的制作。操作步骤介绍如下。

步骤01 单击“线”按钮，在顶视图中捕捉绘制主卧室轮廓线，如图10-7所示。

步骤02 在“修改”面板中为样条线添加“挤出”修改器，设置挤出高度为2700，在透视图视图中可以看到模型效果，如图10-8所示。

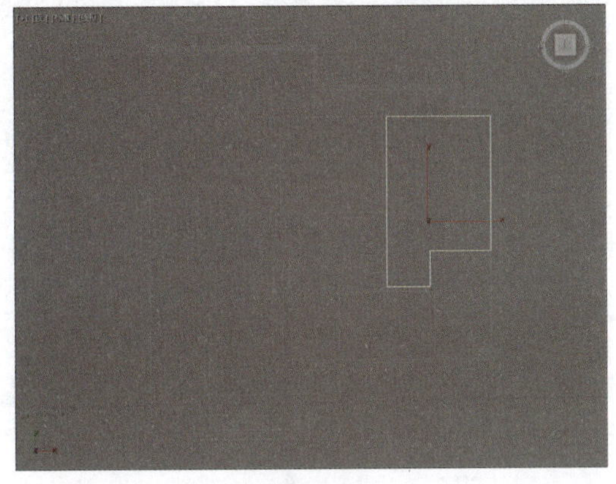

图 10-7

图 10-8

步骤03 将对象转换为可编辑多边形，进入“边”子层级，选择如图10-9所示的两条边线。

步骤04 单击“连接”按钮，设置连接边数量为2，如图10-10所示。

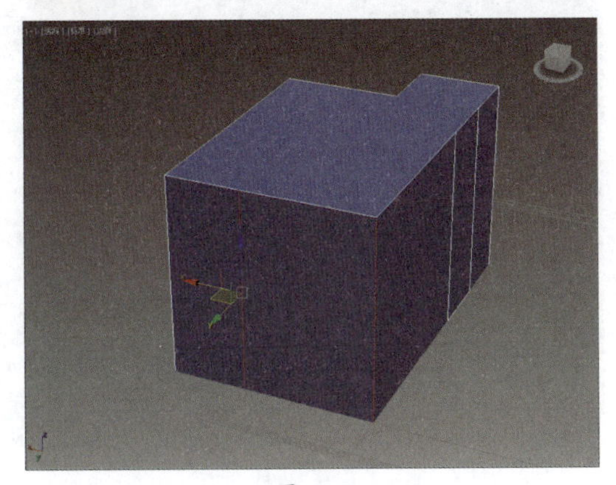

图 10-9

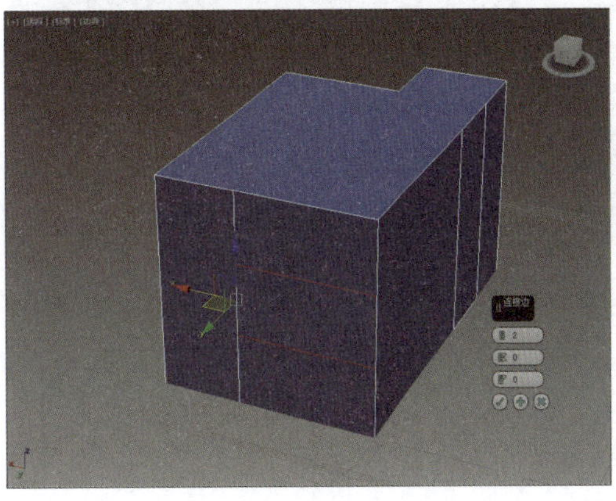

图 10-10

步骤 05 分别选择两条边线，在状态栏中输入Z轴参数，如图10-11、图10-12所示。

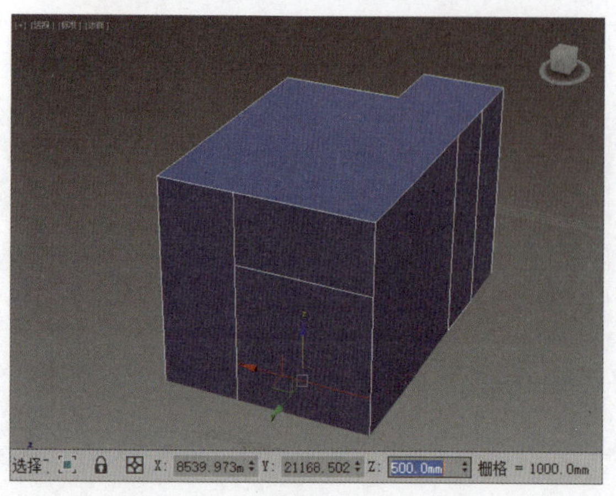

图 10-11

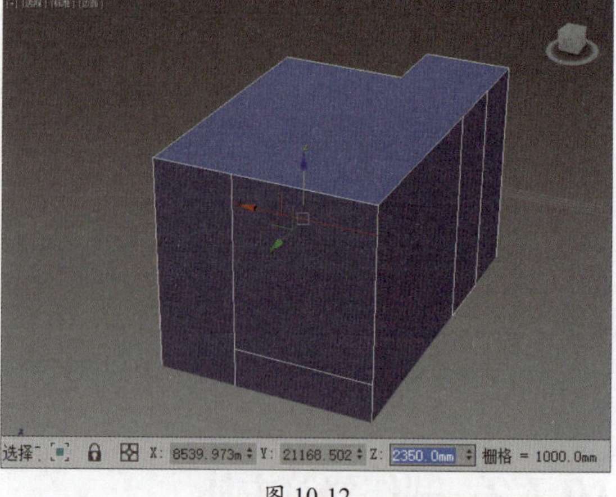

图 10-12

步骤 06 进入“多边形”子层级，选择窗户位置的面，单击“挤出”按钮，设置挤出高度为800，如图10-13、图10-14所示。

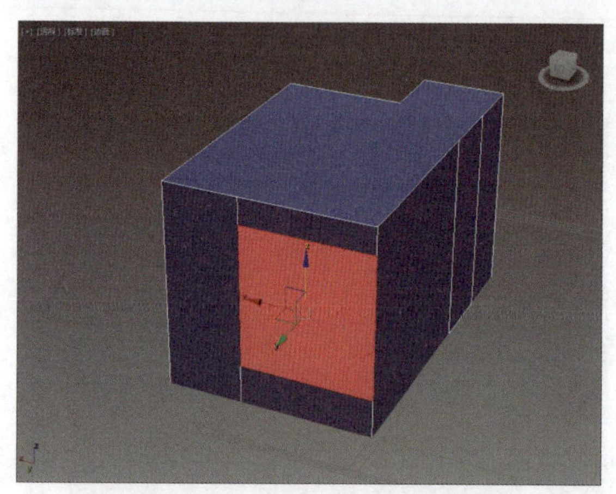

图 10-13

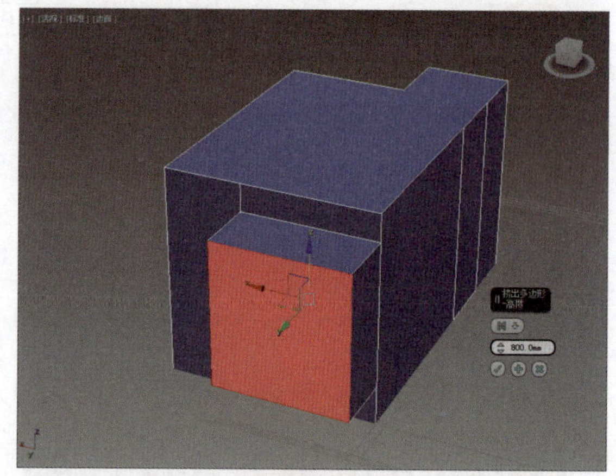

图 10-14

步骤 07 按Delete键删除面制作出飘窗窗洞，如图10-15所示。

步骤 08 按照此方法制作出两个高度为2200 mm的门洞，但不删除面，如图10-16所示。

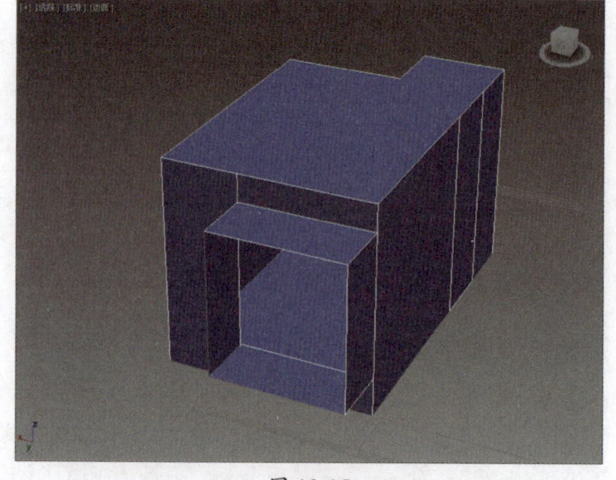

图 10-15

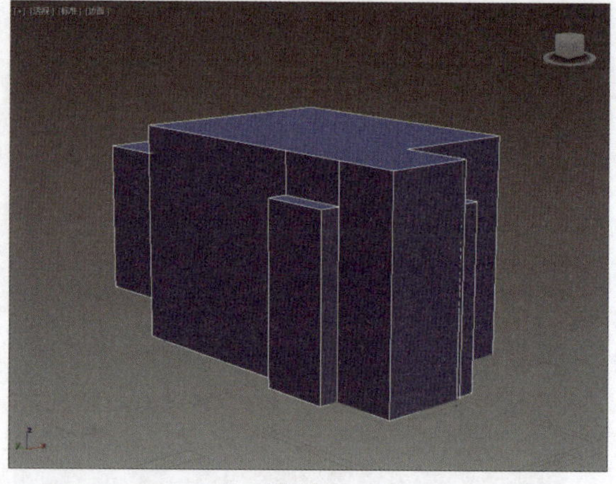

图 10-16

10.1.3 制作窗户构件

主卧中的窗户为飘窗造型。本节需要制作一个窗户模型，主要应用到样条线编辑、“挤出”修改器以及多边形编辑功能。具体操作介绍如下。

步骤 01 制作窗框。最大化前视图，单击“矩形”按钮，捕捉飘窗轮廓绘制矩形，如图10-17所示。

步骤 02 按Alt+Q组合键孤立对象，将对象转换为可编辑样条线，进入“样条线”子层级，选择样条线，如图10-18所示。

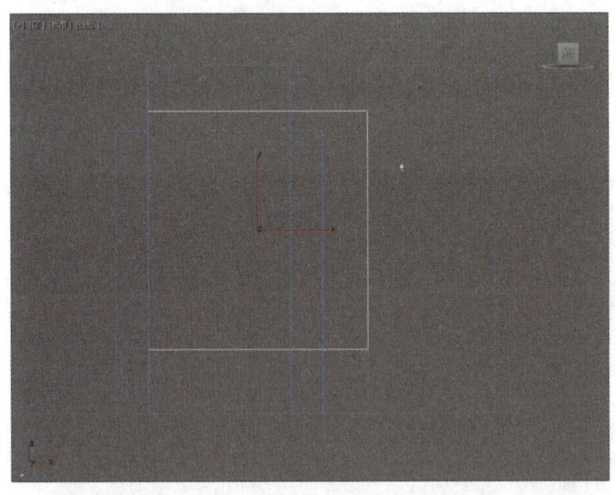

图 10-17

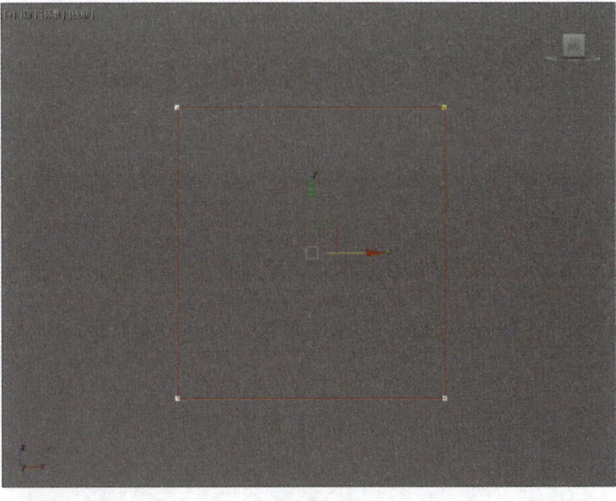

图 10-18

步骤 03 在“几何体”卷展栏中输入“轮廓”参数60，按Enter键即可为样条线创建轮廓线，如图10-19所示。

步骤 04 进入“线段”子层级，选择内侧的样条线，按住Shift键进行复制，如图10-20所示。

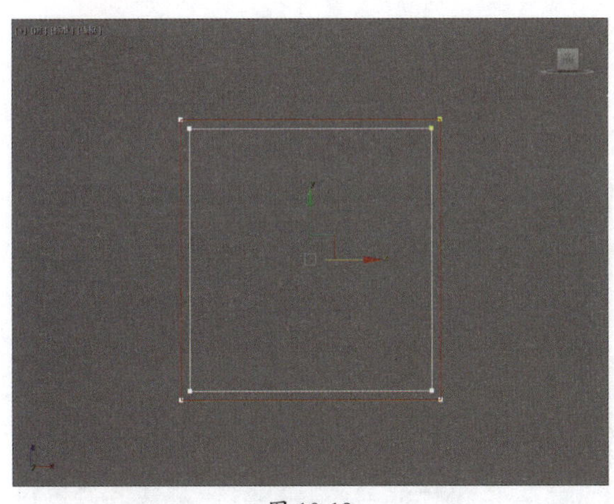

图 10-19

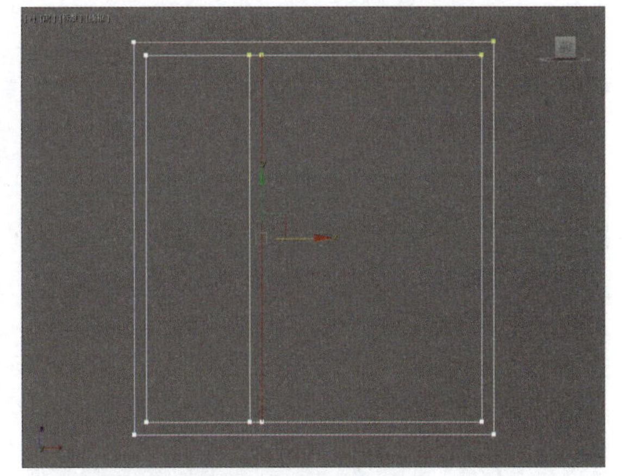

图 10-20

步骤 05 进入“样条线”子层级，单击“修剪”按钮，修剪样条线，如图10-21所示。

步骤 06 复制线段并修剪样条线，如图10-22所示。

步骤 07 进入“顶点”子层级，选择全部顶点，单击“焊接”按钮焊接顶点。

步骤 08 为样条线添加“挤出”修改器，设置挤出高度为100 mm，如图10-23所示。

步骤 09 单击“矩形”按钮，在前视图中捕捉绘制一个矩形，如图10-24所示。

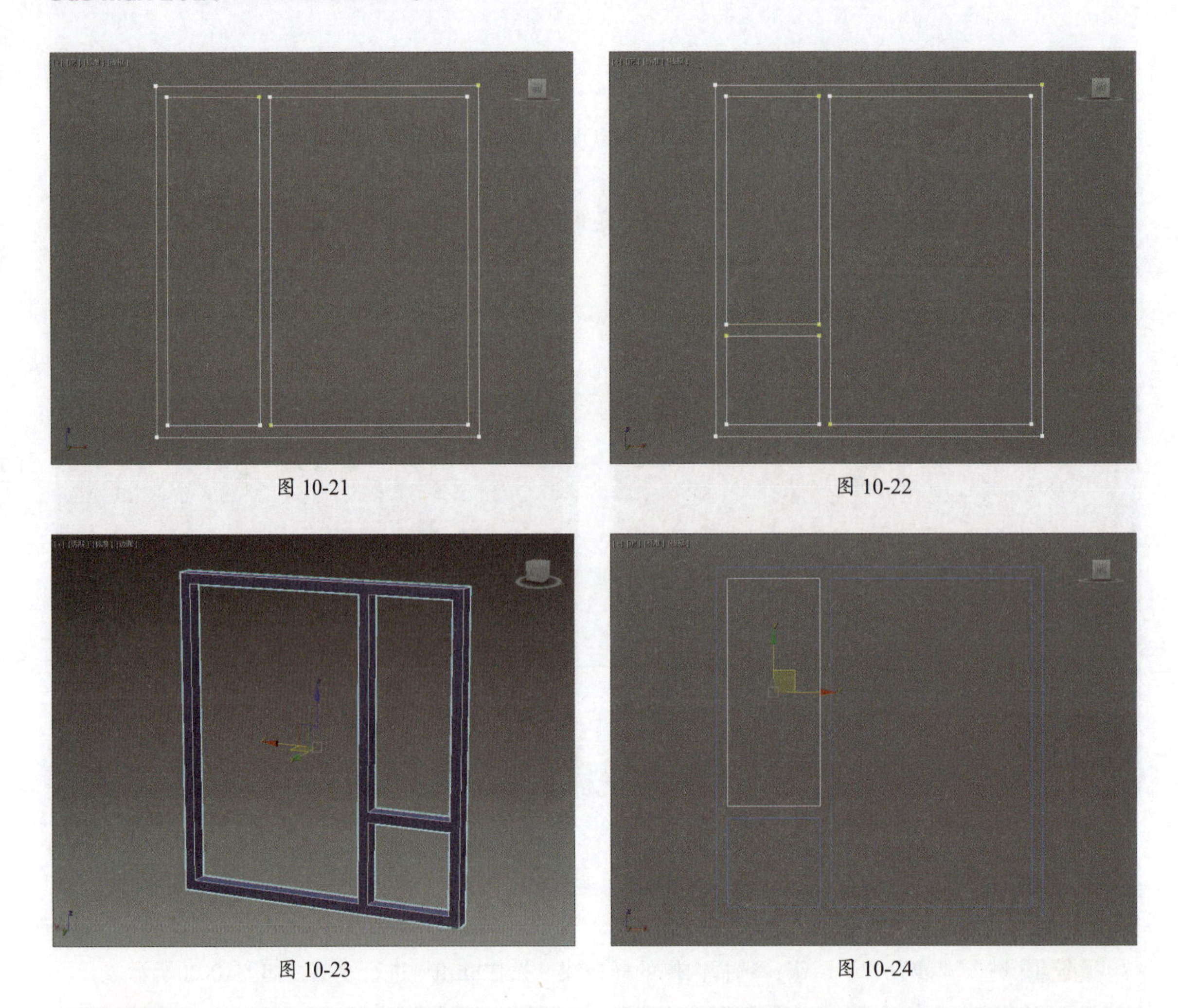

图 10-21

图 10-22

图 10-23

图 10-24

步骤 10 将对象转换为可编辑样条线，进入“样条线”子层级，输入“轮廓”参数为40，按Enter键制作出轮廓线，如图10-25所示。

步骤 11 为样条线添加“挤出”修改器，设置挤出高度为60，如图10-26所示。

图 10-25

图 10-26

步骤 12 将对象转换为可编辑多边形，进入“边”子层级，选择四个外角的边线，如图10-27所示。

步骤 13 单击“连接”按钮，设置连接分段和滑块数值，如图10-28所示。

图 10-27

图 10-28

步骤 14 进入“多边形”子层级，选择如图10-29所示的一圈面。

步骤 15 单击“挤出”按钮，设置挤出方式为“局部法线”，再设置挤出高度，如图10-30所示。

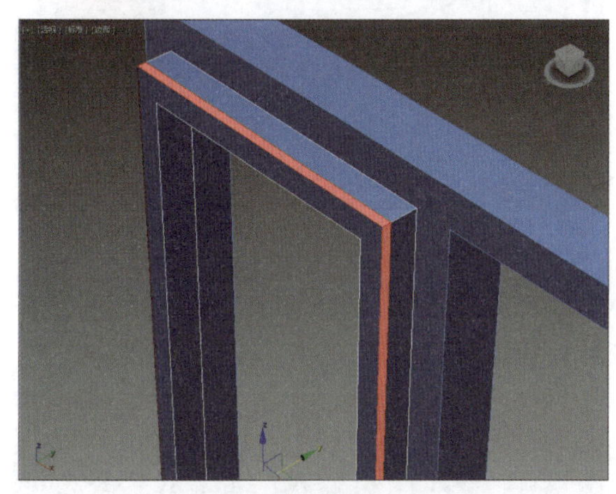

图 10-29

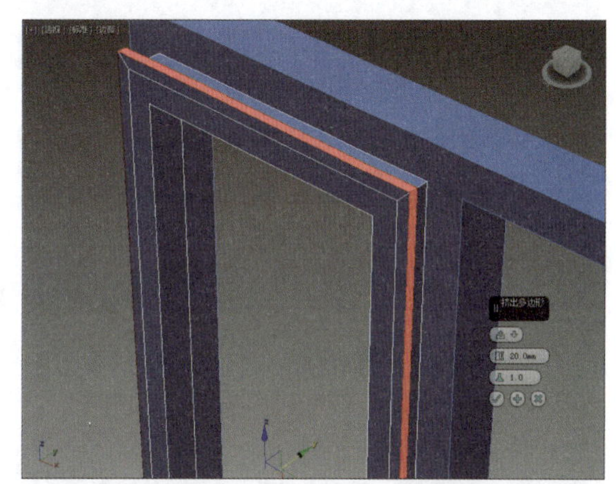

图 10-30

步骤 16 对齐窗扇，调整窗户的位置，如图10-31、图10-32所示。

图 10-31

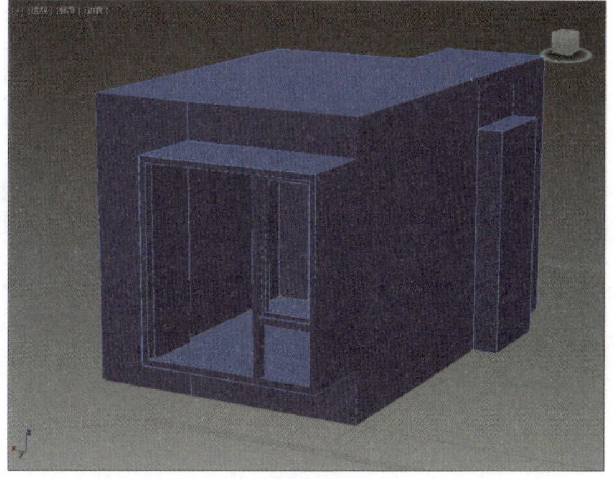

图 10-32

10.1.4 制作吊顶造型

卧室场景中的吊顶制作较为简单，主要运用样条线以及多边形编辑功能制作而成。操作步骤介绍如下。

步骤01 开启捕捉开关，单击“矩形”按钮，在顶视图中捕捉卧室两个角绘制矩形，如图10-33所示。

步骤02 将对象转换为可编辑样条线，进入“样条线”子层级，在“几何体”卷展栏中输入“轮廓”值为20，制作出轮廓，如图10-34所示。

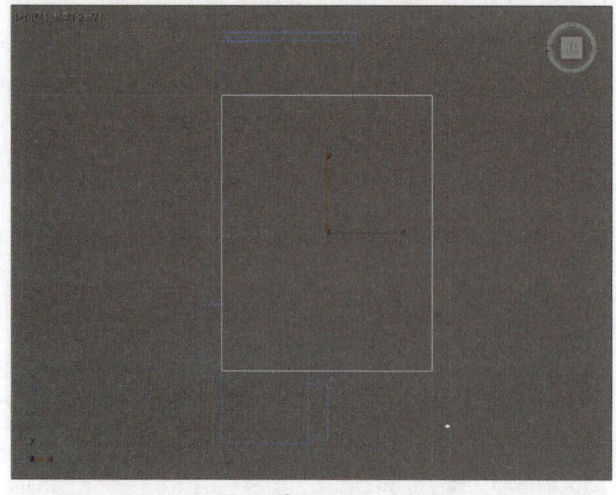

图 10-33

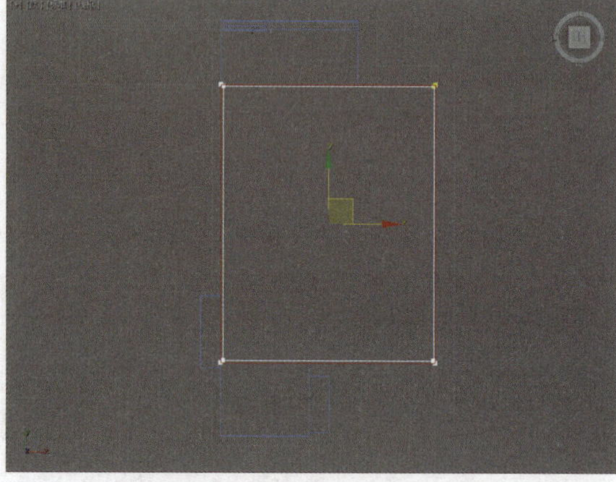

图 10-34

步骤03 进入“顶点”子层级，在顶视图中选择并调整顶点的位置，如图10-35所示。

步骤04 为样条线添加“挤出”修改器，设置挤出高度为-200，如图10-36所示。

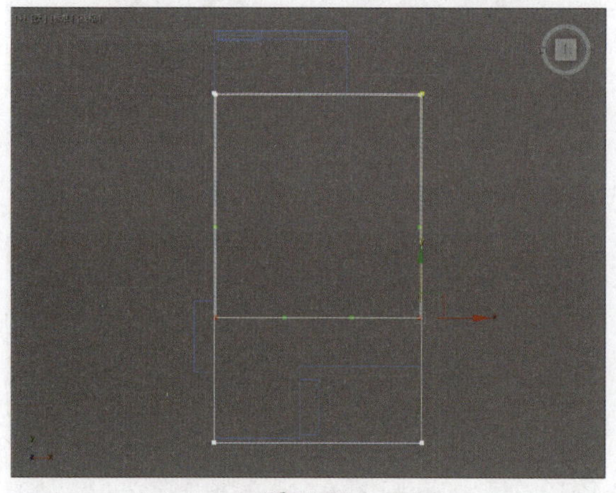

图 10-35

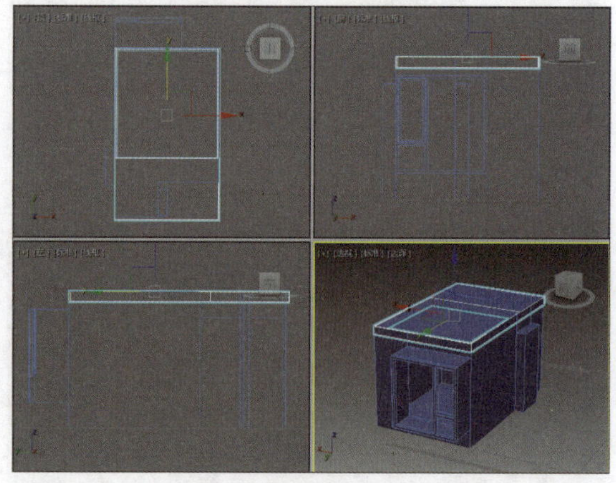

图 10-36

10.2 制作家具模型

本场景中需要制作的家具模型较多，通过这些模型的制作可以加强对之前所学知识的理解。

10.2.1 制作衣柜模型

本节介绍卧室衣柜模型的制作，操作步骤介绍如下。

步骤 01 制作柜体。单击“长方体”按钮，在顶视图中创建长度为580、宽度为1620、高度为20的长方体，作为衣柜的地板，如图10-37所示。

步骤 02 孤立对象，将对象转换为可编辑多边形，进入“边”子层级，选择如图10-38所示的边线。

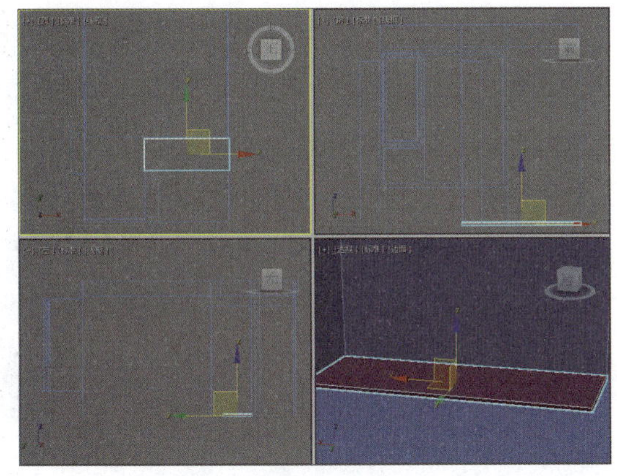

图 10-37

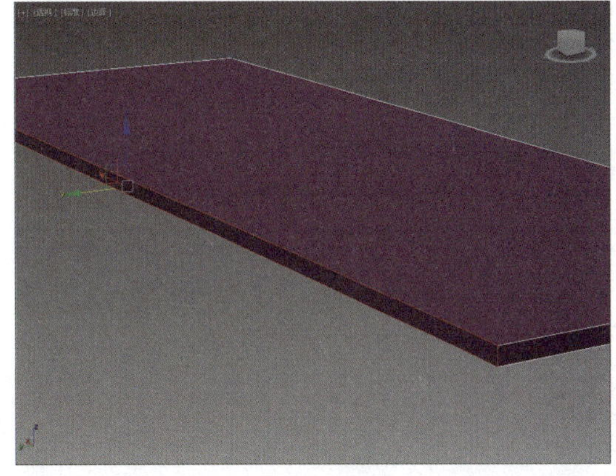

图 10-38

步骤 03 单击“切角”按钮，设置切角量为2，如图10-39所示。

步骤 04 按照此方法再制作衣柜的顶板、背板、侧板，如图10-40所示。

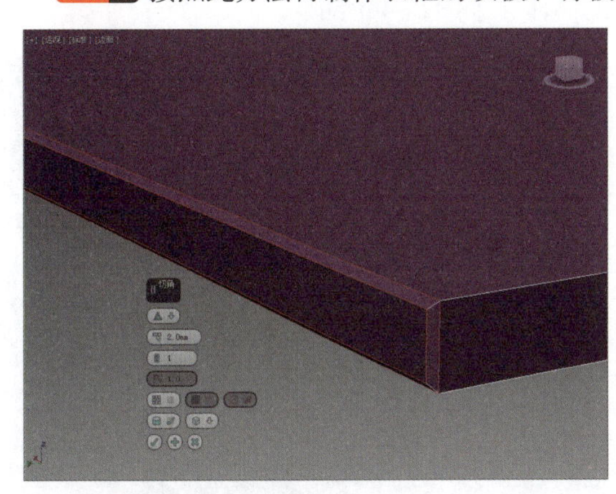

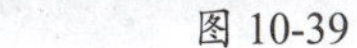

图 10-39

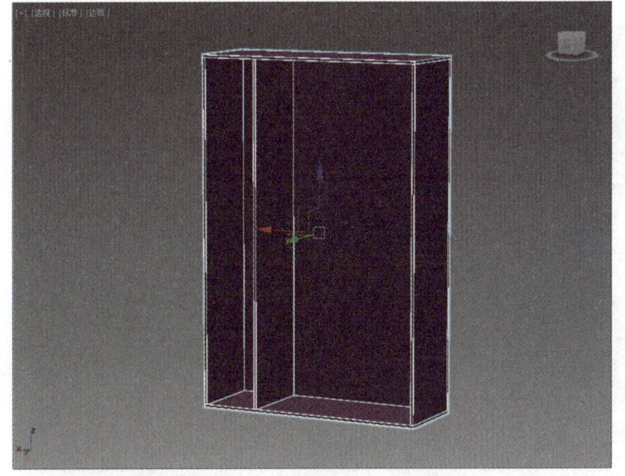

图 10-40

步骤 05 复制底板，进入“顶点”子层级，利用顶点调整其宽度，制作出层板，如图10-41所示。

步骤 06 复制层板并调整位置，如图10-42所示。

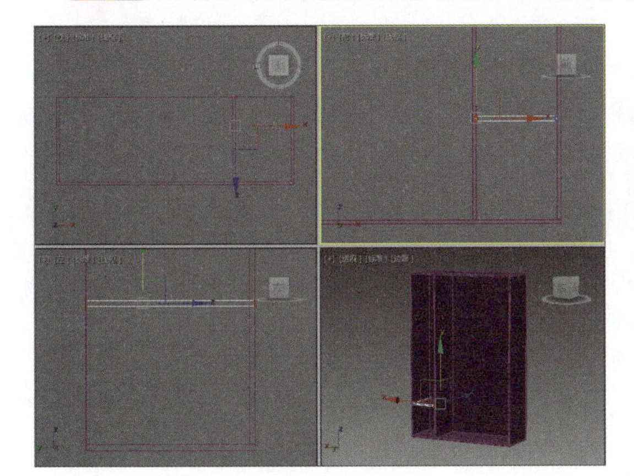

图 10-41

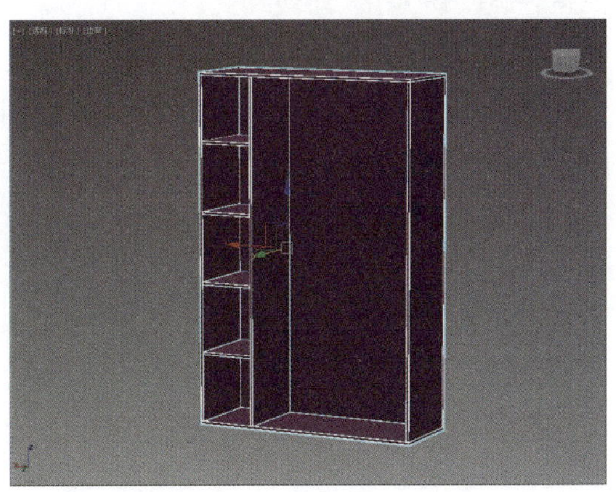

图 10-42

步骤 07 制作柜门。单击“长方体”按钮，在前视图中创建长度为2380、宽度为400、高度为20的长方体作为柜门，如图10-43所示。

步骤 08 将对象转换为可编辑多边形，进入“边”子层级，选择如图10-44所示的一圈边线。

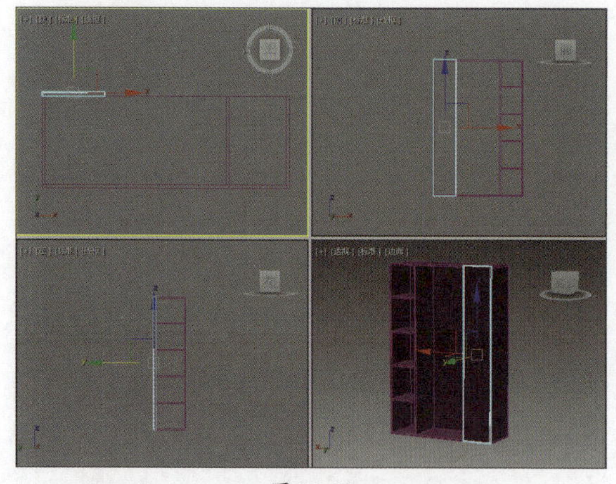

图 10-43

图 10-44

步骤 09 单击“切角”按钮，设置切角量和分段，如图10-45所示。

步骤 10 复制制作好的门板模型，完成衣柜模型的制作，如图10-46所示。

图 10-45

图 10-46

10.2.2 制作床头柜模型

本节将利用多边形编辑功能制作床头柜模型，操作步骤介绍如下。

步骤 01 单击“长方体”按钮，在顶视图中创建一个长方体，在“参数”卷展栏中修改参数，如图10-47、图10-48所示。

步骤 02 将对象转换为可编辑多边形，进入“边”子层级，选择竖向的四条边线，如图10-49所示。

步骤 03 单击“连接”按钮，设置连接数量和收缩值，如图10-50所示。

步骤 04 进入“顶点”子层级，将三个侧面的顶点分别向外移动15 mm，如图10-51所示。

步骤 05 进入“边”子层级，选择剩余侧面上的两条边，如图10-52所示。

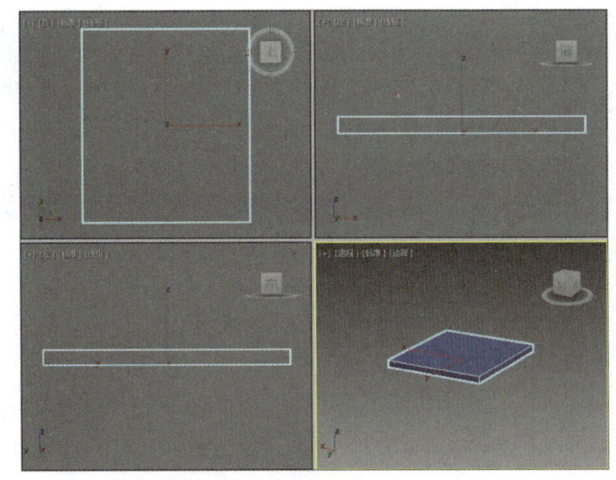

图 10-47

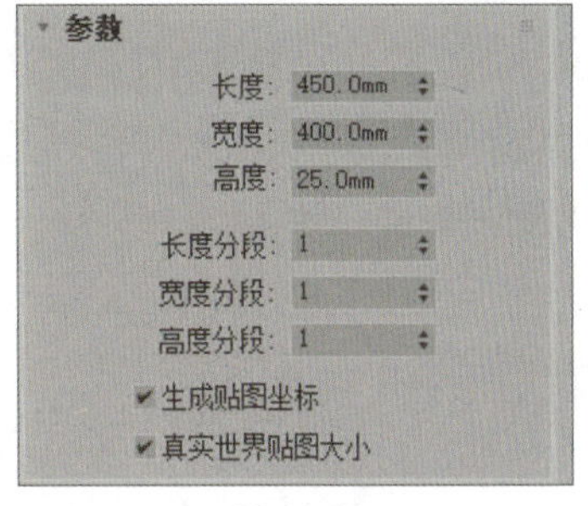

图 10-48

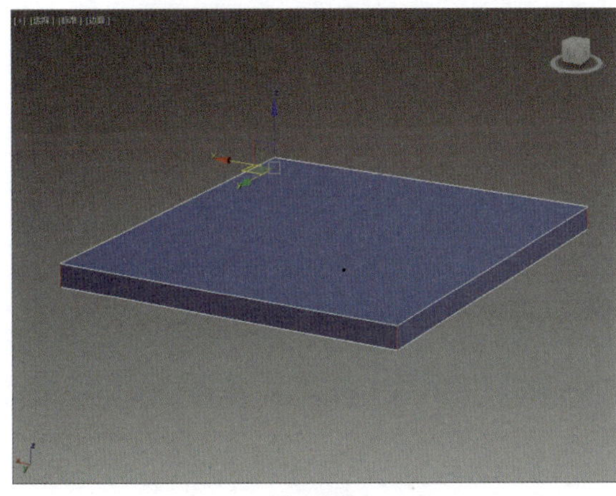

图 10-49

图 10-50

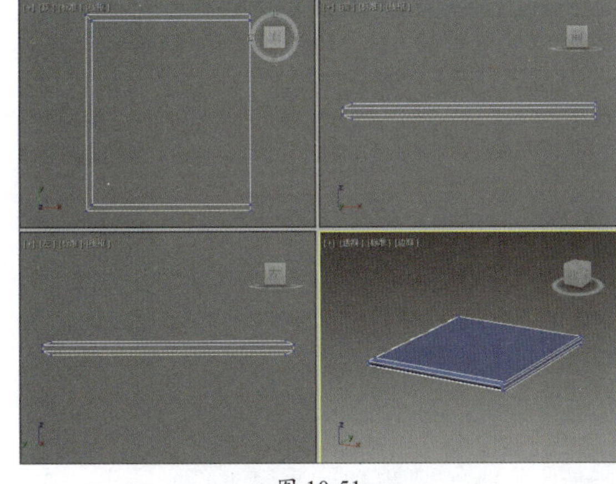

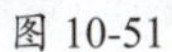

图 10-51

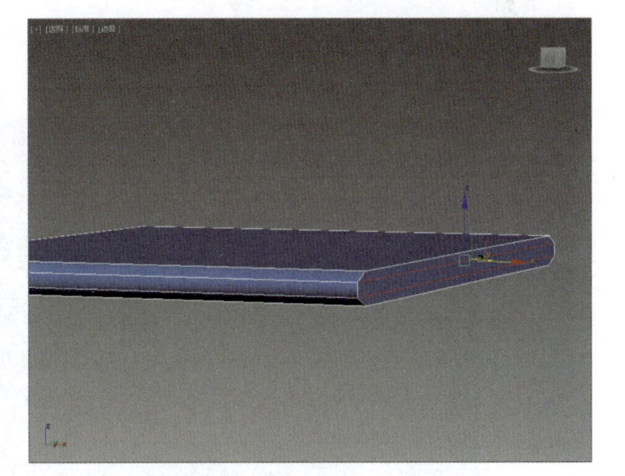

图 10-52

步骤 06 单击“移除”按钮移除边线，如图10-53所示。

步骤 07 选择所有边线，单击“切角”按钮，设置切角量和连接边分段，如图10-54所示。

步骤 08 进入“顶点”子层级，在前视图中选择中间两层顶点，适当向上移动，如图10-55、图10-56所示。

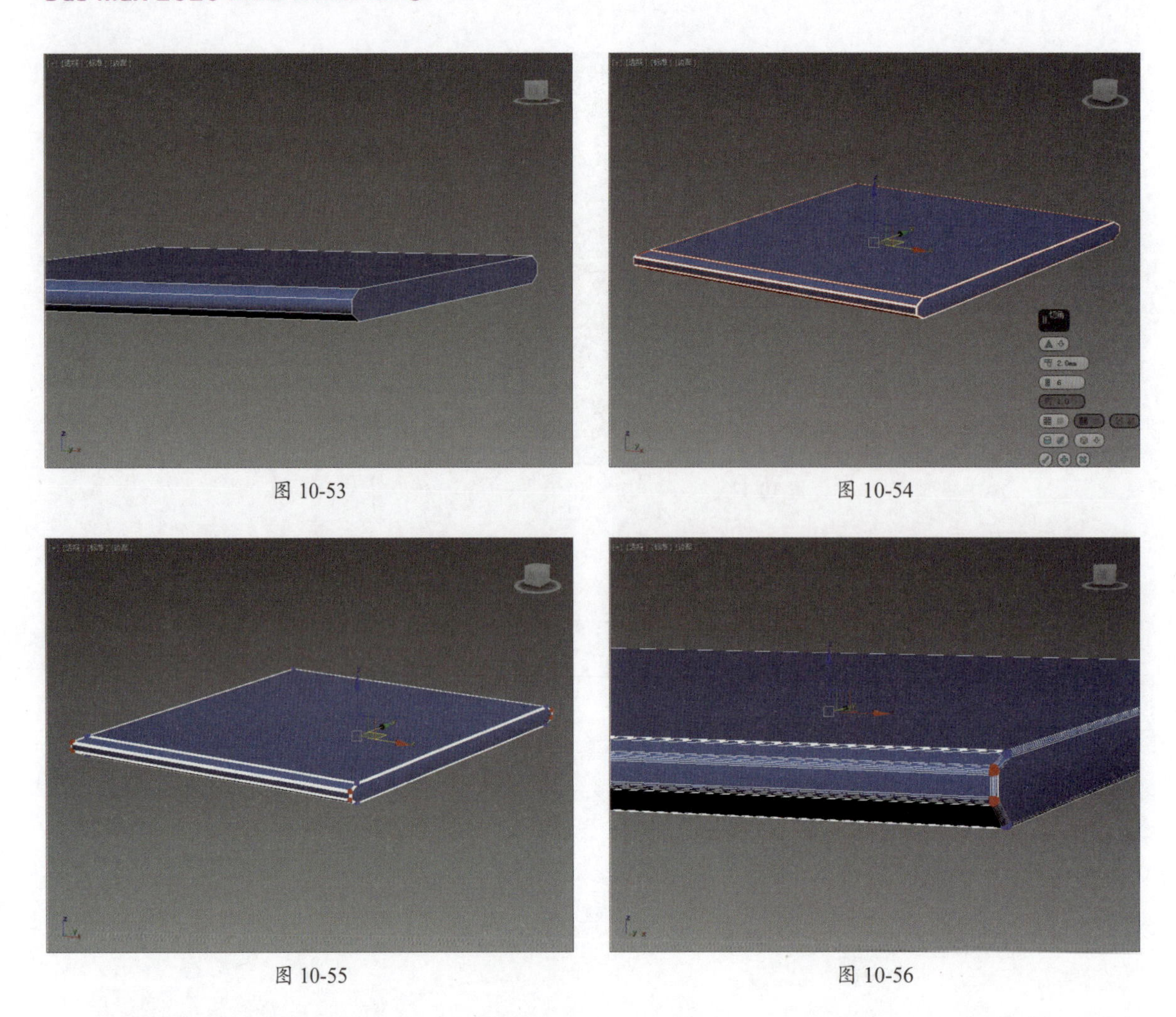

图 10-53　　图 10-54

图 10-55　　图 10-56

步骤 09 单击“长方体”按钮，在左视图中创建一个长方体作为床头柜背板，调整参数并移动位置，如图10-57、图10-58所示。

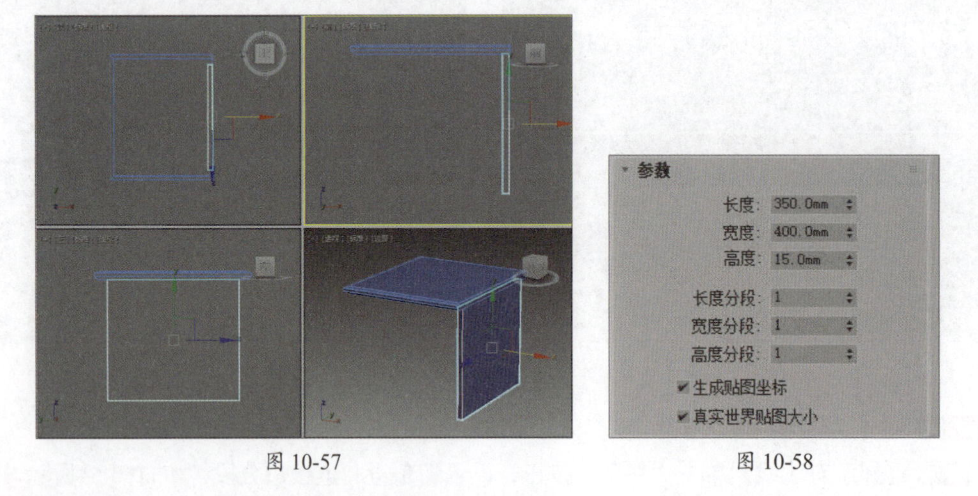

图 10-57　　图 10-58

步骤 10 再创建一个长方体作为床头柜侧板，调整参数，使用捕捉功能对齐到背板，如图10-59、图10-60所示。

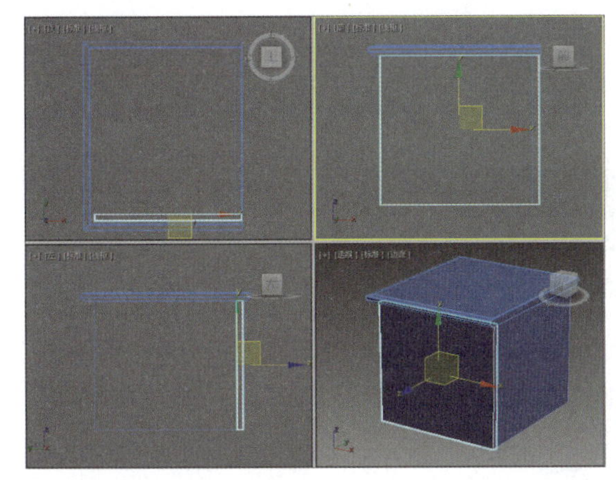

图 10-59

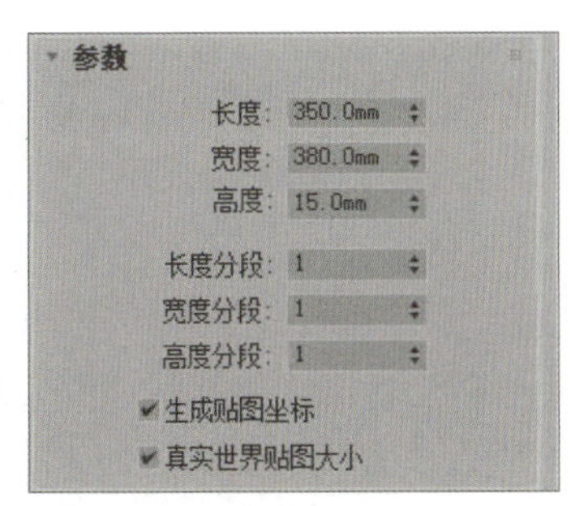

图 10-60

步骤 11 将对象转换为可编辑多边形，进入“边”子层级，选择如图10-61所示的两条边线。

步骤 12 单击“连接”按钮，默认连接数为1，如图10-62所示。

图 10-61

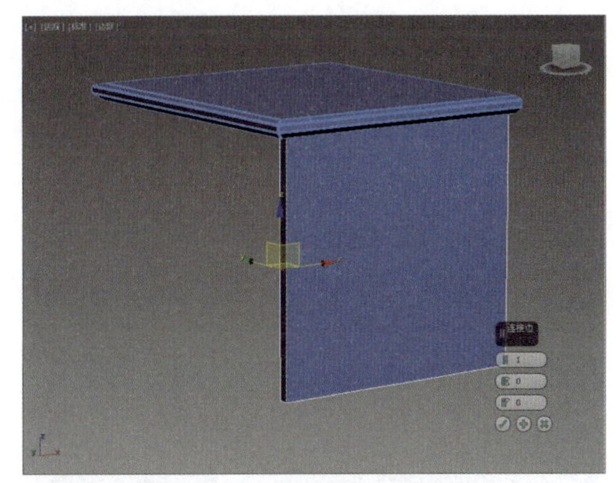

图 10-62

步骤 13 进入“顶点”子层级，选择中间的两个顶点，在前视图中沿X轴向右移动80，如图10-63所示。

步骤 14 进入“边”子层级，选择所有的边线，单击“切角”按钮，设置切角量和分段数，如图10-64所示。

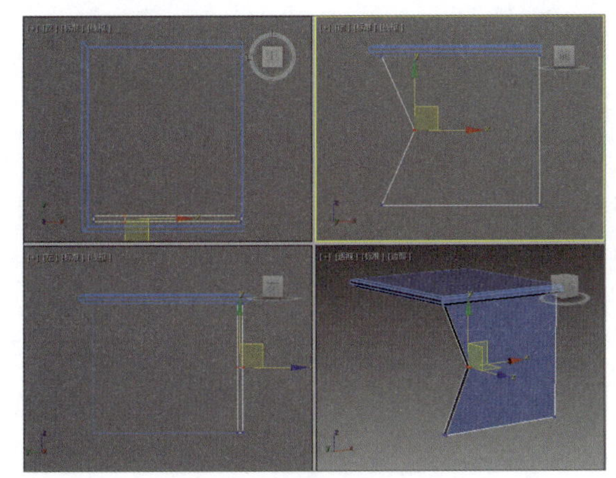

图 10-63

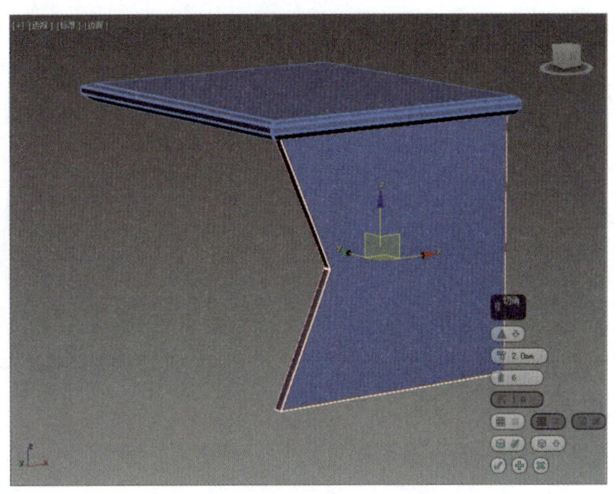

图 10-64

步骤 15 按Ctrl+V组合键克隆对象，调整位置，如图10-65所示。

步骤 16 选择床头柜的桌面，切换到前视图，单击“镜像”按钮，在弹出的“镜像”对话框中选择镜像轴和克隆方式，如图10-66所示。

图 10-65

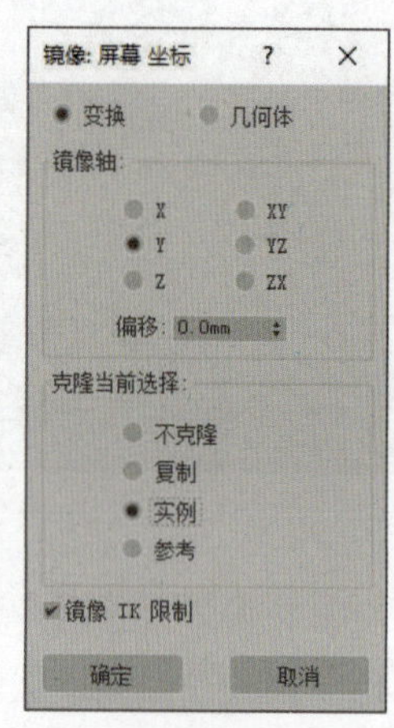

图 10-66

步骤 17 单击“确定”按钮镜像复制对象，调整位置，如图10-67所示。

步骤 18 制作抽屉挡板。单击“长方体”按钮，在左视图中创建一个长度为170 mm、宽度为445 mm、高度为15 mm的长方体，调整位置，如图10-68所示。

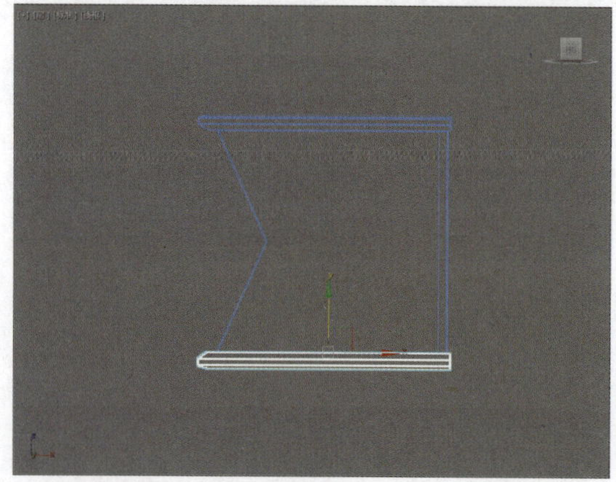

图 10-67

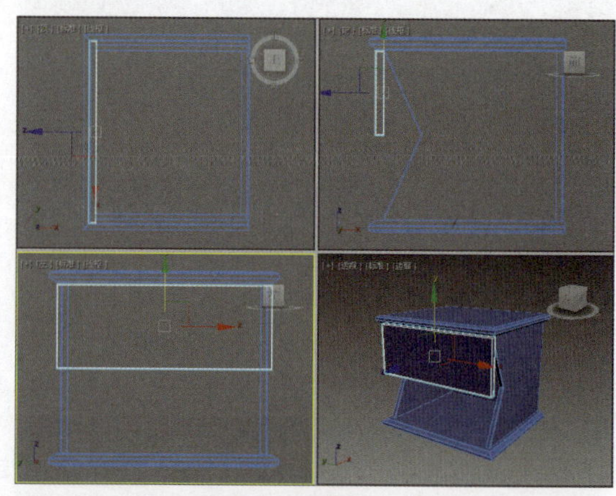

图 10-68

步骤 19 进入“顶点”子层级，在前视图中选择顶点并移动位置，如图10-69所示。

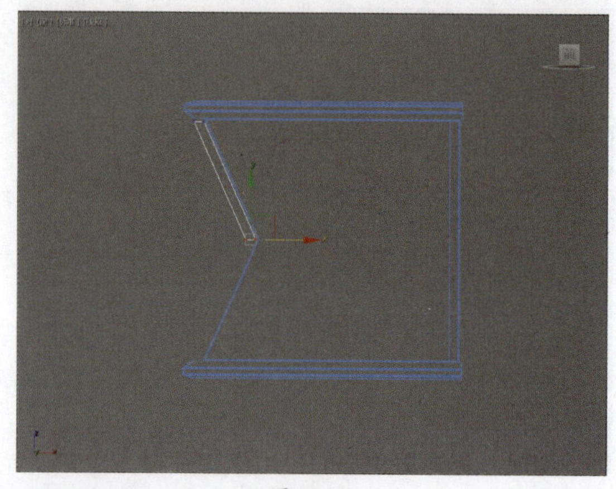

图 10-69

步骤 20 进入“边”子层级，选择所有的边线，如图10-70所示。

步骤 21 单击“切角”按钮，设置切角量和分段数，如图10-71所示。

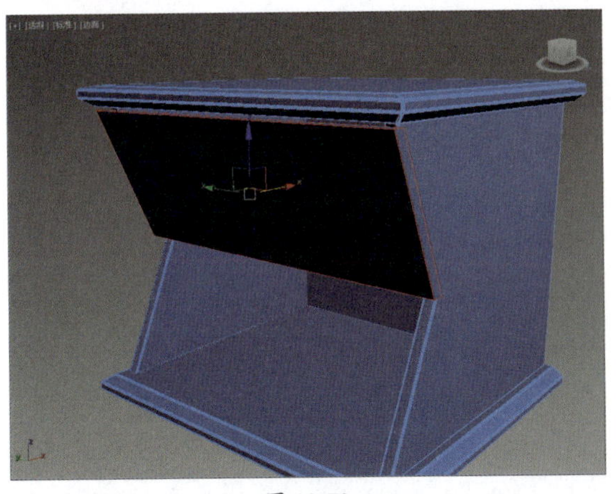

图 10-70

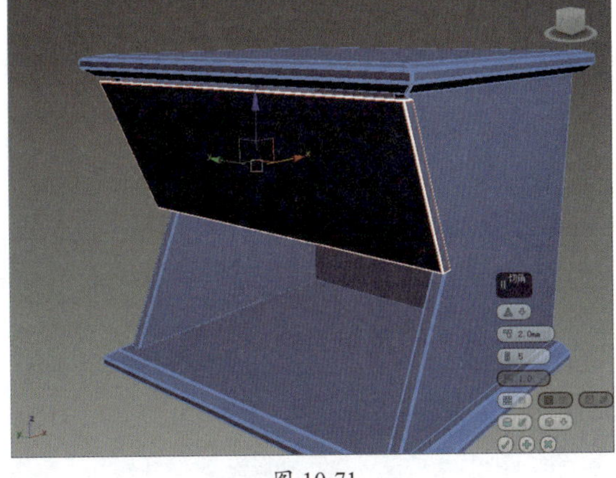

图 10-71

步骤 22 制作完毕后退出堆栈，切换到前视图，单击“镜像”按钮，在弹出的“镜像”对话框中选择镜像轴和克隆方式，如图10-72所示。

步骤 23 单击“确定”按钮完成镜像复制，调整对象位置，如图10-73所示。

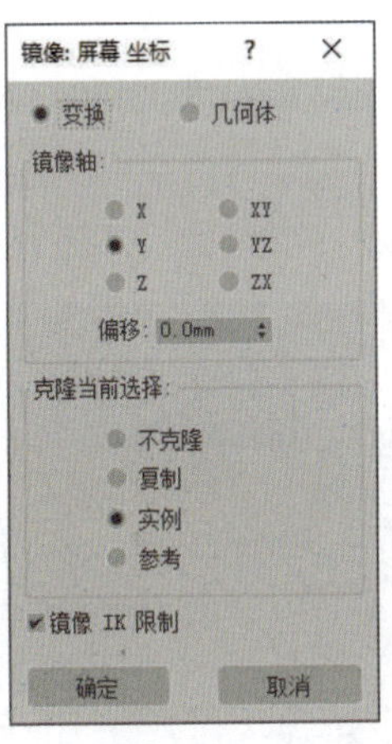

图 10-72

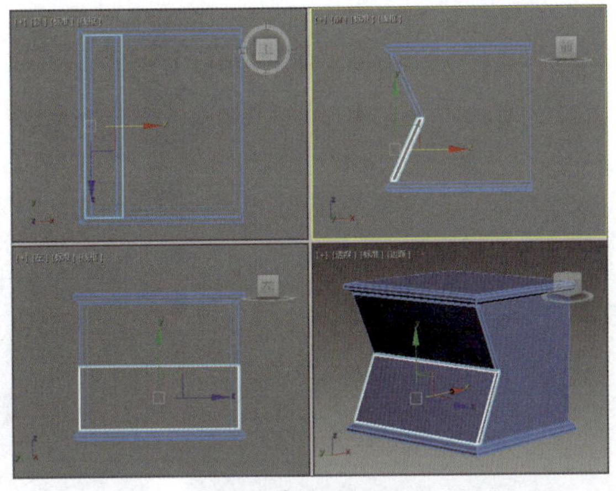

图 10-73

步骤 24 制作柜脚。单击“切角长方体”按钮，在顶视图中创建一个长度为40 mm、宽度为30 mm、高度为70 mm的切角长方体，设置圆角为2、圆角分段为5，如图10-74所示。

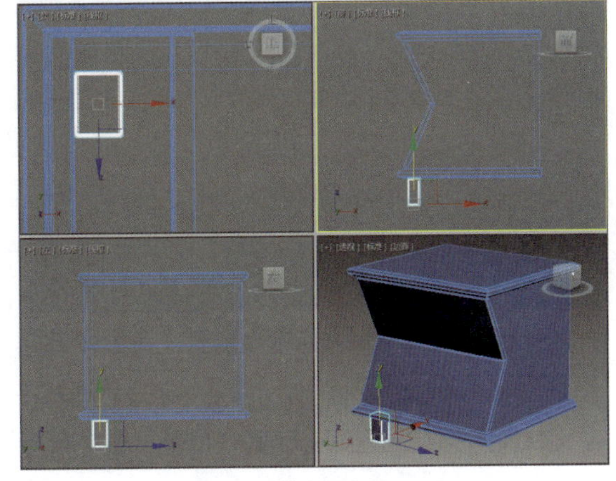

图 10-74

步骤25 将对象转换为可编辑多边形，进入“顶点”子层级，在左视图中调整顶点位置，如图10-75所示。

步骤26 制作完毕后复制柜脚模型，完成床头柜模型的制作，如图10-76所示。

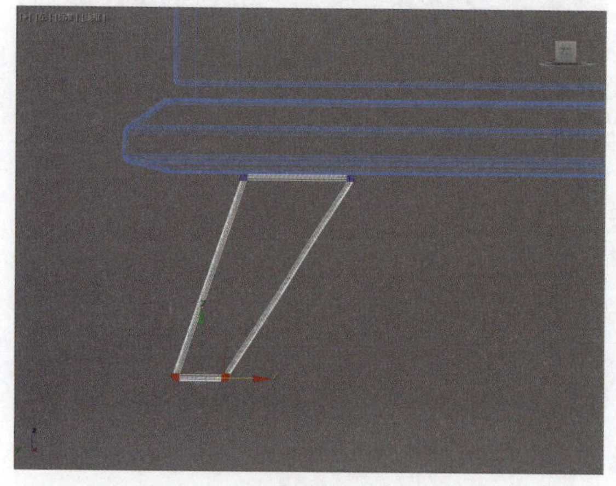

图 10-75

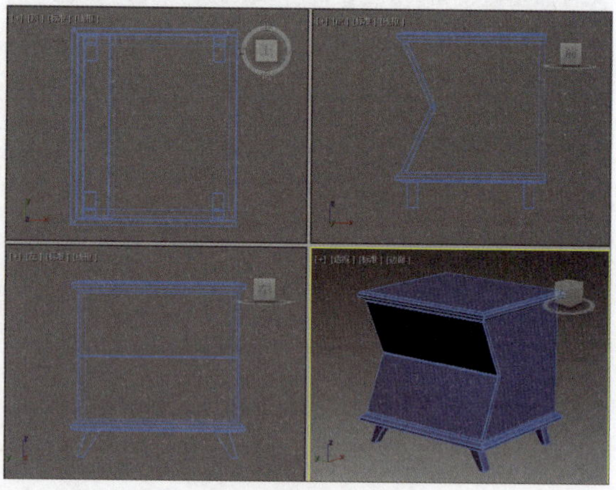

图 10-76

10.2.3 制作双人床模型

本节主要介绍双人床模型的制作，操作步骤介绍如下。

步骤01 制作靠背。单击“矩形”按钮，在顶视图中绘制一个长度为1880 mm、宽度为150 mm的矩形，如图10-77所示。

步骤02 将其转换为可编辑样条线，进入“线段”子层级，选择一条线段，如图10-78所示。

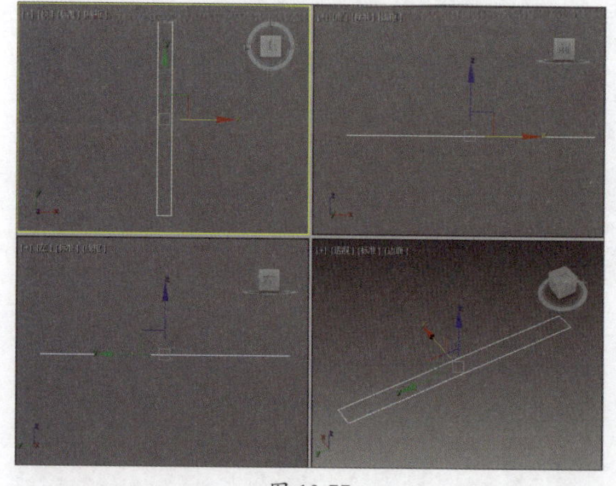

图 10-77

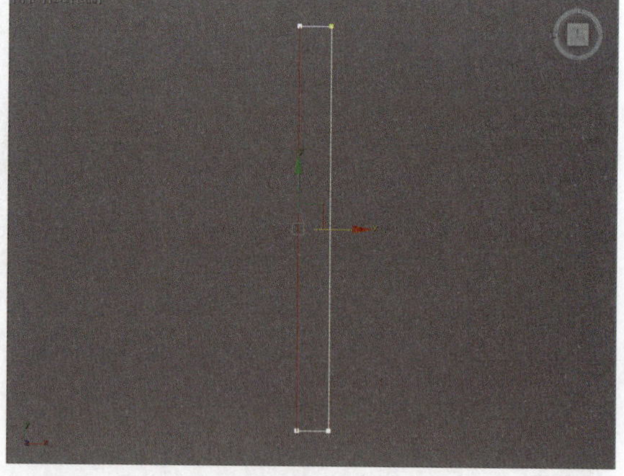

图 10-78

步骤03 按Delete键删除该线段，如图10-79所示。

步骤04 进入“顶点”子层级，选择右侧两个角点，在“几何体”卷展栏中为“圆角”属性输入参数120，按Enter键即可制作出圆角效果，如图10-80所示。

步骤05 进入“样条线”子层级，在“几何体”卷展栏中输入“轮廓”属性参数40，按Enter键即可创建出样条线轮廓，如图10-81所示。

步骤06 为样条线添加“挤出”修改器，设置挤出高度为35，制作出模型，如图10-82所示。

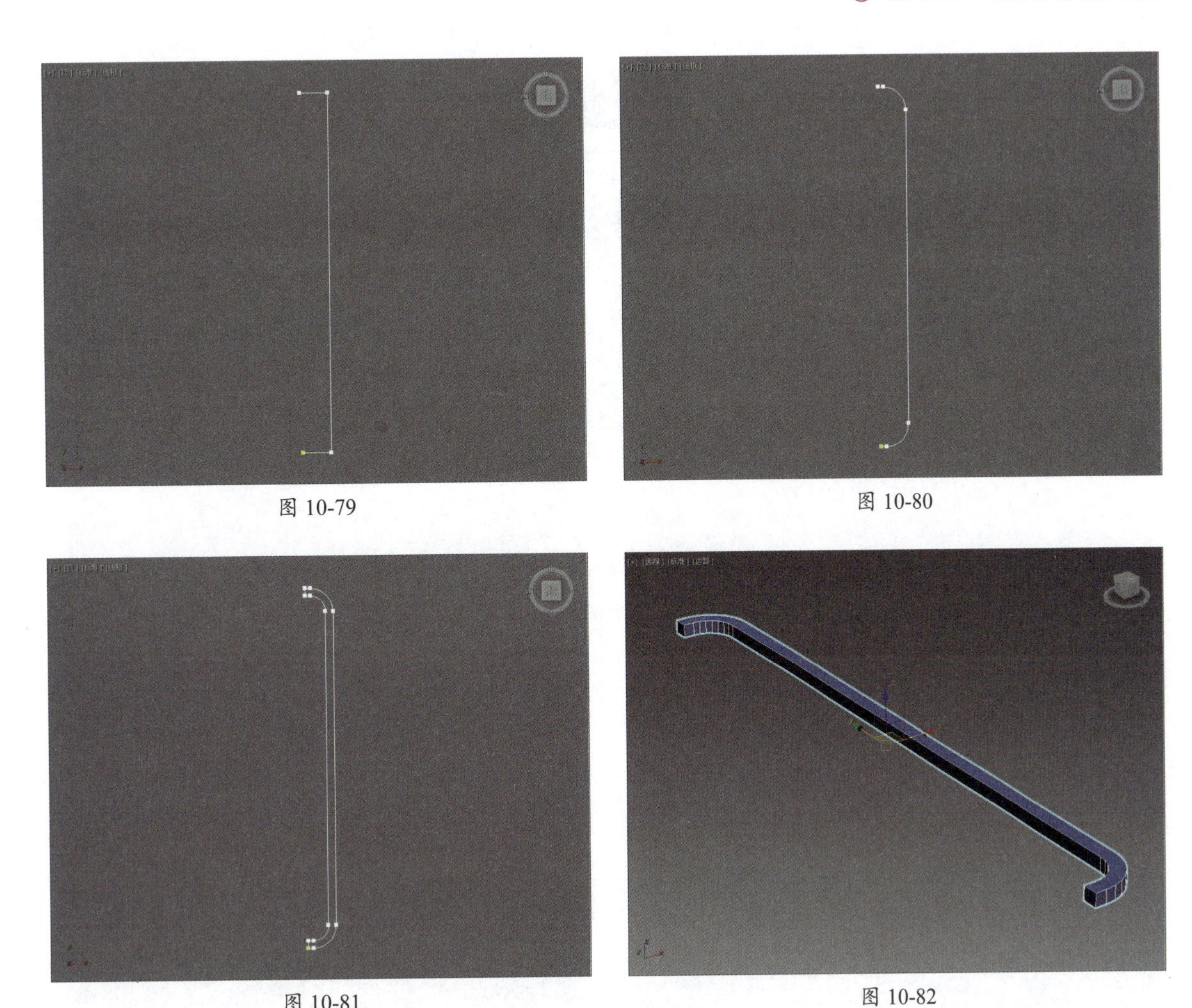

图 10-79　　图 10-80

图 10-81　　图 10-82

步骤 07 将对象转换为可编辑多边形，进入“边”子层级，选择如图10-83所示的边线。

步骤 08 单击“切角”按钮，设置切角量和分段数，如图10-84所示。

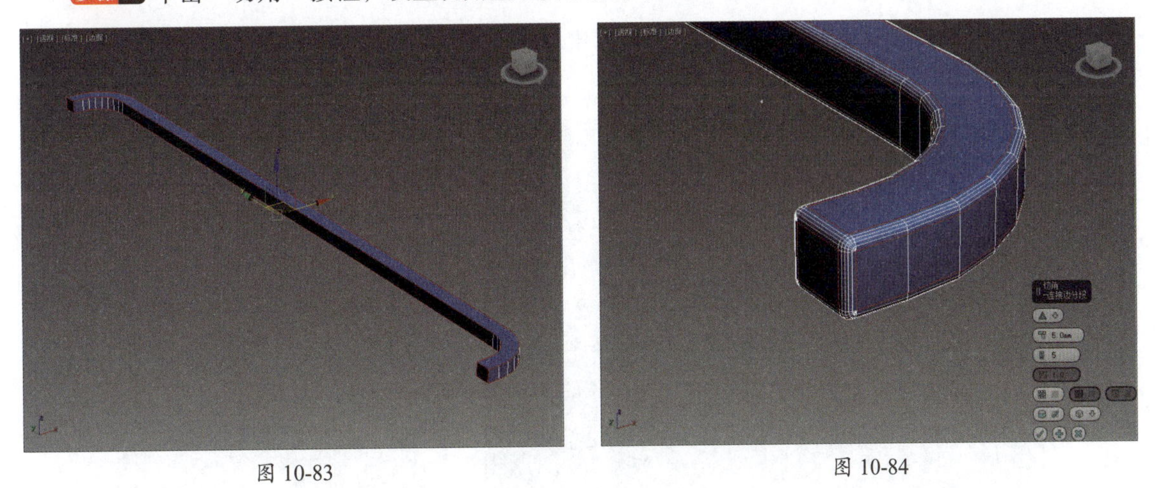

图 10-83　　图 10-84

步骤 09 退出堆栈，为多边形添加“细分”修改器，设置细分大小，如图10-85、图10-86所示。

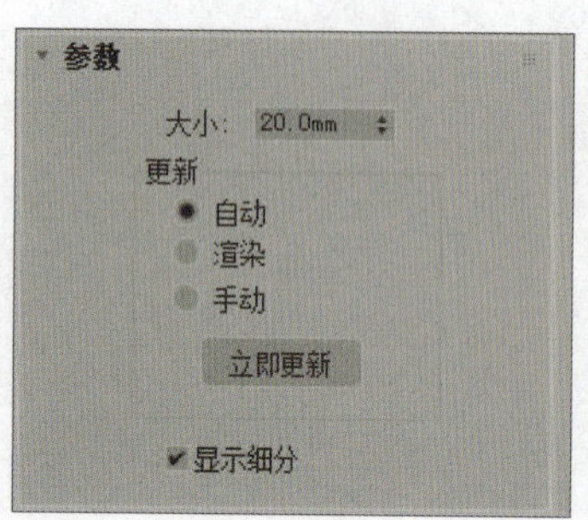
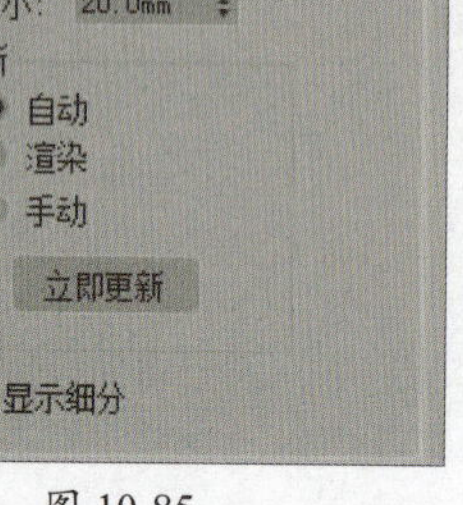

图 10-85

图 10-86

步骤 10 为对象添加“涡轮平滑”修改器，保持默认参数，效果如图10-87所示。

步骤 11 按Ctrl+V组合键克隆对象，并向下移动600 mm，如图10-88所示。

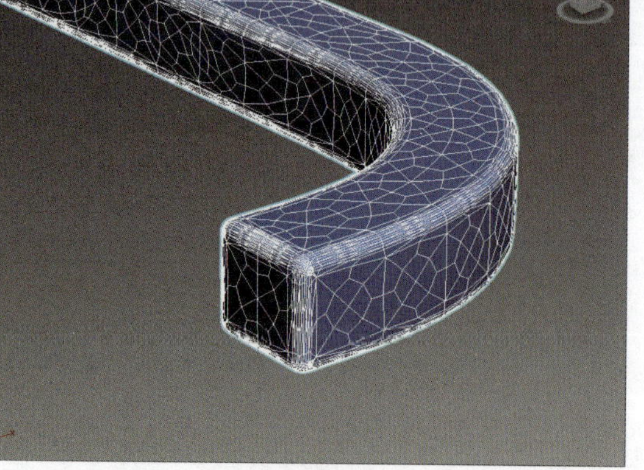
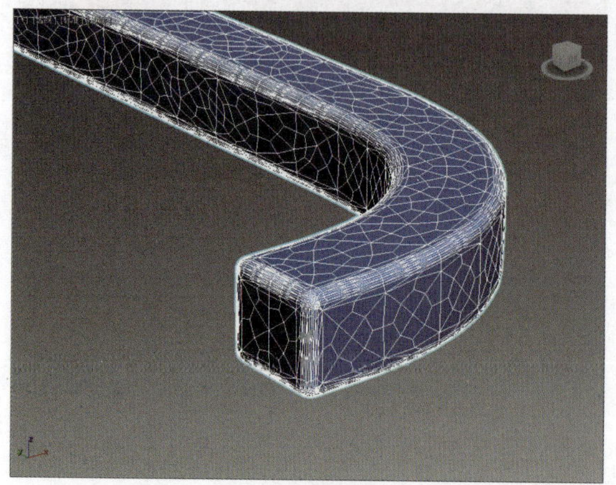

图 10-87

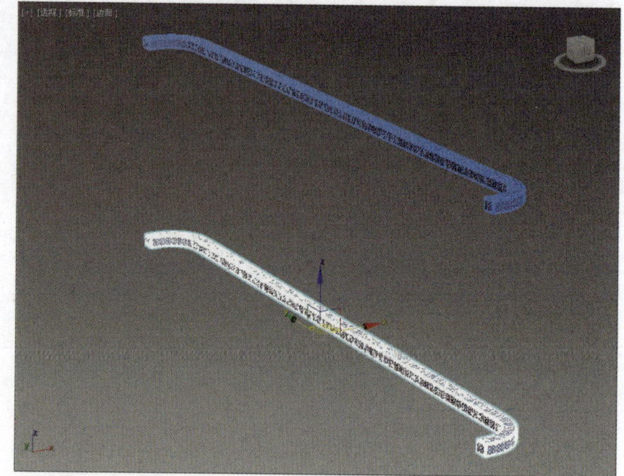

图 10-88

步骤 12 单击“切角圆柱体”按钮，在顶视图中创建一个切角圆柱体，设置参数并调整位置，如图10-89、图10-90所示。

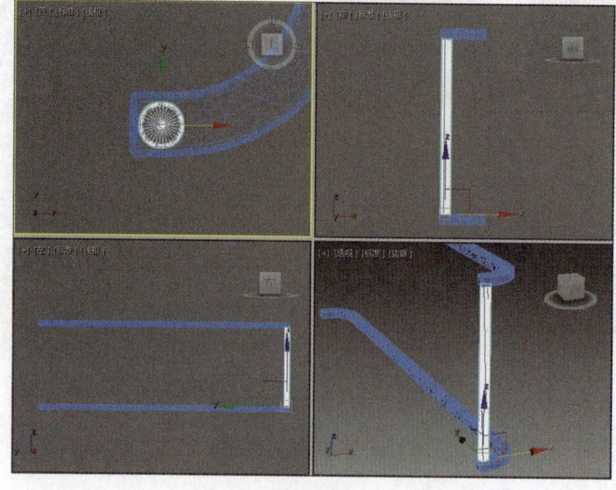

图 10-89

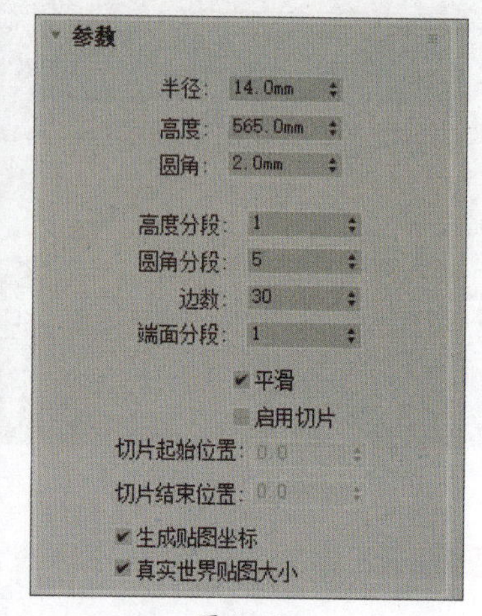

图 10-90

步骤 13 复制切角圆柱体并调整位置，间距保持在100，如图10-91所示。

步骤 14 选择床头模型，执行“组”|“组”命令，将其创建成组，再为对象添加“FFD（长方体）”修改器，设置点数为2×2×2，如图10-92所示。

图 10-91

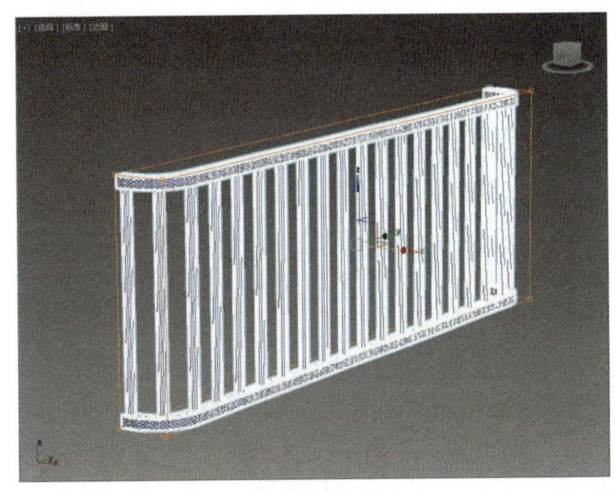

图 10-92

步骤 15 进入“控制点”子层级，在前视图中调整控制点，如图10-93所示。

步骤 16 制作床架。单击“切角长方体”按钮，在顶视图中创建一个长度为40 mm、宽度为35 mm、高度为240 mm、圆角为5的切角长方体，并设置圆角分段为5，调整对象位置，如图10-94所示。

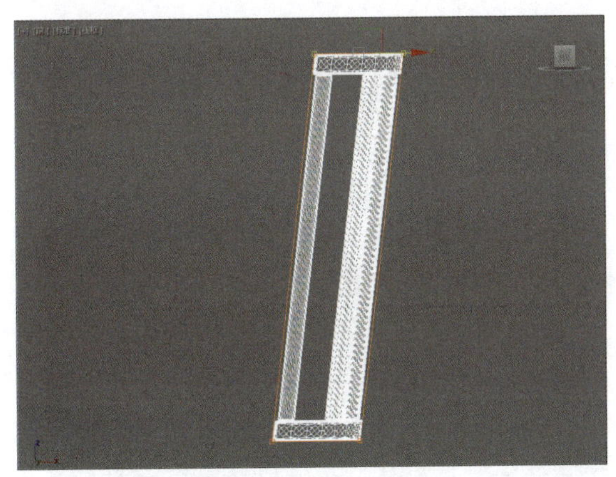

图 10-93

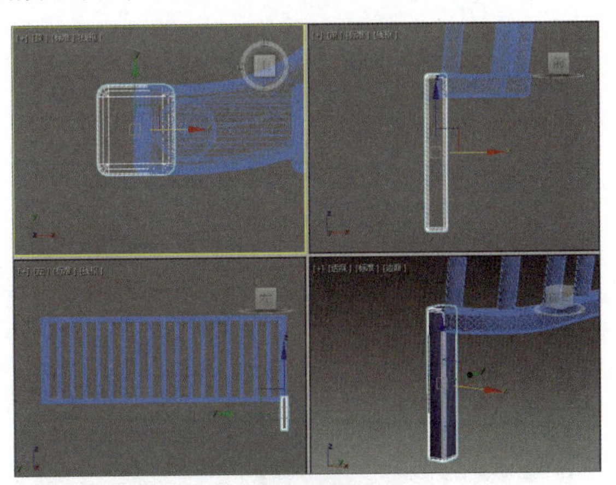

图 10-94

步骤 17 将对象转换为可编辑多边形，进入“顶点”子层级，在前视图中调整床腿造型，如图10-95所示。

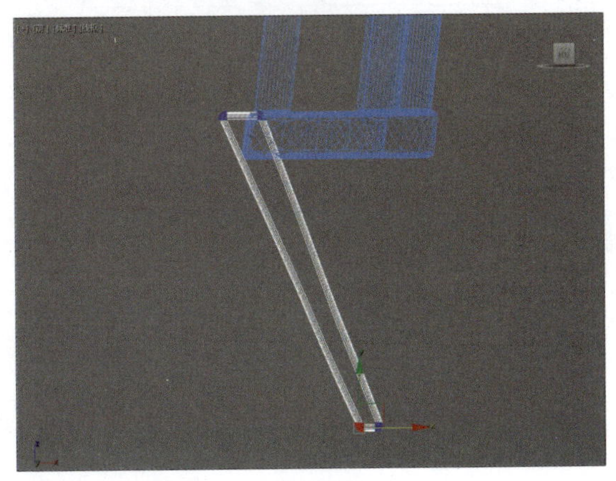

图 10-95

步骤18 复制床腿到床头另一侧，如图10-96所示。

步骤19 单击“长方体”按钮，在前视图中创建一个长度为120 mm、宽度为1940 mm、高度为20 mm的长方体作为床体的侧板，并调整位置，如图10-97所示。

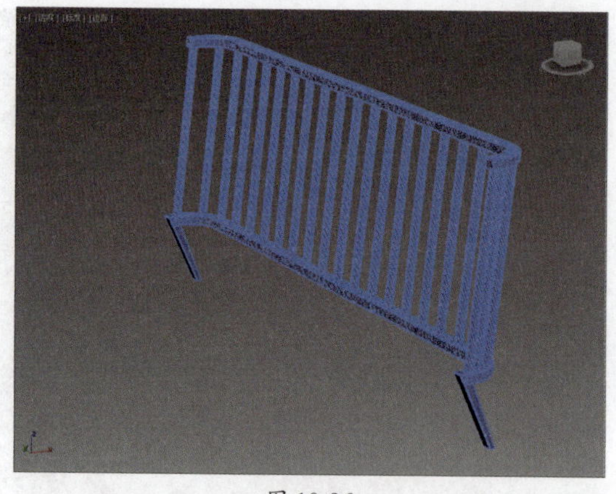
图 10-96

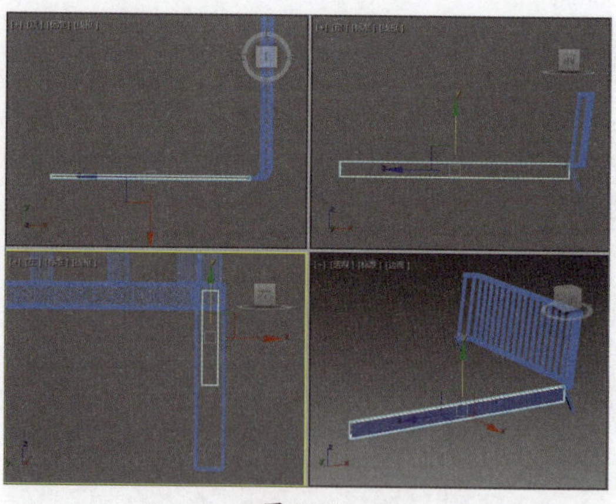
图 10-97

步骤20 在前视图中选择床腿模型，单击“镜像”按钮，镜像复制床腿模型，再调整位置，如图10-98所示。

步骤21 选择长方体将其转换为可编辑多边形，进入“顶点”子层级，在前视图中调整顶点，如图10-99所示。

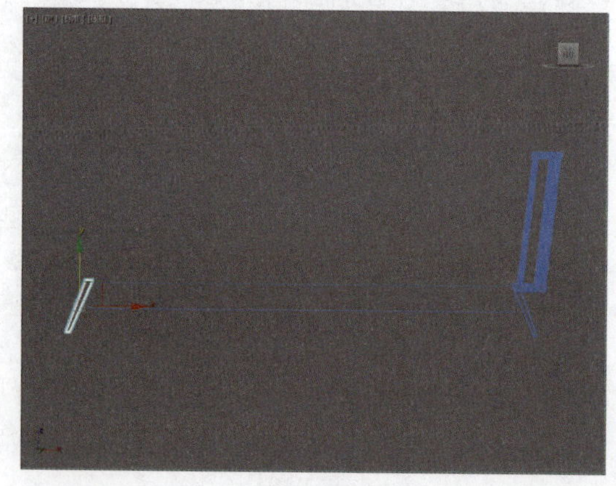
图 10-98

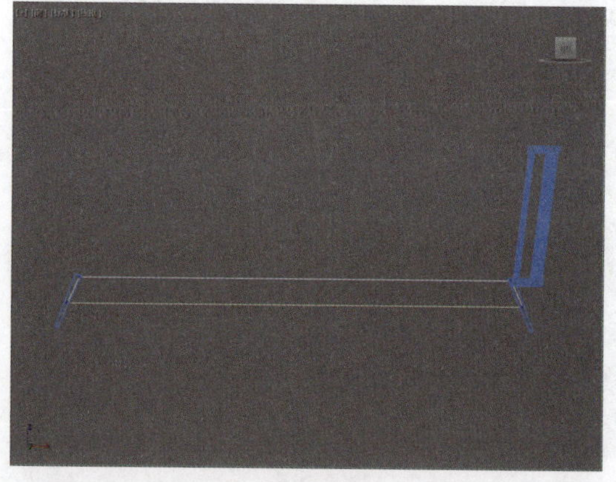
图 10-99

步骤22 进入“边”子层级，选择全部的边线，单击“切角”按钮，设置切角量和分段，如图10-100所示。

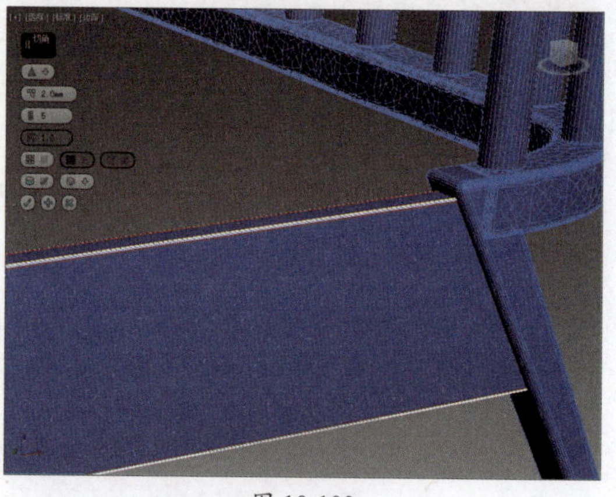
图 10-100

步骤 23 将制作好的侧板复制到另一侧，如图10-101所示。

步骤 24 创建一个长度为120 mm、宽度为1820 mm、高度为20 mm的长方体作为床尾侧板，如图10-102所示。

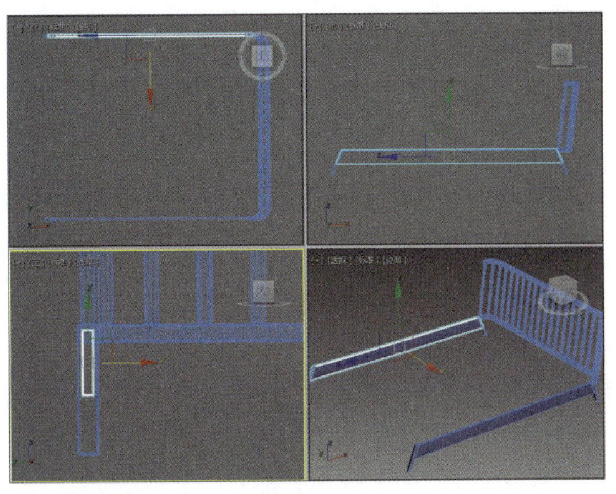

图 10-101

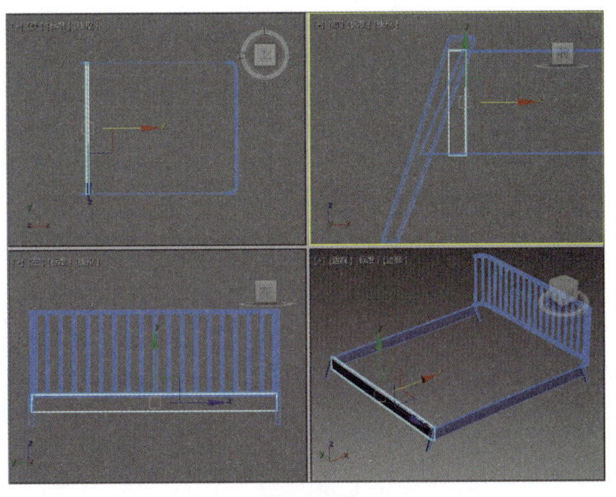

图 10-102

步骤 25 将对象转换为可编辑多边形，进入“顶点”子层级，在前视图中调整顶点，如图10-103所示。

步骤 26 进入“边”子层级，全选边线，单击“切角”按钮，设置切角量和分段，如图10-104所示。

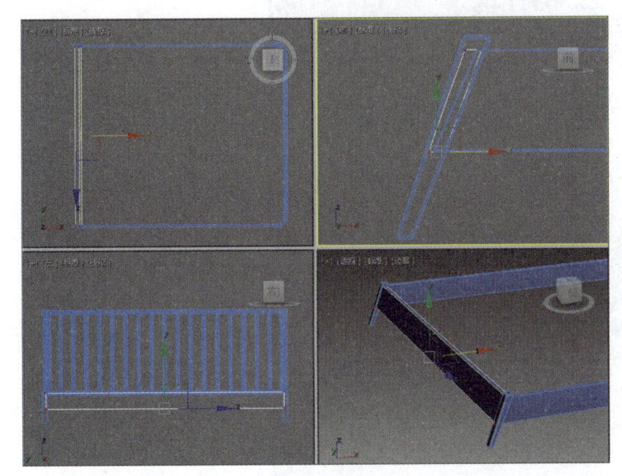

图 10-103

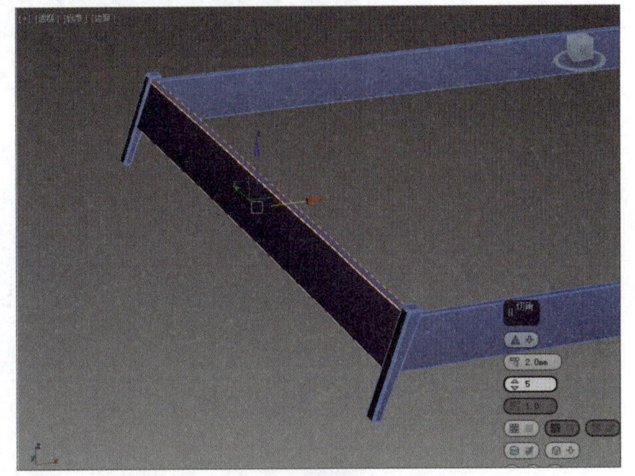

图 10-104

步骤 27 制作床板。单击“矩形”按钮，在顶视图中绘制一个长度为1810 mm、宽度为120 mm的矩形，如图10-105所示。

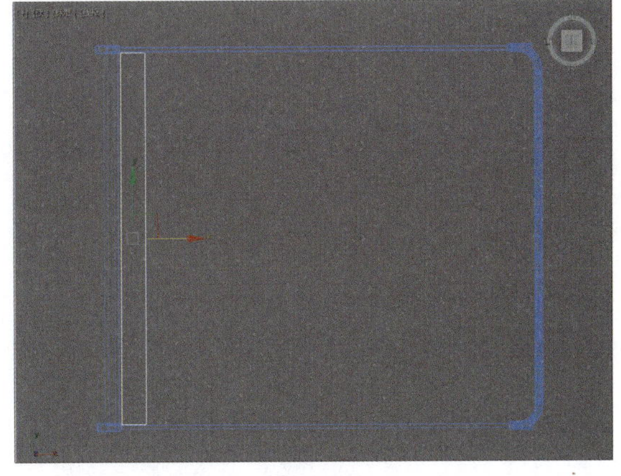

图 10-105

步骤28 按住Shift键复制矩形，如图10-106所示。

步骤29 将所选矩形转换为可编辑样条线，单击“附加”按钮，附加所有矩形使其成为一个整体，如图10-107所示。

图 10-106

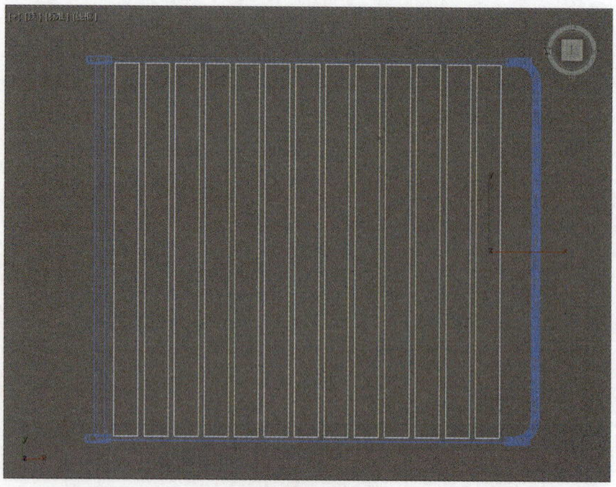

图 10-107

步骤30 为样条线添加“挤出”修改器，设置挤出高度为20，调整床板位置，完成双人床模型的制作，如图10-108所示。

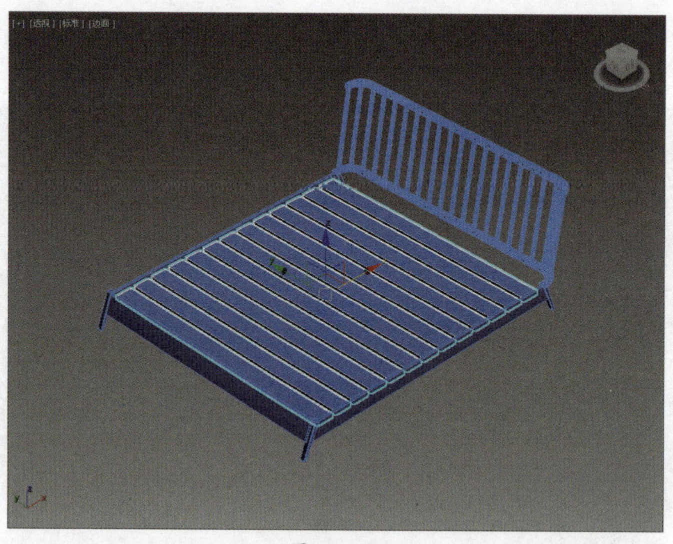

图 10-108

10.3 合并成品模型

对于卧室中的床上用品、抱枕、灯具、装饰品等模型，可以直接从网络下载成品模型，并合并到场景中，以提高建模的效率。具体操作介绍如下。

步骤01 执行“文件”|“导入”|“合并”命令，打开“合并文件”对话框，选择准备好的吊灯模型，如图10-109所示。

步骤02 单击“打开”按钮，打开“合并”对话框，选择需要的对象，如图10-110所示。

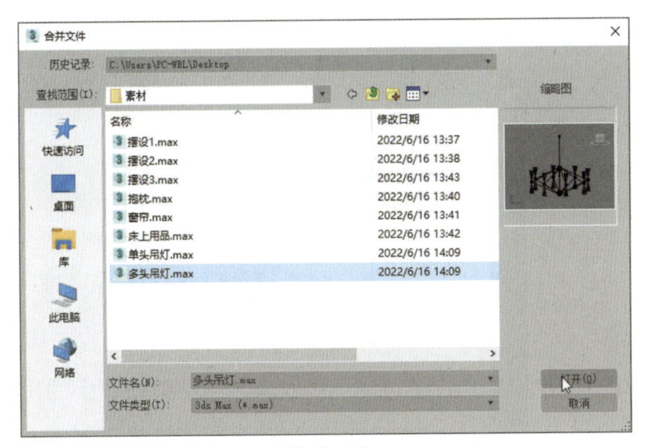

图 10-109

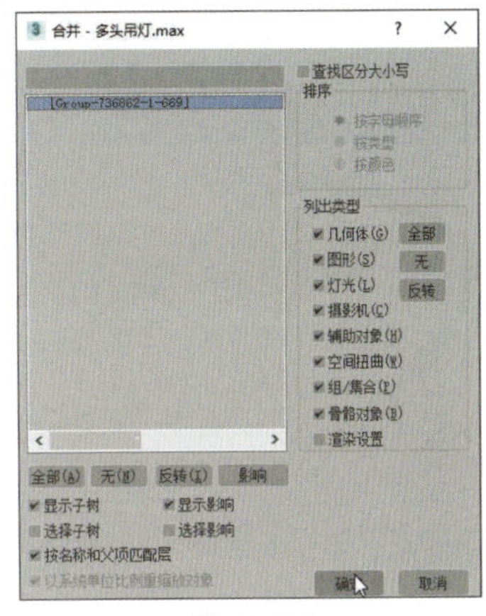

图 10-110

步骤 03 单击“确定”按钮即可导入吊灯模型，调整吊灯的位置，如图10-111所示。

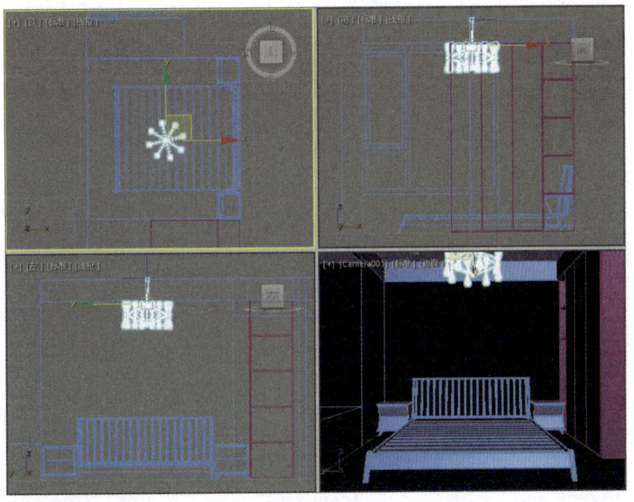

图 10-111

步骤 04 为场景导入装饰品、抱枕等模型，移动到合适的位置，完成卧室场景模型的制作，效果如图10-112所示。

图 10-112

参 考 文 献

[1] CAD/CAM/CAE 技术联盟. AutoCAD 2014 室内装潢设计自学视频教程 [M]. 北京：清华大学出版社，2014.

[2] CAD 辅助设计教育研究室. 中文版 AutoCAD 2014 建筑设计实战从入门到精通 [M]. 北京：人民邮电出版社，2015.

[3] 姜洪侠，张楠楠. Photoshop CC 图形图像处理标准教程 [M]. 北京：人民邮电出版社，2016.